“수능1등급을 결정짓는
고난도 유형 대비서”

HIGH-END
수능 하이엔드

지은이

NE능률 수학교육연구소

NE능률 수학교육연구소는 혁신적이며 효율적인 수학 교재를 개발하고
수학 학습의 질을 한 단계 높이고자 노력하는 NE능률의 연구 조직입니다.

권백일 양정고등학교 교사

김용환 오금고등학교 교사

최종민 중동고등학교 교사

이경진 중동고등학교 교사

박현수 현대고등학교 교사

검토진

강민정 (에이플러스) 곽민수 (청라현수학) 김봉수 (범어신사고학원) 김진미 (1교시수학학원) 김환철 (한수위수학)

설상원 (인천정석학원) 설홍진 (현수학학원본원) 성웅경 (더빡센수학학원) 신성준 (엠코드학원) 오성진(오성진선생의수학스케치)

우정림 (크누KNU입시학원) 우주안(수미사방매) 유성규 (현수학학원본원) 이재호 (사인수학학원) 이진섭 (이진섭수학학원)

이진호 (과수원수학학원) 이철호 (파스칼수학학원) 임명진 (서연고학원) 임신옥 (KS수학학원) 임지영 (HQ영수)

장수진 (플래너수학) 장재영(이자경수학학원본원) 정 석 (정석수학) 정한샘 (편수학학원) 조범희 (엠코드학원)

수능 고난도 상위 5문항 정복

HIGH-END
수능 하이엔드

수학Ⅱ

구성과 특징

Structure

문제 PART

기출에서 뽑은 실전 개념

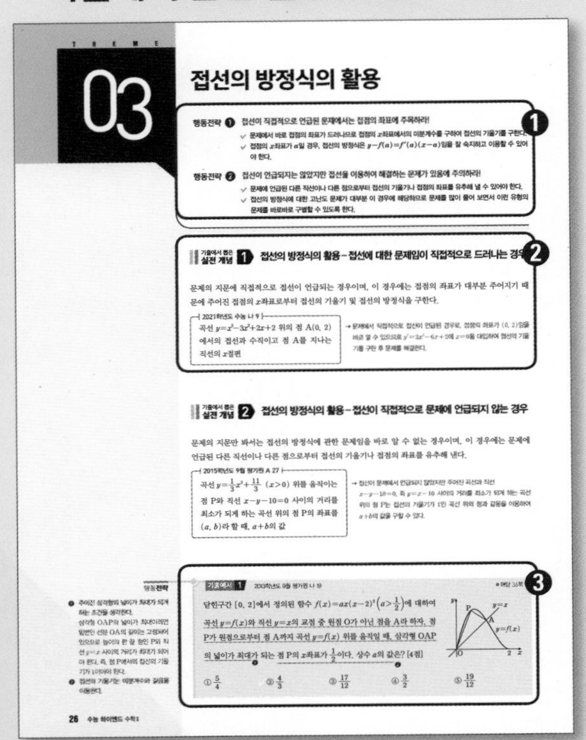

1등급 완성 3단계 문제 연습

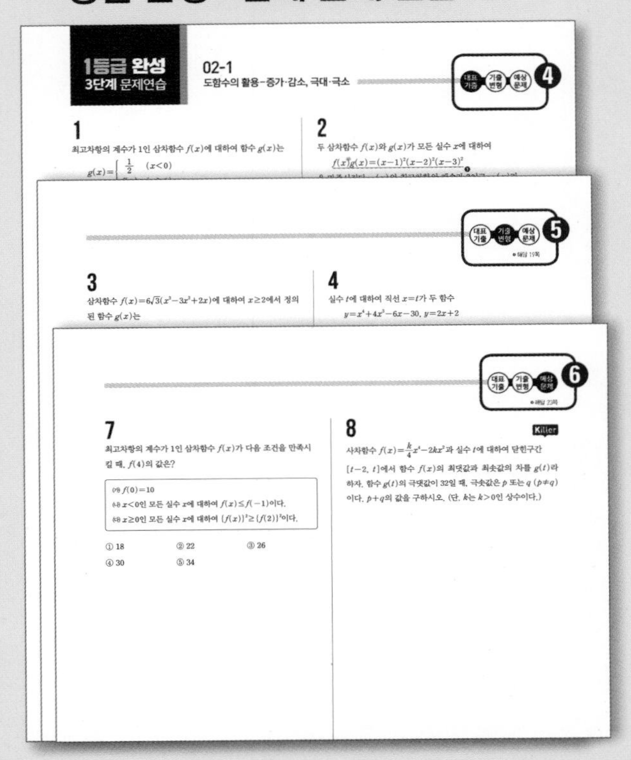

❶ 주제별 해결 전략

오답률에 근거하여 빈출 고난도 주제를 선별하였고, 해당 주제의 문제를 풀 때 반드시 기억하고 있어야 할 문제 해결 전략을 제시하였습니다.

❷ 기출에서 뽑은 실전 개념 & 킬러해결TRAINING

개념이나 공식의 단순 나열이 아니라 문제 풀이에서 실제적으로 자주 이용되는 실전 개념을 뽑아 정리하였습니다. 또한, 킬러 주제의 문제를 풀기에 앞서 킬러포인트를 뽑아 연습할 수 있도록 킬러해결 TRAINING을 제시하였습니다.

❸ 기출 예시

실전 개념을 적용할 수 있는 기출 문제를 제시하였습니다.

❹ 대표 기출

해당 주제의 수능, 모평, 학평 기출 문제 중에서 반드시 풀어야 할 고난도 문제를 엄선하여 실었습니다.

❺ 기출 변형

오답률이 높은 기출 문항 중 우수 문항을 변형하여 수록하였습니다. 개념의 확장, 조건의 변형 등을 통해 기출 문제를 좀 더 철저히 이해하고 비슷한 유형이 출제되는 경우에 대비할 수 있습니다.

❻ 예상 문제

신경향 문제나 출제가 기대되는 문제는 예상 문제로 수록하였습니다. 각 주제에서 1등급을 결정짓는 최고난도 문제는 KILLER로 제시하였습니다.

✓ 최근 10개년 **오답률 상위 5순위 문항**을 분석, 자주 출제되는 **고난도 유형 선별!**

✓ 주제별 최적화된 전략 및 기출에 기반한 **실전 개념 제시!**

✓ 대표 기출 – 기출 변형 – 예상 문제의 **3단계 문제 훈련**을 통한 고난도 유형 완전 정복!

해설 PART

고난도 미니 모의고사

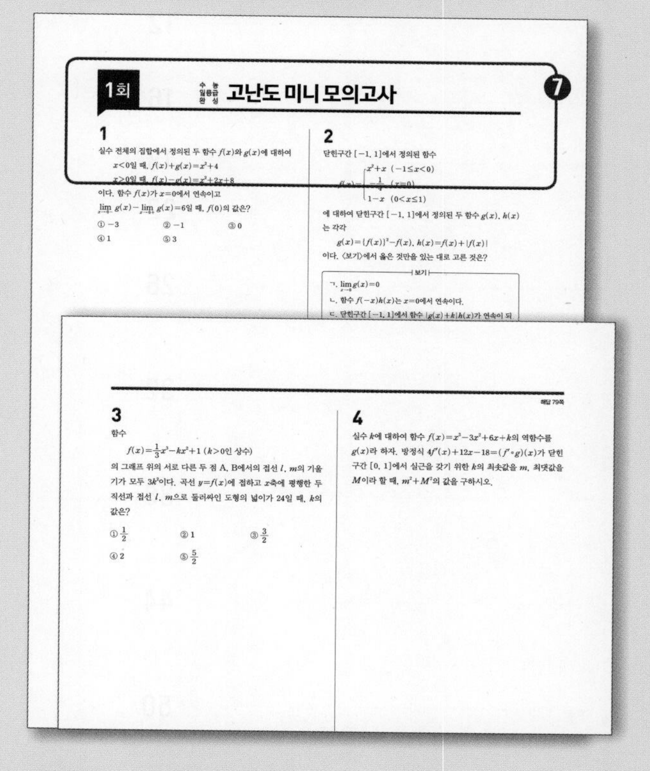

❼ 고난도 미니 모의고사

수능, 모평, 학평 기출 및 그 변형 문제와 예상 문제로 구성된 미니 모의고사 4회를 제공하였습니다. 미니 실전 테스트로 수능 실전 감각을 유지할 수 있습니다.

전략이 있는 명쾌한 해설

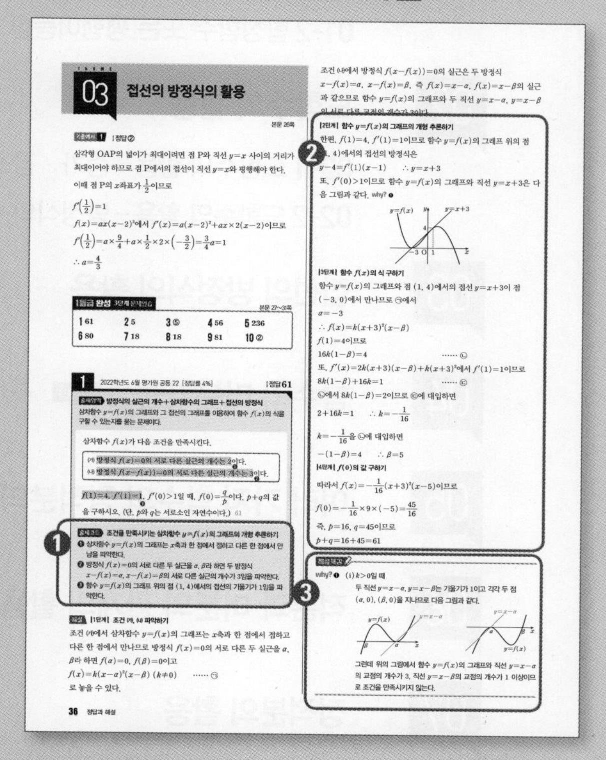

❶ 출제 코드

문제에서 해결의 핵심 조건을 찾아 풀이에 어떻게 적용되는지 제시하였습니다.

❷ 단계별 풀이

풀이 과정을 의미있는 개념의 적용을 기준으로 단계별로 제시함으로써 문제 해결의 흐름을 파악할 수 있도록 하였습니다.

❸ 풍부한 부가 요소와 첨삭

해설 특강, 다른 풀이, 핵심 개념 등의 부가 요소와 첨삭을 최대한 자세하고 친절하게 제공하였습니다. 특히 원리를 이해하는 why, 해결 과정을 보여주는 how를 제시하여 이해를 도왔습니다.

차례

Contents

학습 계획표

Study Plan

※ 1차 학습 때 틀렸거나 확실하게 알고 풀지 못한 문제는 2차 학습을 하도록 합니다.

주제		행동 전략	성취도 1차	성취도 2차
01	함수의 연속(16문항)	• 두 함수의 곱 $f(x)g(x)$의 연속성은 f 또는 g가 불연속인 x의 값에서만 판별하라. • 합성함수 $(g\circ f)(x)$의 연속성도 특이점에서의 x좌표에서만 판별하라.	월 일 성취도 ○ △ ×	월 일 성취도 ○ △ ×
02	도함수의 활용(16문항)	• 주어진 조건을 이용하여 함수를 추론하라.	월 일 성취도 ○ △ ×	월 일 성취도 ○ △ ×
03	접선의 방정식의 활용(10문항)	• 접선이 직접적으로 언급된 문제에서는 접점의 좌표에 주목하라. • 접선이 언급되지는 않았지만 접선을 이용하여 해결하는 문제가 있음에 주의하라.	월 일 성취도 ○ △ ×	월 일 성취도 ○ △ ×
Killer 04	함수의 미분가능성(7문항)	• 함수 $f(x)$의 $x=a$에서의 미분계수의 정의를 정확하게 이해하고 적용하라. • 절댓값 기호가 있는 함수의 미분가능성을 따질 때는 기호 안의 함숫값이 0인 값을 주목하라.	월 일 성취도 ○ △ ×	월 일 성취도 ○ △ ×
05	여러 가지 함수의 정적분의 계산(8문항)	• 대칭성, 주기성, 절댓값 기호에 주목하라.	월 일 성취도 ○ △ ×	월 일 성취도 ○ △ ×
06	적분과 미분의 관계의 활용(8문항)	• 정적분을 포함한 등식은 정적분의 위끝과 아래끝에 변수가 있는지 확인하라. • 정적분을 포함한 등식에서 변수와 상수를 구분하라.	월 일 성취도 ○ △ ×	월 일 성취도 ○ △ ×
07	정적분의 활용(8문항)	• 정적분의 값과 곡선으로 둘러싸인 부분의 넓이는 서로 관련이 있음을 기억하라. • 속도와 위치의 미분, 적분 관계를 기억하라.	월 일 성취도 ○ △ ×	월 일 성취도 ○ △ ×
고난도 미니 모의고사 1회(8문항)			월 일 성취도 ○ △ ×	월 일 성취도 ○ △ ×
고난도 미니 모의고사 2회(8문항)			월 일 성취도 ○ △ ×	월 일 성취도 ○ △ ×
고난도 미니 모의고사 3회(8문항)			월 일 성취도 ○ △ ×	월 일 성취도 ○ △ ×
고난도 미니 모의고사 4회(8문항)			월 일 성취도 ○ △ ×	월 일 성취도 ○ △ ×

THEME

01

함수의 연속

행동전략 ❶ 두 함수의 곱 $f(x)g(x)$의 연속성은 f 또는 g가 불연속인 x의 값에서만 판별하라!

✔ 두 함수 $f(x)$, $g(x)$가 불연속인 x의 값은 함수의 그래프를 그려서 그래프가 이어져 있지 않고 끊어져 있는 점 (특이점)의 x좌표를 찾으면 된다.

✔ 함수 $f(x)g(x)$가 연속인 조건이 주어지면 $f(x)$ 또는 $g(x)$가 불연속인 x의 값에서 $f(x)g(x)$가 연속임을 이용한다.

✔ $x=a$에서 함수 $f(x)$ 또는 $g(x)$가 불연속이더라도 함수 $f(x)g(x)$는 $x=a$에서 연속일 수 있음에 주의한다.

행동전략 ❷ 합성함수 $(g\circ f)(x)$의 연속성도 특이점에서의 x좌표에서만 판별하라!

✔ 합성함수 $(g\circ f)(x)$의 연속은 함수 $f(x)$가 불연속인 x의 값과 함수 $g(x)$가 불연속인 x의 값을 함숫값으로 갖는 $f(x)$의 x의 값에서만 확인하면 된다.

✔ $x=a$에서 함수 $f(x)$ 또는 $g(x)$가 불연속이더라도 합성함수 $(g\circ f)(x)$는 $x=a$에서 연속일 수 있음에 주의한다.

기출에서 뽑은 실전 개념 1 함수의 연속

함수 $f(x)$가 $x=a$에서 불연속인 경우는 다음 세 가지 경우 중 하나이다.

(i) $f(a)$의 값이 존재하지 않는 경우

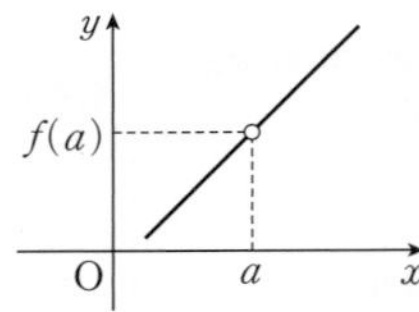

(ii) 극한값 $\lim_{x\to a}f(x)$가 존재하지 않는 경우

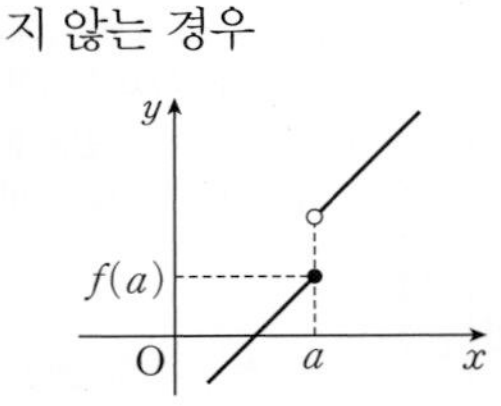

(iii) $\lim_{x\to a}f(x)\neq f(a)$인 경우

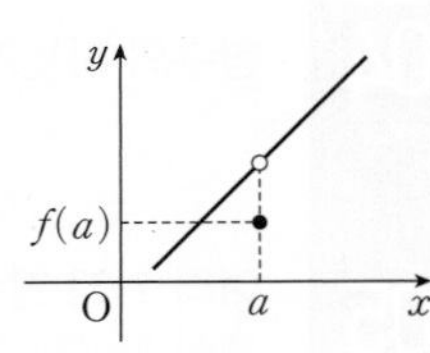

예 실수 전체의 집합에서 정의된 함수 $f(x)=\begin{cases} x^{m-4}(1+x^4) & (x\neq 0) \\ 0 & (x=0) \end{cases}$이 $x=0$에서 연속이 되기 위한 실수 m의 조건

→ $f(0)=0$이므로 함수 $f(x)$가 $x=0$에서 연속이 되려면 $\lim_{x\to 0}f(x)=f(0)$, 즉 $\lim_{x\to 0}x^{m-4}(1+x^4)=0$이어야 한다. 따라서 $\lim_{x\to 0}x^{m-4}=0$이므로 $m>4$이어야 한다.

• **함수의 연속의 정의**

함수 $f(x)$가 실수 a에 대하여 다음 조건을 모두 만족시킬 때, $f(x)$는 $x=a$에서 연속이라 한다.

(i) $x=a$에서 정의되어 있다.
 $\Longleftrightarrow$ $f(a)$의 값이 존재

(ii) 극한값 $\lim_{x\to a}f(x)$가 존재한다.
 $\Longleftrightarrow$ $\lim_{x\to a+}f(x)=\lim_{x\to a-}f(x)$

(iii) $\lim_{x\to a}f(x)=f(a)$

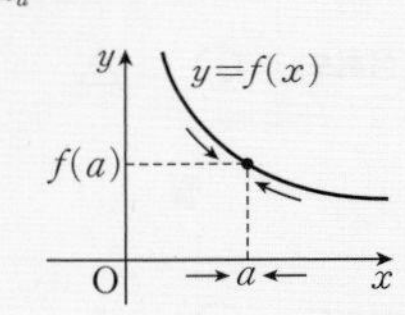

기출에서 뽑은 실전 개념 2 연속함수의 성질

(1) 두 함수의 곱 $f(x)g(x)$ 꼴의 함수의 연속

함수의 연속성은 나눗셈에서 분모가 0인 경우를 제외하고 사칙연산에 대하여 보존되므로 함수 $f(x)g(x)$가 연속이려면 함수 $f(x)$ 또는 $g(x)$가 불연속인 x의 값에서만 연속이면 된다.

주의 $x=a$에서 함수 $f(x)$ 또는 $g(x)$가 불연속이더라도 함수 $f(x)g(x)$는 $x=a$에서 연속일 수 있음에 주의한다.

2013학년도 6월 평가원 가 6

최고차항의 계수가 1인 이차함수 $f(x)$와 함수

$$g(x)=\begin{cases} -1 & (x\le 0) \\ -x+1 & (0<x<2) \\ 1 & (x\ge 2) \end{cases}$$

에 대하여 함수 $f(x)g(x)$가 실수 전체의 집합에서 연속일 때, $f(5)$의 값

→ 함수 $g(x)$는 $x=0$, $x=2$에서 불연속이고 함수 $f(x)g(x)$가 실수 전체의 집합에서 연속이므로 $x=0$, $x=2$에서도 $f(x)g(x)$가 연속이어야 한다.
이때 $f(x)$는 연속함수이므로 $f(0)=0$, $f(2)=0$이면
$\lim_{x\to 0-}f(x)g(x)=\lim_{x\to 0+}f(x)g(x)=f(0)g(0)=0$
$\lim_{x\to 2-}f(x)g(x)=\lim_{x\to 2+}f(x)g(x)=f(2)g(2)=0$
이 되어 함수 $f(x)g(x)$가 $x=0$, $x=2$에서도 연속이 된다.

• **연속함수**

함수 $f(x)$가 어떤 구간에 속하는 모든 실수에 대하여 연속일 때, 함수 $f(x)$는 그 구간에서 연속이라 한다. 또, 어떤 구간에서 연속인 함수를 그 구간에서 연속함수라 한다.

• **연속함수의 성질**

두 함수 $f(x)$, $g(x)$가 $x=a$에서 연속이면 다음 함수도 $x=a$에서 연속이다.

(1) $cf(x)$ (단, c는 상수)
(2) $f(x)\pm g(x)$
(3) $f(x)g(x)$
(4) $\dfrac{f(x)}{g(x)}$ (단, $g(a)\neq 0$)

(2) **합성함수 $(g\circ f)(x)$의 연속**: 합성함수 $(g\circ f)(x)$의 연속성은

(i) $f(x)$가 불연속인 점의 x의 값

(ii) $g(x)$가 불연속인 점의 x의 값을 함숫값으로 갖는 $f(x)$의 x의 값에서만 판별하면 된다.

2013학년도 수능 가 15

실수 전체의 집합에서 정의된 함수 $y=f(x)$의 그래프는 그림과 같고, 삼차함수 $g(x)$는 최고차항의 계수가 1이고, $g(0)=3$이다. 합성함수 $(g\circ f)(x)$가 실수 전체의 집합에서 연속일 때, $g(3)$의 값

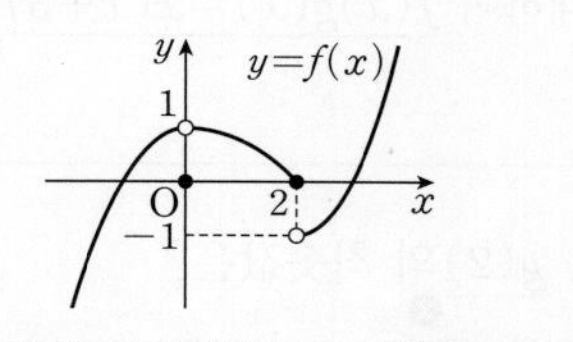

→ 함수 $g(x)$가 연속함수이고 합성함수 $(g\circ f)(x)$가 실수 전체의 집합에서 연속이므로 $f(x)$가 불연속인 점의 x의 값인 $x=0$, $x=2$에서 함수 $(g\circ f)(x)$가 연속임을 이용한다.

2013학년도 수능 나 20

두 함수

$$f(x)=\begin{cases}-1 & (|x|\ge 1)\\ 1 & (|x|<1)\end{cases},$$

$$g(x)=\begin{cases}1 & (|x|\ge 1)\\ -x & (|x|<1)\end{cases}$$

에 대하여 함수 $f(x)g(x+1)$의 연속성 판별

→ (i) 함수 $f(x)$는 $x=-1$, $x=1$에서 불연속이다.

(ii) $h(x)=x+1$이라 하면 함수 $g(x+1)$은 $g(x+1)=g(h(x))$인 합성함수이다.
함수 $h(x)$는 연속함수이고 함수 $g(x)$는 $x=1$에서 불연속이므로 $h(x)=1$인 $x=0$에서만 함수 $g(x+1)$이 연속인지 판별하면 된다.

(i), (ii)에 의하여 함수 $f(x)g(x+1)$은 $x=-1$, $x=0$, $x=1$에서만 연속인지 판별하면 된다.

(3) **사잇값의 정리의 활용**: 어떤 구간에서 방정식 $f(x)=0$의 실근의 유무, 즉 함수 $y=f(x)$의 그래프와 x축의 교점이 존재하는지를 판단할 때는 다음과 같이 사잇값의 정리를 활용한다.

> 함수 $f(x)$가 닫힌구간 $[a, b]$에서 연속이고 $f(a)$와 $f(b)$가 다른 부호를 가지면, 즉 $f(a)f(b)<0$이면 방정식 $f(x)=0$은 열린구간 (a, b)에서 적어도 하나의 실근을 가진다.

• **사잇값의 정리**
함수 $f(x)$가 닫힌구간 $[a, b]$에서 연속이고 $f(a)\ne f(b)$이면 $f(a)$와 $f(b)$ 사이의 임의의 실수 k에 대하여 $f(c)=k$인 c가 열린구간 (a, b)에 적어도 하나 존재한다.

기출예시 1 2012학년도 수능 나 18 ∘ 해답 2쪽

함수 $y=f(x)$의 그래프가 그림과 같을 때, 옳은 것만을 〈보기〉에서 있는 대로 고른 것은? [4점]

$y=f(x)$ 그래프: y, 2, 1, O, 1, x

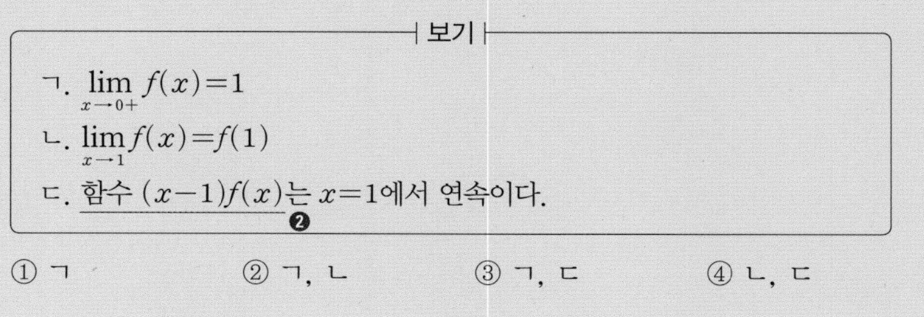

보기

ㄱ. $\lim_{x\to 0+} f(x)=1$

ㄴ. $\lim_{x\to 1} f(x)=f(1)$

ㄷ. 함수 $(x-1)f(x)$는 $x=1$에서 연속이다.

① ㄱ ② ㄱ, ㄴ ③ ㄱ, ㄷ ④ ㄴ, ㄷ ⑤ ㄱ, ㄴ, ㄷ

행동전략

❶ 함수가 불연속인 x의 값은 함수의 그래프가 끊어져 있는 점의 x좌표와 같다.
함수 $y=f(x)$의 그래프가 $x=0$과 $x=1$에서 끊어져 있으므로 $x=0$과 $x=1$에서 함수 $y=f(x)$는 불연속이다.

❷ 함수 $f(x)$가 $x=a$에서 불연속일 때 함수 $f(x)g(x)$ 꼴의 함수가 $x=a$에서 연속일 조건을 생각해 본다.
함수 $f(x)$가 $x=1$에서 불연속일 때, 함수 $g(x)$가 연속함수이고 $g(1)=0$이면 $f(x)g(x)$ 꼴의 함수는 $x=1$에서 연속이다.

기출예시 2 2014학년도 수능 A 28 ∘ 해답 2쪽

함수 $f(x)=\begin{cases}x+1 & (x\le 0)\\ -\frac{1}{2}x+7 & (x>0)\end{cases}$ 에 대하여 함수 $f(x)f(x-a)$가 $x=a$에서 연속이 되도록 하는 모든 실수 a의 값의 합을 구하시오. [4점]

행동전략

❶ 함수 $f(x)$의 정의역이 나누어지는 경곗값인 $x=0$에서의 연속성을 판별한다.

❷ 주어진 함수가 $x=a$에서 연속이려면 $x=a$에서
(함수의 우극한)=(함수의 좌극한)
=(함숫값)
이어야 한다.

1등급 완성
3단계 문제연습

01-1
함수의 연속과 연속함수의 성질의 활용

1

두 함수

$$f(x)=\begin{cases} -2x+3 & (x<0) \\ -2x+2 & (x\geq 0) \end{cases},\ g(x)=\begin{cases} 2x & (x<a) \\ 2x-1 & (x\geq a) \end{cases}$$

❶ ❷

가 있다. 함수 $f(x)g(x)$가 실수 전체의 집합에서 연속이 되도록 하는 상수 a의 값은? ❸

① -2　② -1　③ 0
④ 1　⑤ 2

행동전략

❶ $\lim_{x\to 0-} f(x)\neq \lim_{x\to 0+} f(x)$이므로 함수 $f(x)$는 $x=0$에서 불연속이다.
❷ $\lim_{x\to a-} g(x)\neq \lim_{x\to a+} g(x)$이므로 함수 $g(x)$는 $x=a$에서 불연속이다.
❸ ❶, ❷에 의하여 함수 $f(x)g(x)$가 실수 전체의 집합에서 연속이려면 $x=0$, $x=a$에서 연속이어야 한다.
→ $a<0$, $a=0$, $a>0$인 경우로 나누어 연속성을 판단한다.

2

최고차항의 계수가 1인 삼차함수 $f(x)$에 대하여 실수 전체의 집합에서 연속인 함수 $g(x)$가 다음 조건을 만족시킨다. ❶

> (가) 모든 실수 x에 대하여 $f(x)g(x)=x(x+3)$이다. ❶
> (나) $g(0)=1$ ❶

$f(1)$이 자연수일 때, $g(2)$의 최솟값은? ❷

① $\frac{5}{13}$　② $\frac{5}{14}$　③ $\frac{1}{3}$
④ $\frac{5}{16}$　⑤ $\frac{5}{17}$

행동전략

❶ $g(0)=1$이므로 $f(x)g(x)=x(x+3)$의 양변에 $x=0$을 대입하여 $f(0)$의 값을 구한다. 이를 이용하여 $f(x)$의 식을 세워 $g(x)$를 구한 다음 $g(x)$가 실수 전체의 집합에서 연속임을 이용한다.
❷ $g(2)$를 미지수에 대한 식으로 나타내고 미지수의 범위를 찾아 $g(2)$의 값이 최소가 될 때의 미지수의 값을 구한다.

해답 2쪽

3

다항함수 $f(x)$에 대하여

$$\lim_{x \to \infty} \frac{f(x)-x^3}{x^2}=-2$$

이다. 실수 t에 대하여 직선 $y=t$가 함수 $y=|x^2-4x|$의 그래프와 만나는 점의 개수를 $g(t)$라 하자. 모든 실수 t에 대하여 함수 $f(t)g(t)$가 연속일 때, $g(2)-f(2)$의 값을 구하시오.

NOTE 1st ○ △ × 2nd ○ △ ×

□
□
□

4

실수 전체의 집합에서 정의된 함수 $f(x)$가 다음 조건을 만족시킨다.

> (가) $x \geq 0$일 때, $f(x)=\begin{cases} x & (x>1) \\ -x & (0 \leq x \leq 1) \end{cases}$
>
> (나) 모든 실수 x에 대하여 $f(-x)=-f(x)$이다.

두 함수 $g(x)$, $h(x)$가

$$g(x)=f(x)-f(-x),$$

$$h(x)=\frac{f(x)+|f(x)|}{2}$$

일 때, 〈보기〉에서 옳은 것만을 있는 대로 고른 것은?

> 보기
>
> ㄱ. $\lim_{x \to 1+} f(x)+\lim_{x \to -1+} f(x)=2$
>
> ㄴ. 함수 $f(x)g(x)$는 $x=1$에서 연속이다.
>
> ㄷ. 함수 $f(x)h(x)$는 $x=-1$에서 연속이다.

① ㄱ ② ㄴ ③ ㄱ, ㄴ
④ ㄴ, ㄷ ⑤ ㄱ, ㄴ, ㄷ

NOTE 1st ○ △ × 2nd ○ △ ×

□
□
□

5

최고차항의 계수가 2인 두 다항함수 $f(x)$, $g(x)$에 대하여

$$\lim_{x \to \infty} \frac{3f(x)+2g(x)}{x^2+1}=4$$

이고, 실수 전체의 집합에서 연속인 함수

$$h(x)=\begin{cases} f(x) & (x \le 0) \\ \frac{1}{8}g(x)+\frac{7}{8} & (x>0) \end{cases}$$

는 역함수가 존재한다. 함수 $y=h(x)$의 그래프와 역함수 $y=h^{-1}(x)$의 그래프가 서로 다른 두 점에서 만나고, 두 교점의 x좌표가 -1, k일 때, $h(-5k)+h(5k)$의 값을 구하시오.

(단, $k>0$)

6

실수 k에 대하여 함수 $f(x)$를

$$f(x)=\begin{cases} x+2 & (x<k) \\ ax^2+bx-2 & (x \ge k) \end{cases}$$

라 하자. 실수 t에 대하여 점 $\mathrm{P}(t,\ f(t))$와 직선 $y=x$ 사이의 거리를 $g(t)$라 할 때, 함수 $g(t)$가 다음 조건을 만족시킨다.

(가) 함수 $g(t)$가 실수 전체의 집합에서 연속이 되도록 하는 서로 다른 실수 k의 개수는 3이다.

(나) $\lim_{t \to k-} g(t) - \lim_{t \to k+} g(t) = \sqrt{2}$인 서로 다른 모든 실수 k의 값의 합은 3이다.

$18(a+b)$의 값을 구하시오.

(단, a, b는 $a<0$, $b>0$인 상수이다.)

NOTE 1st ○△× 2nd ○△×

7

실수 k에 대하여 함수 $f(x)$가

$$f(x)=\begin{cases} \dfrac{2}{x} & (x\neq0) \\ k & (x=0) \end{cases}$$

일 때, 함수 $f(x)$와 $g(2)=8$인 이차함수 $g(x)$가 다음 조건을 만족시킨다.

> (가) 함수 $f(x)g(x)$는 모든 실수에서 연속이다.
> (나) $\lim_{x\to0}\{f(x)\}^2g(x)=f(0)$

$f(0)+g(1)$의 값을 구하시오.

NOTE 1st ○ △ × 2nd ○ △ ×

□
□
□

8

닫힌구간 $[0, 2]$에서 정의된 함수

$$f(x)=\begin{cases} 2x & (0\leq x\leq1) \\ -x+3 & (1<x\leq2) \end{cases}$$

의 그래프가 그림과 같다.

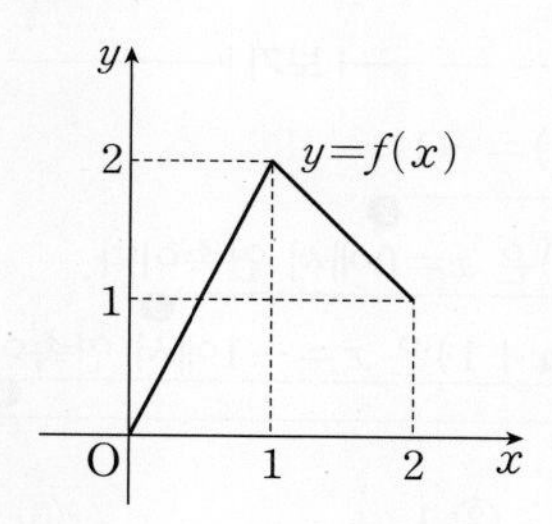

합성함수 $y=(f\circ f)(x)$의 그래프와 직선 $y=tx+1$ (t는 실수)의 교점의 개수를 $g(t)$라 하자. 최고차항의 계수가 2인 삼차함수 $h(t)$에 대하여 함수 $g(t)h(t)$가 실수 전체의 집합에서 연속일 때, $h(4)$의 값을 구하시오.

NOTE 1st ○ △ × 2nd ○ △ ×

□
□
□

01-2
합성함수 또는 평행이동한 함수의 연속

1

두 함수

$$f(x)=\begin{cases}-1 & (|x|\ge 1)\\ 1 & (|x|<1)\end{cases},\quad g(x)=\begin{cases}1 & (|x|\ge 1)\\ -x & (|x|<1)\end{cases}$$ ❶

에 대하여 옳은 것만을 〈보기〉에서 있는 대로 고른 것은?

보기

ㄱ. $\lim_{x\to 1} f(x)g(x)=-1$ ❷

ㄴ. 함수 $g(x+1)$은 $x=0$에서 연속이다. ❸

ㄷ. 함수 $f(x)g(x+1)$은 $x=-1$에서 연속이다. ❹

① ㄱ ② ㄴ ③ ㄱ, ㄴ
④ ㄱ, ㄷ ⑤ ㄱ, ㄴ, ㄷ

행동전략

❶ 두 함수 $f(x)$, $g(x)$가 $|x|\ge 1$인 범위와 $|x|<1$인 범위, 즉 $x\le -1$, $-1<x<1$, $x\ge 1$인 범위에서 다르게 정의되어 있다.
❷ 함수 $f(x)g(x)$의 $x=1$에서의 우극한값과 좌극한값을 구하여 서로 같은지 확인한다.
❸ 함수 $g(x+1)$의 $x=0$에서의 우극한값과 좌극한값, 함숫값을 비교하여 연속인지 확인한다.
❹ 함수 $f(x)g(x+1)$의 $x=-1$에서의 우극한값과 좌극한값, 함숫값을 비교하여 연속인지 확인한다.

2

실수 전체의 집합에서 정의된 함수 $f(x)$가 다음 조건을 만족시킨다.

(가) $f(x)=\begin{cases}2 & (0\le x<2)\\ -2x+6 & (2\le x<3)\\ 0 & (3\le x\le 4)\end{cases}$

(나) 모든 실수 x에 대하여
$f(-x)=f(x)$이고 $f(x)=f(x-8)$이다. ❶

실수 전체의 집합에서 정의된 함수

$$g(x)=\begin{cases}\dfrac{|x|}{x}+n & (x\ne 0)\\ n & (x=0)\end{cases}$$

에 대하여 함수 $(f\circ g)(x)$가 상수함수가 ❷ 되도록 하는 60 이하의 자연수 n의 개수는?

① 30 ② 32 ③ 34
④ 36 ⑤ 38

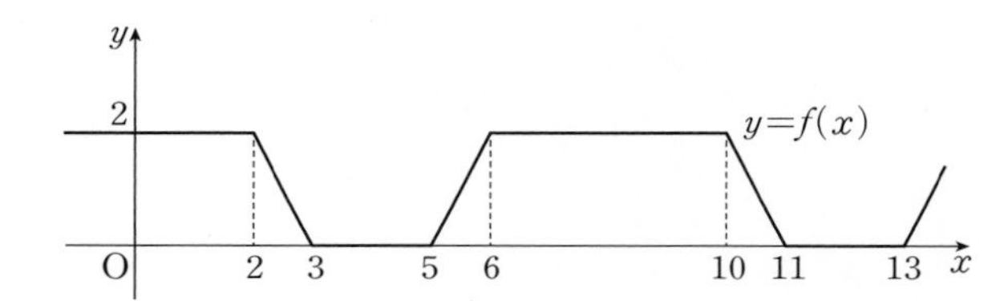

행동전략

❶ 함수 $y=f(x)$의 그래프는 y축에 대하여 대칭이고, 주기가 8임을 파악한다.
❷ 함수 $g(x)$의 치역의 모든 원소에 대하여 합성함수 $(f\circ g)(x)$의 함숫값이 모두 같아야 함을 파악한다.

해답 9쪽

3

함수

$$f(x)=\begin{cases} x^2-2x-4 & (x<0) \\ \frac{1}{2}|x-5|-2 & (x\ge 0) \end{cases}$$

에 대하여 함수 $\{f(x)+1\}f(x-a)$가 $x=a$에서 연속이 되도록 하는 모든 실수 a의 값의 합을 구하시오.

NOTE 1st ○ △ × 2nd ○ △ ×

□
□
□

4

상수 k에 대하여 다항함수 $f(x)$가 다음 조건을 만족시킨다.

(가) $\lim_{x\to\infty}\frac{f(x)}{x^2+1}=2$

(나) $\lim_{x\to k}\frac{f(x)}{x-k}=4(k-1)$

함수 $f(x)$와 함수

$$g(x)=\begin{cases} |x|-1 & (|x|<2) \\ -1 & (|x|\ge 2) \end{cases}$$

에 대하여 함수 $f(x)g(x-1)$이 실수 전체의 집합에서 연속이 되도록 하는 k의 개수를 p, 함수 $y=f(x)g(x+1)$의 그래프가 오직 한 점에서만 불연속이 되도록 하는 k의 개수를 q라 하자. $p+q$의 값을 구하시오.

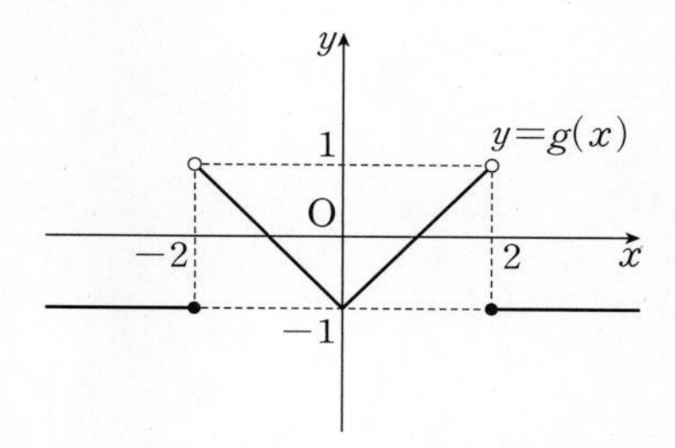

NOTE 1st ○ △ × 2nd ○ △ ×

□
□
□

5

두 함수 $f(x)$, $g(x)$가

$$f(x)=\begin{cases} 2x+a & (x<-2) \\ bx & (-2\le x<2), \\ 4x+c & (x\ge 2) \end{cases}$$

$$g(x)=\begin{cases} |x+2|-2 & (x<0) \\ -|x-2|+2 & (x\ge 0) \end{cases}$$

이다. 합성함수 $g\circ f$가 일대일대응일 때, $f(-4)+f(4)$의 값을 구하시오. (단, a, b, c는 상수이다.)

NOTE 1st ○ △ × 2nd ○ △ ×

□
□
□

6

함수

$$f(x)=\begin{cases} 4x^2+3 & (x<1) \\ |x-4| & (x\ge 1) \end{cases}$$

에 대하여 함수 $y=f(x)$의 그래프와 직선 $y=t$가 만나는 점의 개수를 $g(t)$라 할 때, 함수 $g(t)$가 다음 조건을 만족시키는 모든 자연수 a의 값의 합을 구하시오.

> 함수 $\{g(t)-2\}g(t-a)$는 $t=\alpha$, $t=\beta$ $(\alpha\ne\beta)$에서만 불연속이다.

NOTE 1st ○ △ × 2nd ○ △ ×

□
□
□

○ 해답 13쪽

7

최고차항의 계수가 1인 이차함수 $f(x)$에 대하여 함수

$$g(x)=\begin{cases} f(x)-4 & (x<1) \\ k & (x=1) \\ f(x) & (x>1) \end{cases}$$

가 다음 조건을 만족시킨다.

> (가) 1보다 큰 상수 a에 대하여 $g(a)=0$이고 $\lim_{x \to a} g(g(x)+1)$의 극한값이 존재한다.
>
> (나) 함수 $g(x)g(x-b)$가 $x=1$에서 연속이 되도록 하는 실수 b의 개수는 3이다.

실수 b의 최댓값을 M, 최솟값을 m이라 할 때, $k^2\times(M-m)$의 값을 구하시오. (단, $k>0$)

NOTE 1st ○ △ × 2nd ○ △ ×
□
□
□

8

10 이하의 두 자연수 a, b에 대하여 두 함수 $f(x)$, $g(x)$는

$$f(x)=\begin{cases} 2 & (x<-1) \\ x & (-1\le x\le 1) \\ a & (x>1) \end{cases},$$

$$g(x)=x^2+bx+4$$

이다. 함수 $f\circ g$가 실수 전체의 집합에서 연속이 되도록 하는 순서쌍 (a, b)의 개수는?

① 29　② 31　③ 33　④ 35　⑤ 37

NOTE 1st ○ △ × 2nd ○ △ ×
□
□
□

THEME

02 도함수의 활용

행동전략 ❶ 주어진 조건을 이용하여 함수를 추론하라!

✔ 방정식의 실근의 개수가 조건으로 주어지면 함수 식의 꼴을 먼저 결정한 후 미분을 이용하여 나머지 조건들을 만족시키도록 한다.

✔ 극값을 갖는 x의 값이 주어지면 도함수부터 결정한 후 함수를 추론한다.
주로 삼차함수와 사차함수에 관한 문제가 많이 출제되므로 주어진 조건을 만족시키는 삼차함수와 사차함수의 그래프의 개형을 추론하는 연습을 많이 하도록 한다.

기출에서 뽑은 실전 개념 1 조건을 만족시키는 함수의 추론 – 방정식의 실근의 개수, 함수의 특성에 대한 조건

(1) 방정식 $f(x)=0$의 실근의 개수에 대한 조건이 주어지는 경우

예를 들어 최고차항의 계수 $a>0$인 삼차함수 $f(x)$에 대하여 방정식 $f(x)=0$이

① 서로 다른 세 개의 실근을 갖는 경우

→ $f(x)=a(x-\alpha)(x-\beta)(x-\gamma)$

② 서로 다른 두 개의 실근을 갖는 경우

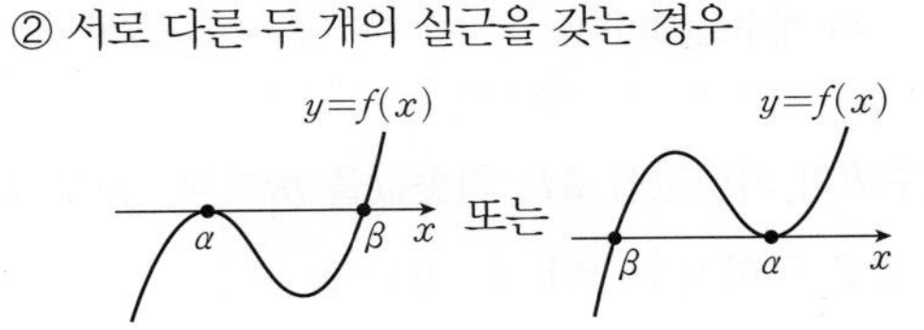

→ $f(x)=a(x-\alpha)^2(x-\beta)$ ┌ $y=f(x)$의 그래프와 x축의 접점의 x좌표는 $f(x)$의 2차의 인수가 된다.

③ 삼중근을 갖는 경우

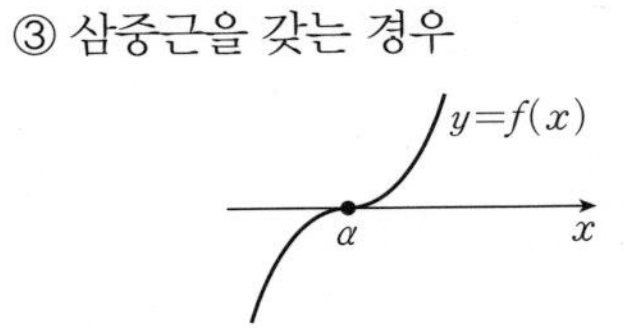

→ $f(x)=a(x-\alpha)^3$ ┌ $y=f(x)$의 그래프가 x축을 통과하면서 접할 때 접점의 x좌표는 $f(x)$의 3차의 인수가 된다.

(2) 함수의 대칭성 또는 주기성에 대한 조건이 주어지는 경우

2012학년도 수능 나 21

최고차항의 계수가 1인 삼차함수 $f(x)$가 모든 실수 x에 대하여 $f(-x)=-f(x)$를 만족시킨다. 방정식 $|f(x)|=2$의 서로 다른 실근의 개수가 4일 때, $f(3)$의 값

→ 삼차함수 $y=f(x)$의 그래프가 원점에 대하여 대칭이므로 $f(x)=x^3+ax$ (a는 상수)로 놓고 나머지 조건들을 이용하여 a의 값을 구한다.

2008학년도 6월 평가원 가 21

사차함수 $f(x)=x^4+ax^3+bx^2+cx+6$이 모든 실수 x에 대하여 $f(-x)=f(x)$를 만족시킨다. 함수 $f(x)$는 극솟값 -10을 가질 때, $f(3)$의 값

→ 사차함수 $y=f(x)$의 그래프가 y축에 대하여 대칭이므로 $a=c=0$이고, 나머지 조건을 이용하여 b의 값을 구한다.

• 방정식의 실근

(1) 방정식 $f(x)=0$의 실근은 함수 $y=f(x)$의 그래프와 x축의 교점의 x좌표와 같다.

(2) 방정식 $f(x)=g(x)$의 실근은 두 함수 $y=f(x)$, $y=g(x)$의 그래프의 교점의 x좌표와 같다.

참고

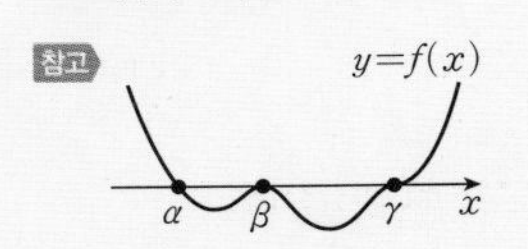

→ $f(x)=a(x-\alpha)(x-\beta)^2(x-\gamma)^3$ (단, a는 실수)

• 삼차방정식의 실근의 개수

삼차함수 $f(x)$가 극값을 가질 때, (극댓값)×(극솟값)의 값의 부호에 따라 삼차방정식 $f(x)=0$의 실근의 개수는 다음과 같이 달라진다.

(1) 서로 다른 세 실근
⟺ (극댓값)×(극솟값)<0

(2) 중근과 다른 한 실근
⟺ (극댓값)×(극솟값)$=0$

(3) 한 실근과 두 허근
⟺ (극댓값)×(극솟값)>0

기출예시 1 2021학년도 9월 평가원 나 26 ○ 해답 18쪽

방정식 $x^3-x^2-8x+k=0$의 서로 다른 실근의 개수가 2일 때, 양수 k의 값을 구하시오. [4점] ❶

행동전략

❶ $f(x)=x^3-x^2-8x$로 놓고 방정식 $f(x)=-k$의 서로 다른 실근의 개수가 2이기 위한 조건을 찾는다.
함수 $y=f(x)$의 그래프와 직선 $y=-k$가 서로 다른 두 점에서 만나야 한다.

기출에서 뽑은 실전 개념 2 조건을 만족시키는 함수의 추론 – 극값에 대한 조건

함수 $f(x)$가 $x=a$에서 극값을 갖는다는 조건이 주어졌을 때, 다음과 같이 문제를 해결한다.

(1) 도함수 $f'(x)$부터 구하는 경우

$f'(a)=0$임을 이용할 수 있도록 도함수 $y=f'(x)$의 그래프를 먼저 그려서 증가와 감소, 극대와 극소를 이용하여 함수 $y=f(x)$의 그래프의 개형을 추론한다.

(2) 함수 $f(x)$를 바로 결정하는 경우

극값을 갖는 x의 값과 그때의 극값이 조건으로 주어지면 다음과 같은 극값의 성질을 이용하여 함수 $f(x)$의 식의 꼴을 바로 결정할 수도 있다.

① 미분가능한 함수 $f(x)$가 $x=a$에서 극값 0을 갖는다.

→ 곡선 $y=f(x)$가 $x=a$에서 x축에 접한다. 즉, $f(x)=(x-a)^2g(x)$

② 미분가능한 함수 $f(x)$가 $x=a$에서 극값 k를 갖는다.

→ 곡선 $y=f(x)$가 $x=a$에서 직선 $y=k$에 접한다. 즉, $f(x)-k=(x-a)^2g(x)$

• 함수 $f(x)$가 $x=a$ (실제 값으로 주어짐)에서 극값을 갖는다는 조건이 주어지면 다음을 바로 떠올릴 수 있어야 한다.
(1) $f'(a)=0$
→ $f'(x)=(x-a)Q(x)$
(2) $f(x)-f(a)=(x-a)^2P(x)$

수능적 발상

도함수 $y=f'(x)$의 그래프가 주어지면 함수 $y=f(x)$의 그래프의 개형을 추론한다!

도함수 $y=f'(x)$의 그래프로부터 함수 $y=f(x)$의 그래프의 개형을 추론할 수 있어야 한다.
특히 사차함수의 도함수는 삼차함수이므로 삼차함수인 도함수의 그래프의 개형으로부터 사차함수의 그래프의 개형을 추론할 수 있어야 한다.
최고차항의 계수가 양수인 사차함수 $f(x)$가 극값을 갖는 경우는 항상 다음의 두 가지 중 하나에 해당하고, 각 경우에서 삼차함수인 도함수 $y=f'(x)$의 그래프로부터 사차함수 $y=f(x)$의 그래프를 추론해 보면 다음과 같다.

(1) 2개의 극솟값과 1개의 극댓값을 갖는 경우

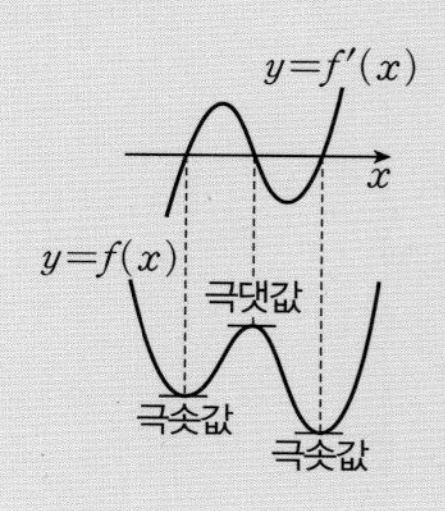

(2) 극값을 1개만 갖는 경우
(극솟값을 갖고, 극댓값은 갖지 않는 경우)

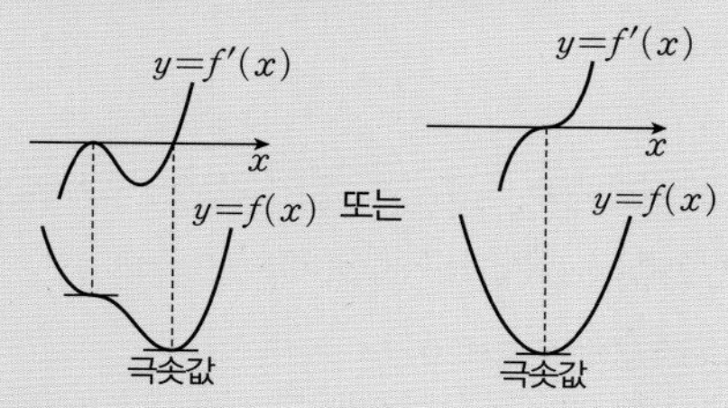

• 최고차항의 계수가 양수인 사차함수 $f(x)$는 항상 극솟값을 갖는다.
(1) $f(x)$가 극댓값을 가지면 삼차방정식 $f'(x)=0$은 서로 다른 세 실근을 갖는다.
(2) $f(x)$가 극댓값을 갖지 않으면 삼차방정식 $f'(x)=0$은 한 실근과 두 허근을 갖거나 한 실근과 중근 또는 삼중근을 갖는다.

기출예시 2 2012학년도 6월 평가원 나 19 ∘해답 18쪽

삼차함수 $f(x)$의 도함수의 그래프와 이차함수 $g(x)$의 도함수의 그래프가 그림과 같다. 함수 $h(x)$를 $h(x)=f(x)-g(x)$라 하자. ❶
$f(0)=g(0)$일 때, 옳은 것만을 〈보기〉에서 있는 대로 고른 것은? [4점]

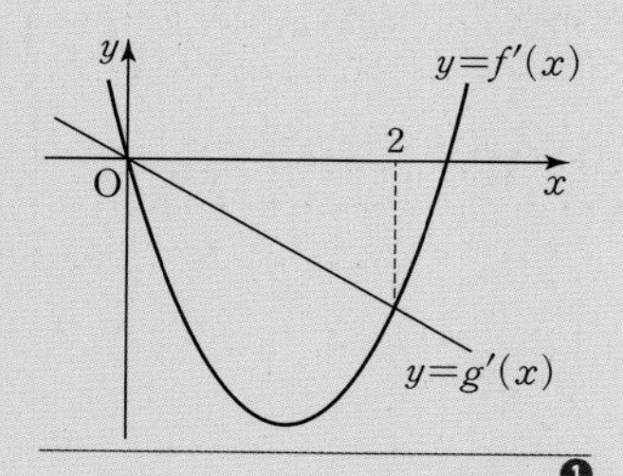

보기

ㄱ. $0<x<2$에서 $h(x)$는 감소한다.

ㄴ. $h(x)$는 $x=2$에서 극솟값을 갖는다.

ㄷ. 방정식 $h(x)=0$은 서로 다른 세 실근을 갖는다.

① ㄱ ② ㄴ ③ ㄱ, ㄴ ④ ㄱ, ㄷ ⑤ ㄱ, ㄴ, ㄷ

행동전략

❶ 도함수를 이용하여 함수의 그래프의 개형을 추론한다.
두 함수 $y=f'(x)$와 $y=g'(x)$의 그래프는 $x=0$과 $x=2$에서 만난다.
→ 함수 $h(x)=f(x)-g(x)$는 $x=0$, $x=2$에서 극대 또는 극소이다.

02-1 도함수의 활용-증가·감소, 극대·극소

1

최고차항의 계수가 1인 삼차함수 $f(x)$에 대하여 함수 $g(x)$는

$$g(x)=\begin{cases} \frac{1}{2} & (x<0) \\ f(x) & (x\geq 0) \end{cases}$$ ❶, ❷

이다. $g(x)$가 실수 전체의 집합에서 미분가능하고❶ $g(x)$의 최솟값이 $\frac{1}{2}$보다 작을 때,❷ 〈보기〉에서 옳은 것만을 있는 대로 고른 것은?

보기

ㄱ. $g(0)+g'(0)=\frac{1}{2}$

ㄴ. $g(1)<\frac{3}{2}$

ㄷ. 함수 $g(x)$의 최솟값이 0일 때, $g(2)=\frac{5}{2}$이다.

① ㄱ ② ㄱ, ㄴ ③ ㄱ, ㄷ
④ ㄴ, ㄷ ⑤ ㄱ, ㄴ, ㄷ

행동전략

❶ 함수 $g(x)$는 $x=0$에서 연속이고, $x=0$에서의 좌미분계수와 우미분계수가 같음을 파악한다.

❷ $g(x)$의 함숫값이 $\frac{1}{2}$보다 작은 경우는 $x\geq 0$일 때임을 파악한다.

2

두 삼차함수 $f(x)$와 $g(x)$가 모든 실수 x에 대하여

$$f(x)g(x)=(x-1)^2(x-2)^2(x-3)^2$$ ❶

을 만족시킨다. $g(x)$의 최고차항의 계수가 3이고, $g(x)$가 $x=2$에서 극댓값을 가질 때,❷ $f'(0)=\frac{q}{p}$이다. $p+q$의 값을 구하시오. (단, p와 q는 서로소인 자연수이다.)

행동전략

❶ 함수 $g(x)$의 식이 가질 수 있는 인수에 따라 경우를 나누어 생각한다.

❷ $g'(2)=0$임을 이용하여 함수 $g(x)$의 식을 구한다.

해답 19쪽

3

삼차함수 $f(x)=6\sqrt{3}(x^3-3x^2+2x)$에 대하여 $x\geq 2$에서 정의된 함수 $g(x)$는

$$g(x)=f(x-2k)+\frac{6}{k}|f(x-2k)|\ (2k\leq x<2k+2)$$

(단, k는 모든 자연수)

이다. $6\leq n\leq 28$인 자연수 n에 대하여 직선 $y=n$과 함수 $y=g(x)$의 그래프가 만나는 점의 개수를 a_n이라 할 때, a_n의 값이 홀수가 되는 모든 자연수 n의 값의 합을 구하시오.

NOTE 1st ○ △ × 2nd ○ △ ×

□

□

□

4

실수 t에 대하여 직선 $x=t$가 두 함수

$$y=x^4+4x^3-6x-30,\ y=2x+2$$

의 그래프와 만나는 점을 각각 A, B라 할 때, 점 A와 점 B 사이의 거리를 $f(t)$라 하고 $C(t)$를 다음과 같이 정의한다.

$$C(t)=\lim_{h\to 0+}\frac{f(t+h)-f(t)}{h}\times\lim_{h\to 0-}\frac{f(t+h)-f(t)}{h}$$

〈보기〉에서 옳은 것만을 있는 대로 고른 것은?

보기

ㄱ. 함수 $f(t)$는 연속함수이고 치역은 0 이상인 실수 전체의 집합이다.

ㄴ. 함수 $f(t)$의 극소인 점의 개수가 극대인 점의 개수보다 많다.

ㄷ. 함수 $f(t)$의 극소인 점의 개수는 함수 $C(t)$의 불연속인 점의 개수와 같다.

① ㄱ ② ㄴ ③ ㄱ, ㄴ

④ ㄱ, ㄷ ⑤ ㄱ, ㄴ, ㄷ

NOTE 1st ○ △ × 2nd ○ △ ×

□

□

□

5

최고차항의 계수가 1이고 극댓값과 극솟값을 가지는 삼차함수 $f(x)$에 대하여 함수

$$g(x)=\lim_{h\to 0+}\frac{|f(x+h)-f(x)|+|f(x+h)|-|f(x)|}{h}$$

가 다음 조건을 만족시킨다.

(가) 함수 $(x-3)g(x)$는 실수 전체의 집합에서 연속이다.
(나) 방정식 $g(x)=k$의 실근이 존재하지 않도록 하는 양의 실수 k의 값의 범위는 $6<k<48$이다.

$f'(4)$의 값을 구하시오.

NOTE 1st ○△× 2nd ○△×

□
□
□

6

함수 $f(x)=x^3+x^2+ax+b$와 어떤 실수 t에 대하여 함수 $g(x)$를

$$g(x)=f'(t)(x-t)+f(x)$$

라 하자. 〈보기〉에서 옳은 것만을 있는 대로 고른 것은? (단, a, b는 상수이다.)

보기

ㄱ. 함수 $f(x)$의 극값이 존재하지 않으면 함수 $g(x)$의 극값도 존재하지 않는다.
ㄴ. $t=0$일 때 함수 $g(x)$의 극값이 존재하면 $a<\frac{1}{6}$이다.
ㄷ. $f(t+1)=0$이면 열린구간 $(t, t+1)$에서 방정식 $g(x)+(x-t)f'(x)=f'(t)(x-t)$는 적어도 하나의 실근을 갖는다.

① ㄱ ② ㄷ ③ ㄱ, ㄴ
④ ㄴ, ㄷ ⑤ ㄱ, ㄴ, ㄷ

NOTE 1st ○△× 2nd ○△×

□
□
□

해답 23쪽

7

최고차항의 계수가 1인 삼차함수 $f(x)$가 다음 조건을 만족시킬 때, $f(4)$의 값은?

(가) $f(0)=10$
(나) $x<0$인 모든 실수 x에 대하여 $f(x)\le f(-1)$이다.
(다) $x\ge 0$인 모든 실수 x에 대하여 $\{f(x)\}^2\ge\{f(2)\}^2$이다.

① 18　② 22　③ 26
④ 30　⑤ 34

NOTE　1st ○ △ ×　2nd ○ △ ×
□
□
□

8

Killer

사차함수 $f(x)=\frac{k}{4}x^4-2kx^2$과 실수 t에 대하여 닫힌구간 $[t-2,\ t]$에서 함수 $f(x)$의 최댓값과 최솟값의 차를 $g(t)$라 하자. 함수 $g(t)$의 극댓값이 32일 때, 극솟값은 p 또는 q $(p\ne q)$이다. $p+q$의 값을 구하시오. (단, k는 $k>0$인 상수이다.)

NOTE　1st ○ △ ×　2nd ○ △ ×
□
□
□

1

최고차항의 계수가 양수인 삼차함수 $f(x)$가 다음 조건을 만족시킨다.

> (가) 방정식 $f(x)-x=0$의 서로 다른 실근의 개수는 2이다. ❶
> (나) 방정식 $f(x)+x=0$의 서로 다른 실근의 개수는 2이다. ❶

$f(0)=0$, $f'(1)=1$일 때, ❷ $f(3)$의 값을 구하시오.

행동전략

❶ 삼차함수 $y=f(x)$의 그래프와 두 직선 $y=x$, $y=-x$는 각각 서로 다른 두 점에서 만남을 파악한다.

❷ $f(0)=0$이므로 $x=0$은 두 방정식 $f(x)-x=0$, $f(x)+x=0$의 공통근이다. 이때 $f'(1)=1$이므로 함수 $y=f(x)$의 그래프 위의 $x=1$인 점에서의 접선의 기울기가 1이면서 $x=0$이 방정식 $f(x)-x=0$의 중근인 경우와 중근이 아닌 실근인 경우로 나누어 함수 $y=f(x)$의 그래프의 개형을 추론한다.

2

두 함수

$$f(x)=x^3-kx+6,\ g(x)=2x^2-2$$

에 대하여 〈보기〉에서 옳은 것만을 있는 대로 고른 것은?

> 보기
>
> ㄱ. $k=0$일 때, 방정식 $f(x)+g(x)=0$은 오직 하나의 실근을 갖는다. ❶
>
> ㄴ. 방정식 $f(x)-g(x)=0$의 서로 다른 실근의 개수가 2가 ❷ 되도록 하는 실수 k의 값은 4뿐이다.
>
> ㄷ. 방정식 $|f(x)|=g(x)$의 서로 다른 실근의 개수가 5가 ❸ 되도록 하는 실수 k가 존재한다.

① ㄱ　　② ㄱ, ㄴ　　③ ㄱ, ㄷ　　④ ㄴ, ㄷ　　⑤ ㄱ, ㄴ, ㄷ

행동전략

❶ $k=0$일 때, $f(x)+g(x)=x^3+2x^2+4$이므로 함수 $y=x^3+2x^2+4$의 그래프와 x축이 만나는 점의 개수를 구한다.

❷ $f(x)-g(x)=0$에서 $x^3-2x^2+8=kx$이므로 두 함수 $y=x^3-2x^2+8$, $y=kx$의 그래프가 만나는 점의 개수가 2가 되는 경우를 찾는다.

❸ $g(x)\ge 0$인 x의 값의 범위에서 주어진 방정식의 실근의 개수를 구한다.

해답 27쪽

3

함수 $f(x)=\frac{1}{3}x^3-x^2$에 대하여 x에 대한 방정식

$$|4f(x)+kx|=3x$$

의 서로 다른 실근의 개수가 3이 되도록 하는 3 이상의 모든 자연수 k의 값의 합을 구하시오.

NOTE 1st ○ △ × 2nd ○ △ ×

□
□
□

4

$a<b$인 두 상수 a, b에 대하여 삼차함수
$f(x)=x^3-(a+b)x^2+abx$가 다음 조건을 만족시킨다.

> (가) $f'(0)<0$
> (나) $f(1)+f'(-1)>0$

〈보기〉에서 옳은 것만을 있는 대로 고른 것은?

보기

ㄱ. $ab<0$
ㄴ. 극댓값과 극솟값의 합이 0이면 $ab<-2$이다.
ㄷ. 방정식 $\{f(x)-4\}\{f(x)+4\}=0$의 서로 다른 실근의 개수가 5일 때, 방정식 $\{f(x)-2\}\{f(x)+1\}=0$의 서로 다른 실근의 개수는 6이다.

① ㄱ ② ㄴ ③ ㄷ
④ ㄱ, ㄷ ⑤ ㄱ, ㄴ, ㄷ

NOTE 1st ○ △ × 2nd ○ △ ×

□
□
□

5

삼차함수 $f(x)=x^3-12x+k$와 실수 t에 대하여 방정식 $|f(x)|-t=0$의 서로 다른 실근의 개수를 $g(t)$라 하자. 〈보기〉에서 옳은 것만을 있는 대로 고른 것은?

보기

ㄱ. $k=0$이면 함수 $g(t)$가 불연속인 t의 값의 개수는 4이다.

ㄴ. $\lim_{x \to 2} \frac{f(x)}{x-2}=0$일 때, $g(10)+g(35)=6$이다.

ㄷ. 함수 $g(t)$가 서로 다른 세 정수 $t=0$, t_1, t_2 $(t_1<t_2)$에서만 불연속일 때, $|k|$의 값이 최소이면 $t_2-t_1=2$이다.

① ㄱ　② ㄴ　③ ㄱ, ㄴ
④ ㄴ, ㄷ　⑤ ㄱ, ㄴ, ㄷ

NOTE　1st ○ △ ×　2nd ○ △ ×
□
□
□

6

최고차항의 계수가 1인 삼차함수 $f(x)$에 대하여 방정식

$$(f \circ f)(x)=x$$

의 모든 실근이 1, α $(1<\alpha)$이다. $f'(1)>1$, $f'(1)+f'(\alpha)=6$일 때, $f(2\alpha)$의 값을 구하시오.

NOTE　1st ○ △ ×　2nd ○ △ ×
□
□
□

해답 31쪽

7

최고차항의 계수가 양수인 사차함수 $f(x)$가 다음 조건을 만족시킨다.

> (가) $x=-1$에서 극댓값이 4이다.
> (나) 방정식 $f(x)=f(1)$은 서로 다른 세 실근 α, β, 1 $(\alpha<\beta)$을 갖고 $f'(\alpha)+f'(\beta)+f'(1)=0$이다.

$f'(2)=21$일 때, $f'(5)$의 값을 구하시오.

NOTE　1st ○△×　2nd ○△×

□
□
□

8

최고차항의 계수가 1인 삼차함수 $f(x)$가 다음 조건을 만족시킬 때, $f(k)$의 값은?

> (가) $f(3)=0$, $f'(3)>0$
> (나) 함수 $f(x)$는 $x=4$에서 극댓값을 갖는다.
> (다) x에 대한 방정식 $|f(x)|=t$의 서로 다른 실근의 개수가 4인 실수 t의 값의 범위는 $k<t<4$이다.
> (단, k는 음이 아닌 정수이다.)

① -92　② -96　③ -100
④ -104　⑤ -108

NOTE　1st ○△×　2nd ○△×

□
□
□

THEME

03 접선의 방정식의 활용

행동전략 ❶ 접선이 직접적으로 언급된 문제에서는 접점의 좌표에 주목하라!

- 문제에서 바로 접점의 좌표가 드러나므로 접점의 x좌표에서의 미분계수를 구하여 접선의 기울기를 구한다.
- 접점의 x좌표가 a일 경우, 접선의 방정식은 $y-f(a)=f'(a)(x-a)$임을 잘 숙지하고 이용할 수 있어야 한다.

행동전략 ❷ 접선이 언급되지는 않았지만 접선을 이용하여 해결하는 문제가 있음에 주의하라!

- 문제에 언급된 다른 직선이나 다른 점으로부터 접선의 기울기나 접점의 좌표를 유추해 낼 수 있어야 한다.
- 접선의 방정식에 대한 고난도 문제가 대부분 이 경우에 해당하므로 문제를 많이 풀어 보면서 이런 유형의 문제를 바로바로 구별할 수 있도록 한다.

기출에서 뽑은 실전 개념 1 접선의 방정식의 활용 – 접선에 대한 문제임이 직접적으로 드러나는 경우

문제의 지문에 직접적으로 접선이 언급되는 경우이며, 이 경우에는 접점의 좌표가 대부분 주어지기 때문에 주어진 접점의 x좌표로부터 접선의 기울기 및 접선의 방정식을 구한다.

2021학년도 수능 나 9

곡선 $y=x^3-3x^2+2x+2$ 위의 점 $A(0,\ 2)$에서의 접선과 수직이고 점 A를 지나는 직선의 x절편

→ 문제에서 직접적으로 접선이 언급된 경우로, 접점의 좌표가 $(0,\ 2)$임을 바로 알 수 있으므로 $y'=3x^2-6x+2$에 $x=0$을 대입하여 접선의 기울기를 구한 후 문제를 해결한다.

기출에서 뽑은 실전 개념 2 접선의 방정식의 활용 – 접선이 직접적으로 문제에 언급되지 않는 경우

문제의 지문만 봐서는 접선의 방정식에 관한 문제임을 바로 알 수 없는 경우이며, 이 경우에는 문제에 언급된 다른 직선이나 다른 점으로부터 접선의 기울기나 접점의 좌표를 유추해 낸다.

2015학년도 9월 평가원 A 27

곡선 $y=\frac{1}{3}x^3+\frac{11}{3}\ (x>0)$ 위를 움직이는 점 P와 직선 $x-y-10=0$ 사이의 거리를 최소가 되게 하는 곡선 위의 점 P의 좌표를 $(a,\ b)$라 할 때, $a+b$의 값

→ 접선이 문제에서 언급되지 않았지만 주어진 곡선과 직선 $x-y-10=0$, 즉 $y=x-10$ 사이의 거리를 최소가 되게 하는 곡선 위의 점 P는 접선의 기울기가 1인 곡선 위의 점과 같음을 이용하여 $a+b$의 값을 구할 수 있다.

행동전략

❶ 주어진 삼각형의 넓이가 최대가 되게 하는 조건을 생각한다.
삼각형 OAP의 넓이가 최대이려면 밑변인 선분 OA의 길이는 고정되어 있으므로 높이의 한 끝 점인 P와 직선 $y=x$ 사이의 거리가 최대가 되어야 한다. 즉, 점 P에서의 접선의 기울기가 1이어야 한다.

❷ 접선의 기울기는 미분계수와 같음을 이용한다.

기출예시 1 2013학년도 9월 평가원 나 19 ∘ 해답 36쪽

닫힌구간 $[0,\ 2]$에서 정의된 함수 $f(x)=ax(x-2)^2\left(a>\frac{1}{2}\right)$에 대하여 곡선 $y=f(x)$와 직선 $y=x$의 교점 중 원점 O가 아닌 점을 A라 하자. 점 P가 원점으로부터 점 A까지 곡선 $y=f(x)$ 위를 움직일 때, 삼각형 OAP의 넓이가 최대가 되는❶ 점 P의 x좌표가 $\frac{1}{2}$이다.❷ 상수 a의 값은? [4점]

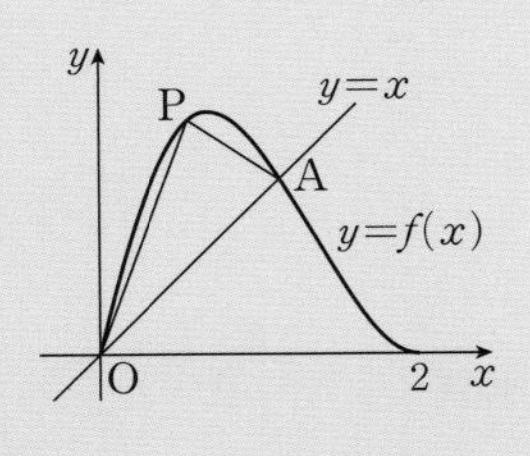

① $\frac{5}{4}$　② $\frac{4}{3}$　③ $\frac{17}{12}$　④ $\frac{3}{2}$　⑤ $\frac{19}{12}$

해답 36쪽

1

삼차함수 $f(x)$가 다음 조건을 만족시킨다.

> (가) 방정식 $f(x)=0$의 서로 다른 실근의 개수는 2이다. ❶
> (나) 방정식 $f(x-f(x))=0$의 서로 다른 실근의 개수는 3이다. ❷

$f(1)=4$, $f'(1)=1$, ❸ $f'(0)>1$일 때, $f(0)=\frac{q}{p}$이다. $p+q$의 값을 구하시오. (단, p와 q는 서로소인 자연수이다.)

행동전략

❶ 삼차함수 $y=f(x)$의 그래프는 x축과 한 점에서 접하고 다른 한 점에서 만남을 파악한다.
❷ 방정식 $f(x)=0$의 서로 다른 두 실근을 α, β라 하면 두 방정식 $x-f(x)=\alpha$, $x-f(x)=\beta$의 서로 다른 실근의 개수가 3임을 파악한다.
❸ 함수 $y=f(x)$의 그래프 위의 점 $(1, 4)$에서의 접선의 기울기가 1임을 파악한다.

2

최고차항의 계수가 1인 삼차함수 $f(x)$와 최고차항의 계수가 -1인 이차함수 $g(x)$가 다음 조건을 만족시킨다.

> (가) 곡선 $y=f(x)$ 위의 점 $(0, 0)$에서의 접선과 곡선 $y=g(x)$ 위의 점 $(2, 0)$에서의 접선은 모두 x축이다.
> (나) 점 $(2, 0)$에서 곡선 $y=f(x)$에 그은 접선의 개수는 2이다.
> (다) 방정식 $f(x)=g(x)$는 오직 하나의 실근을 가진다. ❶

$x>0$인 모든 실수 x에 대하여

$$g(x)\le kx-2\le f(x) \quad ❷$$

를 만족시키는 실수 k의 최댓값과 최솟값을 각각 α, β라 할 때, $\alpha-\beta=a+b\sqrt{2}$이다. a^2+b^2의 값을 구하시오.

(단, a, b는 유리수이다.)

행동전략

❶ 조건 (가)에 의하여 두 곡선 $y=f(x)$와 $y=g(x)$는 각각 원점과 점 $(2, 0)$에서 x축에 접한다. 따라서 각 경우의 함수 $y=f(x)$의 그래프의 개형을 그려 조건 (나), (다)를 만족시키는지 확인한다.
❷ 직선 $y=kx-2$는 항상 점 $(0, -2)$를 지남을 이용하여 기울기가 최대일 때와 최소일 때를 찾는다.

3

곡선 $y=x^3-3x^2-x+15$ 위의 서로 다른 두 점 A, B에서의 접선 l_1, l_2가 다음 조건을 만족시킬 때, 사각형 ACDB의 넓이는?

(가) 두 직선 l_1과 l_2는 서로 평행하다.
(나) 두 직선 l_1, l_2가 x축과 만나는 점을 각각 C, D라 할 때, $\overline{\mathrm{AC}}=\overline{\mathrm{BD}}$이다.

① 40 ② 42 ③ 44
④ 46 ⑤ 48

NOTE 1st ○ △ × 2nd ○ △ ×
□
□
□

4

최고차항의 계수가 1이고 $f'(1)=0$인 삼차함수 $f(x)$에 대하여 함수

$$g(x)=\begin{cases} \dfrac{3x+a}{x} & (x<0 \text{ 또는 } x>4) \\ f(x) & (0\le x\le 4) \end{cases}$$

가 다음 조건을 만족시킨다.

함수 $y=g(x)$의 그래프와 직선 $y=t$가 서로 다른 두 점에서만 만나도록 하는 모든 실수 t의 값의 집합은 $\{t\,|\,b<t\le 3 \text{ 또는 } t=8\}$이다.

$|a+27b|$의 값을 구하시오. (단, a, b는 상수이고, $b<3$이다.)

NOTE 1st ○ △ × 2nd ○ △ ×
□
□
□

해답 38쪽

5

최고차항의 계수가 1인 사차함수 $f(x)$와 함수

$$g(x)=\begin{cases} \dfrac{1}{(x-a)^2} & (x\neq a) \\ 1 & (x=a) \end{cases}$$

이 다음 조건을 만족시킨다. (단, $a<0$)

(가) 함수 $f(x)g(x)$는 실수 전체의 집합에서 미분가능하다.
(나) 함수 $f(x)g(x)$는 $x=-1$에서 최솟값 -4를 갖는다.

모든 실수 x에 대하여 부등식 $-16x+k\leq f(x)$를 만족시키는 실수 k의 최댓값을 M이라 할 때, $-4M$의 값을 구하시오.

NOTE 1st ○ △ × 2nd ○ △ ×
□
□
□

6

최고차항의 계수가 1인 사차함수 $y=f(x)$가 다음 조건을 만족시킨다.

(가) 함수 $y=f(x)$의 그래프 위의 점 $(0, f(0))$에서의 접선 l의 기울기는 2이다.
(나) 접선 l과 곡선 $y=f(x)$가 만나는 세 점 $(a, f(a))$, $(0, f(0))$, $(b, f(b))$ $(a<0<b)$에 대하여 $f(a)$, $f(0)$, $f(b)$는 이 순서대로 등차수열을 이룬다.
(다) 곡선 $y=f(x)$ 위의 점 $\left(\frac{\sqrt{2}}{2}, f\left(\frac{\sqrt{2}}{2}\right)\right)$에서의 접선 m의 기울기는 2이다.

두 접선 l, m 사이의 거리가 d일 때, $\frac{1}{d^2}$의 값을 구하시오.

NOTE 1st ○ △ × 2nd ○ △ ×
□
□
□

대표 기출 / 기출 변형 / 예상 문제

7

최고차항의 계수가 a인 사차함수 $f(x)$와 함수 $f'(x)$가 다음 조건을 만족시킬 때, 양수 a의 값에 관계없이 함수 $y=f(x)$의 그래프가 항상 지나는 점들의 y좌표의 합을 구하시오.

> (가) 모든 실수 x에 대하여 $f'(x)+f'(-x)=0$이다.
> (나) 곡선 $y=f(x)$가 점 $(3,\ f(3))$에서 직선 $y=t$에 접한다. (단, $t>0$)
> (다) 방정식 $f(x)-6=0$은 서로 다른 세 실근을 갖는다.

NOTE　1st ○ △ ×　2nd ○ △ ×
□
□
□

8

실수 전체의 집합에서 미분가능한 함수

$$f(x)=\begin{cases} px^3-x+3 & (x\geq -2) \\ 3x+q & (x<-2) \end{cases}$$

의 그래프 위의 세 점 $\mathrm{P}(-2,\ f(-2))$, $\mathrm{Q}(-3,\ f(-3))$, $\mathrm{R}(t,\ f(t))$에 대하여 삼각형 PQR의 넓이의 최댓값을 S라 할 때, $t+3S$의 값을 구하시오. (단, p, q는 상수, $0<t<4$이다.)

NOTE　1st ○ △ ×　2nd ○ △ ×
□
□
□

해답 42쪽

9

함수 $f(x)=x^4-\frac{3}{2}x^2$과 y축 위의 서로 다른 두 점 A, B에 대하여 점 A에서 곡선 $y=f(x)$에 그은 두 접선 l_1, l_2의 기울기를 각각 m_1, m_2 $(m_1>m_2)$라 하고 점 B에서 곡선 $y=f(x)$에 그은 두 접선 l_3, l_4의 기울기를 각각 m_3, m_4 $(m_3<m_4)$라 할 때, $m_1m_2=m_3m_4=-1$이다. 두 직선 l_1, l_3이 만나는 점을 C라 하고 두 직선 l_2, l_4가 만나는 점을 D라 할 때, 사각형 ACBD가 x축에 의하여 나누어진 두 도형의 넓이를 각각 S_1, S_2 $(S_1>S_2)$라 하자. $\frac{S_1}{S_2}=\frac{q}{p}$일 때, $p+q$의 값을 구하시오.
(단, 점 A의 y좌표는 음수이고, p와 q는 서로소인 자연수이다.)

NOTE	1st ○ △ ×	2nd ○ △ ×
□		
□		
□		

10

최고차항의 계수가 1인 사차함수 $f(x)$가 다음 조건을 만족시킨다.

> (가) 임의의 실수 t에 대하여 점 $(t, f(t))$에서의 접선의 y절편이
> $-tf'(t)+f(-t)$
> 이다.
>
> (나) 방정식 $f'(x)=0$은 서로 다른 세 실근 α, β, γ를 갖고,
> $f(\alpha)+f(\beta)+f(\gamma)=-1$, $f(\alpha)f(\beta)f(\gamma)=0$
> 이다.

$\alpha^4+\beta^4+\gamma^4$의 값은?

① $\frac{1}{2}$　② 1　③ $\frac{3}{2}$
④ 2　⑤ $\frac{5}{2}$

NOTE	1st ○ △ ×	2nd ○ △ ×
□		
□		
□		

THEME

04 함수의 미분가능성

행동전략 ❶ 함수 $f(x)$의 $x=a$에서의 미분계수의 정의를 정확하게 이해하고 적용하라!

- $f'(a)$의 정의가 극한값이므로 $x \to a$일 때 $f'(x)$의 좌극한과 우극한이 일치하면 함수 $f(x)$는 $x=a$에서 미분가능하다.
- 다항함수는 주어진 구간에서 항상 미분가능하므로 함수의 식이 주어지면 일단 함수의 종류를 확인한다.
- 구간별로 나누어 정의된 함수는 각 구간에서의 미분가능성을 확인하고 구간의 경계에서 미분가능성을 확인한다.

행동전략 ❷ 절댓값 기호가 있는 함수의 미분가능성을 따질 때는 기호 안의 함숫값이 0인 값을 주목하라!

- 함수 $|f(x)|$가 실수 전체의 집합에서 미분가능하려면 $f(x)=0$인 x의 값에서의 미분계수가 0이어야 한다.
- 함수 $|f(x)|$에서 $f(x)$가 삼차함수 또는 사차함수로 주어지면 극값의 개수에 따른 그래프의 개형을 파악한다.

기출에서 뽑은 실전 개념 1 함수의 미분가능성

(1) 함수 $f(x)$가 $x=a$에서 미분가능하지 않은 경우

① $x=a$에서 불연속인 경우

② $x=a$에서 연속이지만 뾰족점인 경우

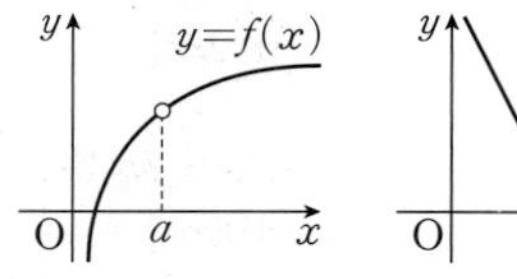

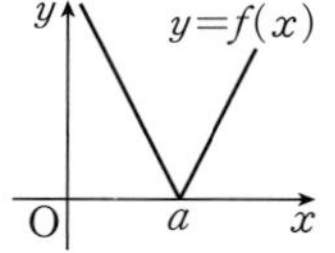

(2) 함수 $f(x)$의 $x=a$에서의 미분가능성

$f'(a)$가 존재함을 보이면 된다. 즉, $\lim\limits_{x \to a-}\dfrac{f(x)-f(a)}{x-a}=\lim\limits_{x \to a+}\dfrac{f(x)-f(a)}{x-a}$임을 보이면 된다.

(미분계수의 좌극한)=(미분계수의 우극한)

(3) 구간별로 나누어 정의된 함수 $f(x)$의 미분가능성: 각 구간별로 정의된 함수가 그 구간에서 미분가능할 때, 구간이 나누어지는 경계 지점에 해당하는 x의 값에서 함수 $f(x)$가 미분가능함을 보이면 된다.

2018학년도 6월 평가원 나 16

함수 $f(x)=\begin{cases} x^2+ax+b & (x \le -2) \\ 2x & (x > -2) \end{cases}$

가 실수 전체의 집합에서 미분가능할 때, $a+b$의 값

→ 각 구간에서 미분가능하므로 구간의 경계인 $x=-2$에서도 연속이고 미분계수가 존재함을 보이면 된다.

(i) $x=-2$에서 연속이어야 하므로

$f(-2)=\lim\limits_{x \to -2-}f(x)=\lim\limits_{x \to -2+}f(x)$

(ii) $x=-2$에서 미분계수가 존재해야 하므로

$f'(x)=\begin{cases} 2x+a & (x<-2) \\ 2 & (x>-2) \end{cases}$에서 $\lim\limits_{x \to -2-}f'(x)=\lim\limits_{x \to -2+}f'(x)$

- **함수의 미분가능성과 연속성**

(1) 함수 $f(x)$의 $x=a$에서의 미분계수

$f'(a)=\lim\limits_{h \to 0}\dfrac{f(a+h)-f(a)}{h}$

$=\lim\limits_{x \to a}\dfrac{f(x)-f(a)}{x-a}$

가 존재할 때, 함수 $f(x)$는 $x=a$에서 미분가능하다고 한다.

(2) 함수 $f(x)$가 $x=a$에서 미분가능하면 함수 $f(x)$는 $x=a$에서 연속이다.

함수 ⊃ 연속인 함수 ⊃ 미분가능한 함수

참고 위의 역은 일반적으로 성립하지 않는다.

기출예시 1 2010학년도 수능 가 17 ∘해답 46쪽

최고차항의 계수가 1인 사차함수 $f(x)$에 대하여 함수 $g(x)$가 다음 조건을 만족시킨다.

(가) $-1 \le x < 1$일 때, $g(x)=f(x)$이다. ❶

(나) 모든 실수 x에 대하여 $g(x+2)=g(x)$이다. ❶

옳은 것만을 〈보기〉에서 있는 대로 고른 것은? [4점]

보기

ㄱ. $f(-1)=f(1)$이고, $f'(-1)=f'(1)$이면, $g(x)$는 실수 전체의 집합에서 미분가능하다. ❷

ㄴ. $g(x)$가 실수 전체의 집합에서 미분가능하면 $f'(0)f'(1)<0$이다.

ㄷ. $g(x)$가 실수 전체의 집합에서 미분가능하고 $f'(1)>0$이면, 구간 $(-\infty, -1)$에 $f'(c)=0$인 c가 존재한다.

① ㄱ ② ㄴ ③ ㄱ, ㄷ ④ ㄴ, ㄷ ⑤ ㄱ, ㄴ, ㄷ

행동전략

❶ 함수 $f(x)$, $g(x)$를 파악한다.
함수 $g(x)$는 $-1 \le x < 1$에서의 $f(x)$가 2를 주기로 반복되는 함수이다.

❷ 구간별로 나누어 정의된 함수이므로 각 구간에서의 함수의 미분가능성을 확인하고, 구간의 경계에서 미분가능성을 판별한다.
함수 $g(x)$는 한 주기 안에서 다항함수이고 주기가 2인 함수이므로 주기의 경계에서 연속이고 미분가능하면 실수 전체의 집합에서 미분가능하다.

킬러 해결 TRAINING

○ 해답 46쪽

TRAINING FOCUS 1 구간별로 나누어 정의된 함수의 미분가능성

미분가능성 문제가 어려운 이유는 보통 복잡한 상황이 주어지고 그 상황에서 경우를 나누어 함수의 식을 직접 세워야 하기 때문이다. 복잡한 상황을 잘 정리해서 식을 세우고 '구간별로 나누어 정의된 함수 $f(x)$의 미분가능성' 개념으로 해결하면 된다. 따라서 이 개념은 문제를 풀 때 생각할 필요도 없이 자연스럽게 떠오르도록 많은 연습을 해 두어야 복잡한 상황을 정리해서 식을 세우는 과정에 힘을 주고 풀 수 있다.

TRAINING 실전개념

함수 $f(x)=\begin{cases} g(x) & (x\le a) \\ h(x) & (x>a) \end{cases}$가 $x=a$에서 미분가능함을 보일 때, $g(x)$, $h(x)$가 다항함수이면 (일반적으로는 $g(x)$, $h(x)$가 $x=a$에서 연속인 함수이면)

$f'(x)=\begin{cases} g'(x) & (x<a) \\ h'(x) & (x>a) \end{cases}$

에서 $g(a)=h(a)$, $g'(a)=h'(a)$임을 보이면 된다.

TRAINING 문제 1

(1) 함수 $f(x)=\begin{cases} -x+1 & (x<0) \\ a(x-1)^2+b & (x\ge 0) \end{cases}$가 실수 전체의 집합에서 미분가능할 때, 두 상수 a, b의 값을 구하시오.

(2) 함수 $f(x)=\begin{cases} -3x+a & (x<-1) \\ x^3+bx^2+cx & (-1\le x<1) \\ -3x+d & (x\ge 1) \end{cases}$가 실수 전체의 집합에서 미분가능할 때, 네 상수 a, b, c, d의 값을 구하시오.

TRAINING FOCUS 2 함수 $y=|f(x)|$의 그래프의 x절편에서의 미분가능성

함수 $y=|f(x)|$의 그래프는 함수 $y=f(x)$의 그래프에서 $f(x)<0$인 부분을 x축 위로 접어 올린 그래프이므로 $f(x)=0$인 점은 대부분 뾰족점으로 미분가능하지 않은 점이 된다. 하지만 $f(x)=0$인 점에서 미분계수가 0이면 이야기가 달라진다. 이 경우 $f(x)<0$인 부분을 x축 위로 접어 올려도 $f(x)=0$인 점이 뾰족점이 아니기 때문이다. 이 성질 때문에 절댓값 기호가 있는 함수의 미분가능성을 묻는 문제가 많이 출제되고 있다.

TRAINING 실전개념

함수 $f(x)$에 대하여 $f(a)=0$이고 함수 $|f(x)|$가 $x=a$에서 미분가능할 때 함수 $y=f(x)$의 그래프의 개형으로 가능한 것은 다음 그림과 같다.

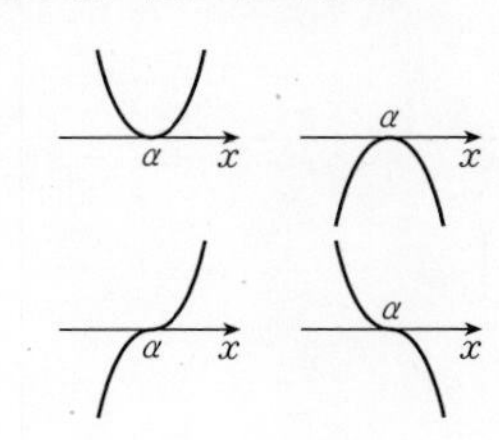

TRAINING 문제 2 〈보기〉에서 주어진 조건을 만족시키는 그래프를 있는 대로 고르시오.

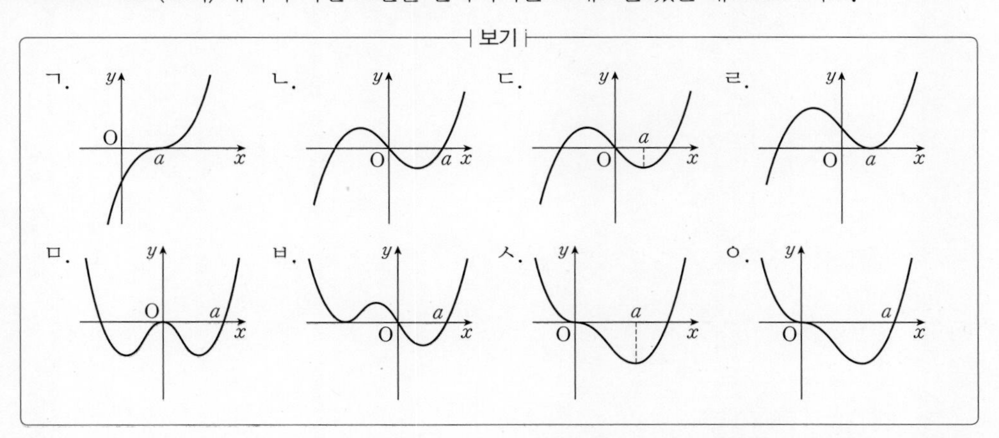

(1) 최고차항의 계수가 양수인 삼차함수 $f(x)$에 대하여 $f(a)=0$이고 함수 $|f(x)|$는 $x=a$에서 미분가능한 함수 $y=f(x)$의 그래프 (단, $a>0$)

(2) 최고차항의 계수가 양수인 사차함수 $f(x)$에 대하여 $f'(0)=0$이고 함수 $|f(x)|$는 오직 $x=a$에서만 미분가능하지 않은 함수 $y=f(x)$의 그래프 (단, $a>0$)

04 함수의 미분가능성

Killer

1

최고차항의 계수가 1이고, $f(0)=3$, $f'(3)<0$인 사차함수 $f(x)$가 있다. ❶ 실수 t에 대하여 집합 S를

$$S=\{a \mid \text{함수 } |f(x)-t| \text{가 } x=a\text{에서 미분가능하지 않다.}\}$$

라 하고, 집합 S의 원소의 개수를 $g(t)$라 ❷ 하자. 함수 $g(t)$가 $t=3$과 $t=19$에서만 불연속일 ❸ 때, $f(-2)$의 값을 구하시오.

조건을 만족시키는 사차함수 $y=f(x)$의 그래프의 개형으로 가능한 것 추론하기 ❶

가능한 함수 $y=f(x)$의 그래프별로 함수 $y=g(t)$의 그래프가 불연속이 되는 t의 값의 개수 구하기 ❷

함수 $g(t)$에 대한 조건을 만족시키는 함수 $f(x)$의 식 구하기 ❸

행동전략

❶ 최고차항의 계수가 1이고 $f(0)=3$, $f'(3)<0$인 사차함수 $y=f(x)$의 그래프의 개형으로 가능한 것은 4가지이다.
❷ 함수 $g(t)$는 함수 $|f(x)-t|$가 미분가능하지 않은 x의 값의 개수임을 알고 함수 $y=g(t)$의 그래프를 그려 본다.
❸ 함수 $|f(x)-t|$가 미분가능하지 않은 x의 값의 개수는 변한다는 것을 알 수 있다.

NOTE 1st ○ △ × 2nd ○ △ ×
☐
☐
☐

해답 47쪽

2

$f'(1)=0$인 삼차함수 $f(x)$에 대하여 실수 전체의 집합에서 연속인 함수 $g(x)$가 다음 조건을 만족시킨다.

> (가) 모든 실수 x에 대하여 $xg(x)=|xf(x)-x^2+ax|$이다.
> (나) 함수 $g(x)$가 집합 $\{x|x<k\}$에서 미분가능하도록 하는 실수 k의 최댓값은 2이다.

함수 $f(x)$의 극솟값이 -4일 때, $g(a)$의 값을 구하시오.
(단, a는 상수이다.)

NOTE　1st ○ △ × 2nd ○ △ ×
□
□
□

3

다음 조건을 만족시키며 최고차항의 계수가 양수인 모든 사차함수 $f(x)$에 대하여 $f(2)$의 최댓값은?

> (가) 방정식 $f(x)=0$의 실근은 0, 1, 4뿐이다.
> (나) 실수 x에 대하여 $f(x)$와 $|x(x-1)(x-4)|$ 중 크지 않은 값을 $g(x)$라 하자. 함수 $g(x)$가 $x=a$에서 미분가능하지 않을 때, a의 값은 단 한 개이다.

① $\frac{4}{3}$　② $\frac{5}{3}$　③ 2　④ $\frac{7}{3}$　⑤ $\frac{8}{3}$

NOTE　1st ○ △ × 2nd ○ △ ×
□
□
□

4

최고차항의 계수가 1인 이차함수 $f(x)$와 일차항의 계수가 양수인 일차함수 $g(x)$에 대하여 실수 전체의 집합에서 미분가능한 함수 $h(x)$를

$$h(x)=\begin{cases} |f(x)g(x)| & (x<0) \\ g(x)-f(x)-\dfrac{4}{5} & (x\geq 0) \end{cases}$$

라 하자. $h(-2)=0$이고 함수 $h(x)$가 극대 또는 극소가 되는 서로 다른 실수 x의 개수가 2일 때, $5h(-5)$의 값을 구하시오.

(단, $f(0)\neq 0$, $g(0)\neq 0$)

NOTE 1st ○ △ × 2nd ○ △ ×
□
□
□

5

최고차항의 계수의 절댓값이 1인 두 삼차함수 $f(x)$, $g(x)$에 대하여 함수 $f(x)$는 $x=-2$에서 극댓값이 0이고 함수 $g(x)$는 극댓값과 극솟값의 합이 0이다. 함수

$$h(x)=\begin{cases} f(x) & (x\leq 0) \\ g(x) & (x>0) \end{cases}$$

가 실수 전체의 집합에서 미분가능하고 다음 조건을 만족시킬 때, $h(-1)\times h(5)$의 값을 구하시오. (단, 두 함수 $f(x)$, $g(x)$의 모든 계수는 유리수이고, $h(0)<0$이다.)

(가) 함수 $h(x)$의 극대가 되는 실수 x의 개수가 2이고 극소가 되는 실수 x의 개수가 1이다.
(나) 방정식 $h(x)=0$의 모든 실근의 합은 2이다.

NOTE 1st ○ △ × 2nd ○ △ ×
□
□
□

해답 50쪽

6

최고차항의 계수가 1인 사차함수 $f(x)$에 대하여 함수 $g(x)$를

$$g(x)=\begin{cases} f(x) & (x<0) \\ f(-x) & (x\geq 0) \end{cases}$$

라 할 때, 두 함수 $f(x)$, $g(x)$가 다음 조건을 만족시킨다.

> (가) 함수 $g(x)$는 $x=-2$, $x=0$, $x=2$에서 극값을 갖는다.
> (나) 함수 $|f(x)+m|$이 실수 전체의 집합에서 미분가능하도록 하는 실수 m의 최솟값은 $\frac{131}{3}$이다.
> (다) 함수 $|g(x)+n|$이 실수 전체의 집합에서 미분가능하도록 하는 실수 n의 최솟값은 2이다.

$f(3)=-\frac{131}{3}$일 때, $f(0)=\frac{q}{p}$이다. $p+q$의 값을 구하시오.

(단, p와 q는 서로소인 자연수이다.)

NOTE | 1st ○ △ × | 2nd ○ △ ×
□
□
□

7

최고차항의 계수가 1인 두 이차함수 $f(x)$, $g(x)$에 대하여 $h(x)=|f(x)|g(x)$가 다음 조건을 만족시킨다.

> (가) 함수 $h(x)$는 $x=3$에서만 미분가능하지 않다.
> (나) 3이 아닌 실수 α에 대하여 $h'(\alpha)=0$이면 함수 $h(x)$는 $x=\alpha$에서 극대 또는 극소이다.

함수 $h(x)$는 $x=4$에서 극댓값을 가질 때, $h(5)$의 값을 구하시오.

NOTE | 1st ○ △ × | 2nd ○ △ ×
□
□
□

THEME

05 여러 가지 함수의 정적분의 계산

행동전략 1 대칭성, 주기성, 절댓값 기호에 주목하라!

- 우함수, 기함수, 주기함수의 정적분은 각 함수의 성질을 이용하여 간단하게 나타낸 후 계산한다.
- 절댓값 기호가 있는 함수의 정적분은 절댓값 기호 안의 식의 값이 0이 되게 하는 x의 값을 경계로 적분 구간을 나누어 구한다.

기출에서 뽑은 실전 개념 1 그래프가 대칭인 함수와 주기함수의 정적분

(1) 우함수와 기함수의 정적분: 연속함수 $f(x)$가

① $f(-x)=f(x)$이면 $\int_{-a}^{a} f(x)dx=2\int_{0}^{a} f(x)dx$

우함수

② $f(-x)=-f(x)$이면 $\int_{-a}^{a} f(x)dx=0$

기함수

2021년 3월 교육청 공통 4

$\int_{2}^{-2}(x^3+3x^2)dx$의 값

→ $\int_{2}^{-2}(x^3+3x^2)dx=-\int_{-2}^{2}(x^3+3x^2)dx$

$=-\int_{-2}^{2}x^3dx-\int_{-2}^{2}3x^2dx$

$=0-2\int_{0}^{2}3x^2dx$

$=-2\Big[x^3\Big]_0^2=-2\times8=-16$

(2) 주기함수의 정적분: 주기가 p인 주기함수는 다음을 이용하여 정적분한다.

$$\int_{a}^{b} f(x)dx=\int_{a+p}^{b+p} f(x)dx=\int_{a-p}^{b-p} f(x)dx$$

2015학년도 수능 A 20

함수 $f(x)$는 모든 실수 x에 대하여

$f(x+3)=f(x)$를 만족시키고,

$$f(x)=\begin{cases} x & (0\le x<1) \\ 1 & (1\le x<2) \\ -x+3 & (2\le x<3)\end{cases}$$

이다. $\int_{-a}^{a} f(x)dx=13$일 때, 상수 a의 값

→ 함수 $f(x)$는 주기가 3인 주기함수이고, 그 그래프가 y축에 대하여 대칭인 우함수이다.

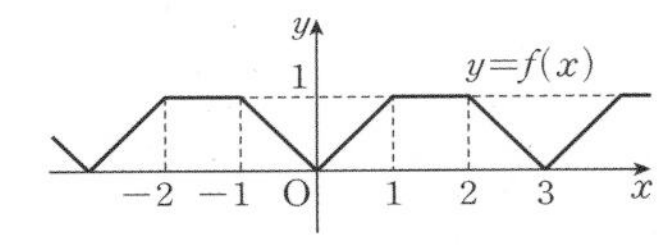

따라서 $\int_{0}^{a} f(x)dx=\frac{13}{2}$이고, $\int_{0}^{9} f(x)dx=3\int_{0}^{3} f(x)dx=6$임을 이용하여 a의 값을 구할 수 있다.

수능적 발상

어떤 함수의 그래프가 y축 또는 원점에 대하여 대칭이거나 일정 구간에서의 그래프가 반복해서 나타나는 경우, 이 함수에 대한 정적분을 간단하게 정리하여 계산할 수 있어야 한다.
특히 고난도 문제에서는 이러한 과정이 문제를 해결하는 데 필수이므로 많은 문제를 통해 반드시 충분히 연습하도록 한다.

(1) 함수 $f(x)$가 정의되는 구간의 모든 실수 x에 대하여 $f(x+p)=f(x)$이면 정수 n에 대하여

① $\int_{a}^{b} f(x)dx=\int_{a+np}^{b+np} f(x)dx$

② $\int_{a}^{a+np} f(x)dx=\int_{b}^{b+np} f(x)dx$

(2) 함수 $y=f(x)$의 그래프가 직선 $x=a$에 대하여 대칭이면

→ $f(a-x)=f(a+x)$

$f(x)=f(2a-x)$

→ $\int_{a-b}^{a} f(x)dx=\int_{a}^{a+b} f(x)dx$

◆ **정적분의 성질**

세 실수 a, b, c를 포함하는 닫힌구간에서 두 함수 $f(x)$, $g(x)$가 연속일 때

(1) $\int_{a}^{b} kf(x)dx=k\int_{a}^{b} f(x)dx$ (단, k는 상수)

(2) $\int_{a}^{b}\{f(x)\pm g(x)\}dx$

$=\int_{a}^{b} f(x)dx\pm\int_{a}^{b} g(x)dx$ (복호동순)

(3) $\int_{a}^{b} f(x)dx$

$=\int_{a}^{c} f(x)dx+\int_{c}^{b} f(x)dx$

→ a, b, c의 대소와 관계없이 성립한다.

◆ **주기함수**

연속함수 $f(x)$가 모든 실수 x에 대하여 $f(x+p)=f(x)$를 만족시킬 때, 함수 $f(x)$를 주기함수라 하고, 이런 상수 p 중에서 최소의 양수를 주기라 한다.

기출에서 뽑은 실전 개념 2 절댓값 기호가 있는 함수의 정적분

절댓값 기호가 있는 함수의 정적분은 절댓값 기호 안의 식의 값을 0으로 하는 x의 값을 경계로 적분 구간을 나누어 구한다.

2019학년도 수능 나 25

$\int_1^4 (x+|x-3|)dx$의 값

→ $x-3=0$, 즉 $x=3$을 경계로 적분 구간을 나눈다.
$1\le x<3$일 때, $|x-3|=-(x-3)$,
$3\le x\le 4$일 때, $|x-3|=x-3$
이므로

$$\int_1^4 (x+|x-3|)dx$$
$$=\int_1^3 \{x-(x-3)\}dx+\int_3^4 \{x+(x-3)\}dx$$
$$=\Big[3x\Big]_1^3+\Big[x^2-3x\Big]_3^4=10$$

2008학년도 9월 평가원 가 5

$\int_0^2 |x^2(x-1)|dx$의 값

→ $x^2(x-1)=0$, 즉 $x=0$, $x=1$을 경계로 적분 구간을 나눈다.
$0\le x<1$일 때, $|x^2(x-1)|=-x^2(x-1)$,
$1\le x\le 2$일 때, $|x^2(x-1)|=x^2(x-1)$
이므로

$$\int_0^2 |x^2(x-1)|dx$$
$$=\int_0^1\{-x^2(x-1)\}dx+\int_1^2 x^2(x-1)dx$$
$$=\Big[-\frac{1}{4}x^4+\frac{1}{3}x^3\Big]_0^1+\Big[\frac{1}{4}x^4-\frac{1}{3}x^3\Big]_1^2=\frac{3}{2}$$

수능적 발상

피적분함수가 절댓값 기호가 있는 함수인 경우 절댓값 기호 안의 식의 값이 0이 되게 하는 x의 값을 기준으로 적분 구간을 나누어 정적분의 값을 구하면 된다.
고난도 문항에서는 절댓값 기호 안의 식이 정해지지 않은 경우가 있는데, 이 경우에도 주어진 조건을 이용하여 식을 직접 세운 후 같은 방법으로 해결하면 된다.

(1) $\int_a^b |f(x)|dx=\int_a^b f(x)dx$
→ 닫힌구간 $[a, b]$에서 $f(x)\ge 0$임을 의미한다.

(2) $\int_k^x |f(t)|dt=\int_k^x f(t)dt$를 만족시키는 x의 값의 범위가 $a\le x\le b$이다.
→ 닫힌구간 $[a, b]$에서 $f(x)\ge 0$임을 의미한다.

* 평행이동한 함수의 정적분

$$\int_a^b f(x)dx=\int_{a+c}^{b+c} f(x-c)dx=\int_{a-c}^{b-c} f(x+c)dx$$

* 정적분의 기본 정의

(1) $\int_a^a f(x)dx=0$

(2) $\int_a^b f(x)dx=-\int_b^a f(x)dx$

기출예시 1 2017학년도 수능 나 20 ∘ 해답 55쪽

최고차항의 계수가 양수인 삼차함수 $f(x)$가 다음 조건을 만족시킨다. ❶

(가) 함수 $f(x)$는 $x=0$에서 극댓값, $x=k$에서 극솟값을 가진다. (단, k는 상수이다.) ❶

(나) 1보다 큰 모든 실수 t에 대하여 $\int_0^t |f'(x)|dx=f(t)+f(0)$이다. ❷

<보기>에서 옳은 것만을 있는 대로 고른 것은? [4점]

보기

ㄱ. $\int_0^k f'(x)dx<0$　　ㄴ. $0<k\le 1$　　ㄷ. 함수 $f(x)$의 극솟값은 0이다.

① ㄱ　② ㄷ　③ ㄱ, ㄴ　④ ㄴ, ㄷ　⑤ ㄱ, ㄴ, ㄷ

행동전략

❶ $f'(x)$의 식을 세운다.
함수 $f(x)$가 삼차함수이므로 함수 $f'(x)$는 이차함수이고, 최고차항의 계수가 양수이므로 $k>0$임을 알 수 있다.
또, $f'(0)=0$, $f'(k)=0$이므로
$f'(x)=ax(x-k)$ $(a>0)$
로 식을 세울 수 있다.

❷ 절댓값 기호 안의 식의 값을 0으로 하는 x의 값 k를 경계로 적분 구간을 나눈다.
$0\le x\le k$일 때 $f'(x)\le 0$,
$k<x\le t$일 때 $f'(x)>0$임을 이용한다.

1

닫힌구간 $[0, 1]$에서 연속인 함수 $f(x)$가

$$f(0)=0,\ f(1)=1,\ \int_0^1 f(x)\,dx=\frac{1}{6}$$

을 만족시킨다. 실수 전체의 집합에서 정의된 함수 $g(x)$가 다음 조건을 만족시킬 때, $\int_{-3}^{2} g(x)\,dx$의 값은?

(가) $g(x)=\begin{cases} -f(x+1)+1 & (-1<x<0) \\ f(x) & (0\le x\le 1) \end{cases}$ ❶
(나) 모든 실수 x에 대하여 $g(x+2)=g(x)$이다. ❷

① $\frac{5}{2}$ ② $\frac{17}{6}$ ③ $\frac{19}{6}$ ④ $\frac{7}{2}$ ⑤ $\frac{23}{6}$

행동전략

❶ 함수 $y=f(x+1)$의 그래프는 함수 $y=f(x)$의 그래프를 평행이동한 그래프임을 파악한다.

❷ $\int_{-3}^{-1} g(x)\,dx=\int_{-1}^{1} g(x)\,dx$, $\int_{1}^{2} g(x)\,dx=\int_{-1}^{0} g(x)\,dx$임을 파악한다.

2

실수 전체의 집합에서 연속인 두 함수 $f(x)$와 $g(x)$가 ❶ 모든 실수 x에 대하여 다음 조건을 만족시킨다.

(가) $f(x)\ge g(x)$ ❷
(나) $f(x)+g(x)=x^2+3x$
(다) $f(x)g(x)=(x^2+1)(3x-1)$

$\int_0^2 f(x)\,dx$의 값은?

① $\frac{23}{6}$ ② $\frac{13}{3}$ ③ $\frac{29}{6}$ ④ $\frac{16}{3}$ ⑤ $\frac{35}{6}$

행동전략

❶ 두 함수 $f(x)$와 $g(x)$가 다항함수라고 착각하지 않도록 주의한다.

❷ 함수 $y=f(x)$의 그래프는 함수 $y=g(x)$의 그래프보다 항상 위에 있거나 같음을 파악한다.

해답 56쪽

3

실수 전체의 집합에서 미분가능한 함수 $f(x)$가 다음 조건을 만족시킨다.

> (가) 닫힌구간 $[0, 1]$에서 $f(x)=x^2$이다.
> (나) 세 상수 a, b, c에 대하여 닫힌구간 $[-1, 2]$에서
> $f(x+1)=af(x)+bx+c$이다.

$\int_{-1}^{0}\{3f(x)+3\}\,dx=\int_{0}^{2}f(x)\,dx$일 때, $12\times\int_{0}^{2}f(x)\,dx$의 값을 구하시오. (단, $a>0$)

NOTE 1st ○ △ × 2nd ○ △ ×

□

□

□

4

최고차항의 계수가 1이고 $f'(1)=0$, $f(4)=f(1)$인 삼차함수 $f(x)$와 양수 p에 대하여 함수 $g(x)$를

$$g(x)=\begin{cases} f(x)-f(1) & (x\le1) \\ \dfrac{f(x+p)-f(1+p)}{x-1} & (x>1) \end{cases}$$

라 하자. 〈보기〉에서 옳은 것만을 있는 대로 고른 것은?

보기

ㄱ. 함수 $g(x)$가 실수 전체의 집합에서 연속이 되도록 하는 양수 p의 개수는 1이다.

ㄴ. $f'(1+p)=0$이면 함수 $(x-1)g(x)$는 $x=1$에서 미분가능하다.

ㄷ. $p\ge2$이면 $\beta>\alpha>0$인 모든 실수 α, β에 대하여 $\int_{\alpha}^{\beta}(x-1)g(x)\,dx\ge0$이다.

① ㄱ ② ㄱ, ㄴ ③ ㄱ, ㄷ
④ ㄴ, ㄷ ⑤ ㄱ, ㄴ, ㄷ

NOTE 1st ○ △ × 2nd ○ △ ×

□

□

□

5

이차함수 $f(x)$가 다음 조건을 만족시킨다.

(가) $\int_{-2}^{3} f(x)dx=0$

(나) 등식 $\int_{-2}^{k} |f(x)|dx=\int_{k}^{-2} f(x)dx$를 만족시키는 양의 실수 k의 최댓값은 1이다.

$f(0)=-1$일 때, $\int_{-2}^{3} |f(x)|dx=\frac{q}{p}$이다. $p+q$의 값을 구하시오. (단, p와 q는 서로소인 자연수이다.)

NOTE 1st ○ △ × 2nd ○ △ ×

□
□
□

6

실수 전체의 집합에서 미분가능한 함수 $f(x)$가 다음 조건을 만족시킨다.

(가) 모든 정수 n에 대하여 함수 $y=f(x)$의 그래프는 점 $(2n, n)$, $(2n+1, n)$을 모두 지난다.

(나) 모든 정수 k에 대하여 닫힌구간 $[2k-1, 2k]$에서 함수 $y=f(x)$의 그래프는 각각 이차함수의 그래프이고, 닫힌구간 $[2k, 2k+1]$에서 함수 $y=f(x)$의 그래프는 각각 삼차함수의 그래프이다.

(다) 모든 정수 m에 대하여 $f'(2m)=2$이다.

$\int_{1}^{3} f(x)dx=a$라 할 때, $60a$의 값을 구하시오.

NOTE 1st ○ △ × 2nd ○ △ ×

□
□
□

해답 59쪽

7

최고차항의 계수가 1인 이차함수 $f(x)$와 다항함수 $g(x)$는 다음 조건을 만족시킨다.

(가) $g(x)=\int_{1}^{x}\{f'(t)f(t)\}dt$

(나) 모든 실수 k에 대하여 $\int_{-k}^{k}g(x)dx=2\int_{0}^{k}g(x)dx$이다.

$\lim_{x\to 1}\frac{g(x)}{x-1}=12$일 때, $f(3)+g(3)$의 값을 구하시오.

NOTE 1st ○ △ × 2nd ○ △ ×

□

□

□

8

최고차항의 계수가 -1인 삼차함수 $f(x)$와 실수 k $(k>0)$가 다음 조건을 만족시킨다.

(가) $\int_{-k}^{k}f(x)dx=81$

(나) 방정식 $xf'(x)=f(x)$는 $x>0$에서 오직 하나의 실근 $x=k$를 갖는다.

$k^2=\frac{q}{p}$일 때, $p+q$의 값을 구하시오.

(단, $f(0)>0$이고, p와 q는 서로소인 자연수이다.)

NOTE 1st ○ △ × 2nd ○ △ ×

□

□

□

THEME

06 적분과 미분의 관계의 활용

행동전략 ❶ 정적분을 포함한 등식은 정적분의 위끝과 아래끝에 변수가 있는지 확인하라!

- ✔ 위끝과 아래끝이 모두 상수이면 정적분을 상수로 놓고 푼다.
- ✔ 위끝 또는 아래끝에 변수가 있으면
  - (i) 위끝과 아래끝을 같게 하는 x의 값을 양변에 대입하여 미지수를 구하고
  - (ii) 주어진 등식의 양변을 그 변수에 대하여 미분한다.

행동전략 ❷ 정적분을 포함한 등식에서 변수와 상수를 구분하라!

- ✔ 정적분 $\int_0^x \square\, dt$에서 적분변수는 t이므로 $\square$에 t 이외의 문자가 있는 경우 모두 상수로 생각한다.

기출에서 뽑은 실전 개념 1 정적분을 포함한 함수의 풀이

- $\int_a^b f(x)dx$에서 a, b가 모두 상수이면 $\int_a^b f(x)dx$도 상수가 된다.

(1) $f(x)=g(x)+\int_a^b f(t)dt$ (a, b는 상수) 꼴이 주어진 경우

(i) $\int_a^b f(t)dt=k$ (k는 상수)로 놓는다. → $f(x)=g(x)+k$

(ii) $f(x)=g(x)+k$를 $\int_a^b f(t)dt=k$에 대입한다. → $\int_a^b \{g(t)+k\}dt=k$

2021학년도 6월 평가원 나 17

함수 $f(x)$가 모든 실수 x에 대하여

$$f(x)=4x^3+x\int_0^1 f(t)\,dt$$

를 만족시킬 때, $f(1)$의 값

→ $\int_0^1 f(t)dt=k$ (k는 상수) …… ㉠

로 놓으면

$f(x)=4x^3+kx$

이를 ㉠에 대입하면

$k=\int_0^1 (4t^3+kt)dt=\left[t^4+\frac{k}{2}t^2\right]_0^1=1+\frac{k}{2}$

$\therefore k=2$

따라서 $f(x)=4x^3+2x$이므로

$f(1)=6$

- $\int_a^x f(t)dt$ (a는 상수)에서 x는 변수이므로 $\int_a^x f(t)dt$는 x에 대한 함수이다.
- 적분과 미분의 관계
  $\frac{d}{dx}\int_a^x f(t)dt=f(x)$

(2) $\int_a^x f(t)dt=g(x)$ (a는 상수) 꼴이 주어진 경우

(i) $\int_a^x f(t)dt=g(x)$의 양변에 $x=a$를 대입한다. ← 정적분의 위끝과 아래끝을 같게 만든다.

→ $\int_a^a f(t)dt=g(a)$ → $g(a)=0$

(ii) $\int_a^x f(t)dt=g(x)$의 양변을 x에 대하여 미분한다.

→ $f(x)=g'(x)$

2020년 4월 교육청 나 16

다항함수 $f(x)$가 모든 실수 x에 대하여

$$3xf(x)=9\int_1^x f(t)dt+2x$$

를 만족시킬 때, $f'(1)$의 값

→ 양변에 $x=1$을 대입하면

$3f(1)=9\int_1^1 f(t)dt+2$, $3f(1)=2$

$\therefore f(1)=\frac{2}{3}$

주어진 등식의 양변을 x에 대하여 미분하면

$3f(x)+3xf'(x)=9f(x)+2$

위의 식의 양변에 $x=1$을 대입하면

$3f(1)+3f'(1)=9f(1)+2$

$\therefore f'(1)=2f(1)+\frac{2}{3}=2\times\frac{2}{3}+\frac{2}{3}=2$

(3) $\int_a^x (x-t)f(t)dt=g(x)$ (a는 상수) 꼴이 주어진 경우

(i) $\int_a^x (x-t)f(t)dt=g(x)$의 양변에 $x=a$를 대입한다. ← 정적분의 위끝과 아래끝을 같게 만든다.

→ $g(a)=0$

(ii) $\int_a^x (x-t)f(t)dt=g(x)$의 좌변을 먼저 정리한 후 식의 양변을 미분한다.

→ 먼저 좌변을 정리하면

$x\int_a^x f(t)dt-\int_a^x tf(t)dt=g(x)$ …… ㉠

피적분함수는 t에 대한 함수이므로 x를 상수로 생각하여 적분 기호 앞으로 뺄 수 있다.

→ ㉠의 양변을 x에 대하여 미분하면

$\int_a^x f(t)dt+xf(x)-xf(x)=g'(x)$

$\therefore \int_a^x f(t)dt=g'(x)$

(4) 정적분으로 나타내어진 함수의 극한

다항함수 $f(x)$가 주어지고 $f(x)$에 대한 정적분을 포함한 극한값을 구하는 문제에서는 정적분의 정의와 미분계수의 정의에 의하여 다음을 이용한다.

① $\lim_{x\to 0}\frac{1}{x}\int_a^{x+a} f(t)dt=f(a)$　　② $\lim_{x\to a}\frac{1}{x-a}\int_a^x f(t)dt=f(a)$

2012년 10월 교육청 나 26

$\lim_{x\to 2}\frac{1}{x^2-4}\int_2^x (t^2+3t-2)dt$의 값

→ $f(x)=x^2+3x-2$라 하고, 함수 $f(x)$의 한 부정적분을 $F(x)$라 하면

$\int_2^x (t^2+3t-2)dt=\int_2^x f(t)dt=\Big[F(t)\Big]_2^x=F(x)-F(2)$

미분계수의 정의에 의하여

$\lim_{x\to 2}\frac{1}{x^2-4}\int_2^x (t^2+3t-2)dt=\lim_{x\to 2}\frac{F(x)-F(2)}{x^2-4}$

$=\lim_{x\to 2}\left\{\frac{F(x)-F(2)}{x-2}\times\frac{1}{x+2}\right\}$

$=\frac{1}{4}\lim_{x\to 2}\frac{F(x)-F(2)}{x-2}$

$=\frac{1}{4}F'(2)=\frac{1}{4}f(2)=2$

2007년 7월 교육청 가 4

함수 $f(x)=x^3+3x^2-2x-1$에 대하여

$\lim_{x\to 2}\frac{1}{x-2}\int_2^x f(t)dt$의 값

→ 함수 $f(x)=x^3+3x^2-2x-1$의 한 부정적분을 $F(x)$라 하면

$\int_2^x f(t)dt=\Big[F(t)\Big]_2^x=F(x)-F(2)$

미분계수의 정의에 의하여

$\lim_{x\to 2}\frac{1}{x-2}\int_2^x f(t)dt=\lim_{x\to 2}\frac{F(x)-F(2)}{x-2}$

$=F'(2)=f(2)$

$=2^3+3\times 2^2-2\times 2-1=15$

• 적분의 정의

닫힌구간 $[a, b]$에서 연속인 함수 $f(x)$의 한 부정적분을 $F(x)$라 할 때,

$\int_a^b f(x)dx=\Big[F(x)\Big]_a^b$
$=F(b)-F(a)$

• 미분계수의 정의

함수 $f(x)$의 $x=a$에서의 미분계수는

$f'(a)=\lim_{\bigstar\to 0}\frac{f(a+\bigstar)-f(a)}{\bigstar}$
$=\lim_{◎\to a}\frac{f(◎)-f(a)}{◎-a}$

기출예시 1 2019학년도 수능 나 14 　　○ 해답 63쪽

다항함수 $f(x)$가 모든 실수 x에 대하여

$$\int_1^x\left\{\frac{d}{dt}f(t)\right\}dt=x^3+ax^2-2$$ ❶, ❷

를 만족시킬 때, $f'(a)$의 값은? (단, a는 상수이다.) [4점]

① 1　② 2　③ 3　④ 4　⑤ 5

행동전략

❶ 정적분을 포함한 등식의 적분 구간에 변수가 있으므로 위끝과 아래끝을 같게 하는 x의 값을 양변에 대입한다.
$\int_1^1\left\{\frac{d}{dt}f(t)\right\}dt=0$임을 이용한다.

❷ 적분과 미분의 관계를 이용한다.
$\int_1^x\left\{\frac{d}{dt}f(t)\right\}dt=f(x)-f(1)$

1

실수 a와 함수 $f(x)=x^3-12x^2+45x+3$에 대하여 함수

$$g(x)=\int_a^x \{f(x)-f(t)\}\times\{f(t)\}^4dt$$ ❶

가 오직 하나의 극값을 갖도록 하는❷ 모든 a의 값의 합을 구하시오.

행동전략

❶ 곱의 미분법을 이용하여 주어진 등식의 양변을 x에 대하여 미분한다.

❷ 함수 $g'(x)$의 부호 변화가 한 번 일어남을 파악한다.

2

사차함수 $f(x)=x^4+ax^2+b$에 대하여 $x\geq 0$에서 정의된 함수

$$g(x)=\int_{-x}^{2x}\{f(t)-|f(t)|\}dt$$ ❶

가 다음 조건을 만족시킨다.

(가) $0<x<1$에서 $g(x)=c_1$ (c_1은 상수) ❷

(나) $1<x<5$에서 $g(x)$는 감소한다.

(다) $x>5$에서 $g(x)=c_2$ (c_2는 상수) ❷

$f(\sqrt{2})$의 값은? (단, a, b는 상수이다.)

① 40　② 42　③ 44　④ 46　⑤ 48

행동전략

❶ $f(t)-|f(t)|$는 $f(t)$의 값의 부호에 따라 다르게 나타남을 파악한다.

❷ $0<x<1$, $x>5$일 때, $f(x)-|f(x)|=0$임을 파악한다.

해답 63쪽

3

실수 a $(a>2)$에 대하여 함수 $f(x)$를

$$f(x)=x^2(x-2)(x-a)$$

라 하자. 함수 $g(x)=x\int_0^x f(t)\,dt-\int_0^x tf(t)\,dt$가 오직 하나의 극값을 갖도록 하는 실수 a의 최댓값은?

① $\frac{19}{6}$　② $\frac{10}{3}$　③ $\frac{7}{2}$

④ $\frac{11}{3}$　⑤ $\frac{23}{6}$

NOTE　1st ○ △ ✕　2nd ○ △ ✕

□
□
□

4

최고차항의 계수가 1인 삼차함수 $f(x)$가 다음 조건을 만족시킨다.

> (가) 모든 실수 x에 대하여
> $\int_1^x f(t)\,dt=k(x-1)\{f(x)+3f(1)\}$이다.
> (나) 모든 실수 x에 대하여 $\int_1^x f(t)\,dt\geq 0$이다.

$f(4)$의 값을 구하시오. (단, k는 상수이다.)

NOTE　1st ○ △ ✕　2nd ○ △ ✕

□
□
□

5

실수 전체의 집합에서 연속인 함수 $f(x)$와 최고차항의 계수가 1인 이차함수 $g(x)$가 있다. 1보다 큰 상수 a에 대하여 두 함수 $f(x)$, $g(x)$가 다음 조건을 만족시킨다.

> (가) 모든 실수 x에 대하여
> $|x^2g(x)|=\int_a^x (t+b)f(t)\,dt$ (b는 상수)이다.
> (나) 방정식 $f(x)=0$의 서로 다른 모든 실근의 합은 $\frac{3}{4}$이다.

$8\int_0^{2a} f(x)\,dx$의 값을 구하시오.

NOTE 1st ○△× 2nd ○△×
□
□
□

6

실수 전체의 집합에서 연속인 함수 $f(x)$가 다음 조건을 만족시킨다.

> (가) 모든 실수 x에 대하여
> $xf(x)=\int_0^x [4+tf'(t)-\{f'(t)\}^2]\,dt$이다.
> (나) $x<-\frac{b}{2a}$일 때, $f(x)=ax^2+bx+c$이다.
> (단, a, b, c는 상수이고, $a\neq 0$, $b>0$이다.)
> (다) $x\neq 4$인 모든 실수 x에 대하여 $f'(x)\geq 0$, $f(x)\leq 4$이다.

$f(0)=0$일 때, $\int_0^6 f(x)dx=\frac{q}{p}$이다. $p+q$의 값을 구하시오.
(단, p와 q는 서로소인 자연수이다.)

NOTE 1st ○△× 2nd ○△×
□
□
□

○ 해답 67쪽

7

다항함수 $f(x)$가 다음 조건을 만족시킨다.

> (가) $\lim_{x \to \infty} f(x) = \infty$
>
> (나) 모든 실수 x에 대하여 등식
>
> $$\int_0^x \{f(x) \times f(t)\}\, dt = 2\int_0^x x^2 f(t)\, dt + x^5 + kx^3 + x$$
>
> 가 성립한다. (단, k는 상수이다.)

$f(0)=1$일 때, $f(1)$의 값은?

① 3　② 4　③ 5　④ 6　⑤ 7

NOTE　1st ○△×　2nd ○△×

□
□
□

8

Killer

함수 $f(x) = x^2 + |x-1| + k$와 함수

$$g(x) = \int_1^x f(t)\, dt$$

에 대하여 함수 $h(x)$를

$$h(x) = \begin{cases} -xg(x) & (x<1) \\ xg(x) & (x \geq 1) \end{cases}$$

라 정의하자. 함수 $h(x)$가 모든 실수 x에서 미분가능할 때, 〈보기〉에서 옳은 것만을 있는 대로 고른 것은?

(단, k는 상수이다.)

> 보기
>
> ㄱ. $h(1) = h'(1)$
>
> ㄴ. $\{x \mid f(x)=0\} = \{x \mid h(x)=0\}$
>
> ㄷ. 함수 $h(x)$는 서로 다른 3개의 극값을 갖는다.

① ㄱ　② ㄱ, ㄴ　③ ㄱ, ㄷ　④ ㄴ, ㄷ　⑤ ㄱ, ㄴ, ㄷ

NOTE　1st ○△×　2nd ○△×

□
□
□

THEME

07 정적분의 활용

행동전략 ❶ 정적분의 값과 곡선으로 둘러싸인 부분의 넓이는 서로 관련이 있음을 기억하라!

- ✔ 해석하기 어려운 정적분은 곡선으로 둘러싸인 부분의 넓이로 추론한다.
- ✔ 곡선으로 둘러싸인 부분의 넓이를 구할 때는 간단하게라도 곡선의 개형을 그려 본 후 곡선과 x축 또는 두 곡선의 교점의 x좌표를 구하고 정적분을 이용하여 넓이를 표현한다.

행동전략 ❷ 속도와 위치의 미분, 적분 관계를 기억하라!

- ✔ '위치', '위치의 변화량', '움직인 거리' 중 어떤 것인지 정확하게 구분한다.
- ✔ 직선 운동에서 출발 위치가 원점이 아닌 경우가 있으므로 반드시 출발 위치를 확인한다.

기출에서 뽑은 실전 개념 1 정적분의 활용 – 넓이

(1) 곡선과 x축 사이의 넓이

함수 $f(x)$가 닫힌구간 $[a, b]$에서 연속일 때, 곡선 $y=f(x)$와 x축 및 두 직선 $x=a$, $x=b$로 둘러싸인 부분의 넓이 S는

$$S=\int_a^b |f(x)|dx$$

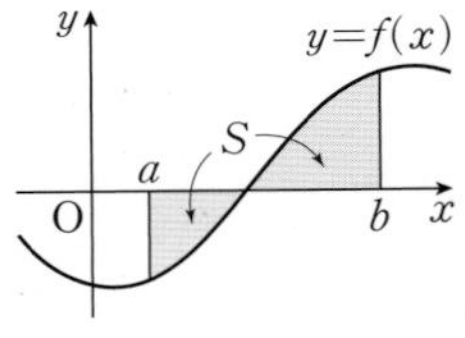

2021학년도 6월 평가원 나 13

곡선 $y=x^3-2x^2$과 x축으로 둘러싸인 부분의 넓이

→ 곡선 $y=x^3-2x^2$과 x축의 교점의 x좌표는 $x^3-2x^2=0$에서 $x=0$ 또는 $x=2$

따라서 구하는 넓이는

$\int_0^2 |x^3-2x^2|dx=\int_0^2 (-x^3+2x^2)dx=\frac{4}{3}$

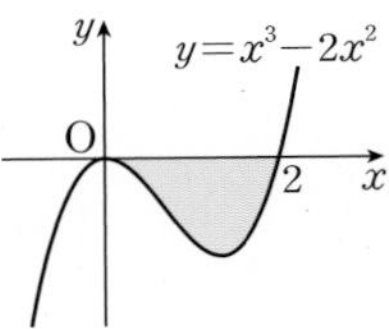

(2) 두 곡선 사이의 넓이

두 함수 $f(x)$, $g(x)$가 닫힌구간 $[a, b]$에서 연속일 때, 두 곡선 $y=f(x)$, $y=g(x)$ 및 두 직선 $x=a$, $x=b$로 둘러싸인 부분의 넓이 S는

$$S=\int_a^b |f(x)-g(x)|dx$$

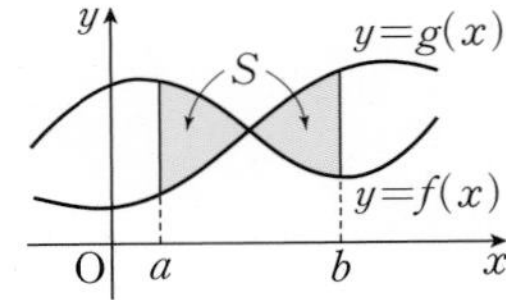

2021학년도 수능 나 27

곡선 $y=x^2-7x+10$과 직선 $y=-x+10$으로 둘러싸인 부분의 넓이

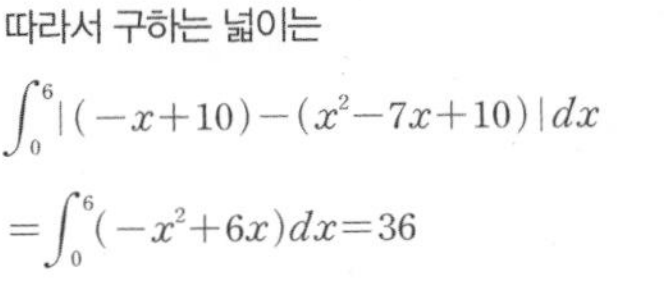

→ 곡선 $y=x^2-7x+10$과 직선 $y=-x+10$의 교점의 x좌표는 $x^2-7x+10=-x+10$에서 $x=0$ 또는 $x=6$

따라서 구하는 넓이는

$\int_0^6 |(-x+10)-(x^2-7x+10)|dx$

$=\int_0^6 (-x^2+6x)dx=36$

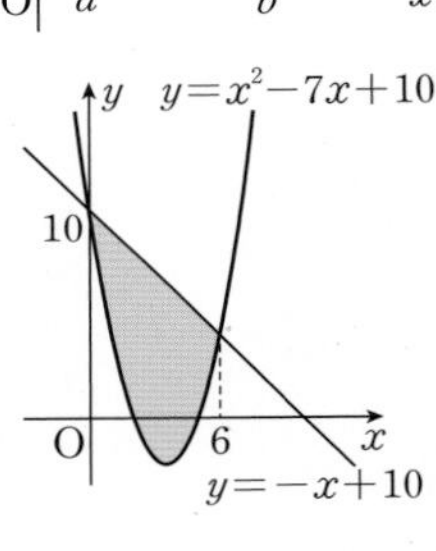

• 이차함수 $y=a(x-\alpha)(x-\beta)$ $(a\neq0,\ \alpha<\beta)$의 그래프와 x축으로 둘러싸인 도형의 넓이 S는

$S=\int_\alpha^\beta |a(x-\alpha)(x-\beta)|dx$

$=\frac{|a|(\beta-\alpha)^3}{6}$

• **곡선과 x축으로 둘러싸인 두 부분의 넓이가 같은 경우**

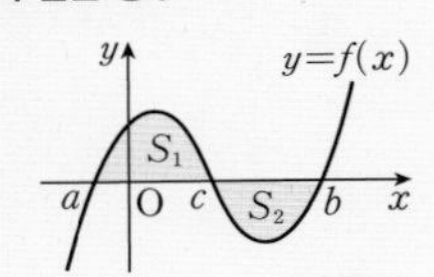

그림에서 $S_1=S_2$이면

$\int_a^b f(x)dx=0$

• **함수와 그 역함수의 그래프로 둘러싸인 부분의 넓이**

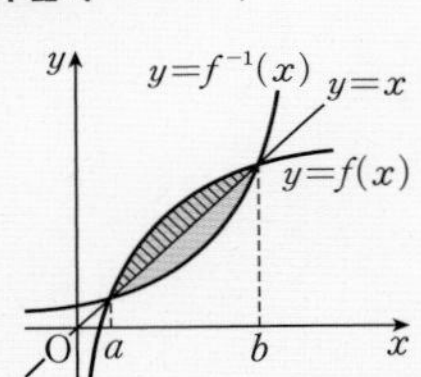

함수 $y=f(x)$의 그래프와 그 역함수 $y=f^{-1}(x)$의 그래프로 둘러싸인 부분의 넓이를 S라 하면

$S=2\int_a^b |f(x)-x|dx$

기출예시 1 2023학년도 수능 공통 10

○ 해답 71쪽

두 곡선 $y=x^3+x^2$, $y=-x^2+k$와 y축으로 둘러싸인 부분의 넓이를 A, 두 곡선 $y=x^3+x^2$, $y=-x^2+k$와 직선 $x=2$로 둘러싸인 부분의 넓이를 B라 하자. $A=B$❶일 때, 상수 k의 값은? (단, $4<k<5$) [4점]

① $\frac{25}{6}$ ② $\frac{13}{3}$ ③ $\frac{9}{2}$ ④ $\frac{14}{3}$ ⑤ $\frac{29}{6}$

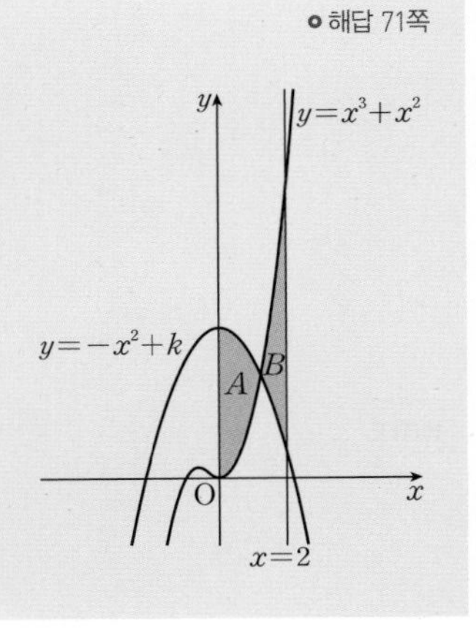

행동전략

❶ 두 곡선으로 둘러싸인 도형의 넓이가 같을 조건을 이용한다.

$\int_0^2 \{(x^3+x^2)-(-x^2+k)\}dx=0$

기출에서 뽑은 실전 개념 2 정적분의 활용 – 속도와 거리

(1) 위치, 속도, 가속도의 관계

위치 ⇄ 속도 ⇄ 가속도 (미분 →, ← 적분)

(2) 직선 위를 움직이는 점 P의 운동 방향

수직선 위를 움직이는 점 P의 속도가 v일 때

① $v>0$이면 점 P는 속력 $|v|$로 양의 방향으로 움직인다.

② $v<0$이면 점 P는 속력 $|v|$로 음의 방향으로 움직인다.

③ $v=0$이면 점 P는 움직이는 방향을 바꾸거나 정지한다.

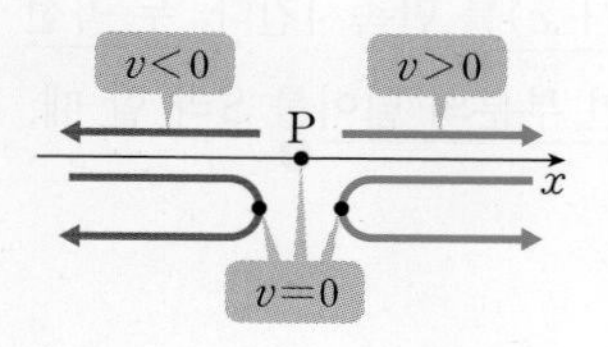

(3) 속도와 위치

수직선 위를 움직이는 점 P의 시각 t에서의 속도가 $v(t)$이고 시각 $t=t_0$에서의 점 P의 위치가 x_0일 때

① 시각 t에서 점 P의 위치 x는 $x=x_0+\int_{t_0}^{t} v(t)dt$

② 시각 $t=a$에서 $t=b$까지 점 P의 위치의 변화량은 $\int_a^b v(t)dt$

③ 시각 $t=a$에서 $t=b$까지 점 P가 움직인 거리 s는 $s=\int_a^b |v(t)|dt$ ← $y=v(t)$의 그래프와 t축 및 두 직선 $t=a$, $t=b$로 둘러싸인 부분의 넓이

• 수직선 위를 움직이는 점의 어떤 시각에서의 위치는
(출발 위치)+(위치의 변화량)
으로 구할 수 있다.

2021학년도 수능 나 14

수직선 위를 움직이는 점 P의 시각 t $(t\geq 0)$에서의 속도 $v(t)$가

$v(t)=2t-6$

이다. 점 P가 $t=3$부터 $t=k$ $(k>3)$까지 움직인 거리가 25일 때, 상수 k의 값 ← $\int_3^k |v(t)|dt$

→ $\int_3^k |v(t)|dt=\int_3^k |2t-6|dt=\int_3^k (2t-6)dt$

$=\left[t^2-6t\right]_3^k=k^2-6k+9=25$

$k^2-6k-16=0$, $(k+2)(k-8)=0$

$\therefore k=-2$ 또는 $k=8$

이때 $k>3$이므로 $k=8$

참고 (1) 위치의 변화량과 움직인 거리의 차이

원점을 출발하여 수직선 위를 움직이는 점 P의 시각 t $(0\leq t\leq c)$에서의 속도 $v(t)$의 그래프가 오른쪽 그림과 같고, 그래프와 x축 사이의 넓이를 각각 S_1, S_2, S_3이라 할 때

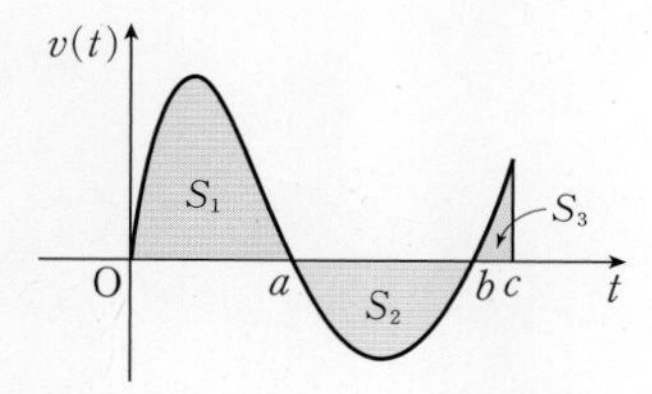

→ (i) $t=0$에서 $t=a$까지 점 P는 원점에서 양의 방향으로 S_1만큼 이동한다.

(ii) $t=a$에서 $t=b$까지 점 P는 음의 방향으로 S_2만큼 이동한다.

(iii) $t=b$에서 $t=c$까지 점 P는 양의 방향으로 S_3만큼 이동한다.

$\therefore$ ($t=0$부터 $t=c$까지의 위치의 변화량)$=S_1+(-S_2)+S_3$,

($t=0$부터 $t=c$까지 움직인 거리)$=S_1+S_2+S_3$

(2) 속도 $v(t)$가 모든 시각 t에 대하여 $v(t)\geq 0$일 때는 위치의 변화량과 움직인 거리가 서로 일치한다.

→ $a\leq t\leq b$에서 $v(t)\geq 0$이면 $\int_a^b v(t)dt=\int_a^b |v(t)|dt$

기출예시 2 2023학년도 수능 공통 20

○ 해답 71쪽

수직선 위를 움직이는 점 P의 시각 t $(t\geq 0)$에서의 속도 $v(t)$와 가속도 $a(t)$가 다음 조건을 만족시킨다.

> (가) $0\leq t\leq 2$일 때, $v(t)=2t^3-8t$이다. ❷
> (나) $t\geq 2$일 때, $a(t)=6t+4$이다. ❶

시각 $t=0$에서 $t=3$까지 점 P가 움직인 거리를 구하시오. [4점] ❷

행동전략

❶ 가속도에 대한 식을 적분하여 속도 $v(t)$를 구한다.
$t\geq 2$일 때, $v(t)=\int a(t)dt$

❶, ❷ 속도 $v(t)$를 이용하여 점 P가 움직인 거리를 구한다.
$\int_0^3 |v(t)|dt$의 값을 구한다.

1

최고차항의 계수가 1인 삼차함수 $f(x)$가 $f(0)=0$이고, 모든 실수 x에 대하여 $f(1-x)=-f(1+x)$를 만족시킨다. 두 곡선 $y=f(x)$와 $y=-6x^2$으로 둘러싸인 부분의 넓이를 S라 할 때, $4S$의 값을 구하시오.

행동전략

❶ $f(1-x)=-f(1+x)$에 적절한 x의 값을 대입하여 $f(x)=0$이 되게 하는 x의 값을 구하고, 함수 $f(x)$의 식을 구한다.

❷ 정적분의 성질을 이용하여 두 곡선으로 둘러싸인 부분의 넓이를 구한다.

2

수직선 위를 움직이는 점 P의 시각 t에서의 위치 $x(t)$가 두 상수 a, b에 대하여

$$x(t)=t(t-1)(at+b)\ (a\neq 0)$$

이다. 점 P의 시각 t에서의 속도 $v(t)$가 $\int_0^1 |v(t)|\,dt=2$를 만족시킬 때, 〈보기〉에서 옳은 것만을 있는 대로 고른 것은?

보기

ㄱ. $\int_0^1 v(t)\,dt=0$

ㄴ. $|x(t_1)|>1$인 t_1이 열린구간 $(0, 1)$에 존재한다.

ㄷ. $0\leq t\leq 1$인 모든 t에 대하여 $|x(t)|<1$이면 $x(t_2)=0$인 t_2가 열린구간 $(0, 1)$에 존재한다.

① ㄱ　② ㄱ, ㄴ　③ ㄱ, ㄷ　④ ㄴ, ㄷ　⑤ ㄱ, ㄴ, ㄷ

행동전략

❶ 방정식 $x(t)=0$을 만족시키는 t의 값을 구한다.

❷ 점 P가 시각 $t=0$에서 $t=1$까지 움직인 거리가 2임을 파악한다.

❸ $\int_0^1 v(t)\,dt=\int_0^1 x'(t)\,dt$임을 이용한다.

해답 72쪽

3

실수 전체의 집합에서 증가하는 연속함수 $f(x)$가 다음 조건을 만족시킨다.

> (가) 모든 실수 x에 대하여 $f(-x)=-f(x)$
> (나) 모든 실수 x에 대하여 $f(x)=f(x-4)+6$
> (다) $\int_{-2}^{4} f(x)dx=9$

함수 $y=f(x)$의 그래프와 x축 및 두 직선 $x=10$, $x=12$로 둘러싸인 부분의 넓이를 구하시오.

NOTE 1st ○ △ × 2nd ○ △ ×

□
□
□

4

두 함수

$$f(x)=\begin{cases} 0 & (x\le 0) \\ x & (x>0) \end{cases},\ g(x)=a(x-1)^2+b$$

에 대하여 함수 $h(x)$를

$$h(x)=f(x)-f(x-c)-f(x-2+c)$$

라 하자. 함수 $y=h(x)$의 그래프와 함수 $y=g(x)$의 그래프가 서로 다른 세 점 $(\alpha, h(\alpha))$, $(\beta, h(\beta))$, $(\gamma, h(\gamma))$ $(\alpha<\beta<\gamma)$에서 접하고 $\gamma=\alpha+1$일 때, $\int_{\alpha}^{\gamma} \{h(x)-g(x)\}dx$의 값은?

(단, a, b, c는 상수이고, $0<c<1$이다.)

① $\frac{1}{48}$ ② $\frac{1}{24}$ ③ $\frac{1}{16}$
④ $\frac{1}{12}$ ⑤ $\frac{5}{48}$

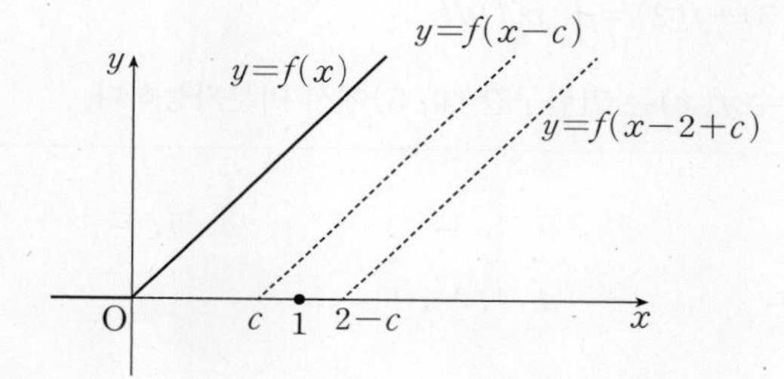

NOTE 1st ○ △ × 2nd ○ △ ×

□
□
□

5

원점을 출발하여 수직선 위를 움직이는 점 P의 시각 t $(0\leq t\leq 5)$에서의 속도 $v(t)$가 다음과 같다.

$$v(t)=\begin{cases} t & (0\leq x<2) \\ -4t+10 & (2\leq x<3) \\ 2t-8 & (3\leq x\leq 5) \end{cases}$$

$0\leq x\leq 5$인 실수 x에 대하여 점 P가

시각 $t=0$에서 $t=x$까지 움직인 거리,

시각 $t=x$에서 $t=5$까지 움직인 거리

중에서 최소인 값을 $f(x)$라 할 때, 〈보기〉에서 옳은 것만을 있는 대로 고른 것은?

보기

ㄱ. $f(2)=2$

ㄴ. $f(3)-f(2)=\int_{2}^{3} v(t)dt$

ㄷ. 함수 $f(x)$는 열린구간 $(0, 5)$에서 미분가능하다.

① ㄱ ② ㄱ, ㄴ ③ ㄱ, ㄷ

④ ㄴ, ㄷ ⑤ ㄱ, ㄴ, ㄷ

NOTE 1st ○ △ × 2nd ○ △ ×

□
□
□

6

다항함수 $f(x)$와 상수 p가 다음 조건을 만족시킨다.

(가) $\lim_{x\to\infty}\frac{f(x)+2x}{x^2}=a$ (a는 양수)

(나) 모든 실수 t에 대하여 $f'(t)+f'(2p-t)=0$이다.

(다) $\int_{0}^{p} f(x)dx=3$, $\int_{0}^{p} |f(x)|dx=\frac{11}{3}$

$k>p$인 상수 k에 대하여 $f(k)=0$일 때, $12\int_{p}^{k} |f(x)|dx$의 값을 구하시오.

NOTE 1st ○ △ × 2nd ○ △ ×

□
□
□

해답 75쪽

7

닫힌구간 $[0,\ 3]$에서 정의된 두 함수

$$f(x)=3x^2-x^3,\ g(x)=\begin{cases} m(x-2)+4 & (0\le x<2) \\ n(x-2)+4 & (2\le x\le 3) \end{cases}$$

가 있다. $0\le x\le 3$인 모든 실수 x에 대하여 $f(x)\ge g(x)$일 때, $\int_0^3 \{f(x)-g(x)\}dx$의 최솟값은 $\frac{q}{p}$이다. $p+q$의 값을 구하시오. (단, p와 q는 서로소인 자연수이다.)

NOTE　1st ○ △ ×　2nd ○ △ ×

□
□
□

8

최고차항의 계수가 1인 삼차함수 $f(x)$가 다음 조건을 만족시킨다.

> (가) $f(1)=0$
> (나) 모든 실수 x에 대하여 $f(-x)=-f(x)$이다.

함수 $g(x)=\int_x^{\sqrt{3}x} f(t)dt$와 $g'(a)=0$을 만족시키는 양수 a에 대하여 곡선 $y=g(x)$와 직선 $y=g(a)$로 둘러싸인 부분의 넓이는 $\frac{q}{p}$이다. $p+q$의 값을 구하시오.

(단, p와 q는 서로소인 자연수이다.)

NOTE　1st ○ △ ×　2nd ○ △ ×

□
□
□

수능1등급완성

HiGH-END

수능 하이엔드

수 능
일등급
완 성

고난도 미니모의고사

총4회

1회 수능 일등급 완성 고난도 미니 모의고사

1

실수 전체의 집합에서 정의된 두 함수 $f(x)$와 $g(x)$에 대하여

$x<0$일 때, $f(x)+g(x)=x^2+4$

$x>0$일 때, $f(x)-g(x)=x^2+2x+8$

이다. 함수 $f(x)$가 $x=0$에서 연속이고

$\lim_{x\to 0-} g(x)-\lim_{x\to 0+} g(x)=6$일 때, $f(0)$의 값은?

① -3　② -1　③ 0　④ 1　⑤ 3

2

닫힌구간 $[-1, 1]$에서 정의된 함수

$$f(x)=\begin{cases} x^2+x & (-1\le x<0) \\ -\frac{1}{4} & (x=0) \\ 1-x & (0<x\le 1) \end{cases}$$

에 대하여 닫힌구간 $[-1, 1]$에서 정의된 두 함수 $g(x)$, $h(x)$는 각각

$g(x)=\{f(x)\}^2-f(x)$, $h(x)=f(x)+|f(x)|$

이다. <보기>에서 옳은 것만을 있는 대로 고른 것은?

보기

ㄱ. $\lim_{x\to 0} g(x)=0$

ㄴ. 함수 $f(-x)h(x)$는 $x=0$에서 연속이다.

ㄷ. 닫힌구간 $[-1, 1]$에서 함수 $|g(x)+k|h(x)$가 연속이 되도록 하는 실수 k는 오직 1개 존재한다.

① ㄱ　② ㄴ　③ ㄱ, ㄴ　④ ㄴ, ㄷ　⑤ ㄱ, ㄴ, ㄷ

해답 79쪽

3

함수

$$f(x)=\frac{1}{3}x^3-kx^2+1\ (k>0\text{인 상수})$$

의 그래프 위의 서로 다른 두 점 A, B에서의 접선 l, m의 기울기가 모두 $3k^2$이다. 곡선 $y=f(x)$에 접하고 x축에 평행한 두 직선과 접선 l, m으로 둘러싸인 도형의 넓이가 24일 때, k의 값은?

① $\frac{1}{2}$ ② 1 ③ $\frac{3}{2}$

④ 2 ⑤ $\frac{5}{2}$

4

실수 k에 대하여 함수 $f(x)=x^3-3x^2+6x+k$의 역함수를 $g(x)$라 하자. 방정식 $4f'(x)+12x-18=(f'\circ g)(x)$가 닫힌 구간 $[0, 1]$에서 실근을 갖기 위한 k의 최솟값을 m, 최댓값을 M이라 할 때, m^2+M^2의 값을 구하시오.

5

자연수 k에 대하여 삼차방정식 $x^3-12x+22-4k=0$의 양의 실근의 개수를 $f(k)$라 하자. $\sum_{k=1}^{10} f(k)$의 값을 구하시오.

6

다항함수 $f(x)$가 다음 조건을 만족시킨다.

(가) 모든 실수 x에 대하여
$\int_1^x f(t)dt=\frac{x-1}{2}\{f(x)+f(1)\}$이다.
(나) $\int_0^2 f(x)dx=5\int_{-1}^1 xf(x)dx$

$f(0)=1$일 때, $f(4)$의 값을 구하시오.

7

실수 전체의 집합에서 미분가능한 함수 $f(x)$가 다음 조건을 만족시킨다.

> (가) 모든 실수 x에 대하여 $1\le f'(x)\le 3$이다.
> (나) 모든 정수 n에 대하여 함수 $y=f(x)$의 그래프는
> 점 $(4n,\ 8n)$, 점 $(4n+1,\ 8n+2)$, 점 $(4n+2,\ 8n+5)$,
> 점 $(4n+3,\ 8n+7)$을 모두 지난다.
> (다) 모든 정수 k에 대하여 닫힌구간 $[2k,\ 2k+1]$에서 함수 $y=f(x)$의 그래프는 각각 이차함수의 그래프의 일부이다.

$\int_3^6 f(x)dx=a$라 할 때, $6a$의 값을 구하시오.

8

같은 높이의 지면에서 동시에 출발하여 지면과 수직인 방향으로 올라가는 두 물체 A, B가 있다. 그림은 시각 t $(0\le t\le c)$에서 물체 A의 속도 $f(t)$와 물체 B의 속도 $g(t)$를 나타낸 것이다.

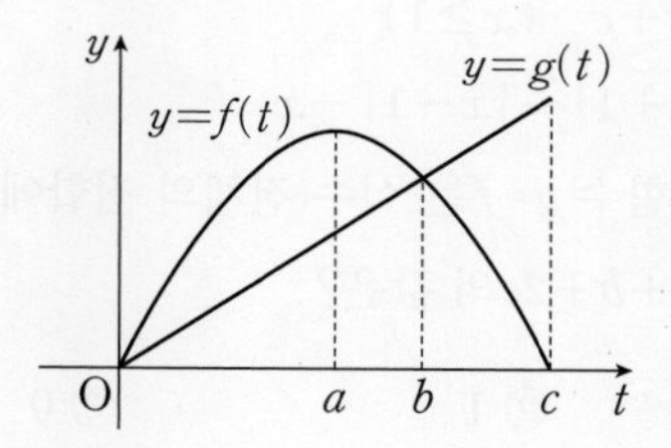

$\int_0^c f(t)dt=\int_0^c g(t)dt$이고 $0\le t\le c$일 때, 옳은 것만을 ⟨보기⟩에서 있는 대로 고른 것은?

> 보기
> ㄱ. $t=a$일 때, 물체 A는 물체 B보다 높은 위치에 있다.
> ㄴ. $t=b$일 때, 물체 A와 물체 B의 높이의 차가 최대이다.
> ㄷ. $t=c$일 때, 물체 A와 물체 B는 같은 높이에 있다.

① ㄴ ② ㄷ ③ ㄱ, ㄴ
④ ㄱ, ㄷ ⑤ ㄱ, ㄴ, ㄷ

2회 수능 일등급 완성 고난도 미니 모의고사

1

실수 a, b, c와 두 함수

$$f(x)=\begin{cases} x+a & (x<-1) \\ bx & (-1\le x<1), \\ x+c & (x\ge 1) \end{cases}$$

$$g(x)=|x+1|-|x-1|-x$$

에 대하여 합성함수 $g\circ f$는 실수 전체의 집합에서 정의된 역함수를 갖는다. $a+b+2c$의 값은?

① 2　② 1　③ 0　④ -1　⑤ -2

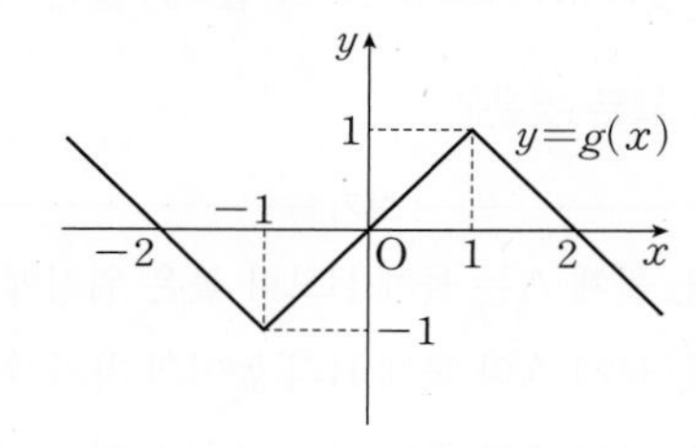

2

실수 t에 대하여 직선 $y=t$가 곡선 $y=|x^2-2x|$와 만나는 점의 개수를 $f(t)$라 하자. 최고차항의 계수가 1인 이차함수 $g(t)$에 대하여 함수 $f(t)g(t)$가 모든 실수 t에서 연속일 때, $f(3)+g(3)$의 값을 구하시오.

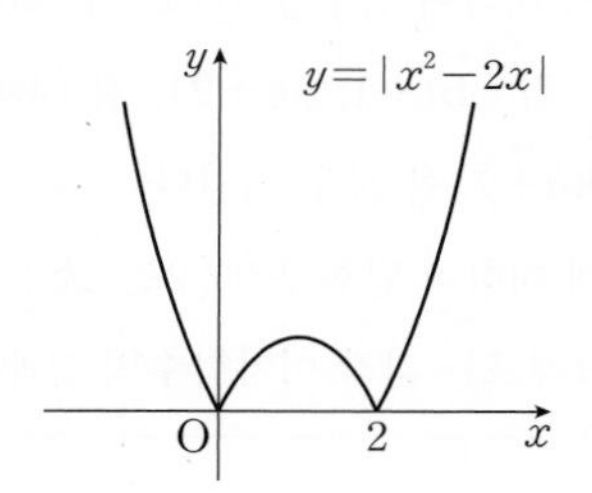

3

다항함수 $f(x)$가 다음 조건을 만족시킨다.

> (가) $\lim_{x \to \infty} \frac{|f(x)|}{x^4} = 1$
> (나) $x_1x_2 < 0$인 임의의 두 실수 x_1, x_2에 대하여
> $f'(x_1)f'(x_2) \leq 0$이다.
> (다) $x_3x_4 > 0$인 임의의 두 실수 x_3, x_4에 대하여
> $f'(x_3)f'(x_4) \geq 0$이다.
> (라) $f(2) - f(0) < 0$, $f'(2) = 0$

닫힌구간 $[-3, 3]$에서 함수 $f(x)$의 최댓값을 M, 최솟값을 m이라 할 때, $M - m$의 값을 구하시오.

4

자연수 n에 대하여 최고차항의 계수가 1이고 다음 조건을 만족시키는 삼차함수 $f(x)$의 극댓값을 a_n이라 하자.

> (가) $f(n) = 0$
> (나) 모든 실수 x에 대하여 $(x+n)f(x) \geq 0$이다.

a_n이 자연수가 되도록 하는 n의 최솟값은?

① 1 ② 2 ③ 3
④ 4 ⑤ 5

5

최고차항의 계수가 1인 삼차함수 $f(x)$와 이차함수 $g(x)$가 다음 조건을 만족시킨다.

> (가) $f(\alpha) = g(\alpha)$이고 $f'(\alpha) = g'(\alpha) + 9$인 실수 α가 존재한다.
> (나) $f(\beta) = g(\beta)$이고 $f'(\beta) = g'(\beta)$인 실수 β가 존재한다.

$f(\beta+2) - g(\beta+2)$의 값을 구하시오. (단, $\alpha < \beta$)

6

곡선 $y=x^3-3x^2+2x-3$과 직선 $y=2x+k$가 서로 다른 두 점에서만 만나도록 하는 모든 실수 k의 값의 곱을 구하시오.

7

이차함수 $f(x)$에 대하여 함수 $g(x)$를

$$g(x)=\int_a^x (t-3)f(t)dt$$

라 하자. 두 함수 $f(x)$, $|g(x)|$가 다음 조건을 만족시킨다.

> (가) $f(3)=0$
> (나) 함수 $|g(x)|$는 $x=-1$에서만 미분가능하지 않다.

$f(1)=4$일 때, $|g(a+2)|$의 값을 구하시오.

(단, a는 $a\neq-1$인 상수이다.)

8

원점을 출발하여 수직선 위를 움직이는 점 P의 시각 $t\ (0\leq t\leq 5)$에서의 속도 $v(t)$가 다음과 같다.

$$v(t)=\begin{cases} 4t & (0\leq t<1) \\ -2t+6 & (1\leq t<3) \\ t-3 & (3\leq t\leq 5) \end{cases}$$

$0<x<3$인 실수 x에 대하여 점 P가

시각 $t=0$에서 $t=x$까지 움직인 거리,
시각 $t=x$에서 $t=x+2$까지 움직인 거리,
시각 $t=x+2$에서 $t=5$까지 움직인 거리

중에서 최소인 값을 $f(x)$라 할 때, 옳은 것만을 〈보기〉에서 있는 대로 고른 것은?

> 보기
> ㄱ. $f(1)=2$
> ㄴ. $f(2)-f(1)=\int_1^2 v(t)dt$
> ㄷ. 함수 $f(x)$는 $x=1$에서 미분가능하다.

① ㄱ ② ㄴ ③ ㄱ, ㄴ ④ ㄱ, ㄷ ⑤ ㄴ, ㄷ

3회 수능 일등급 완성 고난도 미니 모의고사

해답 87쪽

1

함수 $f(x)=\begin{cases} \dfrac{2}{x-2} & (x\neq 2) \\ 1 & (x=2) \end{cases}$ 와 이차함수 $g(x)$가 다음 두 조건을 만족시킨다.

> (가) $g(0)=8$
> (나) 함수 $f(x)g(x)$는 모든 실수에서 연속이다.

이때 $g(6)$의 값을 구하시오.

2

함수 $f(x)=x^3+3x^2$에 대하여 다음 조건을 만족시키는 정수 a의 최댓값을 M이라 할 때, M^2의 값을 구하시오.

> (가) 점 $(-4,\ a)$를 지나고 곡선 $y=f(x)$에 접하는 직선이 세 개 있다.
> (나) 세 접선의 기울기의 곱은 음수이다.

3

사차함수 $f(x)$의 도함수 $f'(x)$가

$$f'(x)=(x+1)(x^2+ax+b)$$

이다. 함수 $y=f(x)$가 구간 $(-\infty,\ 0)$에서 감소하고 구간 $(2,\ \infty)$에서 증가하도록 하는 실수 a, b의 순서쌍 $(a,\ b)$에 대하여, a^2+b^2의 최댓값을 M, 최솟값을 m이라 하자. $M+m$의 값은?

① $\frac{21}{4}$ ② $\frac{43}{8}$ ③ $\frac{11}{2}$

④ $\frac{45}{8}$ ⑤ $\frac{23}{4}$

4

삼차함수 $y=f(x)$와 일차함수 $y=g(x)$의 그래프가 그림과 같고, $f'(b)=f'(d)=0$이다.

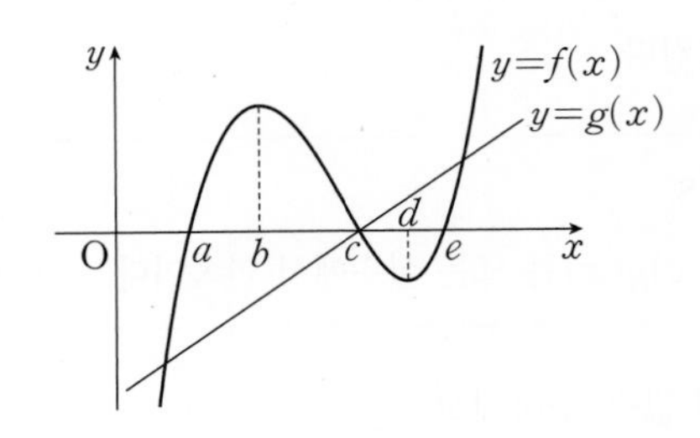

함수 $y=f(x)g(x)$는 $x=p$와 $x=q$에서 극소이다. 〈보기〉에서 옳은 것만을 있는 대로 고른 것은? (단, $p<q$)

보기

ㄱ. $y=f(x)g(x)$는 $x=c$에서 극대이다.

ㄴ. 방정식 $f(x)g(x)=f(k)g(k)$가 단 하나의 실근을 가지면 $k=p$이다.

ㄷ. 방정식 $f'(x)-g'(x)=0$은 서로 다른 두 실근을 갖고, 이 두 실근의 차는 $d-b$보다 크다.

① ㄱ ② ㄴ ③ ㄱ, ㄴ

④ ㄱ, ㄷ ⑤ ㄱ, ㄴ, ㄷ

5

삼차함수 $f(x)=\frac{2\sqrt{3}}{3}x(x-3)(x+3)$에 대하여 $x\geq-3$에서 정의된 함수 $g(x)$는

$$g(x)=\begin{cases} f(x) & (-3\leq x<3) \\ \frac{1}{k+1}f(x-6k) & (6k-3\leq x<6k+3) \end{cases}$$

(단, k는 모든 자연수)

이다. 자연수 n에 대하여 직선 $y=n$과 함수 $y=g(x)$의 그래프가 만나는 점의 개수를 a_n이라 할 때, $\sum_{n=1}^{12} a_n$의 값을 구하시오.

6

다음 조건을 만족시키는 모든 삼차함수 $f(x)$에 대하여 $f(2)$의 최솟값은?

> (가) $f(x)$의 최고차항의 계수는 1이다.
> (나) $f(0)=f'(0)$
> (다) $x\geq-1$인 모든 실수 x에 대하여 $f(x)\geq f'(x)$이다.

① 28 ② 33 ③ 38 ④ 43 ⑤ 48

해답 90쪽

7

두 다항함수 $f(x)$, $g(x)$와 함수 $h(x)=\int_0^x \{f(t)-g(t)\}dt$

가 다음 조건을 만족시킨다.

(가) $h(2)=-1$

(나) $\int_0^2 |f(x)-g(x)|dx=11$

(다) 함수 $h(x)$는 $x=1$에서 극대이고, 극값은 오직 하나이다.

$\int_0^2 g(x)dx=12$일 때, $\int_0^1 g(x)dx+\int_1^2 f(x)dx$의 값은?

① 6 ② 7 ③ 8

④ 9 ⑤ 10

8

두 함수 $f(x)$와 $g(x)$가

$$f(x)=\begin{cases} 0 & (x\le 0) \\ x & (x>0) \end{cases},\ g(x)=\begin{cases} x(2-x) & (|x-1|\le 1) \\ 0 & (|x-1|>1) \end{cases}$$

이다. 양의 실수 k, a, b $(a<b<2)$에 대하여, 함수 $h(x)$를

$$h(x)=k\{f(x)-f(x-a)-f(x-b)+f(x-2)\}$$

라 정의하자. 모든 실수 x에 대하여 $0\le h(x)\le g(x)$일 때,

$\int_0^2 \{g(x)-h(x)\}dx$의 값이 최소가 되게 하는 k, a, b에 대하여 $60(k+a+b)$의 값을 구하시오.

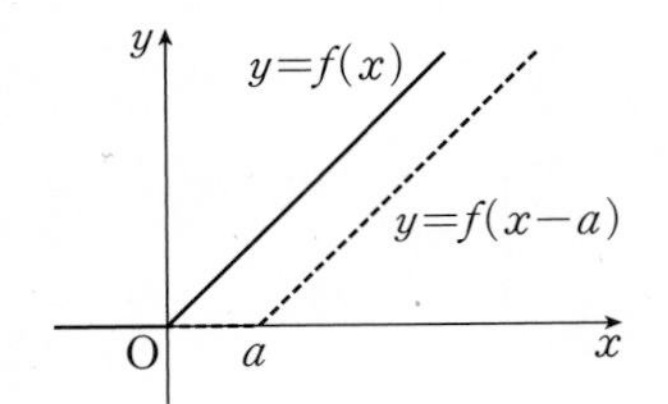

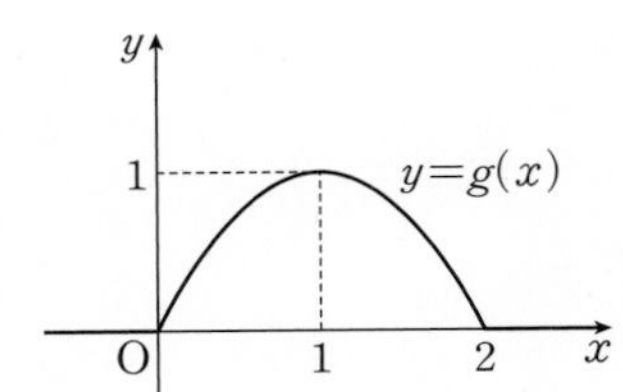

4회 수능 일등급 완성 고난도 미니 모의고사

해답 91쪽

1

함수

$$f(x)=\begin{cases} -x & (x\le 0) \\ x-1 & (0<x\le 2) \\ 2x-3 & (x>2) \end{cases}$$

와 상수가 아닌 다항식 $p(x)$에 대하여 〈보기〉에서 옳은 것만을 있는 대로 고른 것은?

보기

ㄱ. 함수 $p(x)f(x)$가 실수 전체의 집합에서 연속이면 $p(0)=0$이다.

ㄴ. 함수 $p(x)f(x)$가 실수 전체의 집합에서 미분가능하면 $p(2)=0$이다.

ㄷ. 함수 $p(x)\{f(x)\}^2$이 실수 전체의 집합에서 미분가능하면 $p(x)$는 $x^2(x-2)^2$으로 나누어떨어진다.

① ㄱ ② ㄱ, ㄴ ③ ㄱ, ㄷ
④ ㄴ, ㄷ ⑤ ㄱ, ㄴ, ㄷ

2

두 다항함수 $f(x)$, $g(x)$가 다음 조건을 만족시킨다.

(가) $g(x)=x^3f(x)-7$

(나) $\lim_{x\to 2}\frac{f(x)-g(x)}{x-2}=2$

곡선 $y=g(x)$ 위의 점 $(2, g(2))$에서의 접선의 방정식이 $y=ax+b$일 때, a^2+b^2의 값을 구하시오.

(단, a, b는 상수이다.)

3

두 실수 a와 k에 대하여 두 함수 $f(x)$와 $g(x)$는

$$f(x)=\begin{cases} 0 & (x\le a) \\ (x-1)^2(2x+1) & (x>a) \end{cases},$$

$$g(x)=\begin{cases} 0 & (x\le k) \\ 12(x-k) & (x>k) \end{cases}$$

이고, 다음 조건을 만족시킨다.

> (가) 함수 $f(x)$는 실수 전체의 집합에서 미분가능하다.
> (나) 모든 실수 x에 대하여 $f(x)\ge g(x)$이다.

k의 최솟값이 $\frac{q}{p}$일 때, $a+p+q$의 값을 구하시오.

(단, p와 q는 서로소인 자연수이다.)

4

삼차함수 $f(x)$의 도함수 $y=f'(x)$의 그래프가 그림과 같을 때, 〈보기〉에서 옳은 것만을 있는 대로 고른 것은?

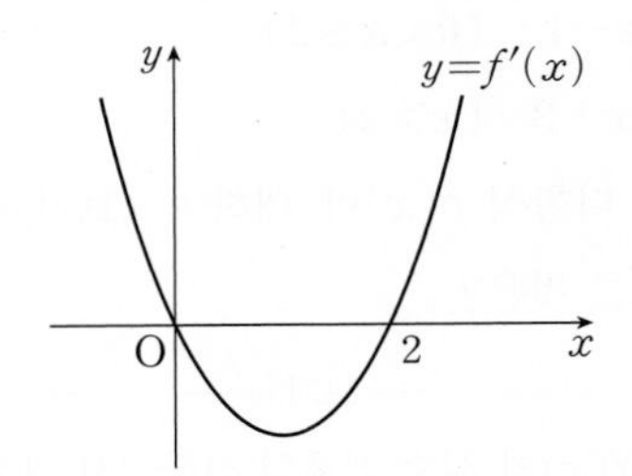

보기

ㄱ. $f(0)<0$이면 $|f(1)|<|f(2)|$이다.
ㄴ. $f(0)f(2)\ge 0$이면 함수 $|f(x)|$가 $x=a$에서 극대인 a의 개수는 1이다.
ㄷ. 자연수 전체의 집합의 부분집합 $\{n\,|\,f(n)>f(n+1)\}$의 원소의 개수는 2이다.

① ㄱ　② ㄴ　③ ㄱ, ㄴ　④ ㄱ, ㄷ　⑤ ㄱ, ㄴ, ㄷ

해답 92쪽

5

함수 $f(x)=\frac{1}{2}x^3-\frac{9}{2}x^2+10x$에 대하여 x에 대한 방정식

$$f(x)+|f(x)+x|=6x+k$$

의 서로 다른 실근의 개수가 4가 되도록 하는 모든 정수 k의 값의 합을 구하시오.

6

그림과 같이 한 변의 길이가 1인 정사각형 ABCD의 두 대각선의 교점의 좌표는 $(0,\ 1)$이고, 한 변의 길이가 1인 정사각형 EFGH의 두 대각선의 교점은 곡선 $y=x^2$ 위에 있다. 두 정사각형의 내부의 공통부분의 넓이의 최댓값은?

(단, 정사각형의 모든 변은 x축 또는 y축과 평행하다.)

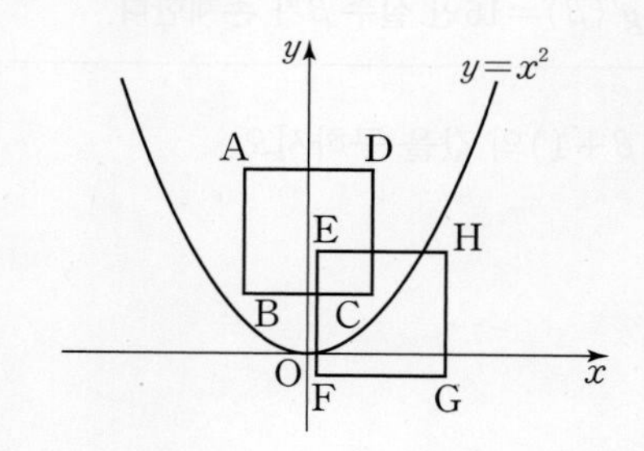

① $\frac{4}{27}$ ② $\frac{1}{6}$ ③ $\frac{5}{27}$

④ $\frac{11}{54}$ ⑤ $\frac{2}{9}$

7

최고차항의 계수가 1인 삼차함수 $f(x)$와 최고차항의 계수가 2인 이차함수 $g(x)$가 다음 조건을 만족시킨다.

> (가) $f(\alpha)=g(\alpha)$이고 $f'(\alpha)=g'(\alpha)=-16$인 실수 α가 존재한다.
> (나) $f'(\beta)=g'(\beta)=16$인 실수 β가 존재한다.

$g(\beta+1)-f(\beta+1)$의 값을 구하시오.

8

그림과 같이 좌표평면 위의 두 점 A(2, 0), B(0, 3)을 지나는 직선과 곡선 $y=ax^2$ $(a>0)$ 및 y축으로 둘러싸인 부분 중에서 제1사분면에 있는 부분의 넓이를 S_1이라 하자. 또, 직선 AB와 곡선 $y=ax^2$ 및 x축으로 둘러싸인 부분의 넓이를 S_2라 하자. $S_1:S_2=13:3$일 때, 상수 a의 값은?

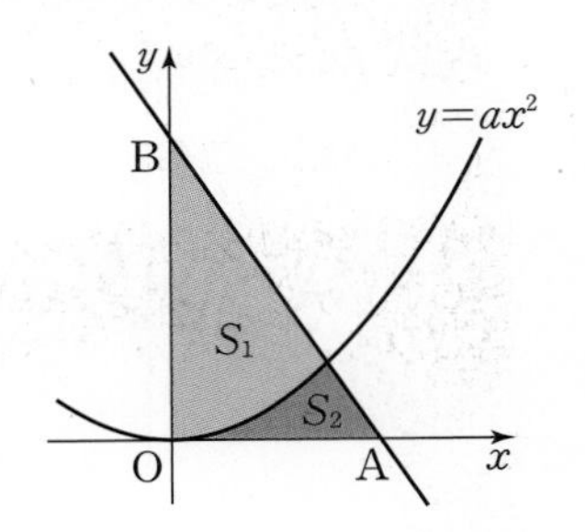

① $\frac{2}{9}$　② $\frac{1}{3}$　③ $\frac{4}{9}$

④ $\frac{5}{9}$　⑤ $\frac{2}{3}$

수학Ⅱ

정답과 해설

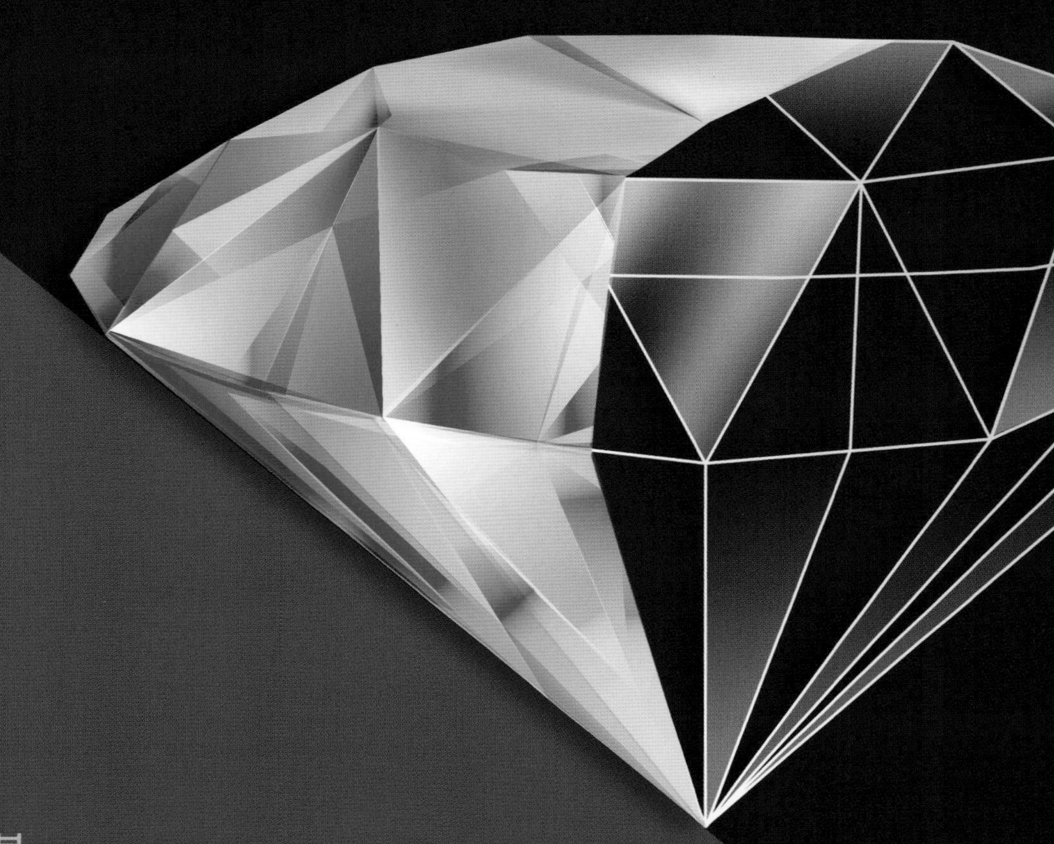

수능 고난도 상위 5문항 정복

HiGH-END
수능 하이엔드

수능 고난도 상위 5문항 정복

HIGH-END
수능 하이엔드

정답과 해설

수학Ⅱ

THEME 01 함수의 연속

본문 7쪽

기출예시 1 | 정답 ③

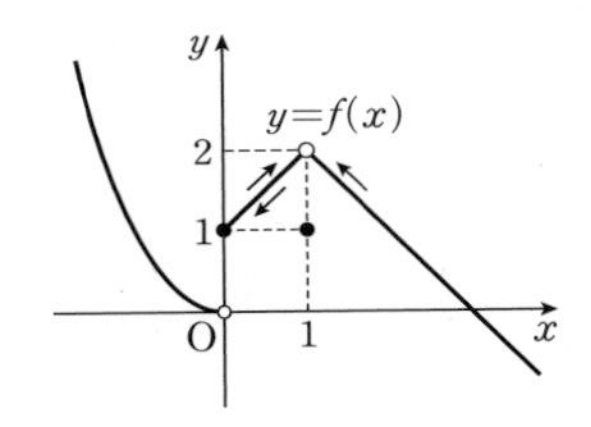

ㄱ. $\lim_{x\to 0+} f(x)=1$ (참)

ㄴ. $\lim_{x\to 1+} f(x)=\lim_{x\to 1-} f(x)=2$이므로 $\lim_{x\to 1} f(x)=2$이고 $f(1)=1$

$\therefore \lim_{x\to 1} f(x)\neq f(1)$ (거짓)

ㄷ. $h(x)=(x-1)f(x)$로 놓으면

$\lim_{x\to 1} h(x)=\lim_{x\to 1}(x-1)f(x)=\lim_{x\to 1}(x-1)\lim_{x\to 1}f(x)=0\times 2=0$

$h(1)=(1-1)f(1)=0$

즉, $\lim_{x\to 1} h(x)=h(1)$이므로 함수 $h(x)=(x-1)f(x)$는 $x=1$에서 연속이다. (참)

따라서 옳은 것은 ㄱ, ㄷ이다.

기출예시 2 | 정답 13

함수 $y=f(x)$의 그래프는 오른쪽 그림과 같다.

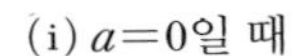

(i) $a=0$일 때

$\lim_{x\to a+} f(x)f(x-a)$

$=\lim_{x\to 0+}\{f(x)\}^2=49$

$\lim_{x\to a-} f(x)f(x-a)=\lim_{x\to 0-}\{f(x)\}^2=1$

즉, $\lim_{x\to a+} f(x)f(x-a)\neq \lim_{x\to a-} f(x)f(x-a)$이므로 함수 $f(x)f(x-a)$는 $x=a$에서 불연속이다.

(ii) $a\neq 0$일 때

$\lim_{x\to a+} f(x)f(x-a)=7f(a)$

$\lim_{x\to a-} f(x)f(x-a)=f(a)$

$f(a)f(0)=f(a)\times 1=f(a)$

따라서 함수 $f(x)f(x-a)$가 $x=a$에서 연속이려면

$\lim_{x\to a+} f(x)f(x-a)=\lim_{x\to a-} f(x)f(x-a)=f(a)f(0)$

이어야 하므로

$7f(a)=f(a)\qquad \therefore f(a)=0$

즉, $a+1=0$ 또는 $-\frac{1}{2}a+7=0$이어야 하므로

$a=-1$ 또는 $a=14$

(i), (ii)에 의하여 모든 실수 a의 값의 합은

$-1+14=13$

빠른 풀이 함수 $f(x-a)$는 $x=a$에서 불연속이므로 함수 $f(x)f(x-a)$가 $x=a$에서 연속이려면 $\lim_{x\to a} f(x)=f(a)=0$이어야 한다.

따라서 $a=-1$ 또는 $a=14$이므로 구하는 모든 실수 a의 값의 합은 13이다.

01-1 함수의 연속과 연속함수의 성질의 활용

1등급 완성 3단계 문제연습 본문 8~11쪽

1 ④	2 ①	3 20	4 ③
5 7	6 82	7 10	8 56

1 2020학년도 6월 평가원 나 15 [정답률 63%] | 정답 ④

출제영역 함수의 연속+연속함수의 성질

구간에 따라 다르게 정의된 두 함수 $f(x)$, $g(x)$의 곱의 꼴인 함수 $f(x)g(x)$의 연속성을 이용하여 미지수의 값을 구할 수 있는지를 묻는 문제이다.

두 함수

$f(x)=\begin{cases}-2x+3 & (x<0)\\ -2x+2 & (x\geq 0)\end{cases}$ ❶, $g(x)=\begin{cases}2x & (x<a)\\ 2x-1 & (x\geq a)\end{cases}$ ❷

가 있다. 함수 $f(x)g(x)$가 실수 전체의 집합에서 연속❸이 되도록 하는 상수 a의 값은?

① -2 ② -1 ③ 0 ✓④ 1 ⑤ 2

출제코드 $a<0$, $a=0$, $a>0$으로 a의 값의 범위를 나누어 a의 값 구하기

❶ $\lim_{x\to 0-} f(x)\neq \lim_{x\to 0+} f(x)$이므로 함수 $f(x)$는 $x=0$에서 불연속이다.

❷ $\lim_{x\to a-} g(x)\neq \lim_{x\to a+} g(x)$이므로 함수 $g(x)$는 $x=a$에서 불연속이다.

❸ ❶, ❷에 의하여 함수 $f(x)g(x)$가 실수 전체의 집합에서 연속이려면 $x=0$, $x=a$에서 연속이어야 한다.

➡ $a<0$, $a=0$, $a>0$인 경우로 나누어 연속성을 판단한다.

해설 **|1단계| 함수 $f(x)g(x)$가 실수 전체의 집합에서 연속이기 위한 조건 이해하기**

함수 $f(x)$는 $x=0$에서 불연속이고, 함수 $g(x)$는 $x=a$에서 불연속이므로 함수 $f(x)g(x)$가 실수 전체의 집합에서 연속이려면 $x=0$, $x=a$에서 연속이어야 한다.

|2단계| 함수 $f(x)g(x)$가 실수 전체의 집합에서 연속이 되게 하는 a의 값 구하기

(i) $a<0$일 때

$\lim_{x\to 0-} f(x)g(x)=\lim_{x\to 0-} f(x)\lim_{x\to 0-} g(x)$

$=\lim_{x\to 0-}(-2x+3)\lim_{x\to 0-}(2x-1)$ why? ❶

$=3\times(-1)=-3$

$\lim_{x\to0+} f(x)g(x) = \lim_{x\to0+} f(x) \lim_{x\to0+} g(x)$

$= \lim_{x\to0+} (-2x+2) \lim_{x\to0+} (2x-1)$ **why? ❶**

$= 2\times(-1) = -2$

이므로 $\lim_{x\to0-} f(x)g(x) \neq \lim_{x\to0+} f(x)g(x)$

즉, $\lim_{x\to0} f(x)g(x)$의 값이 존재하지 않으므로 함수 $f(x)g(x)$는 $x=0$에서 불연속이다. **why? ❷**

(ii) $a=0$일 때

$\lim_{x\to0-} f(x)g(x) = \lim_{x\to0-} f(x) \lim_{x\to0-} g(x)$

$= \lim_{x\to0-} (-2x+3) \lim_{x\to0-} 2x$

$= 3\times0 = 0$

$\lim_{x\to0+} f(x)g(x) = \lim_{x\to0+} f(x) \lim_{x\to0+} g(x)$

$= \lim_{x\to0+} (-2x+2) \lim_{x\to0+} (2x-1)$

$= 2\times(-1) = -2$

이므로 $\lim_{x\to0-} f(x)g(x) \neq \lim_{x\to0+} f(x)g(x)$

즉, $\lim_{x\to0} f(x)g(x)$의 값이 존재하지 않으므로 함수 $f(x)g(x)$는 $x=0$에서 불연속이다.

(iii) $a>0$일 때

$\lim_{x\to0-} f(x)g(x) = \lim_{x\to0-} f(x) \lim_{x\to0-} g(x)$

$= \lim_{x\to0-} (-2x+3) \lim_{x\to0-} 2x$ **why? ❸**

$= 3\times0 = 0$

$\lim_{x\to0+} f(x)g(x) = \lim_{x\to0+} f(x) \lim_{x\to0+} g(x)$

$= \lim_{x\to0+} (-2x+2) \lim_{x\to0+} 2x$ **why? ❸**

$= 2\times0 = 0$

$f(0)g(0) = 2\times0 = 0$

이므로 $\lim_{x\to0-} f(x)g(x) = \lim_{x\to0+} f(x)g(x) = f(0)g(0)$

즉, 함수 $f(x)g(x)$는 $x=0$에서 연속이다.

또, 함수 $f(x)g(x)$가 $x=a$에서 연속이어야 하므로

$\lim_{x\to a-} f(x)g(x) = \lim_{x\to a-} f(x) \lim_{x\to a-} g(x)$

$= \lim_{x\to a-} (-2x+2) \lim_{x\to a-} 2x$ **why? ❹**

$= (-2a+2)\times2a$

$= -4a^2+4a$

$\lim_{x\to a+} f(x)g(x) = \lim_{x\to a+} f(x) \lim_{x\to a+} g(x)$

$= \lim_{x\to a+} (-2x+2) \lim_{x\to a+} (2x-1)$ **why? ❹**

$= (-2a+2)(2a-1)$

$= -4a^2+6a-2$

$f(a)g(a) = (-2a+2)(2a-1) = -4a^2+6a-2$

에서

$-4a^2+4a = -4a^2+6a-2$

$2a = 2$

$\therefore a=1$

(i), (ii), (iii)에 의하여 $a=1$

해설특강

why? ❶ $a<0$이면 $x=0$의 좌우에서 $g(x)=2x-1$이다.

$\therefore \lim_{x\to0-} g(x) = \lim_{x\to0-} (2x-1)$, $\lim_{x\to0+} g(x) = \lim_{x\to0+} (2x-1)$

why? ❷ 함수 $f(x)$가 $x=a$에서 연속이려면 다음 세 조건을 모두 만족시켜야 한다.

(i) 함수 $f(x)$가 $x=a$에서 정의되어 있고

(ii) 극한값 $\lim_{x\to a} f(x)$가 존재하며

(iii) $\lim_{x\to a} f(x) = f(a)$

즉, 위의 조건 중에서 어느 하나라도 만족시키지 않으면 함수 $f(x)$는 $x=a$에서 불연속이다.

따라서 함수 $f(x)g(x)$는 위의 조건 중 (ii)를 만족시키지 않으므로 (iii)을 확인하지 않아도 $x=0$에서 불연속임을 알 수 있다.

why? ❸ $a>0$이면 $x=0$의 좌우에서 $g(x)=2x$이다.

$\therefore \lim_{x\to0-} g(x) = \lim_{x\to0-} 2x$, $\lim_{x\to0+} g(x) = \lim_{x\to0+} 2x$

why? ❹ $a>0$이면 $x=a$의 좌우에서 $f(x)=-2x+2$이다.

$\therefore \lim_{x\to a-} f(x) = \lim_{x\to a-} (-2x+2)$, $\lim_{x\to a+} f(x) = \lim_{x\to a+} (-2x+2)$

2

2019학년도 수능 나 21 [정답률 17%] | 정답 ①

출제영역 함수의 연속+유리함수의 성질+이차방정식의 근의 판별

다항함수 $f(x)$와 연속함수 $g(x)$가 주어진 조건을 만족시킬 때, 함수 $g(x)$의 함숫값의 최솟값을 구할 수 있는지를 묻는 문제이다.

최고차항의 계수가 1인 삼차함수 $f(x)$에 대하여 실수 전체의 집합에서 연속인 함수 $g(x)$❶가 다음 조건을 만족시킨다.

> (가) 모든 실수 x에 대하여 $f(x)g(x)=x(x+3)$❶이다.
> (나) $g(0)=1$❶

$f(1)$이 자연수일 때, $g(2)$❷의 최솟값은?

✓① $\frac{5}{13}$ ② $\frac{5}{14}$ ③ $\frac{1}{3}$ ④ $\frac{5}{16}$ ⑤ $\frac{5}{17}$

출제코드 유리함수 $g(x)$가 연속함수인 조건을 이용하여 함숫값 구하기

❶ $g(0)=1$이므로 $f(x)g(x)=x(x+3)$의 양변에 $x=0$을 대입하여 $f(0)$의 값을 구한다. 이를 이용하여 $f(x)$의 식을 세워 $g(x)$를 구한 다음 $g(x)$가 실수 전체의 집합에서 연속임을 이용한다.

❷ $g(2)$를 미지수에 대한 식으로 나타내고 미지수의 범위를 찾아 $g(2)$의 값이 최소가 될 때의 미지수의 값을 구한다.

해설 **|1단계|** 주어진 조건을 이용하여 함수 $f(x)$의 식 세우기

조건 (가)에서 $f(x)g(x)=x(x+3)$의 양변에 $x=0$을 대입하면

$f(0)g(0)=0$

이때 조건 (나)에 의하여 $g(0)=1$이므로 $f(0)=0$

따라서 최고차항의 계수가 1인 삼차함수 $f(x)$는

$f(x)=x(x^2+ax+b)$ (a, b는 상수)

로 놓을 수 있다.

|2단계| 함수 $g(x)$가 실수 전체의 집합에서 연속임을 이용하여 a, b에 대한 조건 찾기

$f(x)g(x)=x(x+3)$에서 $f(x)\neq 0$일 때,

$$g(x)=\frac{x(x+3)}{f(x)}=\frac{x+3}{x^2+ax+b}$$

이때 함수 $g(x)$가 실수 전체의 집합에서 연속이므로 $x=0$에서도 연속이다.

즉, $\lim_{x\to 0} g(x)=g(0)$이므로 $\lim_{x\to 0}\frac{x+3}{x^2+ax+b}=1$

$\frac{3}{b}=1 \qquad \therefore b=3$

$\therefore g(x)=\frac{x+3}{x^2+ax+3}$

또, 함수 $g(x)$가 실수 전체의 집합에서 연속이려면 분모가 0이 되는 실수 x의 값이 존재하지 않아야 하므로 이차방정식 $x^2+ax+3=0$이 서로 다른 두 허근을 가져야 한다.

따라서 이차방정식 $x^2+ax+3=0$의 판별식을 D라 하면

$D=a^2-12<0$

$a^2<12 \qquad \therefore -2\sqrt{3}<a<2\sqrt{3} \qquad \cdots\cdots$ ㉠

|3단계| $f(1)$이 자연수임을 이용하여 $g(2)$의 최솟값 구하기

한편, $f(x)=x(x^2+ax+3)$에서 $f(1)=a+4$가 자연수이므로 ㉠에서 가능한 a의 값은 -3, -2, -1, 0, 1, 2, 3이다.

이때 $g(x)=\frac{x+3}{x^2+ax+3}$에서 $g(2)=\frac{5}{2a+7}$이므로 $g(2)$는 a의 값이 3일 때 최솟값을 갖는다.

따라서 $g(2)$의 최솟값은

$$\frac{5}{2a+7}=\frac{5}{2\times 3+7}=\frac{5}{13}$$

3   2016학년도 6월 평가원 A 29 [정답률 53%] 변형 | 정답 20

출제영역 함수의 연속＋연속함수의 성질＋함수의 극한과 다항함수의 결정

극한값이 주어진 다항함수 $f(t)$와 새롭게 정의된 불연속 함수 $g(t)$에 대하여 함수 $f(t)g(t)$가 실수 전체의 집합에서 연속일 조건을 이용하여 함수 $f(t)$를 구할 수 있는지를 묻는 문제이다.

다항함수 $f(x)$에 대하여

$$\lim_{x\to\infty}\frac{f(x)-x^3}{x^2}=-2$$ ❶

이다. 실수 t에 대하여 직선 $y=t$가 함수 $y=|x^2-4x|$의 그래프와 만나는 점의 개수를 $g(t)$라 하자. ❷ 모든 실수 t에 대하여 함수 $f(t)g(t)$가 연속일 때, ❸ $g(2)-f(2)$의 값을 구하시오. 20

출제코드 함수 $f(t)g(t)$가 모든 실수 t에 대하여 연속인 조건을 이용하여 $f(t)$ 구하기

❶ 극한값이 -2이므로 분자와 분모의 다항함수의 차수가 같고, 최고차항의 계수의 비가 -2임을 알 수 있다.

❷ t의 값의 범위에 따라 직선 $y=t$와 함수 $y=|x^2-4x|$의 그래프가 만나는 점의 개수 $g(t)$를 구한다.

❸ 함수 $f(t)$가 다항함수이므로 함수 $f(t)g(t)$가 실수 전체의 집합에서 연속이려면 함수 $g(t)$가 불연속인 t의 값에서 $f(t)g(t)$가 연속이어야 한다.

해설 **|1단계| 주어진 극한값을 이용하여 함수 $f(x)$의 식 세우기**

$\lim_{x\to\infty}\frac{f(x)-x^3}{x^2}=-2$이므로

$f(x)-x^3=-2x^2+ax+b$ (a, b는 상수), 즉

$f(x)=x^3-2x^2+ax+b$

로 놓을 수 있다.

|2단계| t의 값의 범위에 따른 함수 $g(t)$를 구하고, 그 그래프 그리기

함수 $y=|x^2-4x|$의 그래프는 다음 그림과 같다.

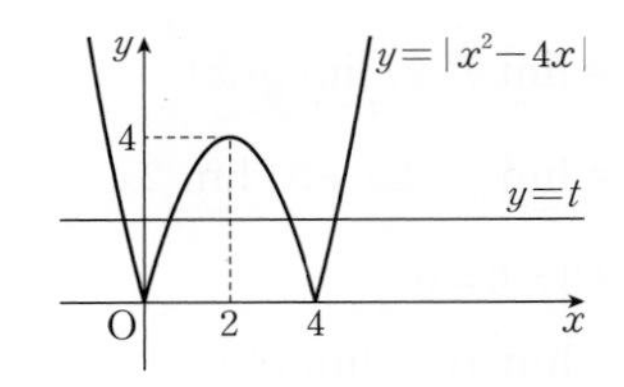

이때 t의 값의 범위에 따라 직선 $y=t$와 함수 $y=|x^2-4x|$의 그래프의 교점의 개수를 구하여 함수 $y=g(t)$를 구하고, 그 그래프를 그리면 다음과 같다.

$$g(t)=\begin{cases} 0 & (t<0) \\ 2 & (t=0 \text{ 또는 } t>4) \\ 4 & (0<t<4) \\ 3 & (t=4) \end{cases}$$

|3단계| 함수 $f(t)g(t)$가 모든 실수 t에 대하여 연속이기 위한 조건 찾기

함수 $f(t)$는 다항함수이고, 함수 $g(t)$는 $t=0$, $t=4$에서 불연속이므로 함수 $f(t)g(t)$가 실수 전체의 집합에서 연속이려면 $t=0$, $t=4$에서 연속이어야 한다.

(i) 함수 $f(t)g(t)$가 $t=0$에서 연속이려면

$\lim_{t\to 0-}f(t)g(t)=\lim_{t\to 0+}f(t)g(t)=f(0)g(0)$

이어야 한다.

$\lim_{t\to 0-}f(t)g(t)=\lim_{t\to 0-}f(t)\lim_{t\to 0-}g(t)$

$=b\times 0=0$ why? ❶

$\lim_{t\to 0+}f(t)g(t)=\lim_{t\to 0+}f(t)\lim_{t\to 0+}g(t)$

$=b\times 4=4b$ why? ❶

$f(0)g(0)=b\times 2=2b$

에서 $0=4b=2b \qquad \therefore b=0$

(ii) 함수 $f(t)g(t)$가 $t=4$에서 연속이려면

$\lim_{t\to 4-}f(t)g(t)=\lim_{t\to 4+}f(t)g(t)=f(4)g(4)$

이어야 한다.

$\lim_{t\to 4-}f(t)g(t)=\lim_{t\to 4-}f(t)\lim_{t\to 4-}g(t)$

$=(32+4a)\times 4$ ($\because b=0$) why? ❶

$=16a+128$

$\lim_{t\to 4+}f(t)g(t)=\lim_{t\to 4+}f(t)\lim_{t\to 4+}g(t)$

$=(32+4a)\times 2$ ($\because b=0$) why? ❶

$=8a+64$

$f(4)g(4)=(32+4a)\times 3=12a+96$

에서 $16a+128=8a+64=12a+96$

$\therefore a=-8$

|4단계| 함수 $f(x)$를 구하고, $g(2)-f(2)$의 값 구하기

따라서 $f(x)=x^3-2x^2-8x$이므로

$g(2)-f(2)=4-(-16)=20$

해설 특강

why?❶ 함수 $f(x)$는 다항함수이므로 실수 전체의 집합에서 연속이다.
이때 $f(x)=x^3-2x^2+ax+b$이므로

$\lim_{t\to 0-} f(t)=\lim_{t\to 0+} f(t)=f(0)=b$

$\lim_{t\to 4-} f(t)=\lim_{t\to 4+} f(t)=f(4)=32+4a+b$

핵심 개념 함수의 극한과 다항함수의 결정

두 다항함수 $f(x)$, $g(x)$에 대하여 $\lim_{x\to\infty}\frac{f(x)}{g(x)}=\alpha$ (α는 실수)일 때

(i) $\alpha\neq 0$인 경우
➡ $f(x)$와 $g(x)$는 차수가 같고, 분모와 분자의 최고차항의 계수의 비는 α이다.

(ii) $\alpha=0$인 경우
➡ $f(x)$의 차수는 $g(x)$의 차수보다 작다.

4

2019학년도 9월 평가원 나 18 [정답률 51%] 변형 | 정답 ③

출제영역 함수의 연속의 정의+연속함수의 성질

구간에 따라 다르게 정의된 함수 $f(x)$를 이용하여 새롭게 정의된 함수들의 극한과 연속성에 대한 설명의 참, 거짓을 판별할 수 있는지를 묻는 문제이다.

실수 전체의 집합에서 정의된 함수 $f(x)$가 다음 조건을 만족시킨다.

> (가) $x\ge 0$일 때, $f(x)=\begin{cases} x & (x>1) \\ -x & (0\le x\le 1)\end{cases}$
>
> (나) 모든 실수 x에 대하여 $f(-x)=-f(x)$이다.❶

두 함수 $g(x)$, $h(x)$가

$g(x)=f(x)-f(-x)$,

$h(x)=\frac{f(x)+|f(x)|}{2}$

일 때, 〈보기〉에서 옳은 것만을 있는 대로 고른 것은?

> 보기
>
> ㄱ. $\lim_{x\to 1+} f(x)+\lim_{x\to -1+} f(x)=2$
>
> ㄴ. 함수 $f(x)g(x)$는 $x=1$에서 연속이다.❷
>
> ㄷ. 함수 $f(x)h(x)$는 $x=-1$에서 연속이다.❸

① ㄱ ② ㄴ ✓③ ㄱ, ㄴ
④ ㄴ, ㄷ ⑤ ㄱ, ㄴ, ㄷ

출제코드 세 함수 $y=f(x)$, $y=g(x)$, $y=h(x)$의 그래프를 이용하여 함수 $f(x)g(x)$, $f(x)h(x)$의 연속성 판단하기

❶ $x<0$일 때의 함수 $y=f(x)$의 그래프는 $x>0$일 때의 함수 $y=f(x)$의 그래프를 원점에 대하여 대칭이동한 것과 같다.

❷ $\lim_{x\to 1+} f(x)g(x)=\lim_{x\to 1-} f(x)g(x)=f(1)g(1)$이 성립하는지 확인한다.

❸ $\lim_{x\to -1+} f(x)h(x)=\lim_{x\to -1-} f(x)h(x)=f(-1)h(-1)$이 성립하는지 확인한다.

해설 |1단계| 함수 $y=f(x)$의 그래프 그리기

조건 (나)에서 모든 실수 x에 대하여 $f(-x)=-f(x)$이므로 함수 $y=f(x)$의 그래프는 원점에 대하여 대칭이다.

조건 (가)에서 $x\ge 0$일 때 $f(x)=\begin{cases} x & (x>1) \\ -x & (0\le x\le 1)\end{cases}$이므로 함수 $y=f(x)$의 그래프는 다음 그림과 같다.

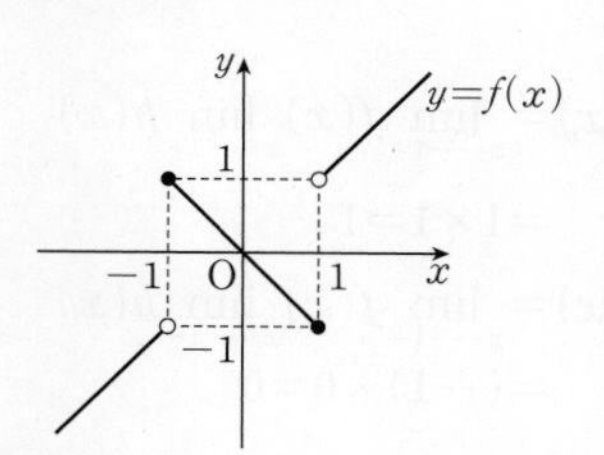

|2단계| ㄱ의 참, 거짓 판별하기

ㄱ. 위의 그래프에서

$\lim_{x\to 1+} f(x)=1$, $\lim_{x\to -1+} f(x)=1$

$\therefore \lim_{x\to 1+} f(x)+\lim_{x\to -1+} f(x)=2$ (참)

|3단계| 함수 $y=g(x)$의 그래프를 이용하여 ㄴ의 참, 거짓 판별하기

ㄴ. 함수 $y=f(x)$의 그래프는 원점에 대하여 대칭이므로 함수 $y=f(x)$의 그래프를 원점에 대하여 대칭이동한 함수 $y=-f(-x)$의 그래프는 $y=f(x)$의 그래프와 일치한다.

따라서 함수 $g(x)=f(x)-f(-x)=2f(x)$이므로 그 그래프는 다음 그림과 같다.

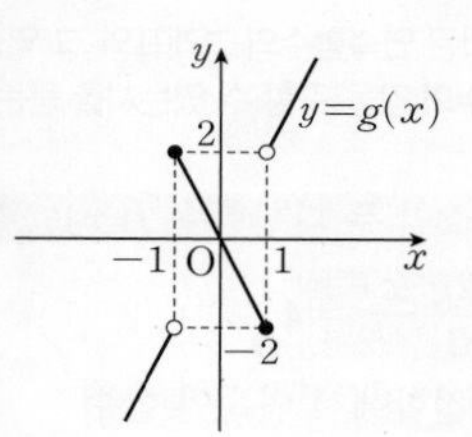

이때

$\lim_{x\to 1+} f(x)g(x)=\lim_{x\to 1+} f(x)\lim_{x\to 1+} g(x)$

$=1\times 2=2$

$\lim_{x\to 1-} f(x)g(x)=\lim_{x\to 1-} f(x)\lim_{x\to 1-} g(x)$

$=(-1)\times(-2)=2$

$f(1)g(1)=(-1)\times(-2)=2$

이므로

$\lim_{x\to 1+} f(x)g(x)=\lim_{x\to 1-} f(x)g(x)=f(1)g(1)$

즉, 함수 $f(x)g(x)$는 $x=1$에서 연속이다. (참)

|4단계| ㄷ의 참, 거짓 판별하기

ㄷ. 함수 $h(x)$는

$h(x)=\frac{f(x)+|f(x)|}{2}$

$=\begin{cases} \frac{f(x)+f(x)}{2} & (f(x)\ge 0) \\ \frac{f(x)-f(x)}{2} & (f(x)<0)\end{cases}$

$=\begin{cases} f(x) & (-1\le x\le 0 \text{ 또는 } x>1) \\ 0 & (x<-1 \text{ 또는 } 0<x\le 1)\end{cases}$

이므로 그 그래프는 다음 그림과 같다.

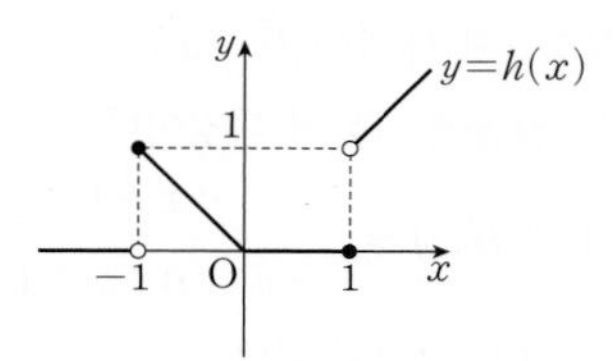

이때

$\lim_{x \to -1+} f(x)h(x) = \lim_{x \to -1+} f(x) \lim_{x \to -1+} h(x)$

$= 1 \times 1 = 1$

$\lim_{x \to -1-} f(x)h(x) = \lim_{x \to -1-} f(x) \lim_{x \to -1-} h(x)$

$= (-1) \times 0 = 0$

이므로

$\lim_{x \to -1+} f(x)h(x) \neq \lim_{x \to -1-} f(x)h(x)$

즉, $\lim_{x \to -1} f(x)h(x)$의 값이 존재하지 않으므로 함수 $f(x)h(x)$는 $x=-1$에서 불연속이다. (거짓)

따라서 옳은 것은 ㄱ, ㄴ이다.

5

| 정답 **7**

출제영역 함수의 연속+연속함수의 성질+함수의 극한과 다항함수의 결정+역함수의 존재 조건

구간에 따라 다르게 정의된 연속함수의 그래프와 그 역함수의 그래프의 교점의 x좌표가 주어질 때, 미지수의 값을 구할 수 있는지를 묻는 문제이다.

최고차항의 계수가 2인 두 다항함수 $f(x)$, $g(x)$에 대하여

$$\lim_{x \to \infty} \frac{3f(x)+2g(x)}{x^2+1} = 4$$ ❶

이고, 실수 전체의 집합에서 연속인 함수

$$h(x) = \begin{cases} f(x) & (x \le 0) \\ \frac{1}{8}g(x) + \frac{7}{8} & (x > 0) \end{cases}$$

는 역함수가 존재한다.❷ 함수 $y=h(x)$의 그래프와 역함수 $y=h^{-1}(x)$의 그래프가 서로 다른 두 점에서 만나고, 두 교점의 x좌표가 -1, k❸일 때, $h(-5k)+h(5k)$의 값을 구하시오. (단, $k>0$) 7

출제코드 함수 $y=h(x)$의 그래프와 그 역함수 $y=h^{-1}(x)$의 그래프의 교점의 개수 및 x좌표를 이용하여 k의 값 구하기

❶ 극한값이 4이므로 $3f(x)+2g(x)$는 최고차항의 계수가 4인 이차함수임을 알 수 있다. 이때 두 다항함수 $f(x)$, $g(x)$ 모두 최고차항의 계수가 2이므로 $f(x)$, $g(x)$의 차수를 각각 추론할 수 있다.

❷ 함수 $h(x)$는 $x=0$에서 연속이고, 실수 전체의 집합에서 증가하거나 감소하는 함수임을 알 수 있다.

❸ 역함수의 그래프의 성질에 의하여 $y=h(x)$의 그래프는 두 점 $(-1, -1)$, (k, k)를 지남을 알 수 있다.

해설 **|1단계| 주어진 극한값을 이용하여 두 다항함수 $f(x)$, $g(x)$의 식 세우기**

최고차항의 계수가 2인 두 다항함수 $f(x)$, $g(x)$에 대하여

$$\lim_{x \to \infty} \frac{3f(x)+2g(x)}{x^2+1} = 4$$

이므로 함수 $f(x)$는 일차함수이거나 상수함수이고 함수 $g(x)$는 이차함수이다.

그런데 함수 $f(x)$가 상수함수이면 $x \le 0$에서 함수 $h(x)$의 역함수가 존재하지 않으므로 $f(x)$는 일차함수이다.

따라서

$f(x)=2x+a$, $g(x)=2x^2+bx+c$ (a, b, c는 상수)

로 놓을 수 있다.

|2단계| 함수 $h(x)$가 $x=0$에서 연속이고 역함수가 존재함을 이용하여 두 함수 $f(x)$, $g(x)$의 식 구하기

함수 $h(x)$가 실수 전체의 집합에서 연속이면 $x=0$에서도 연속이므로

$\lim_{x \to 0+} h(x) = h(0)$이어야 한다.

└ $\lim_{x \to 0-} h(x) = f(0)$이므로 $\lim_{x \to 0-} h(x) = h(0)$

이때

$\lim_{x \to 0+} h(x) = \lim_{x \to 0+} \left\{\frac{1}{8}g(x) + \frac{7}{8}\right\} = \frac{1}{8}c + \frac{7}{8}$

$h(0) = f(0) = a$

이므로

$a = \frac{1}{8}c + \frac{7}{8}$ ...... ㉠

한편, 함수 $y=h(x)$의 그래프와 그 역함수 $y=h^{-1}(x)$의 그래프의 교점 중 하나의 x좌표가 -1이므로

$h(-1) = -1$ why? ❶

즉, $h(-1) = f(-1) = -2+a = -1$이므로

$a=1$

$a=1$을 ㉠에 대입하면

$1 = \frac{1}{8}c + \frac{7}{8}$ $\therefore c=1$

또, 두 함수 $y=h(x)$, $y=h^{-1}(x)$의 그래프가 서로 다른 두 점에서 만나므로 함수 $y=h(x)$의 그래프와 직선 $y=x$는 $x>0$일 때 한 점에서 만나야 한다. why? ❷

이때 함수 $h(x)$는 증가하는 함수이므로 함수 $y=\frac{1}{8}g(x)+\frac{7}{8}$의 그래프와 직선 $y=x$는 $x>0$에서 접해야 한다.

$\frac{1}{8}g(x) + \frac{7}{8} = x$에서

$\frac{1}{8}(2x^2+bx+1) + \frac{7}{8} = x$

$\therefore 2x^2+(b-8)x+8=0$ ...... ㉡

이 이차방정식의 판별식을 D라 하면

$D=(b-8)^2-64=0$

$b^2-16b=0$, $b(b-16)=0$

$\therefore b=0$ 또는 $b=16$

(i) $b=0$일 때

이차방정식 ㉡에서

$2x^2-8x+8=0$, $2(x-2)^2=0$ $\therefore x=2$

(ii) $b=16$일 때

이차방정식 ㉡에서

$2x^2+8x+8=0$, $2(x+2)^2=0$ $\therefore x=-2$

이때 함수 $y=h(x)$의 그래프와 직선 $y=x$의 교점의 x좌표가 양수가 아니므로 주어진 조건을 만족시키지 않는다.

(i), (ii)에 의하여 $b=0$

$\therefore f(x)=2x+1$, $g(x)=2x^2+1$

|3단계| $h(-5k)+h(5k)$의 값 구하기

따라서

$$h(x)=\begin{cases} 2x+1 & (x\le 0) \\ \frac{1}{4}x^2+1 & (x>0) \end{cases}$$

이므로 함수 $y=h(x)$의 그래프는 오른쪽 그림과 같다.

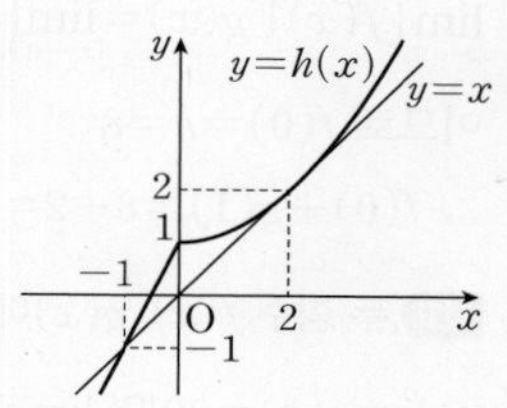

즉, $k=2$이므로

$h(-5k)+h(5k)=h(-10)+h(10)$
$=-19+26=7$

해설 특강

why?❶ 두 함수 $y=h(x)$, $y=h^{-1}(x)$의 그래프의 교점은 함수 $y=h(x)$의 그래프와 직선 $y=x$의 교점과 같다. 이때 교점 중 하나의 x좌표가 -1이고 이 점의 y좌표도 -1이므로 $h(-1)=-1$

why?❷ 두 함수 $y=h(x)$, $y=h^{-1}(x)$의 그래프가 $x=-1$, $x=k$인 점에서 만나고 $k>0$이므로 두 함수 $y=h(x)$, $y=h^{-1}(x)$의 그래프는 $x>0$일 때 한 점에서 만난다. 이때 두 함수 $y=h(x)$, $y=h^{-1}(x)$의 그래프의 교점은 함수 $y=h(x)$의 그래프와 직선 $y=x$의 교점과 같으므로 함수 $y=h(x)$의 그래프와 직선 $y=x$는 $x>0$일 때 한 점에서 만난다.

핵심 개념 역함수 (고등 수학)

(1) 함수 $f: X \longrightarrow Y$가 일대일대응일 때, Y의 각 원소 y에 $f(x)=y$인 X의 원소 x를 대응시켜 Y를 정의역, X를 공역으로 하는 함수를 f의 역함수라 하며, 기호로 $f^{-1}: Y \longrightarrow X$와 같이 나타낸다.

(2) 역함수가 존재하려면 일대일대응이어야 한다. — 일대일함수, (치역)=(공역)

6

|정답 82

출제영역 함수의 연속+연속함수의 성질+함수의 우극한과 좌극한

$x=k$를 경계로 다르게 정의된 함수 $f(x)$에 대하여 새롭게 정의된 함수 $g(t)$가 주어진 조건을 만족시키는 미지수의 값을 구할 수 있는지를 묻는 문제이다.

실수 k에 대하여 함수 $f(x)$를

$$f(x)=\begin{cases} x+2 & (x<k) \\ ax^2+bx-2 & (x\ge k) \end{cases}$$

라 하자. 실수 t에 대하여 점 $\mathrm{P}(t, f(t))$와 직선 $y=x$ 사이의 거리❶를 $g(t)$라 할 때, 함수 $g(t)$가 다음 조건을 만족시킨다.

(가) 함수 $g(t)$가 실수 전체의 집합에서 연속이 되도록 하는 서로 다른 실수 k의 개수는 3이다.❷

(나) $\lim_{t\to k-} g(t)-\lim_{t\to k+} g(t)=\sqrt{2}$인 서로 다른 모든 실수 k의 값의 합은 3이다.

$18(a+b)$의 값을 구하시오. (단, a, b는 $a<0$, $b>0$인 상수이다.)

82

출제코드 함수 $g(t)$가 실수 전체의 집합에서 연속이 되도록 하는 실수 k의 개수가 3이 되는 조건 찾기

❶ 직선 $y=x+2$와 직선 $y=x$ 사이의 거리는 일정한 값을 갖는다.

❷ 직선 $y=x+2$와 직선 $y=x$ 사이의 거리는 직선 $y=x-2$와 직선 $y=x$ 사이의 거리와 같음을 이용한다.

해설 **|1단계| 조건 (가)를 이용하여 a, b 사이의 관계식 구하기**

직선 $y=x+2$ 위의 점 $(0, 2)$와 직선 $y=x$ 사이의 거리는 곡선 $y=ax^2+bx-2$ 위의 점 $(0, -2)$와 직선 $y=x$ 사이의 거리와 같다.

즉, $k=0$일 때, 함수 $g(t)$는 실수 전체의 집합에서 연속이다. **why?❶**

또, 함수 $g(t)$가 실수 전체의 집합에서 연속이 되도록 하는 서로 다른 실수 k가 3개이려면 곡선 $y=ax^2+bx-2$와 직선 $y=x+2$가 접해야 하므로 다음 그림과 같다. **why?❷**

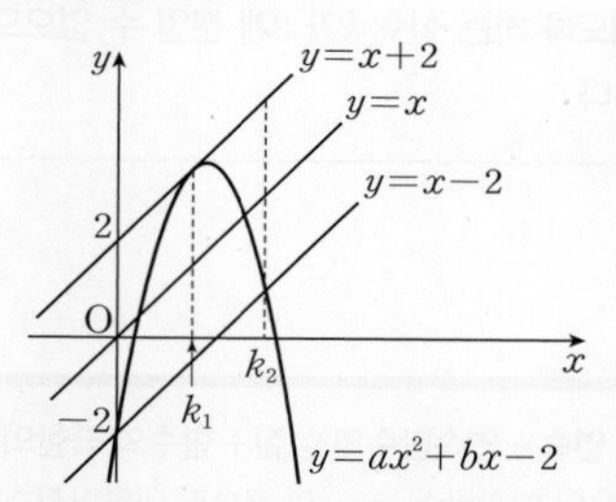

곡선 $y=ax^2+bx-2$와 직선 $y=x+2$가 접하는 점의 x좌표를 k_1이라 하고, 곡선 $y=ax^2+bx-2$와 직선 $y=x-2$가 만나는 점의 x좌표를 k_2 $(k_2>0)$라 하면 $k=k_1$, $k=k_2$일 때 함수 $g(t)$는 실수 전체의 집합에서 연속이므로 조건 (가)를 만족시킨다.

$ax^2+bx-2=x+2$에서

$ax^2+(b-1)x-4=0$

이 이차방정식의 판별식을 D라 하면

$D=(b-1)^2+16a=0$ ······ ㉠

|2단계| 조건 (나)를 이용하여 a, b 사이의 관계식 구하기

한편, $c<k$일 때, 직선 $y=x+2$ 위의 점 $(c, c+2)$와 직선 $y=x$, 즉 $x-y=0$ 사이의 거리는

$\frac{|c-(c+2)|}{\sqrt{1^2+(-1)^2}}=\sqrt{2}$

즉, $\lim_{t\to k-} g(t)=\sqrt{2}$이므로 $\lim_{t\to k-} g(t)-\lim_{t\to k+} g(t)=\sqrt{2}$이려면

$\lim_{t\to k+} g(t)=0$이어야 한다.

이때 $\lim_{t\to k+} g(t)=0$을 만족시키는 실수 k의 값은 곡선 $y=ax^2+bx-2$와 직선 $y=x$의 교점의 x좌표와 같다.

이차방정식 $ax^2+bx-2=x$, 즉 $ax^2+(b-1)x-2=0$의 서로 다른 두 실근의 합이 3이므로 이차방정식의 근과 계수의 관계에 의하여

$-\frac{b-1}{a}=3$

$\therefore b-1=-3a$ ······ ㉡

|3단계| $18(a+b)$의 값 구하기

㉡을 ㉠에 대입하면

$(-3a)^2+16a=0$

$9a^2+16a=0$

$a(9a+16)=0$

$\therefore a=0$ 또는 $a=-\frac{16}{9}$

이때 $a<0$이므로

$a=-\frac{16}{9}$, $b=\frac{19}{3}$

$\therefore 18(a+b)=18\times\left(-\frac{16}{9}+\frac{19}{3}\right)=82$

해설 특강

why? ❶ $\lim_{t\to0-}g(t)=\lim_{t\to0+}g(t)=\sqrt{2}$, $g(0)=\sqrt{2}$이므로 a, b의 값에 관계없이 $k=0$일 때, 함수 $g(t)$는 연속함수이다.

why? ❷ $a<0$, $b>0$이므로 이차함수 $y=ax^2+bx-2$의 그래프는 위로 볼록이고, 꼭짓점의 x좌표가 양수이다.
만약 이차함수 $y=ax^2+bx-2$의 그래프와 직선 $y=x+2$가 서로 다른 두 점에서 만나거나 만나지 않으면 함수 $g(t)$가 실수 전체의 집합에서 연속이 되도록 하는 실수 k가 3개 뿐일 수 없으므로 조건 (가)를 만족시키지 않는다.

7

정답 10

출제영역 함수의 연속+연속함수의 성질+함수의 극한의 성질

불연속인 함수 $f(x)$와 다항함수 $g(x)$의 곱으로 이루어진 함수가 모든 실수에서 연속이 되도록 하는 조건을 구할 수 있는지를 묻는 문제이다.

실수 k에 대하여 함수 $f(x)$가

$$f(x)=\begin{cases}\dfrac{2}{x} & (x\neq0)\\ k & (x=0)\end{cases}$$

일 때, 함수 $f(x)$와 $g(2)=8$인 이차함수 $g(x)$가 다음 조건을 만족시킨다.

(가) 함수 $f(x)g(x)$는 모든 실수에서 연속이다. ❶
(나) $\lim_{x\to0}\{f(x)\}^2g(x)=f(0)$ ❷

$f(0)+g(1)$의 값을 구하시오. 10

출제코드 함수 $f(x)g(x)$가 $x=0$에서 연속임을 이용하여 함수 $g(x)$ 구하기

❶ 함수 $f(x)$는 $x=0$에서 불연속이고, 이차함수 $g(x)$는 모든 실수에서 연속이므로 함수 $f(x)g(x)$가 모든 실수에서 연속이기 위한 조건을 찾는다.

❷ $\lim_{x\to0}\{f(x)\}^2g(x)=f(0)$이므로 $\lim_{x\to0}\left\{\left(\dfrac{2}{x}\right)^2\times g(x)\right\}=k$이다.

해설 **|1단계| 조건 (가)와 $g(2)=8$임을 이용하여 함수 $g(x)$ 구하기**

함수 $f(x)$는 $x=0$에서 불연속이고, 함수 $g(x)$는 모든 실수에서 연속이므로 조건 (가)에서 함수 $f(x)g(x)$가 모든 실수에서 연속이려면 함수 $f(x)g(x)$가 $x=0$에서 연속이어야 한다.

즉, $\lim_{x\to0}f(x)g(x)=f(0)g(0)$이어야 하므로

$\lim_{x\to0}f(x)g(x)=\lim_{x\to0}\left\{\dfrac{2}{x}\times g(x)\right\}=f(0)g(0)$

$\therefore \lim_{x\to0}\dfrac{2g(x)}{x}=k\times g(0)$ …… ㉠

위의 식에서 $x\to0$일 때, (분모)$\to0$이므로 극한값이 존재하려면 (분자)$\to0$이어야 한다.

즉, $\lim_{x\to0}2g(x)=0$이므로 $g(0)=0$

따라서 $g(x)=ax^2+bx$ ($a\neq0$, a, b는 상수)로 놓으면 ㉠에서

$\lim_{x\to0}\dfrac{2ax^2+2bx}{x}=0$, $\lim_{x\to0}(2ax+2b)=0$

$\therefore b=0$

$\therefore g(x)=ax^2$

함수 $g(x)=ax^2$에서 $g(2)=8$이므로

$4a=8$ $\quad\therefore a=2$

$\therefore g(x)=2x^2$

|2단계| $f(0)+g(1)$의 값 구하기

조건 (나)에서

$\lim_{x\to0}\{f(x)\}^2g(x)=\lim_{x\to0}\left(\dfrac{4}{x^2}\times2x^2\right)=8$

이므로 $f(0)=k=8$

$\therefore f(0)+g(1)=8+2=10$

참고 두 함수 $f(x)$, $g(x)$에 대하여 $\lim_{x\to a}\dfrac{f(x)}{g(x)}=\alpha$ (α는 실수)일 때

(1) $\lim_{x\to a}g(x)=0$이면 $\lim_{x\to a}f(x)=0$

(2) $\alpha\neq0$이고 $\lim_{x\to a}f(x)=0$이면 $\lim_{x\to a}g(x)=0$

8

정답 56

출제영역 함수의 연속+연속함수의 성질+합성함수

새롭게 정의된 불연속 함수 $g(t)$와 최고차항의 계수가 주어진 다항함수 $h(t)$에 대하여 함수 $g(t)h(t)$가 실수 전체의 집합에서 연속일 조건을 이용하여 함수 $h(t)$를 구할 수 있는지를 묻는 문제이다.

닫힌구간 $[0, 2]$에서 정의된 함수

$$f(x)=\begin{cases}2x & (0\le x\le1)\\ -x+3 & (1<x\le2)\end{cases}$$

의 그래프가 그림과 같다.

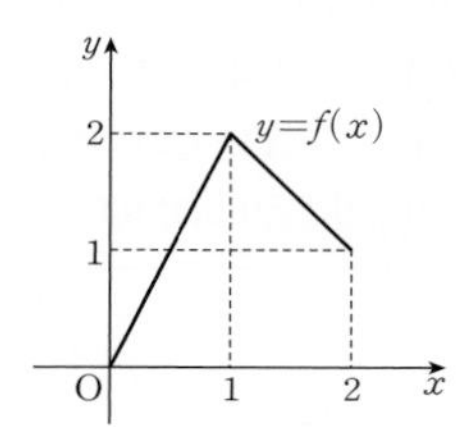

합성함수 $y=(f\circ f)(x)$의 그래프와 ❶ 직선 $y=tx+1$ (t는 실수)의 교점의 개수를 $g(t)$라 ❷ 하자. 최고차항의 계수가 2인 삼차함수 $h(t)$에 대하여 함수 $g(t)h(t)$가 실수 전체의 집합에서 연속일 ❸ 때, $h(4)$의 값을 구하시오. 56

출제코드 합성함수 $y=(f\circ f)(x)$의 그래프를 그려 함수 $g(t)$ 구하기

❶ 주어진 함수 $f(x)$의 식과 그래프를 이용하여 합성함수 $y=(f\circ f)(x)$의 식을 구하고 그래프를 그린다.

❷ ❶에서 그린 함수 $y=(f\circ f)(x)$의 그래프 위에 점 $(0, 1)$을 지나는 직선의 기울기의 값에 따른 교점의 개수를 세어 함수 $g(t)$를 구한다.

❸ 함수 $h(t)$는 다항함수이므로 함수 $g(t)$가 불연속인 t의 값에서 함수 $g(t)h(t)$가 연속이어야 한다.

해설 **|1단계| 합성함수 $y=(f\circ f)(x)$의 식을 구하고, 그 그래프 그리기**

(i) $0\le x\le\dfrac{1}{2}$일 때, $f(x)=2x$이고 $0\le f(x)\le1$이므로

$(f\circ f)(x)=f(f(x))=f(2x)=2\times2x=4x$

(ii) $\dfrac{1}{2}<x\le1$일 때, $f(x)=2x$이고 $1<f(x)\le2$이므로

$(f\circ f)(x)=f(f(x))=f(2x)=-2x+3$

(iii) $1<x\le2$일 때, $f(x)=-x+3$이고 $1\le f(x)<2$이므로

$(f\circ f)(x)=f(f(x))=f(-x+3)=-(-x+3)+3=x$

(i), (ii), (iii)에 의하여

$$(f\circ f)(x)=\begin{cases}4x & \left(0\le x\le \frac{1}{2}\right)\\ -2x+3 & \left(\frac{1}{2}<x\le 1\right)\\ x & (1<x\le 2)\end{cases}$$

이므로 함수 $y=(f\circ f)(x)$의 그래프는 다음 그림과 같다.

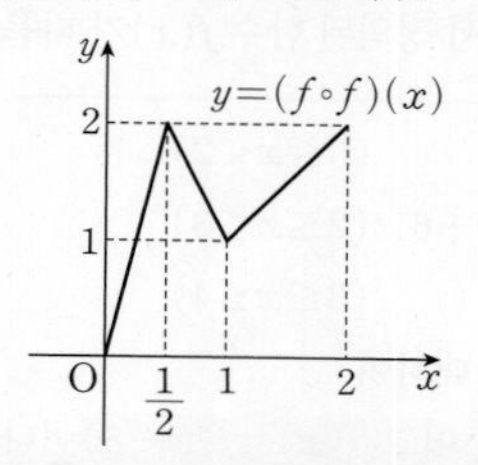

|2단계| t의 값의 범위에 따른 함수 $g(t)$를 구하고, 그 그래프 그리기

t의 값의 범위에 따라 함수 $y=(f\circ f)(x)$의 그래프와 직선 $y=tx+1$의 교점의 개수를 구하여 함수 $y=g(t)$를 구하고, 그 그래프를 그리면 다음과 같다. **how? ❶**

$$g(t)=\begin{cases}1 & (t<0 \text{ 또는 } t=2)\\ 2 & \left(t=0 \text{ 또는 } \frac{1}{2}<t<2\right)\\ 3 & \left(0<t\le\frac{1}{2}\right)\\ 0 & (t>2)\end{cases}$$

|3단계| 함수 $g(t)h(t)$가 실수 전체의 집합에서 연속이기 위한 조건 찾기

함수 $h(t)$는 다항함수이고, 함수 $g(t)$는 $t=0$, $t=\frac{1}{2}$, $t=2$에서 불연속이므로 함수 $g(t)h(t)$가 실수 전체의 집합에서 연속이려면 $t=0$, $t=\frac{1}{2}$, $t=2$에서 연속이어야 한다.

(iv) 함수 $g(t)h(t)$가 $t=0$에서 연속이려면

$\lim_{t\to0-}g(t)h(t)=\lim_{t\to0+}g(t)h(t)=g(0)h(0)$이어야 하므로

$h(0)=3h(0)=2h(0)$에서

$h(0)=0$

(v) 함수 $g(t)h(t)$가 $t=\frac{1}{2}$에서 연속이려면

$\lim_{t\to\frac{1}{2}-}g(t)h(t)=\lim_{t\to\frac{1}{2}+}g(t)h(t)=g\left(\frac{1}{2}\right)h\left(\frac{1}{2}\right)$이어야 하므로

$3h\left(\frac{1}{2}\right)=2h\left(\frac{1}{2}\right)=3h\left(\frac{1}{2}\right)$에서

$h\left(\frac{1}{2}\right)=0$

(vi) 함수 $g(t)h(t)$가 $t=2$에서 연속이려면

$\lim_{t\to2-}g(t)h(t)=\lim_{t\to2+}g(t)h(t)=g(2)h(2)$이어야 하므로

$2h(2)=0=h(2)$에서

$h(2)=0$

|4단계| 함수 $h(t)$를 구하여 $h(4)$의 값 구하기

(iv), (v), (vi)에 의하여 최고차항의 계수가 2인 삼차함수 $h(t)$가 t, $t-\frac{1}{2}$, $t-2$를 인수로 가지므로

$h(t)=2t\left(t-\frac{1}{2}\right)(t-2)=t(2t-1)(t-2)$

$\therefore h(4)=4\times7\times2=56$

해설특강

how? ❶ 직선 $y=tx+1$은 t의 값에 관계없이 항상 점 $(0, 1)$을 지난다.

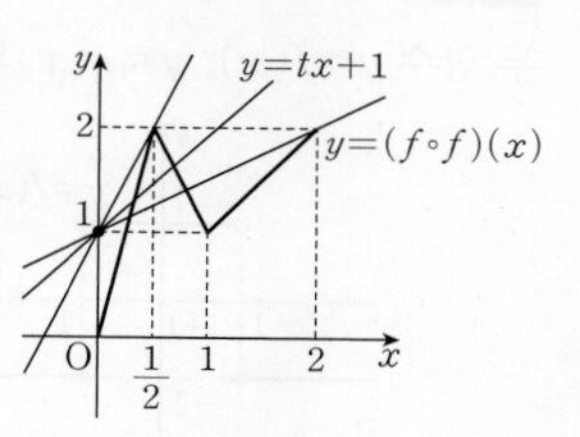

직선 $y=tx+1$이 점 $(2, 2)$를 지날 때, 기울기 t는

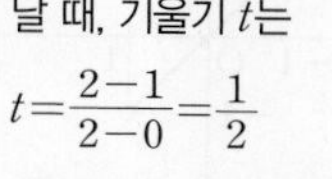
$t=\frac{2-1}{2-0}=\frac{1}{2}$

직선 $y=tx+1$이 점 $\left(\frac{1}{2}, 2\right)$를 지날 때, 기울기 t는

$t=\frac{2-1}{\frac{1}{2}-0}=2$

따라서 t의 값의 범위를 $t<0$, $t=0$, $0<t\le\frac{1}{2}$, $\frac{1}{2}<t<2$, $t=2$, $t>2$로 나누어 함수 $g(t)$를 구할 수 있다.

01-2 합성함수 또는 평행이동한 함수의 연속

1등급 완성 3단계 문제연습

본문 12~15쪽

1 ④	2 ①	3 9	4 5
5 4	6 15	7 8	8 ②

1

2013학년도 수능 나 20 [정답률 67%] | 정답 ④

출제영역 함수의 연속+함수의 극한+도형의 평행이동

구간에 따라 다르게 정의된 두 함수 $f(x)$, $g(x)$에 대하여 함수 $f(x)g(x)$의 극한값, $g(x+a)$ 및 $f(x)g(x+a)$ 꼴의 함수의 연속성에 대한 설명의 참, 거짓을 판별할 수 있는지를 묻는 문제이다.

두 함수

$$f(x)=\begin{cases}-1 & (|x|\ge1)\\ 1 & (|x|<1)\end{cases},\ g(x)=\begin{cases}1 & (|x|\ge1)\\ -x & (|x|<1)\end{cases} ❶$$

에 대하여 옳은 것만을 〈보기〉에서 있는 대로 고른 것은?

| 보기 |

ㄱ. $\lim_{x\to1}f(x)g(x)=-1$ ❷

ㄴ. 함수 $g(x+1)$은 $x=0$에서 연속이다. ❸

ㄷ. 함수 $f(x)g(x+1)$은 $x=-1$에서 연속이다. ❹

① ㄱ ② ㄴ ③ ㄱ, ㄴ
✓④ ㄱ, ㄷ ⑤ ㄱ, ㄴ, ㄷ

출제코드 함수의 연속의 정의를 이용하여 함수 $g(x+1)$과 함수 $f(x)g(x+1)$의 연속성 판단하기

❶ 두 함수 $f(x)$, $g(x)$가 $|x|\ge1$인 범위와 $|x|<1$인 범위, 즉 $x\le-1$, $-1<x<1$, $x\ge1$인 범위에서 다르게 정의되어 있다.

❷ 함수 $f(x)g(x)$의 $x=1$에서의 우극한값과 좌극한값을 구하여 서로 같은지 확인한다.

❸ 함수 $g(x+1)$의 $x=0$에서의 우극한값과 좌극한값, 함숫값을 비교하여 연속인지 확인한다.

❹ 함수 $f(x)g(x+1)$의 $x=-1$에서의 우극한값과 좌극한값, 함숫값을 비교하여 연속인지 확인한다.

해설 **|1단계| 두 함수 $y=f(x)$, $y=g(x)$의 그래프 그리기**

두 함수 $y=f(x)$, $y=g(x)$의 그래프는 각각 다음 그림과 같다.

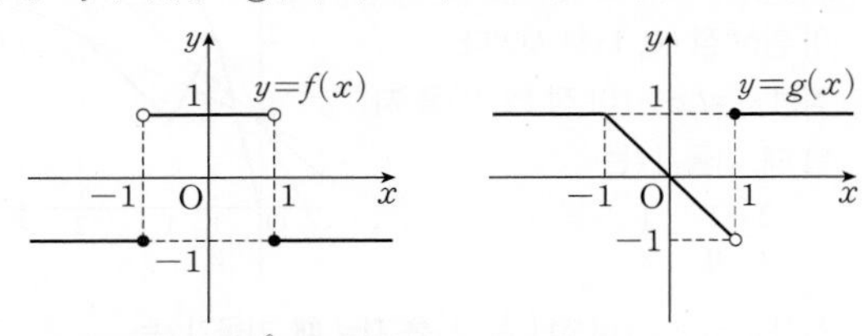

|2단계| $x \to 1$일 때의 함수 $f(x)g(x)$의 극한값 구하기

ㄱ. $\lim_{x\to1-} f(x)g(x) = \lim_{x\to1-} f(x) \lim_{x\to1-} g(x) = 1\times(-1) = -1$

$\lim_{x\to1+} f(x)g(x) = \lim_{x\to1+} f(x) \lim_{x\to1+} g(x) = (-1)\times1 = -1$

$\therefore \lim_{x\to1} f(x)g(x) = -1$ (참)

|3단계| $x=0$에서의 함수 $g(x+1)$의 연속성 판단하기

ㄴ. $x+1=t$로 놓으면 $x \to 0-$일 때 $t \to 1-$, $x \to 0+$일 때 $t \to 1+$이므로

$\lim_{x\to0-} g(x+1) = \lim_{t\to1-} g(t) = -1$

$\lim_{x\to0+} g(x+1) = \lim_{t\to1+} g(t) = 1$

즉, $\lim_{x\to0-} g(x+1) \neq \lim_{x\to0+} g(x+1)$이므로 함수 $g(x+1)$은 $x=0$에서 불연속이다. (거짓) **why? ❶**

|4단계| $x=-1$에서의 함수 $f(x)g(x+1)$의 연속성 판단하기

ㄷ. $x+1=t$로 놓으면 $x \to -1-$일 때 $t \to 0-$, $x \to -1+$일 때 $t \to 0+$이므로

$\lim_{x\to-1-} f(x)g(x+1) = \lim_{x\to-1-} f(x) \lim_{t\to0-} g(t)$

$= (-1)\times0 = 0$

$\lim_{x\to-1+} f(x)g(x+1) = \lim_{x\to-1+} f(x) \lim_{t\to0+} g(t)$

$= 1\times0 = 0$

$f(-1)g(0) = (-1)\times0 = 0$

즉, $\lim_{x\to-1} f(x)g(x+1) = f(-1)g(0)$이므로 함수 $f(x)g(x+1)$은 $x=-1$에서 연속이다. (참)

따라서 옳은 것은 ㄱ, ㄷ이다.

다른 풀이 ㄴ. 함수 $y=g(x+1)$의 그래프는 함수 $y=g(x)$의 그래프를 x축의 방향으로 -1만큼 평행이동한 것이다. 이때 함수 $g(x)$가 $x=1$에서 불연속이므로 함수 $g(x+1)$은 $x=0$에서 불연속이다. (거짓)

해설 특강

why? ❶ 함수 $f(x)$가 $x=a$에서 연속이려면 다음 세 조건을 모두 만족시켜야 한다.

(i) 함수 $f(x)$가 $x=a$에서 정의되어 있고

(ii) 극한값 $\lim_{x\to a} f(x)$가 존재하며

(iii) $\lim_{x\to a} f(x) = f(a)$

즉, 위의 조건 중에서 어느 하나라도 만족시키지 않으면 함수 $f(x)$는 $x=a$에서 불연속이다.

따라서 함수 $g(x+1)$은 위의 조건 중 (ii)를 만족시키지 않으므로 (iii)을 확인하지 않아도 $x=0$에서 불연속임을 알 수 있다.

2

2020학년도 6월 평가원 나 21 [정답률 30%] | 정답 ①

출제영역 구간에 따라 다르게 정의된 함수+합성함수+상수함수

구간에 따라 다르게 정의된 함수 $f(x)$에 대하여 주어진 조건을 이용하여 합성함수 $(f\circ g)(x)$가 상수함수이기 위한 함수 $g(x)$를 추론할 수 있는지를 묻는 문제이다.

실수 전체의 집합에서 정의된 함수 $f(x)$가 다음 조건을 만족시킨다.

> (가) $f(x)=\begin{cases} 2 & (0\le x<2) \\ -2x+6 & (2\le x<3) \\ 0 & (3\le x\le4) \end{cases}$
>
> (나) 모든 실수 x에 대하여
>
> $f(-x)=f(x)$이고 $f(x)=f(x-8)$이다. ❶

실수 전체의 집합에서 정의된 함수

$$g(x)=\begin{cases} \dfrac{|x|}{x}+n & (x\neq0) \\ n & (x=0) \end{cases}$$

에 대하여 함수 $(f\circ g)(x)$가 상수함수가 ❷ 되도록 하는 60 이하의 자연수 n의 개수는?

✓① 30 ② 32 ③ 34 ④ 36 ⑤ 38

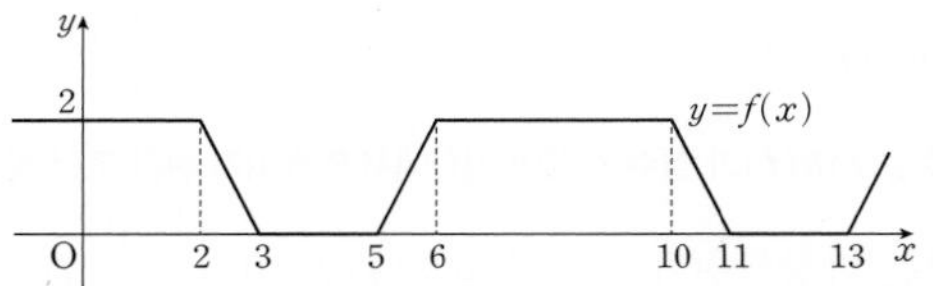

출제코드 함수 $g(x)$의 치역을 구하여 함수 $(f\circ g)(x)$가 상수함수이기 위한 조건 찾기

❶ 함수 $y=f(x)$의 그래프는 y축에 대하여 대칭이고, 주기가 8임을 파악한다.

❷ 함수 $g(x)$의 치역의 모든 원소에 대하여 합성함수 $(f\circ g)(x)$의 함숫값이 모두 같아야 함을 파악한다.

해설 **|1단계| 함수 $y=f(x)$의 그래프의 대칭성과 주기 파악하기**

조건 (가), (나)에서 함수 $y=f(x)$의 그래프는 y축에 대하여 대칭이고, 주기가 8이므로 그 그래프는 다음 그림과 같다. **how? ❶**

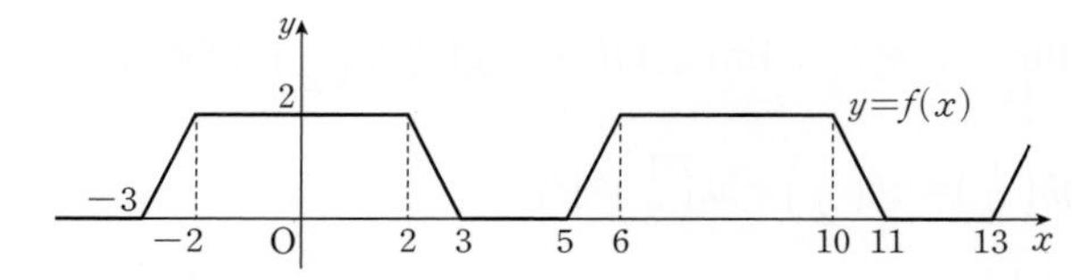

|2단계| 함수 $g(x)$의 치역 구하기

$$g(x)=\begin{cases} n+1 & (x>0) \\ n & (x=0) \\ n-1 & (x<0) \end{cases}$$

이므로 함수 $g(x)$의 치역은

$\{n-1, n, n+1\}$

|3단계| 함수 $(f\circ g)(x)$가 상수함수가 되도록 하는 60 이하의 자연수 n의 개수 구하기

함수 $(f\circ g)(x)$가 상수함수가 되려면 연속하는 음이 아닌 세 정수 $n-1$, n, $n+1$에 대하여

$f(n-1)=f(n)=f(n+1)$
이어야 한다.
따라서 함수 $(f\circ g)(x)$가 상수함수가 되려면 다음과 같이 경우를 나누어 생각할 수 있다. why? ❷
(i) $(f\circ g)(x)=2$일 때
정수 k에 대하여 $-2+8k\le n-1$, $n+1\le 2+8k$이므로
$8k-1\le n\le 8k+1$
㉠ $k<0$이면 $8k+1<1$이므로 60 이하의 자연수 n은 존재하지 않는다.
㉡ $k=0$이면 $-1\le n\le 1$이므로 $n=1$
㉢ $1\le k\le 7$이면 $8k-1\le n\le 8k+1$이므로
$n=8k-1,\ 8k,\ 8k+1$
㉣ $k>8$이면 $8k-1>63$이므로 60 이하의 자연수 n은 존재하지 않는다.
㉠~㉣에서 60 이하의 자연수 n의 개수는
$1+3\times 7=22$
(ii) $(f\circ g)(x)=0$일 때
정수 t에 대하여 $3+8t\le n-1$, $n+1\le 5+8t$이므로
$8t+4\le n\le 8t+4$
$\therefore\ n=8t+4$
n은 60 이하의 자연수이어야 하므로
$1\le 8t+4\le 60$
$\therefore\ -\frac{3}{8}\le t\le 7$
이때 t는 정수이므로
$t=0,\ 1,\ 2,\ \cdots,\ 7$
따라서 60 이하의 자연수 n은 4, 12, 20, $\cdots$, 60의 8개이다.
(i), (ii)에 의하여 구하는 n의 개수는
$22+8=30$

해설특강

how? ❶ 조건 (나)에서 모든 실수 x에 대하여
$f(-x)=f(x)$
이므로 $-4\le x\le 0$에서의 함수 $y=f(x)$의 그래프는 $0\le x\le 4$에서의 함수 $y=f(x)$의 그래프를 y축에 대하여 대칭이동한 것과 같다.
또, 모든 실수 x에 대하여
$f(x)=f(x-8)$
이므로 $4\le x\le 12$에서의 함수 $y=f(x)$의 그래프는 $-4\le x\le 4$에서의 함수 $y=f(x)$의 그래프를 x축의 방향으로 8만큼 평행이동한 것과 같다.

why? ❷ 연속하는 음이 아닌 세 정수의 함숫값이 같으려면 다음 그림에서 $-2+8m\le x\le 2+8m$ 또는 $3+8m\le x\le 5+8m$인 구간이다.
(단, m은 정수이다.)

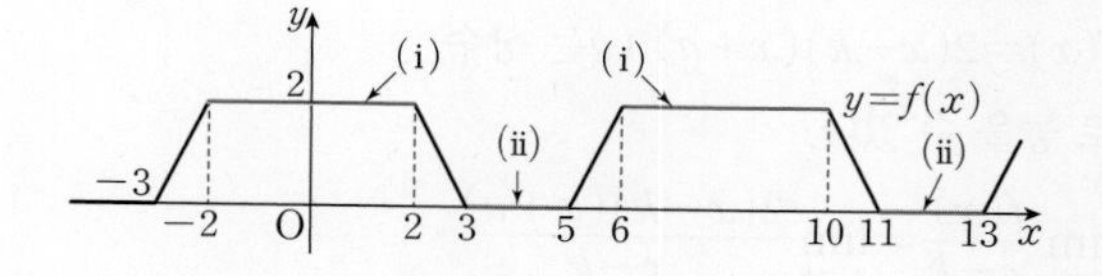

3 2014학년도 수능 A 28 [정답률 44%] 변형 | 정답 9

출제영역 $f(x)g(x)$ 꼴의 함수가 연속일 조건
불연속인 서로 다른 두 함수의 곱으로 이루어진 함수가 연속이 되도록 하는 조건을 구할 수 있는지를 묻는 문제이다.

함수
$$f(x)=\begin{cases} x^2-2x-4 & (x<0) \\ \frac{1}{2}|x-5|-2 & (x\ge 0)\end{cases}$$ ❶
에 대하여 함수 $\{f(x)+1\}f(x-a)$가 $x=a$에서 연속이 되도록❷ 하는 모든 실수 a의 값의 합을 구하시오. 9

출제코드 $a=0$일 때와 $a\ne 0$일 때로 나누어 함수 $\{f(x)+1\}f(x-a)$가 연속일 조건 찾기
❶ $\lim_{x\to 0-}f(x)\ne\lim_{x\to 0+}f(x)$에서 $f(x)$는 $x=0$에서 불연속인 함수이므로 $a=0$일 때와 $a\ne 0$일 때로 나누어 생각해야 한다.
❷ $\lim_{x\to a-}\{f(x)+1\}f(x-a)=\lim_{x\to a+}\{f(x)+1\}f(x-a)=\{f(a)+1\}f(0)$이 되도록 하는 실수 a의 값을 구한다.

해설 **|1단계|** 함수 $y=f(x)$의 그래프를 그리고, 함수 $\{f(x)+1\}f(x-a)$가 연속이기 위한 조건 이해하기

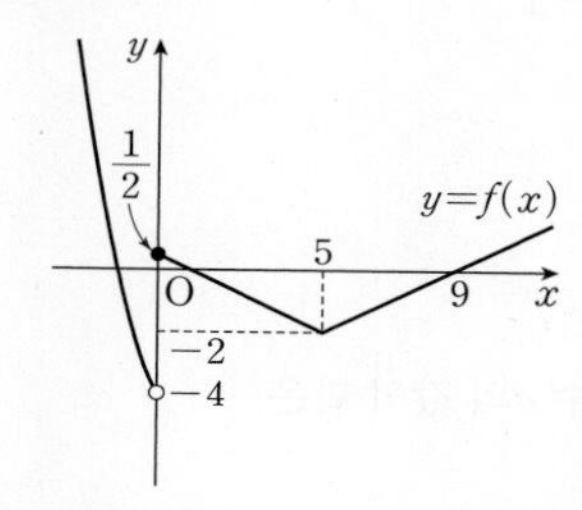

함수 $y=f(x)$의 그래프는 위의 그림과 같으므로 함수 $f(x)+1$은 $x=0$에서 불연속이고, 함수 $f(x-a)$는 $x=a$에서 불연속이다.
따라서 함수 $\{f(x)+1\}f(x-a)$가 연속이려면 $x=0$과 $x=a$에서 연속이어야 한다.

|2단계| $a=0$일 때, 함수 $\{f(x)+1\}f(x-a)$의 연속성 조사하기
(i) $a=0$일 때
$$\lim_{x\to a-}\{f(x)+1\}f(x-a)=\lim_{x\to 0-}\{f(x)+1\}f(x)=(-4+1)\times(-4)=12$$
$$\lim_{x\to a+}\{f(x)+1\}f(x-a)=\lim_{x\to 0+}\{f(x)+1\}f(x)=\left(\frac{1}{2}+1\right)\times\frac{1}{2}=\frac{3}{4}$$
즉, $\lim_{x\to a-}\{f(x)+1\}f(x-a)\ne\lim_{x\to a+}\{f(x)+1\}f(x-a)$이므로
$a=0$일 때 함수 $\{f(x)+1\}f(x-a)$는 $x=a$에서 불연속이다.

|3단계| $a\ne 0$일 때, 함수 $\{f(x)+1\}f(x-a)$의 연속성 조사하기
(ii) $a\ne 0$일 때
$$\lim_{x\to a-}\{f(x)+1\}f(x-a)=\{f(a)+1\}\times(-4)=-4\{f(a)+1\}$$ why? ❶
$$\lim_{x\to a+}\{f(x)+1\}f(x-a)=\{f(a)+1\}\times\frac{1}{2}=\frac{1}{2}\{f(a)+1\}$$ why? ❷

따라서 함수 $\{f(x)+1\}f(x-a)$가 $x=a$에서 연속이려면

$$\lim_{x\to a-}\{f(x)+1\}f(x-a)=\lim_{x\to a+}\{f(x)+1\}f(x-a)=\{f(a)+1\}f(0)$$

이어야 하므로

$$-4\{f(a)+1\}=\frac{1}{2}\{f(a)+1\}=\{f(a)+1\}f(0)$$

$\therefore f(a)=-1$

(i), (ii)에 의하여 함수 $\{f(x)+1\}f(x-a)$가 $x=a$에서 연속이 되려면 $f(a)=-1$이어야 한다. (단, $a\neq0$)

|4단계| 함수 $\{f(x)+1\}f(x-a)$가 연속이 되도록 하는 a의 값 구하기

(iii) $a<0$일 때

$f(a)=-1$에서

$a^2-2a-4=-1$

$a^2-2a-3=0$

$(a+1)(a-3)=0$

$\therefore a=-1$ ($\because a<0$)

(iv) $a>0$일 때

$f(a)=-1$에서

$\frac{1}{2}|a-5|-2=-1$

$\frac{1}{2}|a-5|=1$

$|a-5|=2$

$\therefore a=3$ 또는 $a=7$

(iii), (iv)에서 모든 실수 a의 값의 합은

$(-1)+3+7=9$

해설특강

why?❶ $a\neq0$일 때, $f(x)$는 $x=a$에서 연속이므로

$$\lim_{x\to a-}\{f(x)+1\}=\lim_{x\to a-}f(x)+\lim_{x\to a-}1=f(a)+1$$

또, $x-a=t$로 놓으면 $x\to a-$일 때 $t\to0-$이므로

$$\lim_{x\to a-}f(x-a)=\lim_{t\to0-}f(t)=-4$$

$$\therefore \lim_{x\to a-}\{f(x)+1\}f(x-a)=\{f(a)+1\}\times(-4)=-4\{f(a)+1\}$$

why?❷ $a\neq0$일 때, 함수 $f(x)$는 $x=a$에서 연속이므로

$$\lim_{x\to a+}\{f(x)+1\}=\lim_{x\to a+}f(x)+\lim_{x\to a+}1=f(a)+1$$

또, $x-a=t$로 놓으면 $x\to a+$일 때 $t\to0+$이므로

$$\lim_{x\to a+}f(x-a)=\lim_{t\to0+}f(t)=\frac{1}{2}$$

$$\therefore \lim_{x\to a+}\{f(x)+1\}f(x-a)=\{f(a)+1\}\times\frac{1}{2}=\frac{1}{2}\{f(a)+1\}$$

4

2019년 10월 교육청 나 14 [정답률 53%] 변형 |정답 5

출제영역 함수의 연속+합성함수+함수의 극한과 다항함수의 결정

다항함수 $f(x)$와 구간에 따라 다르게 정의된 함수 $g(x)$에 대하여 $f(x)g(x+m)$(m은 상수) 꼴의 함수가 연속이 되도록 하는 미지수의 값을 구할 수 있는지를 묻는 문제이다.

상수 k에 대하여 다항함수 $f(x)$가 다음 조건을 만족시킨다.

(가) $\lim_{x\to\infty}\frac{f(x)}{x^2+1}=2$ ❶

(나) $\lim_{x\to k}\frac{f(x)}{x-k}=4(k-1)$ ❶

함수 $f(x)$와 함수

$$g(x)=\begin{cases}|x|-1 & (|x|<2)\\ -1 & (|x|\geq2)\end{cases}$$

에 대하여 함수 $f(x)g(x-1)$이 실수 전체의 집합에서 연속이 되도록 하는 k의 개수를 p, 함수 $y=f(x)g(x+1)$의 그래프가 오직 한 점에서만 불연속이 되도록 하는 k의 개수를 q라 하자. $p+q$의 값을 구하시오. ❷ 5

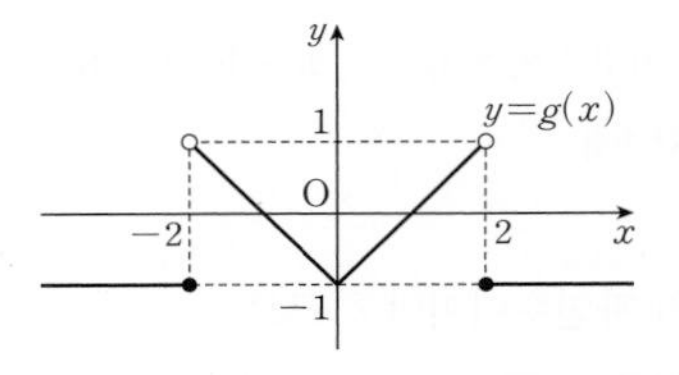

출제코드 함수 $y=f(x)g(x+1)$의 그래프가 오직 한 점에서만 불연속이 되도록 하는 k의 값 구하기

❶ $\lim_{x\to\infty}\frac{f(x)}{x^2+1}=2$에서 극한값이 2이므로 분자와 분모의 차수가 같고, 최고차항의 계수의 비가 2임을 알 수 있다.

또, $\lim_{x\to k}\frac{f(x)}{x-k}=4(k-1)$에서 $x\to k$일 때 극한값이 존재하고 (분모) → 0이므로 (분자) → 0이다. 즉, $\lim_{x\to k}f(x)=0$임을 알 수 있다.

❷ 함수 $g(x)$는 $x=-2$, $x=2$에서 불연속이고, 함수 $y=g(x-1)$의 그래프는 함수 $y=g(x)$의 그래프를 x축의 방향으로 1만큼 평행이동한 것이므로 $x=-2$, $x=2$를 각각 x축의 방향으로 1만큼 평행이동한 x의 값에서 불연속임을 이용한다.

또, 함수 $y=g(x+1)$의 그래프는 함수 $y=g(x)$의 그래프를 x축의 방향으로 -1만큼 평행이동한 것이므로 $x=-2$, $x=2$를 각각 x축의 방향으로 -1만큼 평행이동한 x의 값에서 불연속임을 이용한다.

해설 **|1단계| 조건 (가), (나)에서 함수 $f(x)$의 식 세우기**

조건 (가)의 $\lim_{x\to\infty}\frac{f(x)}{x^2+1}=2$에서 함수 $f(x)$는 최고차항의 계수가 2인 이차함수이다.

또, 조건 (나)의 $\lim_{x\to k}\frac{f(x)}{x-k}=4(k-1)$에서 $x\to k$일 때, (분모) → 0이고 극한값이 존재하므로 (분자) → 0이어야 한다.

즉, $\lim_{x\to k}f(x)=0$에서 $f(k)=0$이므로

$f(x)=2(x-k)(x+a)$ (a는 상수)

로 놓을 수 있다.

$$\lim_{x\to k}\frac{f(x)}{x-k}=\lim_{x\to k}\frac{2(x-k)(x+a)}{x-k}=\lim_{x\to k}2(x+a)=2(k+a)$$

$2(k+a)=4(k-1)$에서

$k+a=2(k-1)$　　$\therefore a=k-2$

$\therefore f(x)=2(x-k)(x+k-2)$

|2단계| 함수 $f(x)g(x-1)$이 실수 전체의 집합에서 연속이 되도록 하는 k의 개수 p의 값 구하기

함수 $y=g(x-1)$의 그래프는 함수 $y=g(x)$의 그래프를 x축의 방향으로 1만큼 평행이동한 것이므로 다음 그림과 같다.

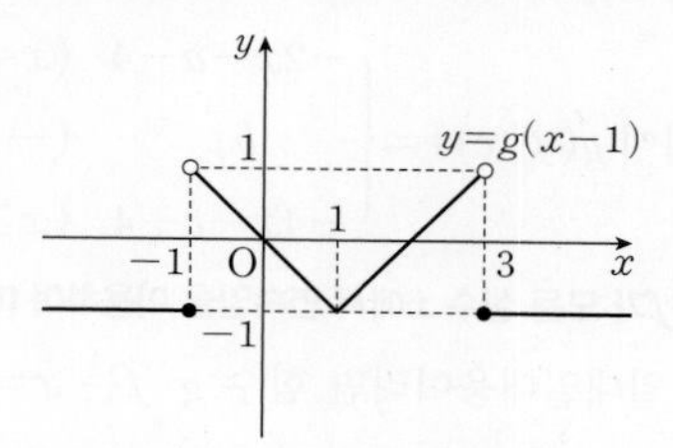

함수 $f(x)$는 다항함수이고, 함수 $g(x-1)$은 $x=-1$, $x=3$에서 불연속이므로 함수 $f(x)g(x-1)$이 실수 전체의 집합에서 연속이려면 $f(-1)=0$, $f(3)=0$이어야 한다. **why? ❶**

이때 $f(x)=2(x-k)(x+k-2)$이므로 $k=-1$ 또는 $k=3$이어야 한다. **why? ❷**

따라서 함수 $f(x)g(x-1)$이 실수 전체의 집합에서 연속이 되도록 하는 k의 개수는 2이므로

$p=2$

|3단계| 함수 $y=f(x)g(x+1)$의 그래프가 오직 한 점에서만 불연속이 되도록 하는 k의 개수 q의 값 구하기

함수 $y=g(x+1)$의 그래프는 함수 $y=g(x)$의 그래프를 x축의 방향으로 -1만큼 평행이동한 것이므로 다음 그림과 같다.

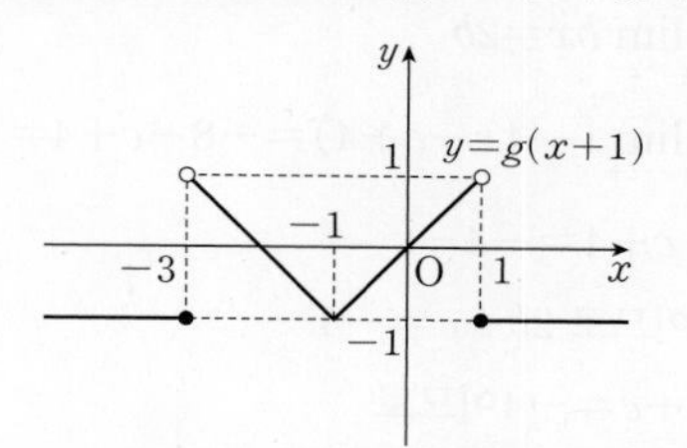

함수 $f(x)$는 다항함수이고, 함수 $g(x+1)$은 $x=-3$, $x=1$에서 불연속이므로 함수 $y=f(x)g(x+1)$의 그래프가 오직 한 점에서만 불연속이 되려면 함수 $f(x)g(x+1)$이 $x=-3$에서 연속, $x=1$에서 불연속 또는 $x=-3$에서 불연속, $x=1$에서 연속이어야 한다.

즉, $f(-3)=0$, $f(1)\neq0$ 또는 $f(-3)\neq0$, $f(1)=0$이어야 한다. **why? ❸**

이때 $f(x)=2(x-k)(x+k-2)$이므로

$k=1$ 또는 $2-k=1$ 또는 $k=-3$ 또는 $2-k=-3$

$\therefore k=-3$ 또는 $k=1$ 또는 $k=5$

따라서 함수 $y=f(x)g(x+1)$의 그래프가 오직 한 점에서만 불연속이 되게 하는 k의 개수는 3이므로

$q=3$

$\therefore p+q=2+3=5$

해설 특강

why? ❶ 함수 $f(x)g(x-1)$이 $x=-1$에서 연속이려면

$\lim_{x\to-1+}f(x)g(x-1)=\lim_{x\to-1-}f(x)g(x-1)=f(-1)g(-1-1)$

이어야 하므로

$f(-1)\times1=f(-1)\times(-1)=f(-1)\times(-1)$

$\therefore f(-1)=0$

같은 방법으로 함수 $f(x)g(x-1)$이 $x=3$에서 연속이려면

$f(3)=0$

why? ❷ 두 함수 $f(x)=2(x-k)(x+k-2)$, $y=g(x-1)$의 그래프가 모두 직선 $x=1$에 대하여 대칭이므로 $f(-1)=0$이면 $f(3)=0$이고, $f(3)=0$이면 $f(-1)=0$이다.

why? ❸ 함수 $f(x)=2(x-k)(x+k-2)$의 그래프는 직선 $x=-1$에 대하여 대칭이 아니므로 $f(-3)=0$이면 $f(1)\neq0$이고, $f(1)=0$이면 $f(-3)\neq0$이다.

핵심 개념 $f(x)g(x)$ 꼴의 함수의 연속

(1) 함수 $f(x)$가 $x=a$에서 불연속이고 좌극한값과 우극한값이 상수일 때, $\lim_{x\to a}g(x)=0$을 만족시키는 연속함수 $g(x)$에 대하여 함수 $f(x)g(x)$는 $x=a$에서 연속이다.

(2) $x=a$에서 불연속인 함수 $f(x)$에 대하여 함수 $(x-a)f(x)$는 $x=a$에서 연속이다.

5

2018학년도 9월 평가원 나 21 [정답률 34%] 변형　　|정답 4

출제영역 함수의 연속+합성함수+일대일대응이 되기 위한 조건

구간에 따라 다르게 정의된 두 함수 $f(x)$, $g(x)$에 대하여 합성함수 $g\circ f$가 일대일대응이 되도록 하는 미정계수를 구할 수 있는지를 묻는 문제이다.

두 함수 $f(x)$, $g(x)$가

$$f(x)=\begin{cases}2x+a & (x<-2)\\ bx & (-2\leq x<2),\\ 4x+c & (x\geq2)\end{cases}$$

$$g(x)=\begin{cases}|x+2|-2 & (x<0)\\ -|x-2|+2 & (x\geq0)\end{cases}$$ ❶

이다. 합성함수 $g\circ f$❷가 일대일대응❸일 때, $f(-4)+f(4)$의 값을 구하시오. (단, a, b, c는 상수이다.) 4

출제코드 일대일대응이 되도록 하는 합성함수 $g\circ f$의 식을 구간별로 구하기

❶ 절댓값 기호 안의 식의 값이 0이 되는 값을 기준으로 구간을 나누어 함수 $g(x)$를 구한다. 즉,

$x<-2$, $-2\leq x<0$, $0\leq x<2$, $x\geq2$

에서 각각 함수 $g(x)$의 식을 구한다.

❷ ❶에 의하여 두 함수 $f(x)$, $g(x)$가 같은 구간으로 나누어져 정의되어 있음을 알 수 있다.

❸ 각 구간에서 합성함수 $g\circ f$가 일대일대응이 되도록 하는 함수식을 구한다.

해설 **|1단계| x의 값의 범위에 따른 함수 $g(x)$의 식 구하기**

함수 $g(x)=\begin{cases}|x+2|-2 & (x<0)\\ -|x-2|+2 & (x\geq0)\end{cases}$에서

(i) $x<-2$일 때

$g(x)=-(x+2)-2=-x-4$

(ii) $-2\leq x<0$일 때

$g(x)=(x+2)-2=x$

(iii) $0 \le x < 2$일 때

$g(x) = -\{-(x-2)\}+2 = x$

(iv) $x \ge 2$일 때

$g(x) = -(x-2)+2 = -x+4$

(i)~(iv)에 의하여 $g(x) = \begin{cases} -x-4 & (x<-2) \\ x & (-2 \le x < 2) \\ -x+4 & (x \ge 2) \end{cases}$

|2단계| 합성함수 $(g \circ f)(x)$의 식 구하기

(v) $x < -2$일 때, $f(x) = 2x+a$이므로

$$g(f(x)) = \begin{cases} -f(x)-4 & (f(x)<-2) \\ f(x) & (-2 \le f(x) < 2) \\ -f(x)+4 & (f(x) \ge 2) \end{cases}$$

$$= \begin{cases} -(2x+a)-4 & (f(x)<-2) & \cdots\cdots ㉠ \\ 2x+a & (-2 \le f(x) < 2) & \cdots\cdots ㉡ \\ -(2x+a)+4 & (f(x) \ge 2) & \cdots\cdots ㉢ \end{cases}$$

따라서 합성함수 $y=g(f(x))$의 그래프의 개형은 다음 그림과 같다.

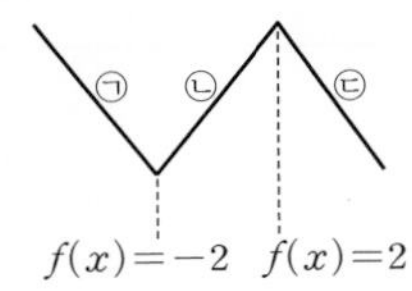

이때 함수 $g \circ f$가 일대일대응이려면 $x < -2$에서 ㉠인 부분을 취해야 하므로 why? ❶

$g(f(x)) = -(2x+a)-4 = -2x-a-4$

이고 합성함수 $g \circ f$는 $x < -2$에서 감소하는 함수이다.

(vi) $-2 \le x < 2$일 때, $f(x) = bx$이므로

$$g(f(x)) = \begin{cases} -f(x)-4 & (f(x)<-2) \\ f(x) & (-2 \le f(x) < 2) \\ -f(x)+4 & (f(x) \ge 2) \end{cases}$$

$$= \begin{cases} -bx-4 & (f(x)<-2) & \cdots\cdots ㉣ \\ bx & (-2 \le f(x) < 2) & \cdots\cdots ㉤ \\ -bx+4 & (f(x) \ge 2) & \cdots\cdots ㉥ \end{cases}$$

b의 값의 부호에 따라 합성함수 $y=g(f(x))$의 그래프의 개형은 다음 그림과 같다.

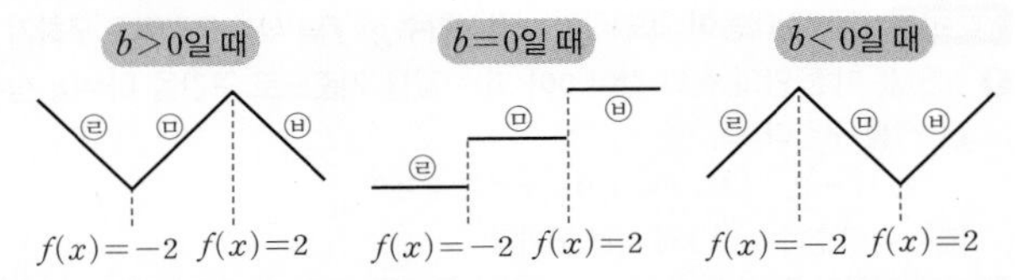

이때 함수 $g \circ f$가 일대일대응이려면 $-2 \le x < 2$에서 $b < 0$일 때의 ㉤인 부분을 취해야 하므로 why? ❷

$g(f(x)) = bx$

(vii) $x \ge 2$일 때, $f(x) = 4x+c$이므로

$$g(f(x)) = \begin{cases} -f(x)-4 & (f(x)<-2) \\ f(x) & (-2 \le f(x) < 2) \\ -f(x)+4 & (f(x) \ge 2) \end{cases}$$

$$= \begin{cases} -(4x+c)-4 & (f(x)<-2) & \cdots\cdots ㉦ \\ 4x+c & (-2 \le f(x) < 2) & \cdots\cdots ㉧ \\ -(4x+c)+4 & (f(x) \ge 2) & \cdots\cdots ㉨ \end{cases}$$

따라서 합성함수 $y=g(f(x))$의 그래프의 개형은 다음 그림과 같다.

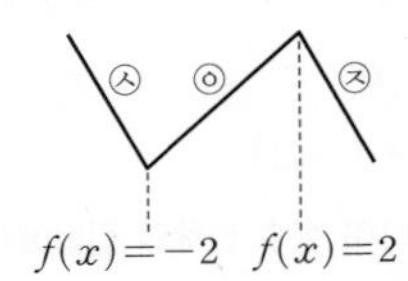

이때 실수 전체의 집합에서 함수 $g \circ f$가 일대일대응이려면 $x \ge 2$에서 ㉨인 부분을 취해야 하므로

$g(f(x)) = -(4x+c)+4 = -4x-c+4$

(v), (vi), (vii)에 의하여 $g(f(x)) = \begin{cases} -2x-a-4 & (x<-2) \\ bx & (-2 \le x < 2) \\ -4x-c+4 & (x \ge 2) \end{cases}$

|3단계| 합성함수 $g \circ f$가 모든 실수 x에서 연속임을 이용하여 미정계수 구하기

합성함수 $g \circ f$가 일대일대응이려면 함수 $g \circ f$는 $x=-2$, $x=2$에서 연속이어야 한다. why? ❸

함수 $g(f(x))$가 $x=-2$에서 연속이려면

$\lim_{x \to -2-} g(f(x)) = \lim_{x \to -2+} g(f(x)) = g(f(-2))$

이어야 한다.

$\lim_{x \to -2-} g(f(x)) = \lim_{x \to -2-} (-2x-a-4) = 4-a-4 = -a$

$\lim_{x \to -2+} g(f(x)) = \lim_{x \to -2+} bx = -2b$

$g(f(-2)) = -2b$

즉, $-a = -2b$이므로 $a-2b=0$ $\cdots\cdots$ ㉩

또, 함수 $g(f(x))$가 $x=2$에서 연속이려면

$\lim_{x \to 2-} g(f(x)) = \lim_{x \to 2+} g(f(x)) = g(f(2))$

이어야 한다.

$\lim_{x \to 2-} g(f(x)) = \lim_{x \to 2-} bx = 2b$

$\lim_{x \to 2+} g(f(x)) = \lim_{x \to 2+} (-4x-c+4) = -8-c+4 = -4-c$

$g(f(2)) = -8-c+4 = -4-c$

즉, $2b = -4-c$이므로 $2b+c=-4$ $\cdots\cdots$ ㉪

㉩+㉪을 하면 $a+c=-4$이므로

$f(-4)+f(4) = (-8+a)+(16+c) = 8+a+c = 8+(-4) = 4$

해설특강

why? ❶ 합성함수 $g \circ f$가 일대일대응이려면 실수 전체의 집합에서 증가하거나 감소해야 하는데 $f(x) < -2$에서 감소하므로 $x < -2$에서 ㉠ 또는 ㉢이어야 한다.
$x < -2$에서 ㉢이면 함수 $g \circ f$는 증가하는 구간이 존재하므로 일대일대응이라는 조건에 모순이다.
따라서 $g \circ f$가 일대일대응이려면 $x < -2$에서 ㉠인 부분을 취해야 한다.

why? ❷ $b > 0$이면 함수 $y=g(f(x))$의 그래프의 개형은 오른쪽 그림과 같고, 이때 함수 $y=g(f(x))$는 일대일대응이 아니다.

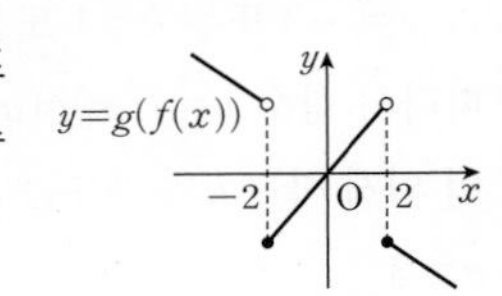

why? ❸ 합성함수 $g \circ f$가 $x=-2$, $x=2$에서 불연속이면 함수 $y=g(f(x))$의 그래프의 개형은 오른쪽 그림과 같고, 이때 함수 $y=g(f(x))$는 실수 전체의 집합에서 실수 전체의 집합으로의 일대일대응이 아니다.

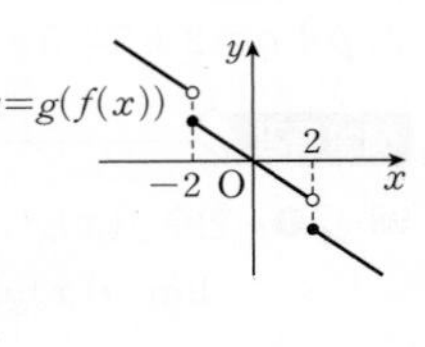

6 2021년 11월 교육청 고2 30 [정답률 7%] 변형 | 정답 15

출제영역 함수의 연속 + 연속함수의 성질 + 함수의 우극한과 좌극한

구간에 따라 다르게 정의된 함수 $f(x)$에 대하여 새롭게 정의된 함수가 특정한 값에서만 불연속이 되도록 하는 조건을 찾을 수 있는지를 묻는 문제이다.

함수

$$f(x)=\begin{cases} 4x^2+3 & (x<1) \\ |x-4| & (x\geq 1) \end{cases}$$

에 대하여 함수 $y=f(x)$의 그래프와 직선 $y=t$가 만나는 점의 개수를 $g(t)$라 할 때, 함수 $g(t)$가 다음 조건을 만족시키는 모든 자연수 a의 값의 합을 구하시오. 15

함수 $\{g(t)-2\}g(t-a)$는 $t=\alpha$, $t=\beta(\alpha\neq\beta)$에서만 불연속이다. ❶ ❷

출제코드 함수 $\{g(t)-2\}g(t-a)$가 $t=\alpha$, $t=\beta$ $(\alpha\neq\beta)$에서만 불연속이 되도록 하는 자연수 a의 값 구하기

❶ 두 함수 $y=g(t)-2$, $y=g(t-a)$의 그래프를 그린다.

❷ a의 값의 범위에 따라 함수 $\{g(t)-2\}g(t-a)$가 불연속이 되는 t의 값을 구한다.

해설 **|1단계| 함수 $y=f(x)$의 그래프 그리기**

함수 $y=f(x)$의 그래프는 다음 그림과 같다.

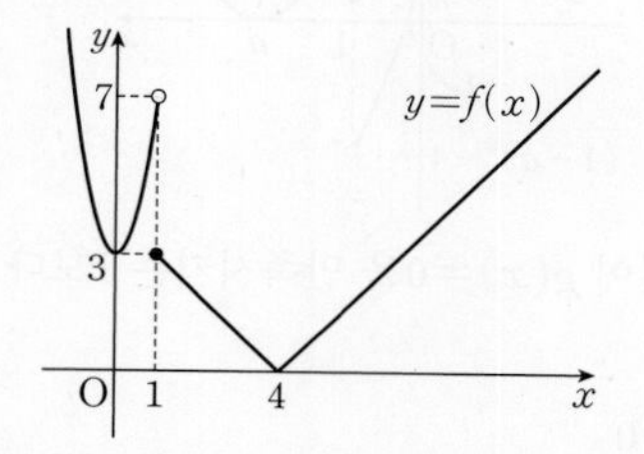

|2단계| 함수 $y=g(t)$의 그래프를 그리고 두 함수 $g(t)-2$, $g(t-a)$가 불연속이 되는 실수 t의 값 구하기

실수 t의 값에 따라 함수 $y=f(x)$의 그래프와 직선 $y=t$의 교점의 개수를 구하여 함수 $y=g(t)$를 구하면

$$g(t)=\begin{cases} 0 & (t<0) \\ 1 & (t=0) \\ 2 & (0<t<3 \text{ 또는 } t\geq 7) \\ 3 & (3\leq t<7) \end{cases}$$

함수 $y=g(t)$의 그래프를 그리면 다음 그림과 같다.

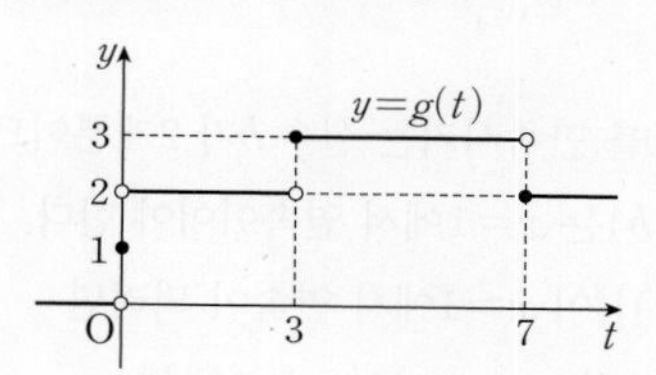

함수 $y=g(t)-2$의 그래프는 함수 $y=g(t)$의 그래프를 y축의 방향으로 -2만큼 평행이동한 것이므로 다음 그림과 같다.

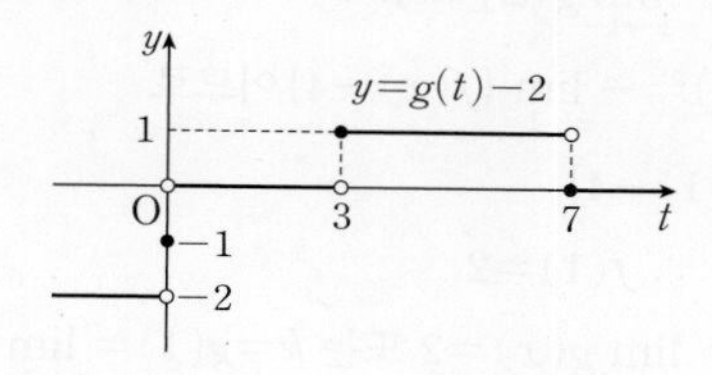

함수 $g(t)$는 $t=0$, $t=3$, $t=7$에서 불연속이므로 함수 $g(t)-2$는 $t=0$, $t=3$, $t=7$에서 불연속이고, 함수 $g(t-a)$는 $t=a$, $t=a+3$, $t=a+7$에서 불연속이다.

이때 $h(t)=\{g(t)-2\}g(t-a)$라 하면 함수 $h(t)$는 $t=0$, $t=3$, $t=7$, $t=a$, $t=a+3$, $t=a+7$ 중 두 값에서만 불연속이어야 한다.

|3단계| 자연수 a의 값의 범위에 따라 함수 $h(t)$가 불연속이 되는 실수 t의 개수 구하기

(i) $1\leq a\leq 3$일 때

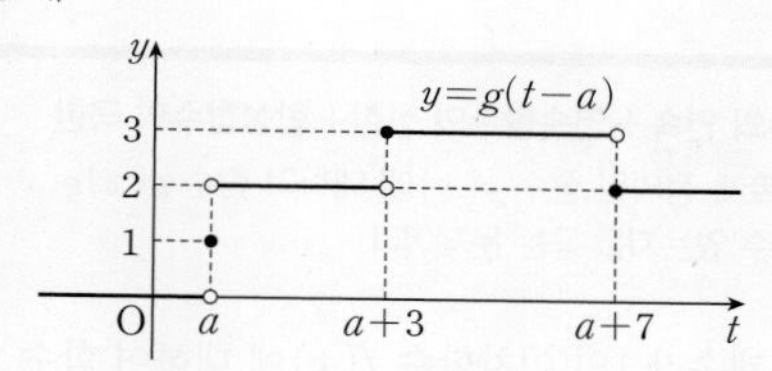

$t<a$에서 $g(t-a)=0$이고 $t\geq a$에서 $g(t-a)\neq 0$이므로

$\lim_{t\to 0+} h(t)=\lim_{t\to 0-} h(t)=h(0)=0$

즉, 함수 $h(t)$는 $t=0$에서 연속이고 $t=3$, $t=7$에서 불연속이다.

이때 $4\leq a+3\leq 6$이므로 함수 $h(t)$는 $t=a+3$에서 불연속이다. why? ❶

따라서 불연속인 실수 t의 값이 3개이므로 조건을 만족시키지 않는다.

(ii) $4\leq a\leq 6$일 때

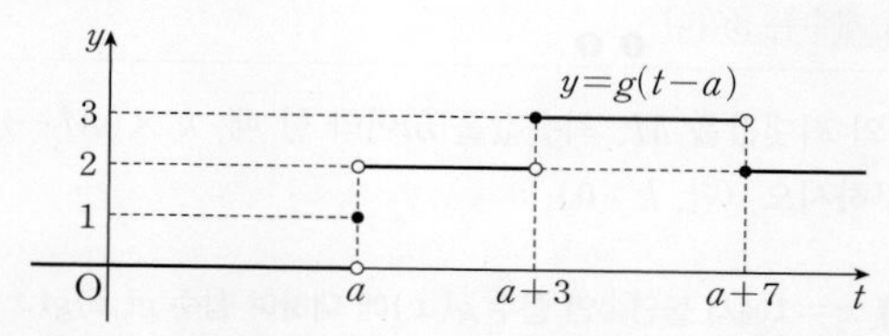

$t<a$에서 $g(t-a)=0$이므로 함수 $h(t)$는 $t=0$, $t=3$에서 연속이다.

$t\geq 7$에서 $g(t)-2=0$이므로 함수 $h(t)$는 $t=a+7$에서 연속이다.

$\lim_{t\to a-} h(t)=\lim_{t\to a-} \{g(t)-2\}g(t-a)=1\times 0=0$,

$\lim_{t\to a+} h(t)=\lim_{t\to a+} \{g(t)-2\}g(t-a)=1\times 2=2$

이므로 함수 $h(t)$는 $t=a$에서 불연속이다.

㉠ $a=4$일 때

$\lim_{t\to 7-} h(t)=\lim_{t\to 7-} \{g(t)-2\}g(t-4)=1\times 2=2$,

$\lim_{t\to 7+} h(t)=\lim_{t\to 7+} \{g(t)-2\}g(t-4)=0\times 3=0$

이므로 함수 $h(t)$는 $t=a+3=7$에서 불연속이다.

㉡ $a=5$ 또는 $a=6$일 때

$a+3>7$이므로 함수 $h(t)$는 $t=a+3$에서 연속이고

$\lim_{t\to 7-} h(t)=\lim_{t\to 7-} \{g(t)-2\}g(t-a)=1\times 2=2$,

$\lim_{t\to 7+} h(t)=\lim_{t\to 7+} \{g(t)-2\}g(t-a)=0\times 2=0$

이므로 함수 $h(t)$는 $t=7$에서 불연속이다.

㉠, ㉡에서 $a=4$ 또는 $a=5$ 또는 $a=6$일 때 $t=a$, $t=7$에서 불연속이다.

(iii) $a\geq 7$인 경우

모든 실수 t에 대하여 $h(t)=0$이므로 함수 $h(t)$는 실수 전체의 집합에서 연속이다.

(i), (ii), (iii)에 의하여 조건을 만족시키는 자연수 a의 값의 합은

$4+5+6=15$

해설 특강

why? ❶ $3\le t<7$에서 $g(t)-2=1\neq 0$

따라서 $4\le a+3\le 6$이므로 함수 $h(t)$는 $t=a+3$에서 불연속이다.

7

| 정답 8

출제영역 함수의 연속+연속함수의 성질+합성함수의 극한

구간에 따라 다르게 정의된 함수 $g(x)$에 대하여 함수 $g(x)g(x-b)$가 연속이 될 조건을 찾을 수 있는지를 묻는 문제이다.

최고차항의 계수가 1인 이차함수 $f(x)$에 대하여 함수

$$g(x)=\begin{cases} f(x)-4 & (x<1) \\ k & (x=1) \\ f(x) & (x>1) \end{cases}$$

가 다음 조건을 만족시킨다.

(가) 1보다 큰 상수 a에 대하여 $g(a)=0$이고 $\lim_{x\to a} g(g(x)+1)$의 극한값이 존재한다.

(나) 함수 $g(x)g(x-b)$가 $x=1$에서 연속이 되도록 하는 실수 b의 개수는 3이다. ❶, ❷

실수 b의 최댓값을 M, 최솟값을 m이라 할 때, $k^2\times(M-m)$의 값을 구하시오. (단, $k>0$) 8

출제코드 $x=1$에서 불연속인 함수 $g(x)$에 대하여 함수 $g(x)g(x-b)$가 $x=1$에서 연속이 되도록 하는 조건 찾기

❶ $\lim_{x\to 1} g(x-b)=0$을 만족시키는 실수 b의 값을 a에 대한 식으로 나타낸다.

❷ $b=0$일 때, 함수 $g(x)g(x-b)$가 $x=1$에서 연속이 되도록 하는 실수 k의 값을 구한다.

해설 **| 1단계 | 조건 (가)를 만족시키는 함수 $f(x)$의 식 세우기**

조건 (가)에서

$g(a)=f(a)=0$

즉, 최고차항의 계수가 1인 이차함수 $f(x)$는

$f(x)=(x-a)(x-c)$ (c는 상수)

로 놓을 수 있다.

$g(x)=t$라 하고, 다음과 같이 경우를 나누어 생각할 수 있다.

(i) $a>c$인 경우

$x\to a-$일 때 $t\to 0-$, $x\to a+$일 때 $t\to 0+$이므로

$\lim_{x\to a-} g(g(x)+1)=\lim_{t\to 0-} g(t+1)=f(1)-4$,

$\lim_{x\to a+} g(g(x)+1)=\lim_{t\to 0+} g(t+1)=f(1)$ how? ❶

따라서 $\lim_{x\to a} g(g(x)+1)$의 극한값이 존재하지 않으므로 조건 (가)를 만족시키지 않는다.

(ii) $a<c$인 경우

$x\to a-$일 때 $t\to 0+$, $x\to a+$일 때 $t\to 0-$이므로

$\lim_{x\to a-} g(g(x)+1)=\lim_{t\to 0+} g(t+1)=f(1)$,

$\lim_{x\to a+} g(g(x)+1)=\lim_{t\to 0-} g(t+1)=f(1)-4$ how? ❷

따라서 $\lim_{x\to a} g(g(x)+1)$의 극한값이 존재하지 않으므로 조건 (가)를 만족시키지 않는다.

(iii) $a=c$인 경우

$x\to a-$일 때, $t\to 0+$, $x\to a+$일 때 $t\to 0+$이므로

$\lim_{x\to a-} g(g(x)+1)=\lim_{t\to 0+} g(t+1)=f(1)$,

$\lim_{x\to a+} g(g(x)+1)=\lim_{t\to 0+} g(t+1)=f(1)$ how? ❸

따라서 $\lim_{x\to a} g(g(x)+1)$의 극한값이 존재하므로 조건 (가)를 만족시킨다.

(i), (ii), (iii)에 의하여 $a=c$이므로

$f(x)=(x-a)^2$ (단, $a>1$)

| 2단계 | 조건 (나)를 이용하여 실수 k, b의 값 구하기

(iv) $b\neq 0$일 때

함수 $g(x)$가 $x=1$에서 불연속이므로 조건 (나)에서 함수 $g(x)g(x-b)$가 $x=1$에서 연속이 되려면

$g(1-b)=0$

이어야 한다.

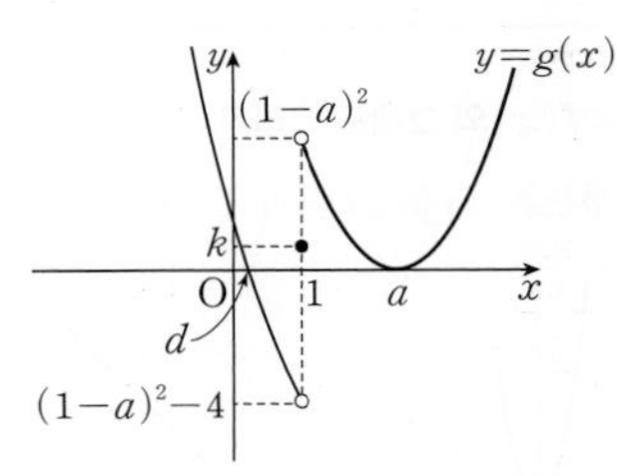

위의 그림과 같이 $g(x)=0$을 만족시키는 1보다 작은 x의 값을 d라 하면

$(d-a)^2-4=0$

$\therefore d-a=2$ 또는 $d-a=-2$

이때 $a>1$, $d<1$이므로

$d-a=-2 \qquad \therefore d=a-2$

$g(1-b)=0$에서

$1-b=a$ 또는 $1-b=d$

$b=1-a$ 또는 $b=1-d$

$\therefore b=1-a$ 또는 $b=1-(a-2)=3-a$

따라서 $g(1-b)=0$을 만족시키는 실수 b는 $1-a$, $3-a$의 2개이다.

(v) $b=0$일 때

(iv)에서 조건 (나)를 만족시키는 실수 b가 2개뿐이므로 $b=0$일 때 함수 $g(x)g(x-b)$는 $x=1$에서 연속이어야 한다.

즉, 함수 $\{g(x)\}^2$이 $x=1$에서 연속이 되려면

$\lim_{x\to 1+} \{g(x)\}^2=\lim_{x\to 1-} \{g(x)\}^2=\{g(1)\}^2$

이어야 하므로

$\lim_{x\to 1+} g(x)=-\lim_{x\to 1-} g(x)$ why? ❹

즉, $\lim_{x\to 1+} f(x)=-\lim_{x\to 1-} \{f(x)-4\}$이므로

$f(1)=-\{f(1)-4\}$

$2f(1)=4 \qquad \therefore f(1)=2$

$\therefore k=g(1)=\lim_{x\to 1+} g(x)=2$ 또는 $k=g(1)=\lim_{x\to 1-} g(x)=-2$

(iv), (v)에서 $k>0$이므로 $k=2$이고, 조건을 만족시키는 b의 값은

$b=1-a$ 또는 $b=0$ 또는 $b=3-a$

|3단계| 함수 $y=g(x)$의 그래프를 그리고, $k^2\times(M-m)$의 값 구하기

$k=(1-a)^2=2$이므로

$a=1+\sqrt{2}$ ($\because a>1$)

$\therefore b=-\sqrt{2},\ 0,\ 2-\sqrt{2}$

이때 함수 $y=g(x)$의 그래프는 다음 그림과 같다.

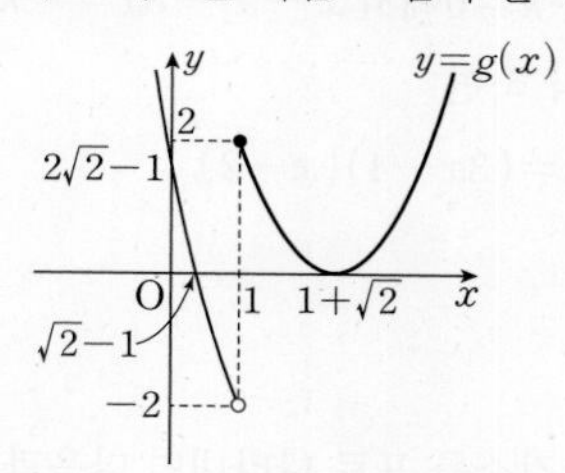

따라서 $M=2-\sqrt{2}$, $m=-\sqrt{2}$이므로

$k^2\times(M-m)=2^2\times\{(2-\sqrt{2})-(-\sqrt{2})\}=8$

해설 특강

how? ❶ $\lim_{x\to a-} g(g(x)+1)=\lim_{t\to 0-} g(t+1)=\lim_{t\to 1-} g(t)$
$=\lim_{x\to 1-}\{f(x)-4\}=f(1)-4,$

$\lim_{x\to a+} g(g(x)+1)=\lim_{t\to 0+} g(t+1)=\lim_{t\to 1+} g(t)$
$=\lim_{x\to 1+} f(x)=f(1)$

how? ❷ $\lim_{x\to a-} g(g(x)+1)=\lim_{t\to 0+} g(t+1)=\lim_{t\to 1+} g(t)$
$=\lim_{x\to 1+} f(x)=f(1),$

$\lim_{x\to a+} g(g(x)+1)=\lim_{t\to 0-} g(t+1)=\lim_{t\to 1-} g(t)$
$=\lim_{x\to 1-}\{f(x)-4\}=f(1)-4$

how? ❸ $\lim_{x\to a-} g(g(x)+1)=\lim_{t\to 0+} g(t+1)=\lim_{t\to 1+} g(t)$
$=\lim_{x\to 1+} f(x)=f(1),$

$\lim_{x\to a+} g(g(x)+1)=\lim_{t\to 0+} g(t+1)=\lim_{t\to 1+} g(t)$
$=\lim_{x\to 1+} f(x)=f(1)$

why? ❹ 함수 $\{g(x)\}^2$이 $x=1$에서 연속이 되려면
$\lim_{x\to 1+}\{g(x)\}^2=\lim_{x\to 1-}\{g(x)\}^2$에서
$\lim_{x\to 1+} g(x)=-\lim_{x\to 1-} g(x)$ ($\because \lim_{x\to 1+} g(x)\neq\lim_{x\to 1-} g(x)$)
즉, $x=1$에서의 $g(x)$의 좌극한값과 우극한값은 부호가 다르고 절댓값이 서로 같다.

8

|정답②

출제영역 합성함수의 연속+함수의 우극한과 좌극한

합성함수 $f\circ g$가 실수 전체의 집합에서 연속이 되도록 하는 조건을 만족시키는 순서쌍 (a, b)의 개수를 구할 수 있는지를 묻는 문제이다.

10 이하의 두 자연수 a, b에 대하여 두 함수 $f(x)$, $g(x)$는

$$f(x)=\begin{cases} 2 & (x<-1) \\ x & (-1\le x\le 1), \\ a & (x>1) \end{cases}$$ ❶

$g(x)=x^2+bx+4$ ❷

이다. 함수 $f\circ g$가 실수 전체의 집합에서 연속이 되도록 하는 순서쌍 (a, b)의 개수는?

① 29 ✓② 31 ③ 33
④ 35 ⑤ 37

출제코드 합성함수 $f\circ g$가 실수 전체의 집합에서 연속이 되도록 하는 순서쌍 (a, b)의 개수 구하기

❶ 함수 $f(x)$가 $x=1$에서 연속인 경우와 불연속인 경우로 나누어 생각한다.
❷ ❶의 두 경우에 대하여 합성함수 $f(g(x))$가 실수 전체의 집합에서 연속이 되도록 하는 자연수 b의 값을 구한다.

해설 **|1단계| $a\neq1$인 경우 $f\circ g$가 실수 전체의 집합에서 연속이 되도록 하는 조건 찾기**

(i) $a\neq1$인 경우

함수 $f(x)$는 $x=1$에서 불연속이므로 $g(x)=1$인 x의 값에서 함수 $f(g(x))$의 연속성을 조사하면 다음과 같다.

㉠ 방정식 $g(x)=1$이 서로 다른 두 실근을 갖는 경우 이차함수 $y=g(x)$의 그래프는 다음 그림과 같다.

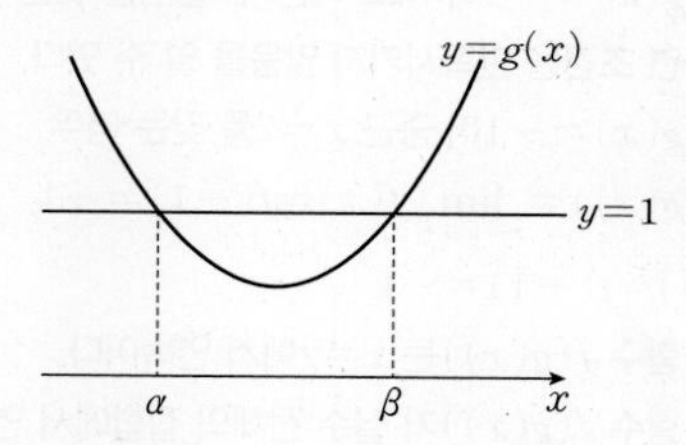

방정식 $g(x)=1$의 두 실근을 α, β $(\alpha<\beta)$라 하면

$\lim_{x\to\alpha+} f(g(x))=\lim_{x\to 1-} f(x)=1,$

$\lim_{x\to\alpha-} f(g(x))=\lim_{x\to 1+} f(x)=a$

이므로 함수 $f(g(x))$는 $x=\alpha$에서 불연속이다.

같은 방법으로 하면 $x=\beta$에서도 불연속이다.

㉡ 방정식 $g(x)=1$이 중근 $x=\alpha$를 갖는 경우

$\lim_{x\to\alpha} f(g(x))=\lim_{x\to 1+} f(x)=a,$

$f(g(\alpha))=f(1)=1$

이므로 함수 $f(g(x))$는 $x=\alpha$에서 불연속이다.

따라서 함수 $f(g(x))$가 실수 전체의 집합에서 연속이 되려면 모든 실수 x에 대하여 $g(x)>1$이어야 하고, 이때 $f(g(x))=a$이다.

$g(x)=x^2+bx+4=\left(x+\frac{b}{2}\right)^2-\frac{b^2}{4}+4$에서 함수 $g(x)$의 최솟값은 $-\frac{b^2}{4}+4$이므로

$-\frac{b^2}{4}+4>1,\ -\frac{b^2}{4}>-3$

$\therefore b^2<12$

이를 만족시키는 자연수 b의 값은

1, 2, 3

따라서 조건을 만족시키는 순서쌍 (a, b)의 개수는

$9\times3=27$ **why? ❶**

|2단계| $a=1$인 경우 $f\circ g$가 실수 전체의 집합에서 연속이 되도록 하는 조건 찾기

(ii) $a=1$인 경우

함수 $f(x)$는 $x=-1$에서 불연속이므로 (i)과 같은 방법으로 하면

$-\frac{b^2}{4}+4\geq-1,\ -\frac{b^2}{4}\geq-5$ **why? ❷**

└ 함수 $g(x)$의 최솟값

$\therefore b^2<20$

이를 만족시키는 자연수 b의 값은

1, 2, 3, 4

따라서 조건을 만족시키는 순서쌍 (a, b)의 개수는

$1\times4=4$ **why? ❸**

|3단계| 조건을 만족시키는 순서쌍 (a, b)의 개수 구하기

(i), (ii)에서 함수 $f\circ g$가 실수 전체의 집합에서 연속이 되도록 하는 순서쌍 (a, b)의 개수는

$27+4=31$

해설 특강

why? ❶ a는 10 이하의 자연수이고 $a\neq1$이므로 a는 2, 3, 4, ⋯, 10의 9개이다. 이때 b는 1, 2, 3의 3개이므로 순서쌍 (a, b)의 개수는
$9\times3=27$

why? ❷ 방정식 $g(x)=-1$이 서로 다른 두 실근을 갖는 경우 (i)과 같은 방법으로 하면 조건을 만족시키지 않음을 알 수 있다.
방정식 $g(x)=-1$이 중근 $x=\gamma$를 갖는 경우
$\lim_{x\to2}f(g(x))=\lim_{x\to-1+}f(x)=f(-1)=-1$,
$f(g(2))=f(-1)=-1$
이므로 함수 $f(g(x))$는 $x=\gamma$에서 연속이다.
따라서 함수 $f(g(x))$가 실수 전체의 집합에서 연속이 되려면 모든 실수 x에 대하여 $g(x)\geq-1$이어야 한다.
즉, 함수 $g(x)$의 최솟값이 $-\frac{b^2}{4}+4$이므로
$-\frac{b^2}{4}+4\geq-1$
이어야 한다.

why? ❸ a는 1의 1개이고 b는 1, 2, 3, 4의 4개이므로 순서쌍 (a, b)의 개수는
$1\times4=4$

THEME 02

도함수의 활용

본문 16~17쪽

기출예시 1 | 정답 12

방정식 $x^3-x^2-8x+k=0$에서 $x^3-x^2-8x=-k$

$f(x)=x^3-x^2-8x$라 하면

$f'(x)=3x^2-2x-8=(3x+4)(x-2)$

$f'(x)=0$에서

$x=-\frac{4}{3}$ 또는 $x=2$

함수 $f(x)$의 증가와 감소를 표로 나타내면 다음과 같다.

x	⋯	$-\frac{4}{3}$	⋯	2	⋯
$f'(x)$	+	0	−	0	+
$f(x)$	↗	극대	↘	극소	↗

$f\left(-\frac{4}{3}\right)=\frac{176}{27}$, $f(2)=-12$이므로 함수 $y=f(x)$의 그래프는 다음 그림과 같다.

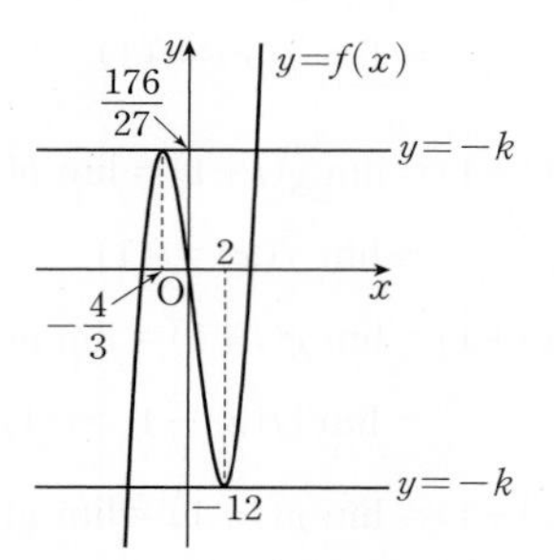

방정식 $f(x)=-k$의 서로 다른 실근의 개수가 2이려면 함수 $y=f(x)$의 그래프와 직선 $y=-k$가 서로 다른 두 점에서 만나야 하므로

$-k=\frac{176}{27}$ 또는 $-k=-12$

$\therefore k=-\frac{176}{27}$ 또는 $k=12$

이때 k는 양수이므로 $k=12$

기출예시 2 | 정답 ③

$h(x)=f(x)-g(x)$에서

$h'(x)=f'(x)-g'(x)$

$h'(x)=0$에서

$f'(x)=g'(x)$ $\quad\therefore x=0$ 또는 $x=2$

주어진 그래프에 의하여 함수 $h(x)$의 증가와 감소를 표로 나타내면 다음과 같다.

x	⋯	0	⋯	2	⋯
$h'(x)$	+	0	−	0	+
$h(x)$	↗	극대	↘	극소	↗

ㄱ. $0<x<2$에서 $h'(x)<0$이므로 함수 $h(x)$는 감소한다. (참)

ㄴ. $x=2$의 좌우에서 $h'(x)$의 부호가 음에서 양으로 바뀌므로 함수 $h(x)$는 $x=2$에서 극솟값을 갖는다. (참)

ㄷ. $f(0)=g(0)$이므로 $h(0)=0$이고 함수 $y=h(x)$의 그래프의 개형은 오른쪽 그림과 같다.

따라서 방정식 $h(x)=0$은 서로 다른 두 실근을 갖는다. (거짓)

따라서 옳은 것은 ㄱ, ㄴ이다.

02-1 도함수의 활용-증가·감소, 극대·극소

1등급 완성 3단계 문제연습

본문 18~21쪽

1 ⑤	**2** 10	**3** 99	**4** ③
5 45	**6** ⑤	**7** ③	**8** 38

1

2020학년도 6월 평가원 나 18 [정답률 59%] | 정답 ⑤

출제영역 함수의 미분가능성+함수의 최대·최소

구간에 따라 다르게 정의된 함수 $g(x)$가 실수 전체의 집합에서 미분가능하고 $g(x)$의 최솟값의 범위가 주어질 때 함수 $g(x)$에 대한 명제의 참, 거짓을 판별할 수 있는지를 묻는 문제이다.

최고차항의 계수가 1인 삼차함수 $f(x)$에 대하여 함수 $g(x)$는

$$g(x)=\begin{cases} \frac{1}{2} & (x<0) \\ f(x) & (x\geq 0) \end{cases}$$ ❶, ❷

이다. $g(x)$가 실수 전체의 집합에서 미분가능하고❶ $g(x)$의 최솟값이 $\frac{1}{2}$보다 작을 때,❷ 〈보기〉에서 옳은 것만을 있는 대로 고른 것은?

보기

ㄱ. $g(0)+g'(0)=\frac{1}{2}$

ㄴ. $g(1)<\frac{3}{2}$

ㄷ. 함수 $g(x)$의 최솟값이 0일 때, $g(2)=\frac{5}{2}$이다.

① ㄱ ② ㄱ, ㄴ ③ ㄱ, ㄷ

④ ㄴ, ㄷ ✓⑤ ㄱ, ㄴ, ㄷ

출제코드 구간에 따라 다르게 정의된 함수 $g(x)$가 실수 전체의 집합에서 미분가능하고 $g(x)$의 최솟값이 $\frac{1}{2}$보다 작기 위한 함수 $y=f(x)$의 그래프의 개형 추론하기

❶ 함수 $g(x)$는 $x=0$에서 연속이고, $x=0$에서의 좌미분계수와 우미분계수가 같음을 파악한다.

❷ $g(x)$의 함숫값이 $\frac{1}{2}$보다 작은 경우는 $x\geq 0$일 때임을 파악한다.

해설 **|1단계|** 함수 $f(x)$의 식 세우기

함수 $f(x)$는 최고차항의 계수가 1인 삼차함수이므로

$f(x)=x^3+ax^2+bx+c$ (a, b, c는 상수)

로 놓으면

$f'(x)=3x^2+2ax+b$

이때 함수 $g(x)$는 실수 전체의 집합에서 미분가능하므로

$f(0)=\frac{1}{2}$, $f'(0)=0$ why? ❶

이어야 한다.

즉, $c=\frac{1}{2}$, $b=0$이므로

$f(x)=x^3+ax^2+\frac{1}{2}$

|2단계| ㄱ의 참, 거짓 판별하기

ㄱ. $g(0)+g'(0)=f(0)+f'(0)$

$=\frac{1}{2}+0=\frac{1}{2}$ (참)

|3단계| ㄴ의 참, 거짓 판별하기

ㄴ. $f(x)=x^3+ax^2+\frac{1}{2}$에서

$f'(x)=3x^2+2ax=3x\left(x+\frac{2}{3}a\right)$

$f'(x)=0$에서 $x=0$ 또는 $x=-\frac{2}{3}a$

$-\frac{2}{3}a\leq 0$이면 함수 $g(x)$의 최솟값이 $\frac{1}{2}$보다 작아야 한다는 조건을 만족시키지 않는다. why? ❷

즉, $-\frac{2}{3}a>0$이므로 $a<0$

따라서 함수 $y=g(x)$의 그래프의 개형은 다음 그림과 같다. why? ❸

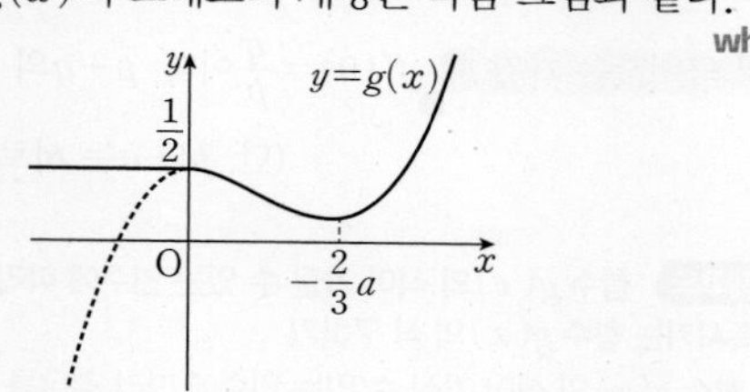

$\therefore g(1)=f(1)=\frac{3}{2}+a<\frac{3}{2}$ ($\because a<0$) (참)

|4단계| ㄷ의 참, 거짓 판별하기

ㄷ. 함수 $g(x)$는 $x=-\frac{2}{3}a$에서 최솟값을 가지므로

$g\left(-\frac{2}{3}a\right)=f\left(-\frac{2}{3}a\right)=0$에서

$-\frac{8}{27}a^3+\frac{4}{9}a^3+\frac{1}{2}=0$, $\frac{4}{27}a^3+\frac{1}{2}=0$

$a^3=-\frac{27}{8}$ $\quad\therefore a=-\frac{3}{2}$

따라서 $f(x)=x^3-\frac{3}{2}x^2+\frac{1}{2}$이므로

$g(2)=f(2)=8-6+\frac{1}{2}=\frac{5}{2}$ (참)

따라서 ㄱ, ㄴ, ㄷ 모두 옳다.

해설 특강

why?❶ $g(x)$, $h(x)$가 다항함수이고,

$$f(x)=\begin{cases} g(x) & (x<a) \\ h(x) & (x\geq a)\end{cases}$$

일 때, 함수 $f(x)$가 실수 전체의 집합에서 미분가능하면

$g(a)=h(a)$, $g'(a)=h'(a)$

가 성립한다.

why?❷ $-\frac{2}{3}a\leq 0$이면 함수 $f(x)$는 $x=-\frac{2}{3}a$에서 극댓값, $x=0$에서 극솟값을 갖는다. 따라서 함수 $g(x)$는 $x\geq 0$에서 증가하므로

$g(x)\geq g(0)$ $\quad\therefore g(x)\geq\frac{1}{2}$

즉, 함수 $g(x)$의 최솟값은 $\frac{1}{2}$이 되어 주어진 조건을 만족시키지 않는다.

why?❸ $-\frac{2}{3}a>0$이면 함수 $f(x)$는 $x=0$에서 극댓값, $x=-\frac{2}{3}a$에서 극솟값을 가지므로 함수 $g(x)$는 $x=-\frac{2}{3}a$에서 최솟값을 갖는다. 이때 $g\left(-\frac{2}{3}a\right)<\frac{1}{2}$이므로 함수 $y=g(x)$의 그래프는 앞의 그림과 같다.

2

2018학년도 9월 평가원 나 29 [정답률 38%] | **정답 10**

출제영역 함수의 극대 · 극소

주어진 조건에서 함수의 극대 · 극소를 이용하여 두 함수의 식을 구할 수 있는지를 묻는 문제이다.

두 삼차함수 $f(x)$와 $g(x)$가 모든 실수 x에 대하여

$$f(x)g(x)=(x-1)^2(x-2)^2(x-3)^2 \text{ ❶}$$

을 만족시킨다. $g(x)$의 최고차항의 계수가 3이고, $g(x)$가 $x=2$에서 극댓값을 가질 때, ❷ $f'(0)=\frac{q}{p}$이다. $p+q$의 값을 구하시오. 10

(단, p와 q는 서로소인 자연수이다.)

출제코드 함수 $g(x)$의 식이 가질 수 있는 인수에 따라 경우를 나누어 조건을 만족시키는 함수 $g(x)$의 식 구하기

❶ 함수 $g(x)$의 식이 가질 수 있는 인수에 따라 경우를 나누어 생각한다.

❷ $g'(2)=0$임을 이용하여 함수 $g(x)$의 식을 구한다.

해설 **|1단계| 주어진 조건을 이용하여 함수 $f(x)$의 최고차항의 계수 구하기**

함수 $f(x)g(x)$의 최고차항의 계수가 1이고, 함수 $g(x)$의 최고차항의 계수가 3이므로 삼차함수 $f(x)$의 최고차항의 계수는 $\frac{1}{3}$이다.

|2단계| 함수 $g(x)$의 식이 가질 수 있는 인수를 구하여 함수 $f(x)$의 식 구하기

함수 $g(x)$의 식은 다음과 같이 경우를 나누어 생각할 수 있다.

(i) $g(x)$가 $(x-1)(x-2)(x-3)$을 인수로 가질 때, 즉

$g(x)=3(x-1)(x-2)(x-3)$일 때

함수 $g(x)=3(x-1)(x-2)(x-3)$의 그래프의 개형은 오른쪽 그림과 같다. 이때 함수 $g(x)$는 $x=2$에서 극값을 갖지 않으므로 주어진 조건을 만족시키지 않는다.

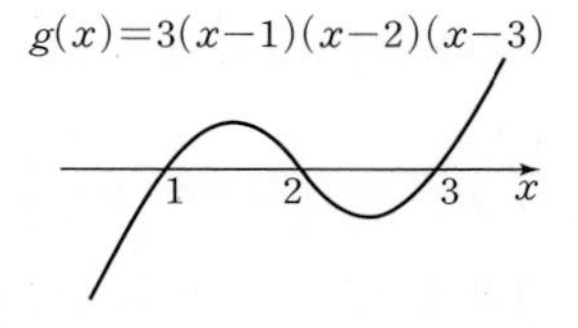

(ii) $g(x)$가 $(x-1)^2$을 인수로 가질 때, 즉

$g(x)=3(x-1)^2(x-2)$ 또는 $g(x)=3(x-1)^2(x-3)$일 때

함수 $g(x)=3(x-1)^2(x-2)$의 그래프의 개형은 오른쪽 그림과 같다.

이때 함수 $g(x)$는 $x=2$에서 극값을 갖지 않으므로 주어진 조건을 만족시키지 않는다.

또, 함수 $g(x)=3(x-1)^2(x-3)$의 그래프의 개형은 오른쪽 그림과 같고

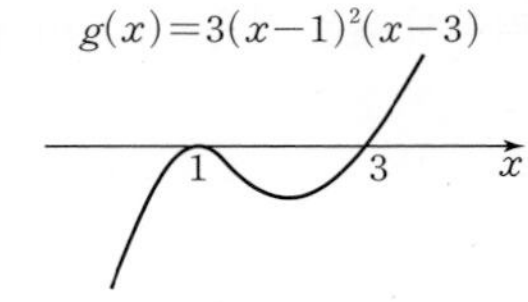

$g'(x)=6(x-1)(x-3)+3(x-1)^2$

$=3(x-1)(3x-7)$

$g'(x)=0$에서

$x=1$ 또는 $x=\frac{7}{3}$

이때 함수 $g(x)$는 $x=2$에서 극값을 갖지 않으므로 주어진 조건을 만족시키지 않는다.

(iii) $g(x)$가 $(x-2)^2$을 인수로 가질 때, 즉

$g(x)=3(x-1)(x-2)^2$ 또는 $g(x)=3(x-2)^2(x-3)$일 때

함수 $g(x)=3(x-1)(x-2)^2$의 그래프의 개형은 오른쪽 그림과 같다.

이때 함수 $g(x)$는 $x=2$에서 극솟값을 가지므로 주어진 조건을 만족시키지 않는다.

또, 함수 $g(x)=3(x-2)^2(x-3)$의 그래프의 개형은 오른쪽 그림과 같다.

이때 함수 $g(x)$는 $x=2$에서 극댓값을 갖는다.

(iv) $g(x)$가 $(x-3)^2$을 인수로 가질 때, 즉

$g(x)=3(x-1)(x-3)^2$ 또는 $g(x)=3(x-2)(x-3)^2$일 때

함수 $g(x)=3(x-1)(x-3)^2$의 그래프의 개형은 오른쪽 그림과 같고

$g'(x)=3(x-3)^2+6(x-1)(x-3)$

$=3(x-3)(3x-5)$

$g'(x)=0$에서

$x=3$ 또는 $x=\frac{5}{3}$

이때 함수 $g(x)$는 $x=2$에서 극값을 갖지 않으므로 주어진 조건을 만족시키지 않는다.

또, 함수 $g(x)=3(x-2)(x-3)^2$의 그래프의 개형은 오른쪽 그림과 같다.

이때 함수 $g(x)$는 $x=2$에서 극값을 갖지 않으므로 주어진 조건을 만족시키지 않는다.

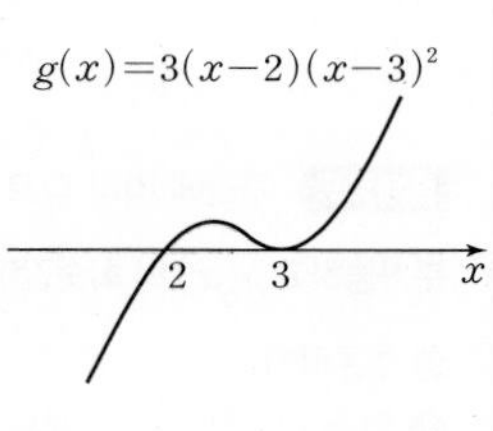

(i)~(iv)에 의하여 $g(x)=3(x-2)^2(x-3)$이므로

$f(x)=\frac{1}{3}(x-1)^2(x-3)$

|3단계| $f'(0)$의 값 구하기

$f'(x)=\frac{2}{3}(x-1)(x-3)+\frac{1}{3}(x-1)^2=\frac{1}{3}(x-1)(3x-7)$

이므로

$f'(0)=\frac{1}{3}\times(-1)\times(-7)=\frac{7}{3}$

따라서 $p=3$, $q=7$이므로

$p+q=3+7=10$

핵심 개념 함수의 극대와 극소의 판정

미분가능한 함수 $f(x)$에 대하여 $f'(a)=0$이고, $x=a$의 좌우에서 $f'(x)$의 부호가

(1) 양에서 음으로 바뀌면 $f(x)$는 $x=a$에서 극대이고, 극댓값은 $f(a)$이다.

(2) 음에서 양으로 바뀌면 $f(x)$는 $x=a$에서 극소이고, 극솟값은 $f(a)$이다.

참고 미분가능한 함수 $f(x)$가 $x=a$에서 극값을 가지면 $f'(a)=0$이다. 일반적으로 그 역은 성립하지 않는다.

3

2021년 7월 교육청 공통 22 [정답률 13%] 변형 | 정답 99

출제영역 함수의 극대 · 극소+삼차함수의 그래프

삼차함수 $y=f(x)$의 그래프를 그리고 이를 바탕으로 절댓값 기호를 포함한 함수 $g(x)$를 파악한 후 자연수 n에 대하여 방정식 $g(x)=n$의 실근의 개수를 구할 수 있는지를 묻는 문제이다.

삼차함수 $f(x)=6\sqrt{3}(x^3-3x^2+2x)$에 대하여 $x\geq 2$에서 정의된 함수 $g(x)$는 ❶

$$g(x)=f(x-2k)+\frac{6}{k}|f(x-2k)|\ (2k\leq x<2k+2)$$ ❷

(단, k는 모든 자연수)

이다. $6\leq n\leq 28$인 자연수 n에 대하여 직선 $y=n$과 함수 $y=g(x)$의 그래프가 만나는 점의 개수를 a_n이라 할 때, a_n의 값이 홀수가 되는 모든 자연수 n의 값의 합을 구하시오. 99

출제코드 k의 값에 따른 함수 $y=g(x)$의 그래프 그리기

❶ 함수 $f(x)=6\sqrt{3}x(x-1)(x-2)$의 그래프를 x축의 방향으로 평행이동하더라도 극댓값과 극솟값은 변하지 않는다.

❷ $2k\leq x<2k+1$, $2k+1\leq x<2k+2$일 때의 함수 $g(x)$의 식을 각각 나타낸다.

해설 |1단계| 삼차함수 $y=f(x)$의 그래프 그리기

함수 $y=f(x)$의 그래프를 x축의 방향으로 -1만큼 평행이동한 그래프의 함수를 $h(x)$라 하자. why? ❶

함수 $f(x)=6\sqrt{3}x(x-1)(x-2)$의 극값은 함수 $h(x)=f(x+1)=6\sqrt{3}(x^3-x)$의 극값과 같다.

$h'(x)=6\sqrt{3}(3x^2-1)=0$에서

$x=-\frac{1}{\sqrt{3}}$ 또는 $x=\frac{1}{\sqrt{3}}$

함수 $h(x)$의 증가와 감소를 표로 나타내면 다음과 같다.

x	$\cdots$	$-\frac{1}{\sqrt{3}}$	$\cdots$	$\frac{1}{\sqrt{3}}$	$\cdots$
$h'(x)$	$+$	0	$-$	0	$+$
$h(x)$	↗	극대	↘	극소	↗

함수 $h(x)$는 $x=-\frac{1}{\sqrt{3}}$에서 극댓값 $h\left(-\frac{1}{\sqrt{3}}\right)=4$, $x=\frac{1}{\sqrt{3}}$에서 극솟값 $h\left(\frac{1}{\sqrt{3}}\right)=-4$를 갖는다.

따라서 함수 $f(x)$는 $x=1-\frac{1}{\sqrt{3}}$에서 극댓값 4를 갖고 $x=1+\frac{1}{\sqrt{3}}$에서 극솟값 -4를 가지므로 함수 $y=f(x)$의 그래프는 다음 그림과 같다.

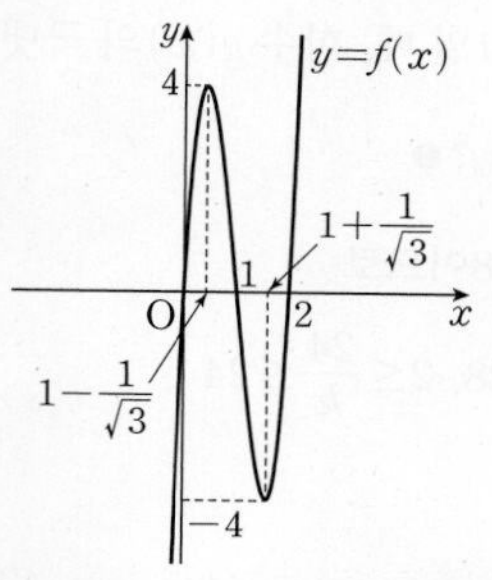

|2단계| $2k\leq x<2k+1$, $2k+1\leq x<2k+2$일 때의 함수 $g(x)$의 식을 각각 나타내기

$2k\leq x<2k+1$일 때, $0\leq x-2k<1$이므로

$f(x-2k)\geq 0$

$2k+1\leq x<2k+2$일 때, $1\leq x-2k<2$이므로

$f(x-2k)\leq 0$

$$\therefore g(x)=\begin{cases}\left(1+\frac{6}{k}\right)f(x-2k) & (2k\leq x<2k+1)\\ \left(1-\frac{6}{k}\right)f(x-2k) & (2k+1\leq x<2k+2)\end{cases}$$

또, 자연수 k에 대하여 함수 $f(x-2k)$는 $2k<x<2k+1$에서 극댓값, $2k+1<x<2k+2$에서 극솟값을 갖는다. why? ❷

|3단계| k의 값에 따라 $2k\leq x<2k+2$에서 함수 $g(x)$의 극대, 극소 파악하기

(i) $1-\frac{6}{k}<0$, 즉 $k<6$일 때

함수 $g(x)$는 $2k<x<2k+1$, $2k+1<x<2k+2$에서 극댓값을 갖는다.

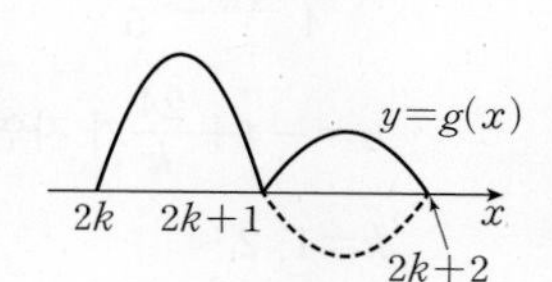

(ii) $1-\frac{6}{k}>0$, 즉 $k>6$일 때

함수 $g(x)$는 $2k<x<2k+1$에서 극댓값, $2k+1<x<2k+2$에서 극솟값을 갖는다.

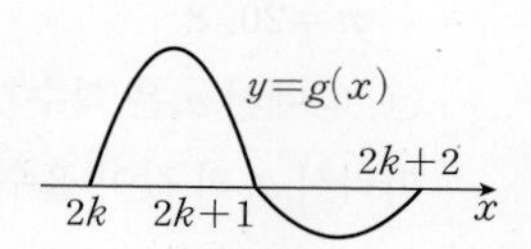

(iii) $1-\frac{6}{k}=0$, 즉 $k=6$일 때

함수 $g(x)$는 $2k<x<2k+1$에서 극댓값을 갖고, $2k+1<x<2k+2$에서 $g(x)=0$

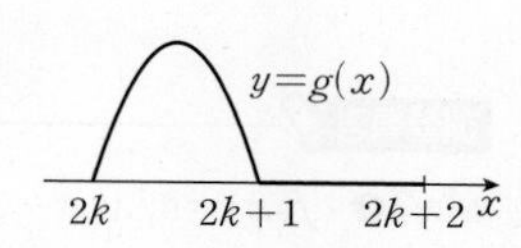

|4단계| 함수 $g(x)$의 극댓값이 n인지 아닌지에 따라 a_n의 값이 홀수가 되는 자연수 n의 값 구하기

자연수 n에 대하여 함수 $y=g(x)$의 그래프와 직선 $y=n$이 만나는 점의 개수는 다음과 같이 경우를 나누어 생각할 수 있다.

(iv) 함수 $g(x)$의 극댓값이 n이 아닌 경우

$2k<x<2k+1$에서

$a_n=0$ 또는 $a_n=2$

$2k+1<x<2k+2$에서

$a_n=0$ 또는 $a_n=2$

따라서 a_n의 값이 홀수가 될 수 없으므로 조건을 만족시키지 않는다.

(v) 함수 $g(x)$의 극댓값이 n인 경우

$2k<x<2k+1$ 또는 $2k+1<x<2k+2$에서

$a_n=1$

㉠ $2k<x<2k+1$일 때, 함수 $g(x)$의 극댓값은

$n=4+\frac{24}{k}$ why? ❸

이때 $6\le n\le 28$이므로

$6\le 4+\frac{24}{k}\le 28$, $2\le\frac{24}{k}\le 24$

$\frac{1}{24}\le\frac{k}{24}\le\frac{1}{2}$

$\therefore 1\le k\le 12$

$n=4+\frac{24}{k}$가 자연수가 되려면

$k=1, 2, 3, 4, 6, 8, 12$

이어야 하고, 이때 n의 값은 각각

$n=28, 16, 12, 10, 8, 7, 6$

㉡ $2k+1<x<2k+2$일 때, 함수 $g(x)$의 극댓값은

$n=-4+\frac{24}{k}$ why? ❸

이때 $6\le n\le 28$이므로

$6\le -4+\frac{24}{k}\le 28$, $10\le\frac{24}{k}\le 32$

$\frac{1}{32}\le\frac{k}{24}\le\frac{1}{10}$

$\therefore \frac{3}{4}\le k\le\frac{12}{5}$

$n=-4+\frac{24}{k}$가 자연수가 되려면

$k=1, 2$

이어야 하고, 이때 n의 값은 각각

$n=20, 8$

㉠, ㉡에서 a_8은 짝수가 되어 조건을 만족시키지 않는다.

따라서 a_n의 값이 홀수가 되는 모든 자연수 n의 값의 합은

$28+16+12+10+7+6+20=99$

(iv), (v)에 의하여 구하는 n의 값의 합은 99이다.

해설 특강

why? ❶ $f(x)=6\sqrt{3}(x^3-3x^2+2x)$에서 $f'(x)=6\sqrt{3}(3x^2-6x+2)$

$f'(x)=0$에서 $3x^2-6x+2=0$

$\therefore x=1-\frac{1}{\sqrt{3}}$ 또는 $x=1+\frac{1}{\sqrt{3}}$

이때 $f\left(1-\frac{1}{\sqrt{3}}\right)$의 값과 $f\left(1+\frac{1}{\sqrt{3}}\right)$의 값을 계산하는 과정이 복잡하고 함수 $y=f(x)$의 그래프를 x축의 방향으로 -1만큼 평행이동하더라도 극댓값과 극솟값은 변하지 않으므로 함수 $h(x)=f(x+1)$의 극댓값과 극솟값을 구하여 함수 $f(x)$의 극댓값과 극솟값을 간단하게 계산할 수 있다.

why? ❷ 함수 $y=f(x)$의 그래프를 x축의 방향으로 $2k$만큼 평행이동하면 함수 $y=f(x-2k)$의 그래프와 겹쳐진다. 이때 함수 $f(x)$는 $0<x<1$에서 극댓값, $1<x<2$에서 극솟값을 가지므로 함수 $f(x-2k)$는 $2k<x<2k+1$에서 극댓값, $2k+1<x<2k+2$에서 극솟값을 갖는다.

why? ❸ 함수 $f(x-2k)$는 $2k<x<2k+1$에서 극댓값 4, $2k+1<x<2k+2$에서 극솟값 -4를 갖는다. 따라서 함수 $g(x)$는 $2k<x<2k+1$에서 극댓값 $\left(1+\frac{6}{k}\right)\times 4=4+\frac{24}{k}$, $2k+1<x<2k+2$에서 극댓값 $\left(1-\frac{6}{k}\right)\times(-4)=-4+\frac{24}{k}$를 갖는다.

4

2016학년도 9월 평가원 A 21 [정답률 41%] 변형 | 정답 ③

출제영역 함수의 극대 · 극소, 증가 · 감소+미분계수의 정의

두 점 사이의 거리로 정의된 함수 $y=f(t)$의 그래프를 도함수를 이용하여 그리고, 함수 $f(t)$에 대한 명제의 참, 거짓을 판별할 수 있는지를 묻는 문제이다.

실수 t에 대하여 직선 $x=t$가 두 함수

$y=x^4+4x^3-6x-30$, $y=2x+2$

의 그래프와 만나는 점을 각각 A, B라 할 때, 점 A와 점 B 사이의 거리를 $f(t)$❶라 하고 $C(t)$를 다음과 같이 정의한다.

$$C(t)=\lim_{h\to 0+}\frac{f(t+h)-f(t)}{h}\times\lim_{h\to 0-}\frac{f(t+h)-f(t)}{h}$$ ❷

〈보기〉에서 옳은 것만을 있는 대로 고른 것은?

보기

ㄱ. 함수 $f(t)$는 연속함수이고 치역은 0 이상인 실수 전체의 집합이다.

ㄴ. 함수 $f(t)$의 극소인 점의 개수가 극대인 점의 개수보다 많다.

ㄷ. 함수 $f(t)$의 극소인 점의 개수는 함수 $C(t)$의 불연속인 점의 개수와 같다.

① ㄱ ② ㄴ ✓③ ㄱ, ㄴ

④ ㄱ, ㄷ ⑤ ㄱ, ㄴ, ㄷ

출제코드 함수 $C(t)$의 의미를 파악하고 $C(t)$의 불연속인 점의 개수 구하기

❶ 직선 $x=t$와 두 함수의 그래프의 교점은 x좌표가 같으므로 $f(t)$=(두 점 A, B의 y좌표의 차)이다.

❷ 함수 $C(t)$는 $x=t$에서의 $f(t)$의 (미분계수의 우극한)×(미분계수의 좌극한)을 의미하므로 $f(t)$가 미분가능한 점에서는 $C(t)=\{f'(t)\}^2$과 같음을 알 수 있다.

해설 |1단계| 주어진 조건을 만족시키는 함수 $f(t)$ 구하기

직선 $x=t$가 두 함수 $y=x^4+4x^3-6x-30$, $y=2x+2$의 그래프와 만나는 두 점 A, B는

$A(t,\ t^4+4t^3-6t-30)$, $B(t,\ 2t+2)$

따라서 두 점 A, B 사이의 거리 $f(t)$는

$f(t)=|(t^4+4t^3-6t-30)-(2t+2)|$

$=|t^4+4t^3-8t-32|$

|2단계| $g(t)=t^4+4t^3-8t-32$로 놓고 $y=g(t)$의 그래프를 이용하여 함수 $y=f(t)$의 그래프 그리기

$g(t)=t^4+4t^3-8t-32$라 하면

$$g'(t)=4t^3+12t^2-8$$
$$=4(t^3+3t^2-2)$$
$$=4(t+1)(t^2+2t-2)$$

$g'(t)=0$에서

$t=-1$ 또는 $t=-1-\sqrt{3}$ 또는 $t=-1+\sqrt{3}$

함수 $g(t)$의 증가와 감소를 표로 나타내면 다음과 같다.

t	$\cdots$	$-1-\sqrt{3}$	$\cdots$	-1	$\cdots$	$-1+\sqrt{3}$	$\cdots$
$g'(t)$	$-$	0	$+$	0	$-$	0	$+$
$g(t)$	↘	극소	↗	극대	↘	극소	↗

함수 $g(t)$는 $t=-1\pm\sqrt{3}$에서 극소이고, $t=-1$에서 극대이다.

한편, 함수 $y=g(t)$의 그래프와 t축의 교점의 t좌표는

$t^4+4t^3-8t-32=0$에서

$(t+4)(t-2)(t^2+2t+4)=0$

$\therefore t=-4$ 또는 $t=2$ ($\because t^2+2t+4>0$)

따라서 함수 $y=g(t)$의 그래프는 [그림 1]과 같으므로

함수 $y=f(t)=|g(t)|$의 그래프는 [그림 2]와 같다.

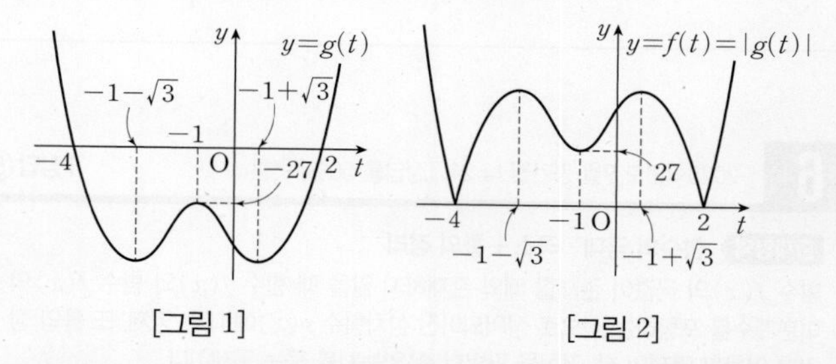

[그림 1] [그림 2]

|3단계| 함수 $y=f(t)$의 그래프를 이용하여 ㄱ, ㄴ, ㄷ의 참, 거짓 판별하기

ㄱ. 함수 $f(t)$는 연속함수이고 치역은 0 이상인 실수 전체의 집합이다. (참)

ㄴ. 함수 $f(t)$는 $x=-1-\sqrt{3}$, $x=-1+\sqrt{3}$에서 극대, $x=-4$, $x=-1$, $x=2$에서 극소이므로 극대인 점이 2개, 극소인 점이 3개이다. 즉, 극소인 점의 개수가 극대인 점의 개수보다 많다. (참)

ㄷ. 함수 $C(t)$는 함수 $f(t)$의 정의역의 원소 t에서의 (미분계수의 우극한)×(미분계수의 좌극한)을 의미하므로 (미분계수의 우극한)=(미분계수의 좌극한)인 경우, 즉 함수 $f(t)$가 미분가능한 구간에서 $C(t)=\{f'(t)\}^2$이다.

이때 연속함수의 곱은 연속함수이므로 함수 $f(t)$가 미분가능한 구간에서 함수 $C(t)$는 연속이고, $C(t)\geq 0$이다.

한편, 함수 $f(t)$는 $t=-4$와 $t=2$에서 미분가능하지 않고 $t=-4$와 $t=2$에서 함수 $f(t)$의 미분계수의 우극한과 좌극한의 부호가 다르므로 함수 $C(t)$의 값은 음수가 된다.

즉, 함수 $C(t)$는 $t=-4$와 $t=2$를 제외한 모든 실수 t에 대하여 $C(t)\geq 0$이므로 $t=-4$와 $t=2$에서 불연속이다.

따라서 함수 $f(t)$의 극소인 점의 개수는 3이고, 함수 $C(t)$의 불연속인 점의 개수는 2이므로 서로 다르다. (거짓)

따라서 옳은 것은 ㄱ, ㄴ이다.

5

2022학년도 9월 평가원 공통 22 [정답률 4%] 변형 | 정답 45

출제영역 함수의 극대·극소+미분계수의 정의+함수의 연속

미분계수의 정의를 이용하여 함수 $g(x)$를 $f(x)$에 대한 식으로 나타낸 후 방정식 $g(x)=k$의 근에 대한 조건을 만족시키는 함수 $f(x)$를 구할 수 있는지를 묻는 문제이다.

최고차항의 계수가 1이고 극댓값과 극솟값을 가지는 삼차함수 $f(x)$에 대하여 함수

$$g(x)=\lim_{h\to 0+}\frac{|f(x+h)-f(x)|+|f(x+h)|-|f(x)|}{h}$$

❶, ❷

가 다음 조건을 만족시킨다.

(가) 함수 $(x-3)g(x)$는 실수 전체의 집합에서 연속이다.

(나) 방정식 $g(x)=k$의 실근이 존재하지 않도록 하는 양의 실수 k의 값의 범위는 $6<k<48$이다. ❸

$f'(4)$의 값을 구하시오. 45

출제코드 미분계수의 정의를 이용하여 함수 $g(x)$를 x의 값의 범위에 따라 삼차함수 $f'(x)$로 나타내기

❶ 함수 $h(x)=\lim_{h\to 0+}\frac{|f(x+h)-f(x)|}{h}$를 $f'(x)$로 나타내고 그 그래프를 그린다.

❷ 함수 $i(x)=\lim_{h\to 0+}\frac{|f(x+h)|-|f(x)|}{h}$를 $f'(x)$로 나타내고 그 그래프를 그린다.

❸ 함수 $y=g(x)$의 그래프와 직선 $y=k$가 만나지 않는 k의 값의 범위를 찾는다.

해설 |1단계| $\lim_{h\to 0+}\frac{|f(x+h)-f(x)|}{h}$와 $\lim_{h\to 0+}\frac{|f(x+h)|-|f(x)|}{h}$를 x의 값의 범위에 따라 $f'(x)$로 나타내기

함수 $h(x)=\lim_{h\to 0+}\frac{|f(x+h)-f(x)|}{h}$라 하면 양수 h에 대하여

$f(x)<f(x+h)$, 즉 함수 $f(x)$가 증가할 때,

$h(x)=f'(x)$

$f(x)>f(x+h)$, 즉 함수 $f(x)$가 감소할 때,

$h(x)=-f'(x)$

삼차함수 $f(x)$가 극대, 극소가 되는 실수 x의 값을 각각 α, β $(\alpha<\beta)$라 하면

$$h(x)=\begin{cases} f'(x) & (x<\alpha \text{ 또는 } x>\beta) \\ 0 & (x=\alpha \text{ 또는 } x=\beta) \\ -f'(x) & (\alpha<x<\beta) \end{cases}$$

이므로 함수 $y=h(x)$의 그래프는 다음 그림과 같다. why? ❶

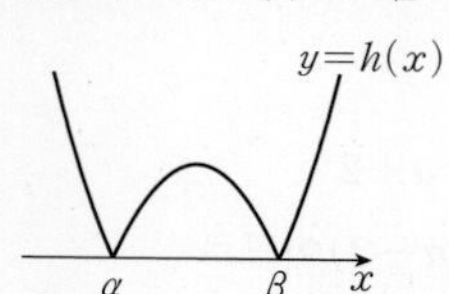

또, $i(x)=\lim_{h\to 0+}\frac{|f(x+h)|-|f(x)|}{h}$라 하면

$f(x)>0$일 때, $i(x)=f'(x)$

$f(x)<0$일 때, $i(x)=-f'(x)$ why? ❷

따라서 $f(x)=0$, $f'(x)\neq -f'(x)$, 즉 $f(x)=0$, $f'(x)\neq 0$인 실수 x에서 함수 $i(x)$는 불연속이다.

|2단계| 조건 ㈎를 이용하여 x의 값의 범위에 따라 함수 $g(x)$를 구분하여 나타내고 그 그래프 그리기

함수 $g(x)=h(x)+i(x)$에서 함수 $h(x)$가 실수 전체의 집합에서 연속이므로 함수 $g(x)$는 $f(x)=0$, $f'(x)\neq0$인 실수 x에서 불연속이다.

조건 ㈎에서 함수 $(x-3)g(x)$가 실수 전체의 집합에서 연속이므로 $f(3)=0$, $f'(3)\neq0$ **why? ❸**

이때 함수 $y=f(x)$의 그래프는 다음 그림과 같다. **why? ❹**

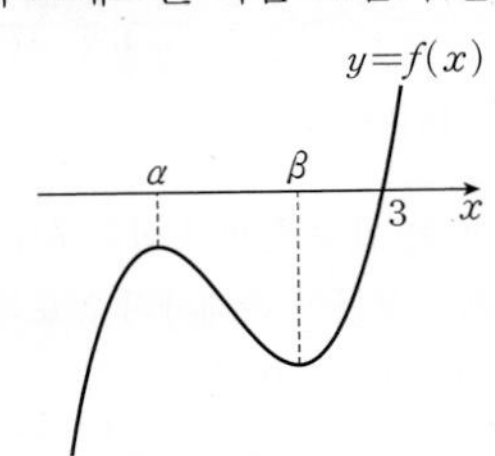

$$i(x)=\begin{cases}-f'(x) & (x<3)\\ f'(x) & (x\geq3)\end{cases}$$ 이므로

$$g(x)=\begin{cases}0 & (x\leq\alpha \text{ 또는 } \beta\leq x<3)\\ -2f'(x) & (\alpha<x<\beta)\\ 2f'(x) & (x\geq3)\end{cases}$$

→ $f'(\alpha)=f'(\beta)=0$이므로 $g(\alpha)=-f'(\alpha)=0$, $g(\beta)=-f'(\beta)=0$

따라서 함수 $y=g(x)$의 그래프는 다음 그림과 같다.

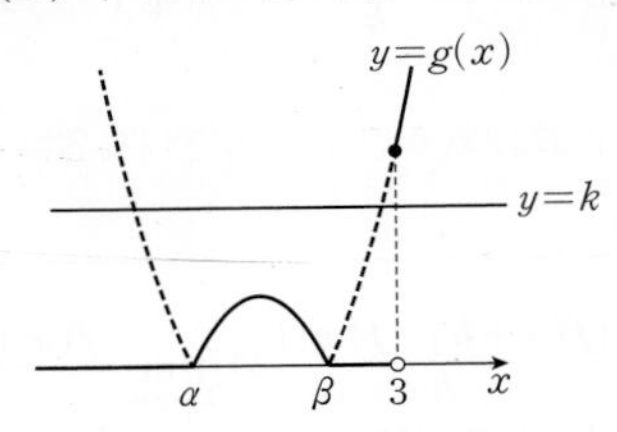

|3단계| 조건 ㈏를 만족시키는 함수 $f(x)$ 구하기

조건 ㈏에서 양의 실수 k에 대하여 함수 $y=g(x)$의 그래프와 직선 $y=k$가 만나지 않으려면

$g\left(\frac{\alpha+\beta}{2}\right)<k<g(3)$

이어야 하고, $6<k<48$이므로

$g\left(\frac{\alpha+\beta}{2}\right)=6$, $g(3)=48$

$f'(x)=3(x-\alpha)(x-\beta)$ $(\alpha<\beta)$이므로

$g\left(\frac{\alpha+\beta}{2}\right)=-2f'\left(\frac{\alpha+\beta}{2}\right)=6$에서

$-2\times3\times\frac{\beta-\alpha}{2}\times\frac{\alpha-\beta}{2}=6$

$(\alpha-\beta)^2=4$

이때 $\alpha<\beta$이므로

$\alpha-\beta=-2$ $\quad\therefore \beta=\alpha+2$

$f'(x)=3(x-\alpha)(x-\alpha-2)$이므로

$g(3)=2f'(3)=48$에서

$6(3-\alpha)(1-\alpha)=48$

$\alpha^2-4\alpha-5=0$, $(\alpha+1)(\alpha-5)=0$

$\therefore \alpha=-1$ $(\because \alpha<3)$

따라서 $f'(x)=3(x+1)(x-1)=3x^2-3$이므로

$f'(4)=48-3=45$

해설특강

why? ❶ 삼차함수 $f(x)$는 최고차항의 계수가 1이고 $x=\alpha$에서 극댓값, $x=\beta$에서 극솟값을 가지므로 $f'(x)=3(x-\alpha)(x-\beta)$

$$\therefore h(x)=\begin{cases}3(x-\alpha)(x-\beta) & (x<\alpha \text{ 또는 } x>\beta)\\ 0 & (x=\alpha \text{ 또는 } x=\beta)\\ -3(x-\alpha)(x-\beta) & (\alpha<x<\beta)\end{cases}$$

why? ❷ 실수 h에 대하여 $\lim_{h\to0+}f(x+h)=f(x)$이므로 $h\to0+$일 때 $f(x)$와 $f(x+h)$의 부호가 서로 같다.

즉, $h\to0+$에서 h가 충분히 작은 양의 실수라 생각할 수 있으므로 $f(x)>0$일 때 $f(x+h)>0$, $f(x)<0$일 때 $f(x+h)<0$

why? ❸ 함수 $f(x)$에 대하여 $x=\gamma$ $(\gamma\neq3)$에서 $f(\gamma)=0$, $f'(\gamma)\neq0$이면

$\lim_{x\to\gamma+}i(x)\neq\lim_{x\to\gamma-}i(x)$이므로 $\lim_{x\to\gamma+}g(x)\neq\lim_{x\to\gamma-}g(x)$

즉, 함수 $g(x)$는 $x=\gamma$에서 불연속이다.

함수 $(x-3)g(x)$에 대하여 $\gamma-3\neq0$이므로

$\lim_{x\to\gamma+}(x-3)g(x)\neq\lim_{x\to\gamma-}(x-3)g(x)$

즉, 함수 $(x-3)g(x)$는 $x=\gamma$에서 불연속이므로 조건 ㈎에 모순이다.

따라서 $\gamma=3$이므로 $f(3)=0$, $f'(3)\neq0$을 만족시킨다.

why? ❹ 오른쪽 그림의 경우는 조건 ㈏를 만족시키지 않는다.

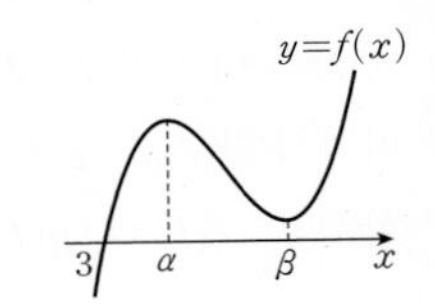

6

2020학년도 9월 평가원 나 21 [정답률 50%] 변형 | **정답 ⑤**

출제영역 함수의 극대·극소+롤의 정리

함수 $f(x)$의 극값이 존재할 때와 존재하지 않을 때 함수 $f(x)$와 함수 $f(x)$의 미분계수를 포함하는 식으로 정의되어진 삼차함수 $g(x)$에 대한 명제, 또 롤의 정리를 이용한 명제의 참, 거짓을 판별할 수 있는지를 묻는 문제이다.

함수 $f(x)=x^3+x^2+ax+b$와 어떤 실수 t에 대하여 함수 $g(x)$를

$g(x)=f'(t)(x-t)+f(x)$

라 하자. 〈보기〉에서 옳은 것만을 있는 대로 고른 것은? (단, a, b는 상수이다.)

보기

ㄱ. 함수 $f(x)$의 극값이 존재하지 않으면❶ 함수 $g(x)$의 극값도 존재하지 않는다.

ㄴ. $t=0$일 때 함수 $g(x)$의 극값이 존재❷하면 $a<\frac{1}{6}$이다.

ㄷ. $f(t+1)=0$이면 열린구간 $(t, t+1)$에서 방정식 $g(x)+(x-t)f'(x)=f'(t)(x-t)$는 적어도 하나의 실근을 갖는다.❸

① ㄱ ② ㄷ ③ ㄱ, ㄴ ④ ㄴ, ㄷ ✓⑤ ㄱ, ㄴ, ㄷ

출제코드 롤의 정리를 이용하여 ㄷ의 참, 거짓 판별하기

❶ 함수 $f(x)$는 최고차항의 계수가 1인 삼차함수이므로 극값이 존재하지 않으면 실수 전체의 집합에서 증가해야 한다.

❷ 삼차함수 $g(x)$의 극값이 존재하면 방정식 $g'(x)=0$이 서로 다른 두 실근을 가져야 한다.

❸ 열린구간에서 방정식이 적어도 하나의 실근을 가질 조건을 구할 때는 사잇값의 정리 또는 평균값 정리 또는 롤의 정리 등을 이용한다.

해설 **|1단계| ㄱ의 참, 거짓 판별하기**

ㄱ. 함수 $f(x)$는 최고차항의 계수가 1인 삼차함수이므로 극값이 존재하지 않으면 실수 전체의 집합에서 증가해야 한다.
즉, 모든 실수 x에 대하여 $f'(x) \ge 0$이다.
따라서 $g'(x)=f'(t)+f'(x) \ge 0$이므로 함수 $g(x)$의 극값도 존재하지 않는다. (참)

|2단계| ㄴ의 참, 거짓 판별하기

ㄴ. $t=0$일 때, $g(x)=f'(0)x+f(x)$
이때 $f'(x)=3x^2+2x+a$이므로 $f'(0)=a$
$\therefore g(x)=f'(0)x+f(x)$
$=ax+(x^3+x^2+ax+b)$
$=x^3+x^2+2ax+b$
따라서 $g'(x)=3x^2+2x+2a$이므로 함수 $g(x)$의 극값이 존재하기 위해서는 방정식 $g'(x)=0$이 서로 다른 두 실근을 가져야 한다.
즉, 이차방정식 $3x^2+2x+2a=0$의 판별식을 D라 하면
$\frac{D}{4}=1-3\times 2a=1-6a>0$
$\therefore a<\frac{1}{6}$ (참)

|3단계| ㄷ의 참, 거짓 판별하기

ㄷ. $h(x)=(x-t)f(x)$로 놓으면 함수 $h(x)$는 닫힌구간 $[t, t+1]$에서 연속이고 열린구간 $(t, t+1)$에서 미분가능하다.
이때 $h(t)=0$이고, $f(t+1)=0$이면 $h(t+1)=f(t+1)=0$이므로 롤의 정리에 의하여 $h'(c)=0$인 c가 열린구간 $(t, t+1)$에 적어도 하나 존재한다.
즉, $h'(x)=f(x)+(x-t)f'(x)$이므로 $h'(c)=0$에서
$f(c)+(c-t)f'(c)=0$ …… ㉠
인 c가 열린구간 $(t, t+1)$에 적어도 하나 존재한다.
한편, $g(c)=f'(t)(c-t)+f(c)$이므로 ㉠에 의하여
$g(c)=f'(t)(c-t)-(c-t)f'(c)$
$\therefore g(c)+(c-t)f'(c)=f'(t)(c-t)$
따라서 열린구간 $(t, t+1)$에서 방정식
$g(x)+(x-t)f'(x)=f'(t)(x-t)$
는 적어도 하나의 실근 $x=c$를 갖는다. (참)

따라서 ㄱ, ㄴ, ㄷ 모두 옳다.

핵심 개념 **롤의 정리**

함수 $f(x)$가 닫힌구간 $[a, b]$에서 연속이고 열린구간 (a, b)에서 미분가능할 때, $f(a)=f(b)$이면 $f'(c)=0$인 c가 열린구간 (a, b)에 적어도 하나 존재한다.

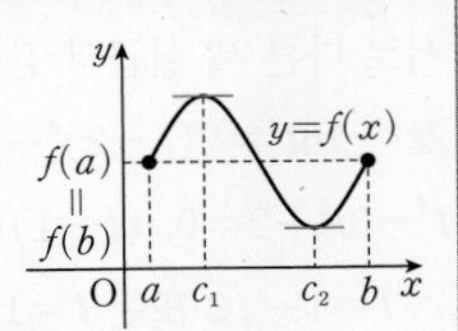

참고 다음 평균값 정리에서 $f(a)=f(b)$인 경우가 롤의 정리이다.
➡ 함수 $f(x)$가 닫힌구간 $[a, b]$에서 연속이고 열린구간 (a, b)에서 미분가능하면
$\frac{f(b)-f(a)}{b-a}=f'(c)$
인 c가 열린구간 (a, b)에 적어도 하나 존재한다.

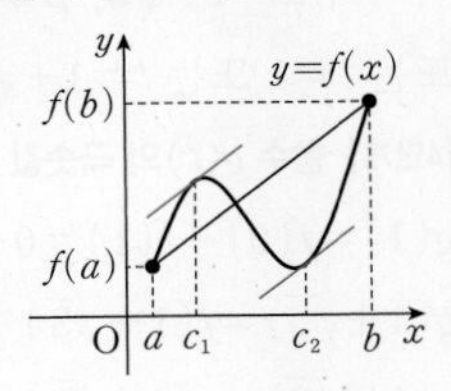

7

| 정답 ③

출제영역 함수의 극대 · 극소＋삼차함수의 그래프

주어진 조건을 만족시키는 삼차함수의 그래프를 추론하여 삼차함수를 정할 수 있는지를 묻는 문제이다.

최고차항의 계수가 1인 삼차함수 $f(x)$가 다음 조건을 만족시킬 때, $f(4)$의 값은?

(가) $f(0)=10$
(나) $x<0$인 모든 실수 x에 대하여 $f(x) \le f(-1)$❶이다.
(다) $x \ge 0$인 모든 실수 x에 대하여 $\{f(x)\}^2 \ge \{f(2)\}^2$❷이다.

① 18 ② 22 ✓③ 26 ④ 30 ⑤ 34

출제코드 $x \ge 0$인 모든 실수 x에 대하여 $\{f(x)\}^2 \ge \{f(2)\}^2$이기 위한 조건 찾기

❶ 최고차항의 계수가 양수인 삼차함수에서 $x<0$일 때 최댓값이 $f(-1)$이므로 삼차함수 $f(x)$는 $x=-1$에서 극댓값을 가짐을 알 수 있다.
❷ $f(2)=0$이거나 $x=2$에서 삼차함수 $f(x)$는 극솟값을 가짐을 알 수 있다.

해설 **|1단계| 주어진 조건을 만족시키는 함수 $y=f(x)$의 그래프의 개형 추론하기**

조건 (가)에 의하여 최고차항의 계수가 1인 삼차함수 $f(x)$를
$f(x)=x^3+ax^2+bx+10$ (a, b는 상수)
으로 놓을 수 있다.
또, 함수 $f(x)$는 조건 (나)에 의하여 $x=-1$에서 극댓값을 갖는다. why? ❶
이때 조건 (다)에 의하여 $f(2)=0$이거나 다음 그림과 같이 함수 $f(x)$는 $x=2$에서 양수인 극솟값을 가져야 한다. why? ❷

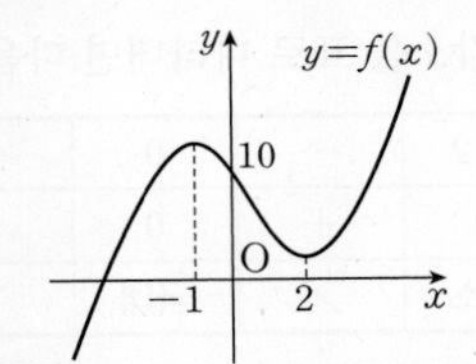

|2단계| 함수 $f(x)$의 식을 구하여 $f(4)$의 값 구하기

$f'(x)=3x^2+2ax+b$이고, 함수 $f(x)$가 $x=-1$에서 극댓값, $x=2$에서 극솟값을 가지므로
$3x^2+2ax+b=3(x+1)(x-2)$
$=3x^2-3x-6$
따라서 $2a=-3$, $b=-6$에서
$a=-\frac{3}{2}$, $b=-6$
$\therefore f(x)=x^3-\frac{3}{2}x^2-6x+10$
이때 $f(2)=8-6-12+10=0$이므로 조건 (다)를 만족시킨다.
$\therefore f(4)=64-24-24+10=26$

해설특강

why? ❶ 함수 $f(x)$에서 $x=a$를 포함하는 어떤 열린구간에 속하는 모든 x에 대하여 $f(x) \le f(a)$이면 함수 $f(x)$는 $x=a$에서 극대라 하고, $f(a)$를 극댓값이라 한다.
참고 $f(x) \ge f(a)$이면 함수 $f(x)$는 $x=a$에서 극소라 하고, $f(a)$를 극솟값이라 한다.

why? ❷ 함수 $f(x)$가 $x=2$에서 음수인 극솟값을 가질 경우 $f(0)=10$이므로 오른쪽 그림과 같이 $x\geq0$에서 함수 $y=f(x)$의 그래프는 x축과 서로 다른 두 점에서 만나게 된다. 이때의 x의 값을 각각 α, β라 하면 $f(\alpha)=0$, $f(\beta)=0$이므로 $\{f(\alpha)\}^2<\{f(2)\}^2$, $\{f(\beta)\}^2<\{f(2)\}^2$이 되어 모순이다.

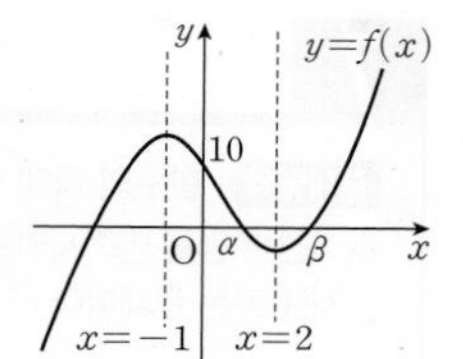

8

| 정답 38

출제영역 함수의 극대 · 극소, 최대 · 최소+사차함수의 그래프

사차함수 $f(x)$에 대하여 새롭게 정의된 함수 $g(t)$가 극대 또는 극소가 되는 실수 t의 값을 구할 수 있는지를 묻는 문제이다.

사차함수 $f(x)=\frac{k}{4}x^4-2kx^2$과 실수 t에 대하여 닫힌구간 $[t-2,\ t]$에서 함수 $f(x)$의 최댓값과 최솟값의 차를 $g(t)$라 하자. 함수 $g(t)$의 극댓값이 32일 때, ❶ 극솟값은 p 또는 q $(p\neq q)$이다. ❷ $p+q$의 값을 구하시오. (단, k는 $k>0$인 상수이다.) 38

킬러코드 함수 $g(t)$가 극대 또는 극소가 되는 실수 t의 값 구하기

❶ 극대의 정의를 이용하여 함수 $g(t)$가 극대가 되는 실수 t의 값을 구한다.

❷ 극소의 정의를 이용하여 함수 $g(t)$가 극소가 되는 실수 t의 값을 구한다.

해설 **|1단계| 사차함수 $y=f(x)$의 그래프 그리기**

$f(x)=\frac{k}{4}x^4-2kx^2$에서 $f'(x)=kx^3-4kx=kx(x+2)(x-2)$

$f'(x)=0$에서 $x=-2$ 또는 $x=0$ 또는 $x=2$

함수 $f(x)$의 증가와 감소를 표로 나타내면 다음과 같다.

x	$\cdots$	-2	$\cdots$	0	$\cdots$	2	$\cdots$
$f'(x)$	$-$	0	$+$	0	$-$	0	$+$
$f(x)$	↘	극소	↗	극대	↘	극소	↗

따라서 함수 $f(x)$는 $x=0$에서 극댓값 $f(0)=0$, $x=-2$, $x=2$에서 극솟값 $f(-2)=f(2)=-4k$를 가지므로 함수 $y=f(x)$의 그래프는 [그림 1]과 같다.

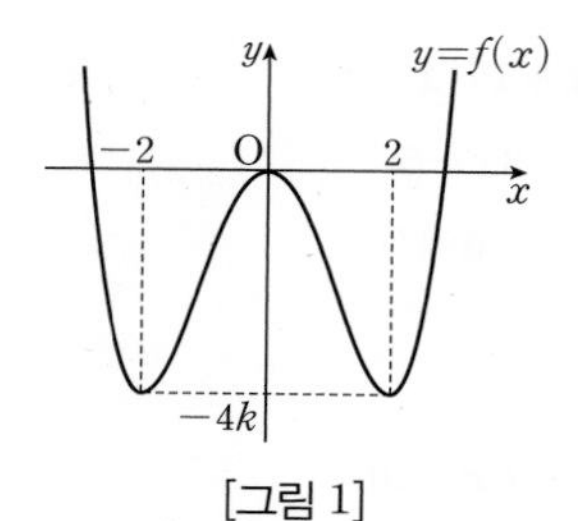

[그림 1]

|2단계| 함수 $g(t)$가 극대가 되는 실수 t의 값을 구하고, 상수 k의 값 구하기

닫힌구간 $[-2,\ 0]$에서 함수 $f(x)$의 최댓값과 최솟값의 차는

$g(0)=f(0)-f(-2)=0-(-4k)=4k$

이고, 충분히 작은 양의 실수 h에 대하여

$g(h)=f(0)-f(-2+h)$

$\quad<f(0)-f(-2)$ ($\because f(-2)<f(-2+h)$)

$\quad=g(0)$

이므로

$g(h)<g(0)$ …… ㉠

$g(-h)=f(-h)-f(-2)$

$\quad<f(0)-f(-2)$ ($\because f(-h)<f(0)$)

$\quad=g(0)$

이므로

$g(-h)<g(0)$ …… ㉡

㉠, ㉡에서 함수 $g(t)$는 $t=0$에서 극댓값 $g(0)=4k$를 갖는다.

한편, 닫힌구간 $[0,\ 2]$에서 함수 $f(x)$의 최댓값과 최솟값의 차는

$g(2)=f(0)-f(2)=0-(-4k)=4k$

이고, 충분히 작은 양의 실수 h에 대하여

$g(2+h)=f(h)-f(2)$

$\quad<f(0)-f(2)$ ($\because f(h)<f(0)$)

$\quad=g(2)$

이므로

$g(2+h)<g(2)$ …… ㉢

$g(2-h)=f(0)-f(2-h)$

$\quad<f(0)-f(2)$ ($\because f(2)<f(2-h)$)

$\quad=g(2)$

이므로

$g(2-h)<g(2)$ …… ㉣

㉢, ㉣에서 함수 $g(t)$는 $t=2$에서 극댓값 $g(2)=4k$를 갖는다.

즉, 함수 $g(t)$는 $t=0$ 또는 $t=2$에서만 극댓값을 갖고, **why? ❶**

이때 함수 $g(t)$의 극댓값이 32이므로

$4k=32$ $\quad\therefore k=8$

따라서 $f(x)=2x^4-16x^2$이므로 함수 $y=f(x)$의 그래프는 [그림 2]와 같다.

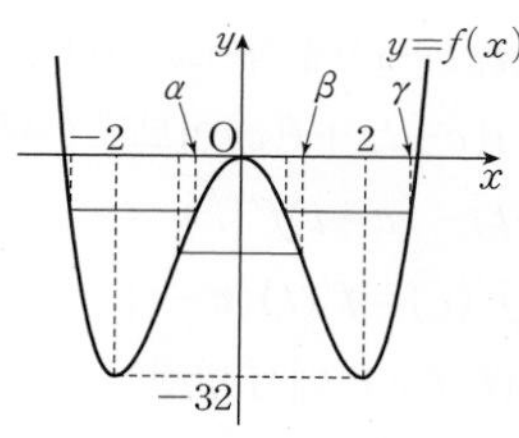

[그림 2]

|3단계| 함수 $g(t)$가 극소가 되는 실수 t의 값 구하기

함수 $g(t)$는 $f(t)=f(t-2)$인 실수 t에서 극솟값을 갖는다.

[그림 2]와 같이 $f(t)=f(t-2)$인 실수 t의 개수는 3이고, 세 실수를 각각 α, β, γ $(\alpha<\beta<\gamma)$라 하면 α, β, γ는 방정식 $f(t)=f(t-2)$의 서로 다른 세 실근과 같다.

$2t^4-16t^2=2(t-2)^4-16(t-2)^2$에서

$t^3-3t^2+2=0$, $(t-1)(t^2-2t-2)=0$

$\therefore t=1-\sqrt{3}$ 또는 $t=1$ 또는 $t=1+\sqrt{3}$

따라서 $\alpha=1-\sqrt{3}$, $\beta=1$, $\gamma=1+\sqrt{3}$이므로 함수 $g(t)$는 $t=1-\sqrt{3}$ 또는 $t=1$ 또는 $t=1+\sqrt{3}$에서만 극솟값을 갖는다. **why? ❶**

|4단계| 함수 $g(t)$의 극솟값 구하기

$g(1)=f(0)-f(1)=0-(-14)=14$,

$g(1+\sqrt{3})=f(1+\sqrt{3})-f(2)=-8-(-32)=24$,

$g(1-\sqrt{3})=g(1+\sqrt{3})=24$

이므로 함수 $g(t)$의 극솟값은 14 또는 24이다.

$\therefore p+q=14+24=38$

해설 특강

why? ❶

$$g(t)=\begin{cases} f(t-2)-f(t) & (t<-2) \\ f(t-2)-f(-2) & (-2\le t<\alpha) \\ f(t)-f(-2) & (\alpha\le t<0) \\ -f(t-2) & (0\le t<\beta) \\ -f(t) & (\beta\le t<2) \\ f(t-2)-f(2) & (2\le t<\gamma) \\ f(t)-f(2) & (\gamma\le t<4) \\ f(t)-f(t-2) & (t\ge 4) \end{cases}$$

이므로 세 구간 $(-\infty, \alpha)$, $(0, \beta)$, $(2, \gamma)$에서 $g'(t)<0$이고, 세 구간 $(\alpha, 0)$, $(\beta, 2)$, (γ, ∞)에서 $g'(t)>0$이다.

따라서 $t=\alpha$, $t=0$, $t=\beta$, $t=2$, $t=\gamma$에서만 극값을 가지므로 함수 $y=g(t)$의 그래프의 개형은 오른쪽 그림과 같다.

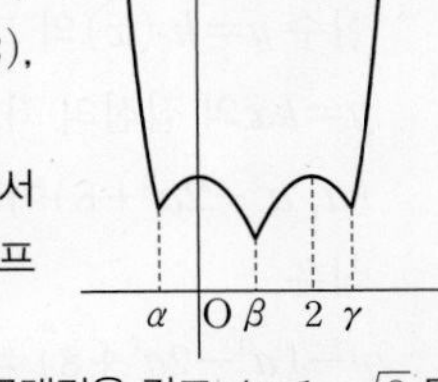

즉, 함수 $g(t)$는 $t=0$ 또는 $t=2$에서만 극댓값을 갖고, $t=1-\sqrt{3}$ 또는 $t=1$ 또는 $t=1+\sqrt{3}$에서만 극솟값을 갖는다.

02-2 도함수의 활용-방정식의 실근의 개수

1등급 완성 3단계 문제연습 본문 22~25쪽

1 51	2 ②	3 9	4 ④
5 ④	6 51	7 204	8 ⑤

1

2020학년도 수능 나 30 [정답률 6%] | 정답 51

출제영역 방정식의 실근의 개수+삼차함수의 그래프+접선의 방정식

방정식의 실근의 개수를 이용하여 삼차함수의 그래프의 개형을 추론한 후 삼차함수를 정할 수 있는지를 묻는 문제이다.

최고차항의 계수가 양수인 삼차함수 $f(x)$가 다음 조건을 만족시킨다.

(가) 방정식 $f(x)-x=0$의 서로 다른 실근의 개수는 2이다. ❶

(나) 방정식 $f(x)+x=0$의 서로 다른 실근의 개수는 2이다. ❶

$f(0)=0$, $f'(1)=1$일 때, $f(3)$의 값을 구하시오. ❷ 51

출제코드 조건을 만족시키는 삼차함수 $y=f(x)$의 그래프의 개형 추론하기

❶ 삼차함수 $y=f(x)$의 그래프와 두 직선 $y=x$, $y=-x$는 각각 서로 다른 두 점에서 만남을 파악한다.

❷ $f(0)=0$이므로 $x=0$은 두 방정식 $f(x)-x=0$, $f(x)+x=0$의 공통근이다. 이때 $f'(1)=1$이므로 함수 $y=f(x)$의 그래프 위의 $x=1$인 점에서의 접선의 기울기가 1이면서 $x=0$이 방정식 $f(x)-x=0$의 중근인 경우와 중근이 아닌 실근인 경우로 나누어 함수 $y=f(x)$의 그래프의 개형을 추론한다.

해설 **|1단계|** 함수 $y=f(x)$의 그래프의 개형 추론하기

조건 (가), (나)에 의하여 두 방정식 $f(x)=x$, $f(x)=-x$의 서로 다른 실근의 개수가 모두 2이므로 함수 $y=f(x)$의 그래프와 두 직선 $y=x$, $y=-x$는 각각 서로 다른 두 점에서 만난다.

이때 $f(x)$는 삼차함수이므로 함수 $y=f(x)$의 그래프와 두 직선 $y=x$, $y=-x$는 각각 한 점에서 만나고, 또 다른 한 점에서 접한다.

또, $f(0)=0$, $f'(1)=1$이므로 함수 $y=f(x)$의 그래프와 두 직선 $y=x$, $y=-x$는 다음 그림과 같다.

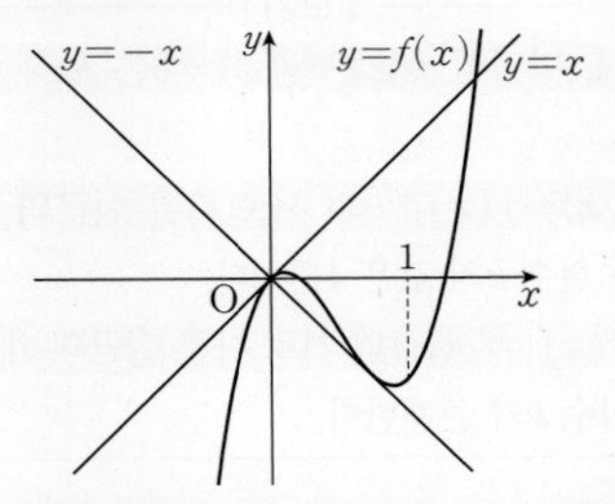

|2단계| 함수 $y=f(x)$의 그래프와 직선 $y=x$가 서로 다른 두 점에서 만남을 이용하여 함수 $f(x)$의 식 세우기

삼차함수 $f(x)$의 최고차항의 계수가 양수이고, 방정식 $f(x)-x=0$은 $x=0$을 중근으로 가지므로

$f(x)-x=ax^2(x-b)$ (a, b는 상수, $a>0$)

로 놓을 수 있다.

$$\therefore f(x)=ax^2(x-b)+x$$
$$=ax^3-abx^2+x$$

|3단계| 함수 $y=f(x)$의 그래프와 직선 $y=-x$가 서로 다른 두 점에서 만남을 이용하여 함수 $f(x)$의 식 구하기

$$f(x)+x=ax^3-abx^2+2x$$
$$=x(ax^2-abx+2)$$

이고, 방정식 $f(x)+x=0$은 $x=0$이 아닌 다른 근을 중근으로 가지므로 이차방정식 $ax^2-abx+2=0$은 $x=0$이 아닌 중근을 갖는다.

따라서 이차방정식 $ax^2-abx+2=0$의 판별식을 D라 하면

$D=(-ab)^2-4a\times 2=0$

$a^2b^2-8a=0$

$\therefore ab^2=8$ ($\because a>0$) …… ㉠

한편, $f(x)=ax^3-abx^2+x$에서

$f'(x)=3ax^2-2abx+1$

이때 $f'(1)=1$이므로

$3a-2ab+1=1$, $3a=2ab$

$\therefore b=\dfrac{3}{2}$ ($\because a>0$)

$b=\dfrac{3}{2}$을 ㉠에 대입하면

$\dfrac{9}{4}a=8$

$\therefore a=\dfrac{32}{9}$

|4단계| $f(3)$의 값 구하기

따라서 $f(x)=\dfrac{32}{9}x^3-\dfrac{16}{3}x^2+x$이므로

$f(3)=96-48+3=51$

2 2022년 3월 교육청 공통 14 [정답률 24%] | 정답 ②

출제영역 **방정식의 실근의 개수＋삼차함수의 그래프＋접선의 방정식**

방정식의 실근의 개수는 두 함수의 그래프의 교점의 개수와 일치함을 이용하여 명제의 참, 거짓을 판별할 수 있는지를 묻는 문제이다.

두 함수

$f(x)=x^3-kx+6$, $g(x)=2x^2-2$

에 대하여 〈보기〉에서 옳은 것만을 있는 대로 고른 것은?

보기

ㄱ. $k=0$일 때, 방정식 $f(x)+g(x)=0$은 오직 하나의 실근을 갖는다. ❶

ㄴ. 방정식 $f(x)-g(x)=0$의 서로 다른 실근의 개수가 2가 되도록 하는 실수 k의 값은 4뿐이다. ❷

ㄷ. 방정식 $|f(x)|=g(x)$의 서로 다른 실근의 개수가 5가 되도록 하는 실수 k가 존재한다. ❸

① ㄱ ✓② ㄱ, ㄴ ③ ㄱ, ㄷ
④ ㄴ, ㄷ ⑤ ㄱ, ㄴ, ㄷ

출제코드 ***k*의 값에 따라 두 함수의 그래프가 만나는 점의 개수가 달라짐을 이용하여 주어진 방정식의 실근의 개수 파악하기**

❶ $k=0$일 때, $f(x)+g(x)=x^3+2x^2+4$이므로 함수 $y=x^3+2x^2+4$의 그래프와 x축이 만나는 점의 개수를 구한다.

❷ $f(x)-g(x)=0$에서 $x^3-2x^2+8=kx$이므로 두 함수 $y=x^3-2x^2+8$, $y=kx$의 그래프가 만나는 점의 개수가 2가 되는 경우를 찾는다.

❸ $g(x)\ge 0$인 x의 값의 범위에서 주어진 방정식의 실근의 개수를 구한다.

해설 **|1단계| ㄱ의 참, 거짓 판별하기**

ㄱ. $k=0$일 때, $f(x)=x^3+6$이므로

$f(x)+g(x)=x^3+2x^2+4$

$h_1(x)=x^3+2x^2+4$라 하면

$h_1'(x)=3x^2+4x=x(3x+4)$

$h_1'(x)=0$에서 $x=-\frac{4}{3}$ 또는 $x=0$

따라서 함수 $h_1(x)$는 $x=-\frac{4}{3}$에서 극댓값 $h_1\left(-\frac{4}{3}\right)=\frac{140}{27}$, $x=0$에서 극솟값 $h_1(0)=4$를 갖는다.

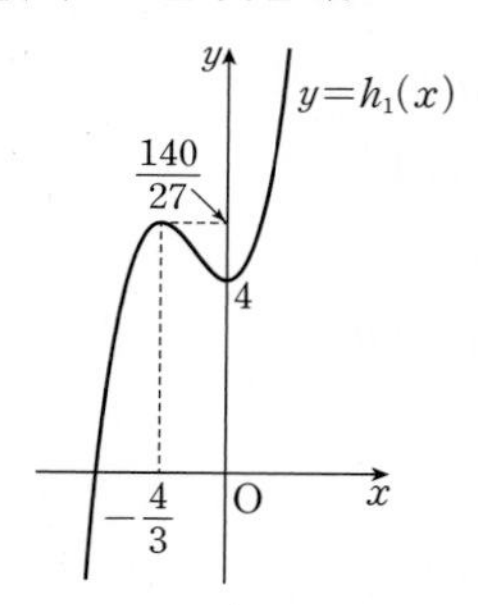

이때 $h_1(0)=4>0$이므로 함수 $y=h_1(x)$의 그래프는 x축과 한 점에서 만난다.

따라서 방정식 $h_1(x)=0$, 즉 $f(x)+g(x)=0$은 오직 하나의 실근을 갖는다. (참)

|2단계| ㄴ의 참, 거짓 판별하기

ㄴ. $f(x)-g(x)=0$에서 $x^3-kx+6-(2x^2-2)=0$

$x^3-2x^2+8=kx$

$h_2(x)=x^3-2x^2+8$이라 하면

$h_2'(x)=3x^2-4x=x(3x-4)$

$h_2'(x)=0$에서 $x=0$ 또는 $x=\frac{4}{3}$

따라서 함수 $h_2(x)$는 $x=0$에서 극댓값 $h_2(0)=8$, $x=\frac{4}{3}$에서 극솟값 $h_2\left(\frac{4}{3}\right)=\frac{184}{27}$를 갖는다.

방정식 $h_2(x)=kx$의 서로 다른 실근의 개수가 2가 되려면 함수 $y=h_2(x)$의 그래프와 직선 $y=kx$가 오른쪽 그림과 같아야 한다.

함수 $y=h_2(x)$의 그래프와 직선 $y=kx$의 접점의 좌표를 $(a,\ a^3-2a^2+8)$이라 하면 접선의 방정식은

$y-(a^3-2a^2+8)=(3a^2-4a)(x-a)$ ...... ㉠

직선 ㉠이 원점을 지나므로

$-a^3+2a^2-8=-a(3a^2-4a)$

$2a^3-2a^2-8=0$

$a^3-a^2-4=0$

$(a-2)(a^2+a+2)=0$

$\therefore a=2$ ($\because a^2+a+2>0$)

이를 ㉠에 대입하면

$y-8=4(x-2)$

$\therefore y=4x$

따라서 구하는 실수 k의 값은 4뿐이다. (참)

|3단계| ㄷ의 참, 거짓 판별하기

ㄷ. $|f(x)|=g(x)$에서 $g(x)\ge 0$이므로

$2x^2-2\ge 0$

$2(x+1)(x-1)\ge 0$

$\therefore x\le -1$ 또는 $x\ge 1$

방정식 $|f(x)|=g(x)$에서

$f(x)=-g(x)$ 또는 $f(x)=g(x)$

$x^3-kx+6=-(2x^2-2)$ 또는 $x^3-kx+6=2x^2-2$

$\therefore x^3+2x^2+4=kx$ 또는 $x^3-2x^2+8=kx$

ㄱ, ㄴ에서 $h_1(x)=x^3+2x^2+4$, $h_2(x)=x^3-2x^2+8$이므로 방정식 $|f(x)|=g(x)$의 실근의 개수는 $x\le -1$ 또는 $x\ge 1$일 때 두 함수 $y=h_1(x)$, $y=h_2(x)$의 그래프와 직선 $y=kx$의 교점의 개수와 같다.

ㄴ에서 $k=4$일 때 함수 $y=h_2(x)$의 그래프와 직선 $y=kx$가 접하므로 다음과 같이 경우를 나누어 생각할 수 있다.

(i) $k\le 4$일 때

$x\le -1$ 또는 $x\ge 1$에서 두 함수 $y=h_1(x)$, $y=h_2(x)$의 그래프와 직선 $y=kx$는 다음 그림과 같으므로 교점의 개수의 최댓값은 3이다.

(ii) $k>4$일 때

$x\le -1$에서 두 함수 $y=h_1(x)$, $y=h_2(x)$의 그래프와 직선 $y=kx$의 서로 다른 교점의 개수는 2이다.

한편, 원점에서 함수 $y=h_1(x)$에 그은 접선의 방정식은 $y=7x$ **how? ❶**

$x\ge 1$에서 두 함수 $y=h_1(x)$, $y=h_2(x)$의 그래프와 직선 $y=kx$는 다음 그림과 같으므로 교점의 개수의 최댓값은 2이다.

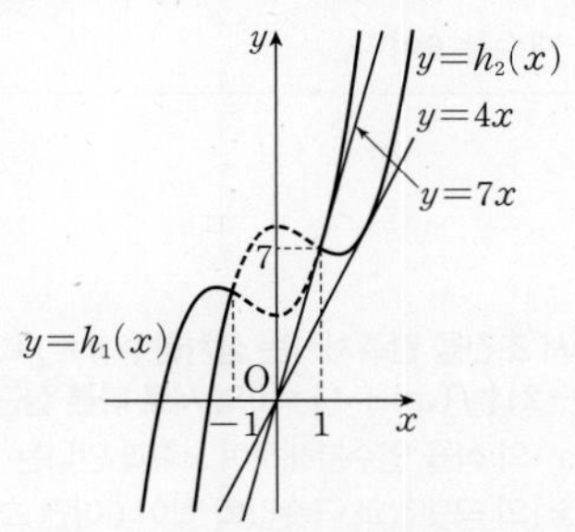

따라서 $x\le -1$ 또는 $x\ge 1$에서 두 함수 $y=h_1(x)$, $y=h_2(x)$의 그래프와 직선 $y=kx$의 교점의 개수의 최댓값은 $2+2=4$이다.

(i), (ii)에 의하여 방정식 $|f(x)|=g(x)$의 서로 다른 실근의 개수의 최댓값은 4이다. (거짓)

따라서 옳은 것은 ㄱ, ㄴ이다.

해설 특강

how? ❶ $h_1(x)=x^3+2x^2+4$에서

$h_1'(x)=3x^2+4x$

함수 $y=h_1(x)$의 그래프와 직선 $y=kx$의 접점의 좌표를 $(t,\ t^3+2t^2+4)$라 하면 접선의 방정식은

$y-(t^3+2t^2+4)=(3t^2+4t)(x-t)$ …… ㉡

직선 ㉡이 원점을 지나므로

$-t^3-2t^2-4=-t(3t^2+4t)$

$2t^3+2t^2-4=0,\ t^3+t^2-2=0$

$(t-1)(t^2+2t+2)=0$

$\therefore t=1\ (\because t^2+2t+2>0)$

이를 ㉡에 대입하면

$y-7=7(x-1)$

$\therefore y=7x$

3

2022학년도 9월 평가원 20 [정답률 21%] 변형 | 정답 9

출제영역 방정식의 실근의 개수 + 접선의 방정식

삼차함수 $f(x)$에 대하여 절댓값 기호가 포함된 방정식을 x의 값의 범위에 따라 구분하여 나타낸 후 실근의 개수에 대한 조건을 만족시키는 미지수의 값을 구할 수 있는지를 묻는 문제이다.

함수 $f(x)=\frac{1}{3}x^3-x^2$에 대하여 x에 대한 방정식

$|4f(x)+kx|=3x$ ❶

의 서로 다른 실근의 개수가 3 ❷ 이 되도록 하는 3 이상의 모든 자연수 k의 값의 합을 구하시오. 9

출제코드 방정식 $|4f(x)+kx|=3x$의 서로 다른 실근의 개수가 3이 되는 조건 찾기

❶ x의 값의 범위에 따라 주어진 방정식을 구분하여 나타낸다.

❷ 방정식의 실근의 개수는 함수의 그래프의 교점의 개수와 일치함을 이용한다.

해설 **|1단계| $4f(x)+kx\ge 0$, $4f(x)+kx<0$을 만족시키는 x의 값의 범위 각각 구하기**

$4f(x)+kx=4\left(\frac{1}{3}x^3-x^2\right)+kx$

$=\frac{4}{3}x\left(x^2-3x+\frac{3}{4}k\right)$

이차방정식 $x^2-3x+\frac{3}{4}k=0$의 판별식을 D라 하면

$D=(-3)^2-4\times 1\times \frac{3}{4}k=9-3k$

$k\ge 3$일 때 $D\le 0$이므로 모든 실수 x에 대하여

$x^2-3x+\frac{4}{3}k\ge 0$ …… ㉠

$4f(x)+kx=\frac{4}{3}x\left(x^2-3x+\frac{3}{4}k\right)$에서 ㉠에 의하여

$x\ge 0$일 때, $4f(x)+kx\ge 0$

$x<0$일 때, $4f(x)+kx<0$

|2단계| 방정식 $|4f(x)+kx|=3x$의 서로 다른 실근의 개수가 3이 되도록 하는 조건 찾기

(i) $x\ge 0$일 때

$|4f(x)+kx|=3x$에서

$4f(x)+kx=3x$

$\therefore f(x)=-\frac{k-3}{4}x$

$k\ge 3$일 때 $-\frac{k-3}{4}\le 0$이므로 직선 $y=-\frac{k-3}{4}x$의 기울기는 0보다 작거나 같다.

(ii) $x<0$일 때

$|4f(x)+kx|=3x$에서

$4f(x)+kx=-3x$

$\therefore f(x)=-\frac{k+3}{4}x$

$k\ge 3$일 때 $-\frac{k+3}{4}\le -\frac{3}{2}$이므로 직선 $y=-\frac{k+3}{4}x$의 기울기는 $-\frac{3}{2}$보다 작거나 같다.

(ⅰ), (ⅱ)에서 3 이상의 자연수 k에 대하여 함수 $g(x)$를

$$g(x)=\begin{cases} -\frac{k-3}{4}x & (x\geq 0) \\ -\frac{k+3}{4}x & (x<0) \end{cases}$$

라 하자.

방정식 $|4f(x)+kx|=3x$의 서로 다른 실근의 개수는 두 함수 $y=f(x)$, $y=g(x)$의 그래프가 만나는 서로 다른 점의 개수와 같고, 이때 두 함수의 그래프는 다음 그림과 같다.

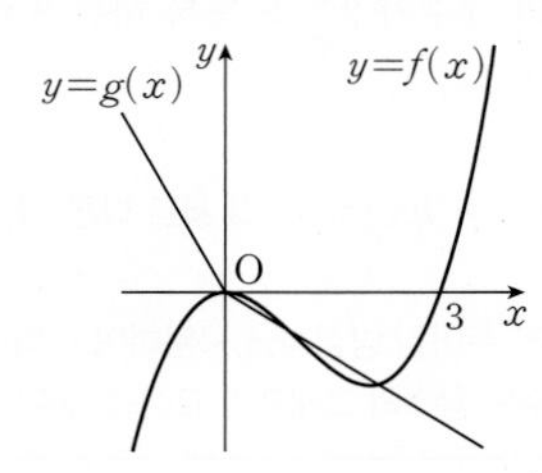

위의 그림에서 $k\geq 3$일 때 $x<0$에서 두 함수의 그래프가 만나는 점은 존재하지 않는다.

k의 값에 관계없이 $x=0$은 주어진 방정식의 한 실근이므로 $x>0$에서 두 함수 $y=f(x)$, $y=g(x)$의 그래프가 서로 다른 두 점에서 만나야 한다.

|3단계| 정수 k의 값의 범위 구하기

직선 $y=-\frac{k-3}{4}x$와 함수 $y=f(x)$의 그래프가 접할 때의 접점의 x좌표를 $t\ (t>0)$라 하면 점 $(t,\ f(t))$에서의 접선의 방정식은

$y-\left(\frac{1}{3}t^3-t^2\right)=\underline{f'(t)}(x-t)$

└ $f'(x)=x^2-2x$이므로 $f'(t)=t^2-2t$

$\therefore\ y=(t^2-2t)(x-t)+\frac{1}{3}t^3-t^2$ ...... ㉡

직선 ㉡이 원점을 지나므로

$0=-t(t^2-2t)+\frac{1}{3}t^3-t^2$

$\frac{2}{3}t^3-t^2=0$

$t^2\left(\frac{2}{3}t-1\right)=0$

$\therefore\ t=\frac{3}{2}\ (\because\ t>0)$

직선 ㉡의 기울기는

$f'\left(\frac{3}{2}\right)=\left(\frac{3}{2}\right)^2-2\times\frac{3}{2}=-\frac{3}{4}$

이므로 $x>0$에서 함수 $y=f(x)$의 그래프와 직선 $y=-\frac{k-3}{4}x$가 서로 다른 두 점에서 만나도록 하는 k의 값의 범위는

$-\frac{3}{4}<-\frac{k-3}{4}<0$

$\therefore\ 3<k<6$

따라서 방정식 $|4f(x)+kx|=3x$의 서로 다른 실근의 개수가 3이 되도록 하는 3 이상의 모든 자연수 k의 값의 합은

$4+5=9$

4

2019학년도 6월 평가원 나 21 [정답률 36%] 변형 | 정답 ④

출제영역 방정식의 실근의 개수+함수의 극대 · 극소+삼차함수의 그래프+원점에 대하여 대칭인 함수의 그래프

조건을 만족시키는 삼차함수의 그래프를 구하고 방정식의 실근의 개수는 두 함수의 그래프의 교점의 개수와 일치함을 이용하여 명제의 참, 거짓을 판별할 수 있는지를 묻는 문제이다.

$a<b$인 두 상수 a, b에 대하여 삼차함수 $f(x)=x^3-(a+b)x^2+abx$가❶ 다음 조건을 만족시킨다.

> (가) $f'(0)<0$
> (나) $f(1)+f'(-1)>0$

〈보기〉에서 옳은 것만을 있는 대로 고른 것은?

> 보기
> ㄱ. $ab<0$
> ㄴ. 극댓값과 극솟값의 합이 0❷이면 $ab<-2$이다.
> ㄷ. 방정식 $\{f(x)-4\}\{f(x)+4\}=0$의 서로 다른 실근의 개수가 5일❸ 때, 방정식 $\{f(x)-2\}\{f(x)+1\}=0$의 서로 다른 실근의 개수는 6이다.

① ㄱ ② ㄴ ③ ㄷ
✓④ ㄱ, ㄷ ⑤ ㄱ, ㄴ, ㄷ

출제코드 ㄷ에서 조건을 만족시키는 삼차함수 $y=f(x)$의 그래프를 그린 후 방정식 $\{f(x)-2\}\{f(x)+1\}=0$의 서로 다른 실근의 개수 구하기

❶ 삼차함수 $f(x)$의 식을 인수분해하여 x축과 만나는 점의 x좌표를 구한다.
❷ 삼차함수 $f(x)$의 극댓값과 극솟값의 합이 0이면 그 그래프가 원점에 대하여 대칭임을 이용한다.
❸ $f(x)=4$ 또는 $f(x)=-4$이므로 함수 $y=f(x)$의 그래프와 직선 $y=4$, 직선 $y=-4$의 교점의 개수가 5이다.

해설 **|1단계| ㄱ의 참, 거짓 판별하기**

ㄱ. $f(x)=x^3-(a+b)x^2+abx$에서

$f'(x)=3x^2-2(a+b)x+ab$

이때 조건 (가)에서 $f'(0)<0$이므로

$f'(0)=ab<0$ (참)

|2단계| ㄴ의 참, 거짓 판별하기

ㄴ. 조건 (나)에서 $f(1)+f'(-1)>0$이므로

$\{1-(a+b)+ab\}+\{3+2(a+b)+ab\}>0$

$\therefore\ 4+a+b+2ab>0$ ...... ㉠

한편,

$f(x)=x^3-(a+b)x^2+abx$

$=x\{x^2-(a+b)x+ab\}$

$=x(x-a)(x-b)$

이고, ㄱ에서 $\underline{ab<0}$이므로 함수 $f(x)$의 극댓값과 극솟값의 합이

└ $a<b$이므로 $a<0,\ b>0$

0이면 그 그래프의 개형은 다음 그림과 같다.

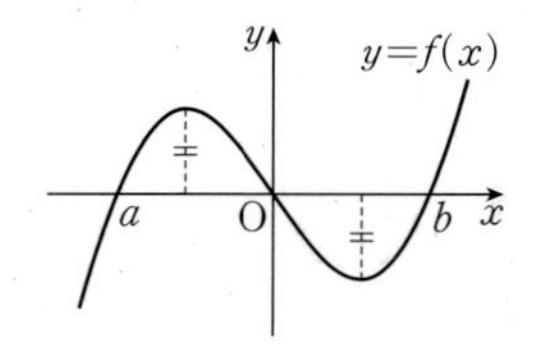

즉, 함수 $y=f(x)$의 그래프는 원점에 대하여 대칭이므로

$a+b=0$

이를 ㉠에 대입하면 $4+2ab>0$이므로

$ab>-2$ (거짓)

|3단계| ㄷ의 참, 거짓 판별하기

ㄷ. 방정식 $\{f(x)-4\}\{f(x)+4\}=0$에서

$f(x)=4$ 또는 $f(x)=-4$

ㄴ에 의하여 (극댓값)+(극솟값)=0인 경우는 방정식 $\{f(x)-4\}\{f(x)+4\}=0$이 서로 다른 5개의 실근을 가질 수 없으므로 방정식 $\{f(x)-4\}\{f(x)+4\}=0$의 서로 다른 실근의 개수가 5이기 위해서는

(극댓값)+(극솟값)>0 또는 (극댓값)+(극솟값)<0

이어야 한다.

(i) (극댓값)+(극솟값)>0, 즉 |(극댓값)|>|(극솟값)|일 때

함수 $y=f(x)$의 그래프의 개형은 다음 그림과 같으므로 방정식 $\{f(x)-2\}\{f(x)+1\}=0$의 서로 다른 실근의 개수는 6이다.

└ $f(x)=2$ 또는 $f(x)=-1$

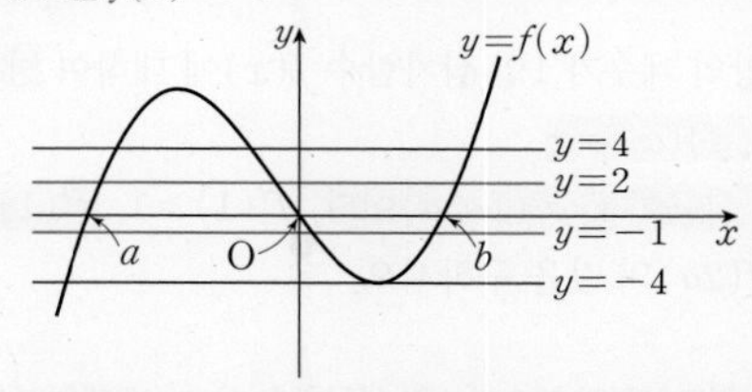

(ii) (극댓값)+(극솟값)<0, 즉 |(극댓값)|<|(극솟값)|일 때

함수 $y=f(x)$의 그래프의 개형은 다음 그림과 같으므로 방정식 $\{f(x)-2\}\{f(x)+1\}=0$의 서로 다른 실근의 개수는 6이다.

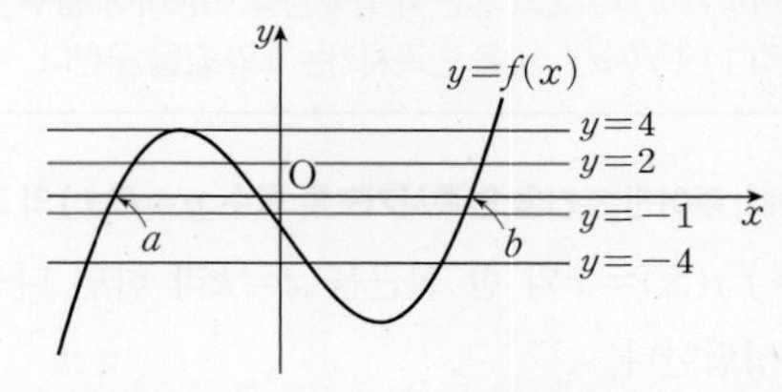

(i), (ii)에 의하여 방정식 $\{f(x)-4\}\{f(x)+4\}=0$의 서로 다른 실근의 개수가 5일 때, 방정식 $\{f(x)-2\}\{f(x)+1\}=0$의 서로 다른 실근의 개수는 6이다. (참)

따라서 옳은 것은 ㄱ, ㄷ이다.

5

2018학년도 9월 평가원 나 20 [정답률 37%] 변형 | 정답 ④

출제영역 방정식의 실근의 개수+함수의 연속

함수의 그래프를 이용하여 주어진 방정식의 실근의 개수에 대한 설명의 참, 거짓을 판별할 수 있는지를 묻는 문제이다.

삼차함수 $f(x)=x^3-12x+k$❶와 실수 t에 대하여 방정식 $|f(x)|-t=0$의 서로 다른 실근의 개수를 $g(t)$❷라 하자. 〈보기〉에서 옳은 것만을 있는 대로 고른 것은?

〈보기〉

ㄱ. $k=0$이면 함수 $g(t)$가 불연속인 t의 값의 개수는 4이다.

ㄴ. $\lim_{x \to 2}\frac{f(x)}{x-2}=0$일 때, $g(10)+g(35)=6$이다.

ㄷ. 함수 $g(t)$가 서로 다른 세 정수 $t=0$, t_1, t_2 $(t_1<t_2)$에서만 불연속❸일 때, $|k|$의 값이 최소이면 $t_2-t_1=2$이다.

① ㄱ ② ㄴ ③ ㄱ, ㄴ

✓④ ㄴ, ㄷ ⑤ ㄱ, ㄴ, ㄷ

출제코드 함수 $g(t)$가 t좌표가 정수인 서로 다른 세 점에서 불연속인 경우 삼차함수 $y=f(x)$의 그래프의 개형 추론하기

❶ 삼차함수 $y=f(x)$의 그래프는 함수 $y=x^3-12x$의 그래프를 y축의 방향으로 k만큼 평행이동한 것이다.

❷ 함수 $g(t)$는 함수 $y=|f(x)|$의 그래프와 직선 $y=t$의 서로 다른 교점의 개수와 같다.

❸ 함수 $g(t)$가 서로 다른 세 정수 $t=0$, t_1, t_2 $(t_1<t_2)$에서만 불연속이 되는 경우의 함수 $y=|f(x)|$의 그래프의 개형을 추론한다.

해설 **|1단계| 함수 $y=f(x)$의 증가와 감소를 표로 나타내고, 극값 구하기**

함수 $f(x)=x^3-12x+k$에서

$f'(x)=3x^2-12=3(x+2)(x-2)$

$f'(x)=0$에서 $x=-2$ 또는 $x=2$

이때 함수 $f(x)$의 증가와 감소를 표로 나타내면 다음과 같다.

x	$\cdots$	-2	$\cdots$	2	$\cdots$
$f'(x)$	+	0	−	0	+
$f(x)$	↗	극대	↘	극소	↗

따라서 함수 $f(x)$는 $x=-2$에서 극댓값 $f(-2)=k+16$, $x=2$에서 극솟값 $f(2)=k-16$을 갖는다.

|2단계| $k=0$인 경우 함수 $y=|f(x)|$의 그래프를 그리고 ㄱ의 참, 거짓 판별하기

ㄱ. $k=0$인 경우 $f(x)=x^3-12x$이므로 함수 $y=f(x)$와 함수 $y=|f(x)|$의 그래프는 다음 그림과 같다.

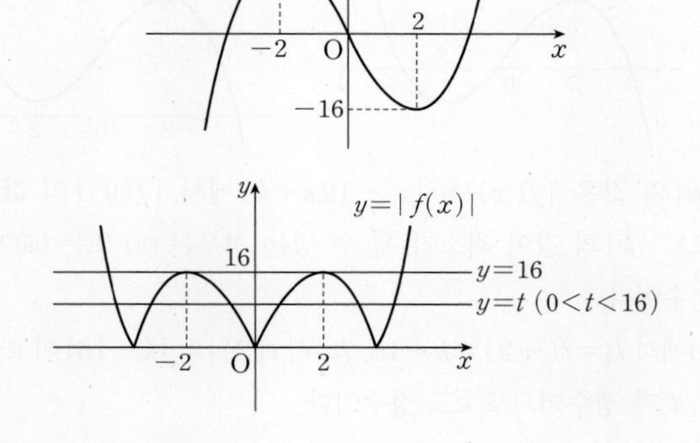

이때 $y=g(t)$의 그래프는 다음 그림과 같다.

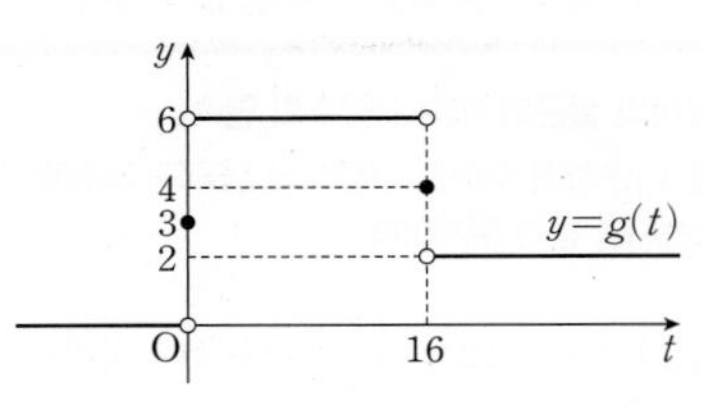

따라서 함수 $g(t)$는 $t=0$, $t=16$에서 불연속이므로 불연속인 t의 값의 개수는 2이다. (거짓)

|3단계| $\lim_{x\to 2}\frac{f(x)}{x-2}=0$일 때, k의 값을 구하고 ㄴ의 참, 거짓 판별하기

ㄴ. $\lim_{x\to 2}\frac{f(x)}{x-2}=0$에서 $f(2)=0$이므로

$f(2)=8-24+k=0$ $\quad\therefore k=16$

즉, $f(x)=x^3-12x+16$이고 $f'(2)=0$이므로 함수 $y=f(x)$와 함수 $y=|f(x)|$의 그래프는 다음 그림과 같다.

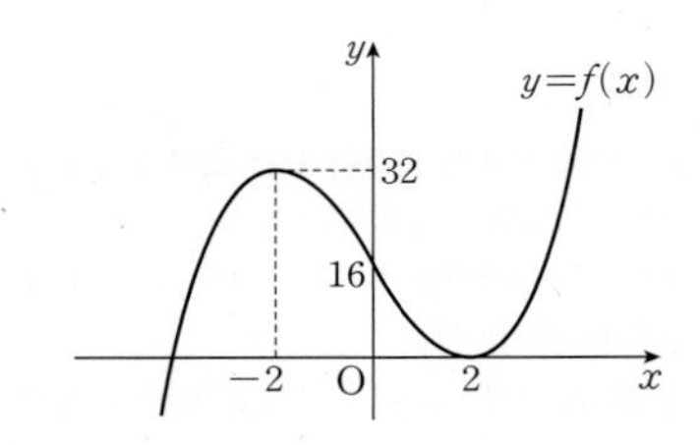

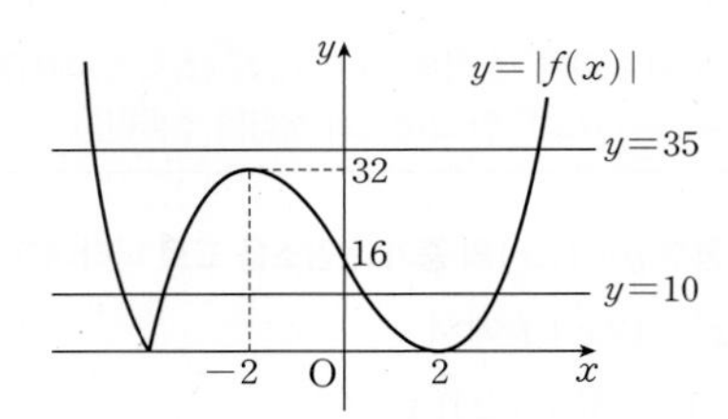

따라서 $g(10)=4$, $g(35)=2$이므로

$g(10)+g(35)=4+2=6$ (참)

|4단계| 함수 $g(t)$가 t좌표가 정수인 서로 다른 세 점에서만 불연속인 경우 삼차함수 $y=f(x)$의 그래프의 개형을 추론하고 ㄷ의 참, 거짓 판별하기

ㄷ. 함수 $y=g(t)$가 서로 다른 3개의 t의 값에서 불연속인 경우 함수 $y=f(x)$의 그래프의 개형은 다음 그림과 같이 네 가지이다.

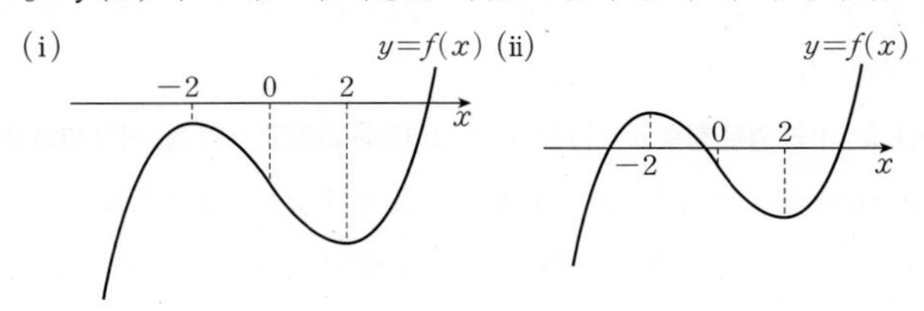

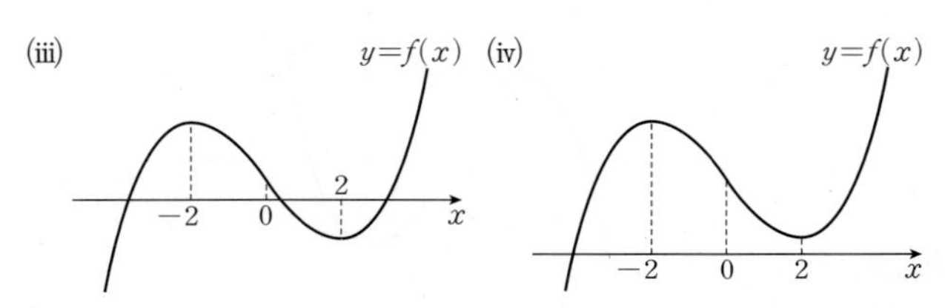

$|k|$의 값은 $|f(x)|=|x^3-12x+k|$에서 $|f(0)|$의 값과 같으므로 $|k|$의 값이 최소가 될 수 있는 경우는 (ii) 또는 (iii)이고 k는 정수이다.

(ii)에서 $t_1=f(-2)=k+16$, $t_2=|f(2)|=|k-16|$이고

t_1, t_2가 정수이므로 k도 정수이다.

이때 $|k|$의 값이 최소이면 $k=-1$이므로

$t_2-t_1=|-1-16|-(-1+16)=17-15=2$

(iii)에서 $t_1=|f(2)|=|k-16|$, $t_2=f(-2)=k+16$이고

t_1, t_2가 정수이므로 k도 정수이다.

이때 $|k|$의 값이 최소이면 $k=1$이므로

$t_2-t_1=(1+16)-|1-16|=17-15=2$

따라서 함수 $g(t)$가 서로 다른 세 정수 $t=0$, t_1, t_2 $(t_1<t_2)$에서만 불연속일 때, $|k|$의 값이 최소이면 $t_2-t_1=2$이다. (참)

따라서 옳은 것은 ㄴ, ㄷ이다.

6

2019학년도 9월 평가원 나 30 [정답률 5%] 변형 | 정답 51

출제영역 방정식의 실근의 개수+삼차함수의 그래프

삼차함수의 그래프의 특징과 주어진 방정식의 실근을 이용하여 조건을 만족시키는 삼차함수를 정할 수 있는지를 묻는 문제이다.

최고차항의 계수가 1인 삼차함수 $f(x)$에 대하여 방정식

$$(f\circ f)(x)=x$$

의 모든 실근이 1, α $(1<\alpha)$이다.❶ $f'(1)>1$, $f'(1)+f'(\alpha)=6$❷일 때, $f(2\alpha)$의 값을 구하시오. 51

출제코드 최고차항의 계수가 1인 삼차함수 $f(x)$에 대하여 방정식 $(f\circ f)(x)=x$의 모든 실근이 1, α $(1<\alpha)$가 되도록 하는 삼차함수 $y=f(x)$의 그래프의 개형 추론하기

❶ 방정식 $f(f(x))=x$의 실근의 개수가 2가 되는 경우를 찾는다.

❷ 방정식 $f(f(x))=x$의 실근이 1, α임을 이용하여 함수 $f(x)$의 식을 세우고, $f'(1)+f'(\alpha)=6$을 만족시키는 α의 값을 구한다.

해설 **|1단계| 주어진 조건을 만족시키도록 함수 $y=f(x)$의 그래프 그리기**

방정식 $(f\circ f)(x)=x$의 한 실근을 $x=k$라 하면 다음 두 가지 경우 중 하나가 성립한다.

(i) $f(k)=k$인 경우

k는 곡선 $y=f(x)$와 직선 $y=x$의 교점의 x좌표이고, k의 개수는 1 또는 2 또는 3이다.

(ii) $f(k)=l$, $f(l)=k$ $(k\neq l)$인 경우

곡선 $y=f(x)$는 두 점 (k, l), (l, k)를 지나고, 이 두 점을 모두 지나는 직선의 기울기는 -1이므로 직선 $y=x$와 수직으로 만난다.

(i) 또는 (ii)를 만족시키고, 방정식 $(f\circ f)(x)=x$의 실근의 개수가 2가 되기 위해서는 삼차함수 $y=f(x)$의 그래프와 직선 $y=x$는 [그림 1] 또는 [그림 2]와 같아야 한다. why? ❶

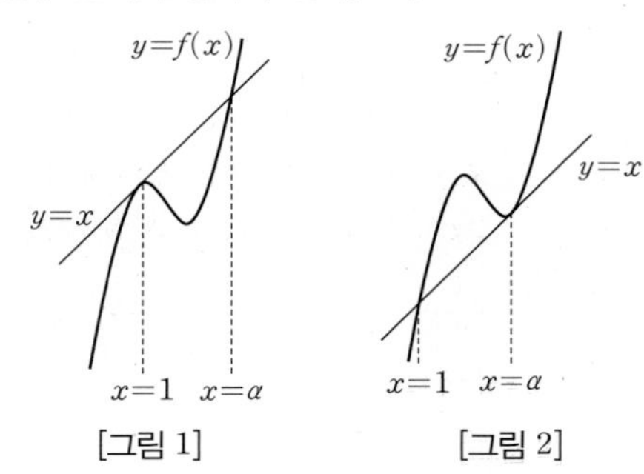

[그림 1] [그림 2]

|2단계| 함수 $y=f(x)$의 식을 구하여 $f(2\alpha)$의 값 구하기

[그림 1]의 경우 $f'(1)>1$에 모순이므로 [그림 2]가 되어야 한다.

즉, $f(x)-x=(x-1)(x-\alpha)^2$으로 놓으면

$f(x)=(x-1)(x-\alpha)^2+x$이므로

$f'(x)=(x-\alpha)^2+2(x-1)(x-\alpha)+1$

$\therefore f'(1)=(1-\alpha)^2+1,\ f'(\alpha)=1$

이때 $f'(1)+f'(\alpha)=6$이므로

$(1-\alpha)^2+1+1=6,\ (1-\alpha)^2=4$

$1-\alpha=-2$ 또는 $1-\alpha=2$

$\therefore \alpha=3\ (\because \alpha>1)$

따라서 $f(x)=(x-1)(x-3)^2+x$이므로

$f(2\alpha)=f(6)=5\times9+6=51$

해설특강

why? ❶ (i)을 만족시키는 방정식의 실근의 개수는 항상 1 이상이고 (ii)를 만족시키는 방정식의 실근의 개수는 짝수이므로 $(f\circ f)(x)=x$의 실근의 개수가 2이려면 (i)을 만족시키는 실근만 존재하고 그 개수가 2이어야 한다.

7

|정답 **204**

출제영역 방정식의 실근의 개수+사차함수의 그래프

주어진 조건을 만족시키는 사차함수의 그래프의 개형을 추론한 후 사차함수를 정할 수 있는지를 묻는 문제이다.

최고차항의 계수가 양수인 사차함수 $f(x)$가 다음 조건을 만족시킨다.

(가) $x=-1$에서 극댓값이 4이다. ❶

(나) 방정식 $f(x)=f(1)$은 서로 다른 세 실근 $\alpha,\ \beta,\ 1\ (\alpha<\beta)$을 갖고 $f'(\alpha)+f'(\beta)+f'(1)=0$이다. ❷

$f'(2)=21$일 때, $f'(5)$의 값을 구하시오. 204

출제코드 함수 $y=f(x)$의 그래프와 직선 $y=f(1)$의 접점의 위치에 따라 조건 (나)를 만족시키는 사차함수 $f(x)$ 추론하기

❶ $f'(-1)=0,\ f(-1)=4$이고, 최고차항의 계수가 양수인 사차함수 $f(x)$가 극댓값을 가지므로 서로 다른 두 개의 x의 값에서 극솟값을 가짐을 알 수 있다.

❷ 극댓값 $f(-1)=4$를 갖는 사차함수 $y=f(x)$의 그래프와 직선 $y=f(1)$이 서로 다른 세 교점을 갖는 경우 함수 $y=f(x)$의 그래프의 개형을 추론한다.

해설 **|1단계| 조건 (가), (나)를 만족시키는 사차함수 $y=f(x)$의 그래프의 개형 추론하기**

조건 (가)에 의하여 최고차항의 계수가 양수인 사차함수 $f(x)$가 $x=-1$에서 극댓값 4를 가지므로 -1보다 작은 x의 값과 -1보다 큰 x의 값에서 각각 극솟값을 갖는다.

이때 조건 (나)에서 사차함수 $y=f(x)$의 그래프와 직선 $y=f(1)$이 서로 다른 세 점에서 만나므로 함수 $y=f(x)$의 그래프의 개형은 다음 그림과 같다. **why? ❶**

(i)

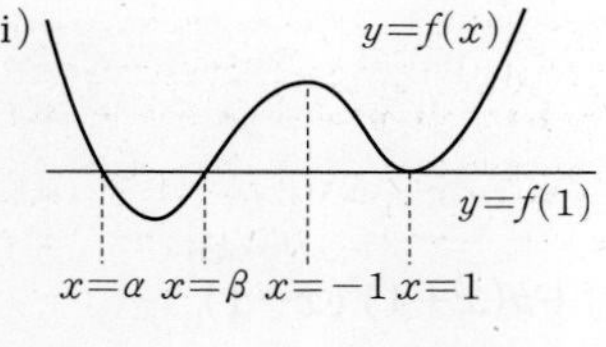

(ii)

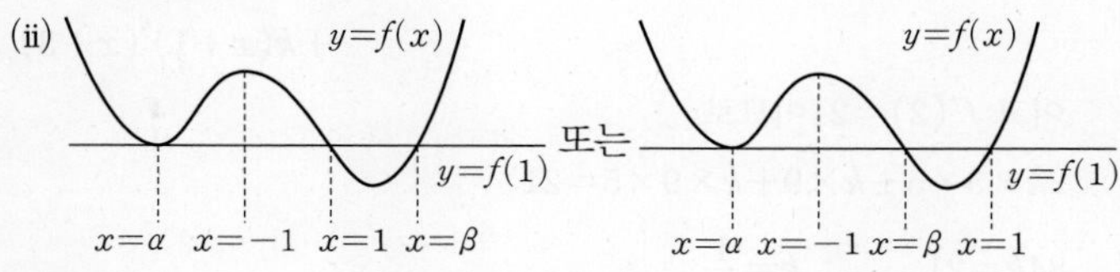

(iii)

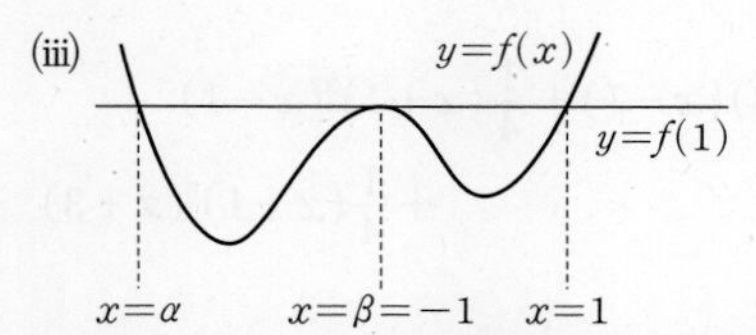

|2단계| (i)의 경우 주어진 조건을 만족시키는 함수 $f(x)$ 구하기

(i)의 경우

$f(x)-f(1)=k(x-1)^2(x-\alpha)(x-\beta)\ (k>0)$로 놓으면

$f'(x)=2k(x-1)(x-\alpha)(x-\beta)+k(x-1)^2(x-\beta)+k(x-1)^2(x-\alpha)$

따라서 $f'(\alpha)=k(\alpha-1)^2(\alpha-\beta),\ f'(\beta)=k(\beta-1)^2(\beta-\alpha)$,

$f'(1)=0$이므로 $f'(\alpha)+f'(\beta)+f'(1)=0$에서

$k(\alpha-1)^2(\alpha-\beta)+k(\beta-1)^2(\beta-\alpha)=0$

$(\alpha-1)^2-(\beta-1)^2=0\ (\because k>0,\ \alpha<\beta)$

$(\alpha-\beta)(\alpha+\beta-2)=0$

$\therefore \alpha+\beta=2\ (\because \alpha<\beta)$

그런데 (i)의 그래프에서 $\alpha<0,\ \beta<0$이므로 모순이다.

|3단계| (ii)의 경우 주어진 조건을 만족시키는 함수 $f(x)$ 구하기

(ii)의 경우

$f(x)-f(1)=k(x-\alpha)^2(x-1)(x-\beta)\ (k>0)$로 놓으면

$f'(x)=2k(x-\alpha)(x-1)(x-\beta)+k(x-\alpha)^2(x-\beta)+k(x-\alpha)^2(x-1)$

따라서 $f'(\alpha)=0,\ f'(1)=k(1-\alpha)^2(1-\beta)$,

$f'(\beta)=k(\beta-\alpha)^2(\beta-1)$이므로 $f'(\alpha)+f'(\beta)+f'(1)=0$에서

$k(\beta-\alpha)^2(\beta-1)+k(1-\alpha)^2(1-\beta)=0$

$-(\beta-\alpha)^2+(1-\alpha)^2=0\ (\because k>0,\ \beta\neq1)$

$(1-\beta)(1-2\alpha+\beta)=0$

$\therefore 1+\beta=2\alpha\ (\because \beta\neq1)$

그런데 (ii)의 그래프에서 $2\alpha<0,\ 1+\beta>0$이므로 모순이다.

|4단계| (iii)의 경우 주어진 조건을 만족시키는 함수 $f(x)$ 구하기

(iii)의 경우

$f(x)-f(1)=k(x+1)^2(x-\alpha)(x-1)\ (k>0)$로 놓으면

$f'(x)=2k(x+1)(x-\alpha)(x-1)+k(x+1)^2(x-1)+k(x+1)^2(x-\alpha)$

따라서 $f'(\alpha)=k(\alpha+1)^2(\alpha-1),\ f'(\beta)=f'(-1)=0$,

$f'(1)=4k(1-\alpha)$이므로 $f'(\alpha)+f'(\beta)+f'(1)=0$에서

$k(\alpha+1)^2(\alpha-1)+4k(1-\alpha)=0$

$(\alpha+1)^2-4=0\ (\because k>0,\ \alpha\neq1)$

$\alpha^2+2\alpha-3=0$

$(\alpha+3)(\alpha-1)=0$

$\therefore \alpha=-3$ ($\because \alpha\neq 1$)

이때

$f'(x)=2k(x+1)(x+3)(x-1)+k(x+1)^2(x-1)$
$+k(x+1)^2(x+3)$

이고 $f'(2)=21$이므로

$2k\times3\times5+k\times9+k\times9\times5=21$

$84k=21 \quad \therefore k=\frac{1}{4}$

$\therefore f'(x)=\frac{1}{2}(x+1)(x+3)(x-1)+\frac{1}{4}(x+1)^2(x-1)$
$+\frac{1}{4}(x+1)^2(x+3)$

|5단계| $f'(5)$의 값 구하기

(i), (ii), (iii)에 의하여

$f'(5)=\frac{1}{2}\times6\times8\times4+\frac{1}{4}\times6^2\times4+\frac{1}{4}\times6^2\times8$
$=96+36+72=204$

해설 특강

why?❶ 사차방정식 $f(x)=f(1)$이 서로 다른 세 실근을 가지면 세 실근 중 한 실근은 중근이다. 즉, 함수 $y=f(x)$의 그래프와 직선 $y=f(1)$은 한 점에서 반드시 접한다.

8

|정답⑤

출제영역 방정식의 실근의 개수+삼차함수의 그래프

주어진 조건을 만족시키는 삼차함수의 그래프의 개형을 추론한 후 삼차함수를 정할 수 있는지를 묻는 문제이다.

최고차항의 계수가 1인 삼차함수 $f(x)$가 다음 조건을 만족시킬 때, $f(k)$의 값은?

(가) $f(3)=0$, $f'(3)>0$ ❶
(나) 함수 $f(x)$는 $x=4$에서 극댓값을 갖는다. ❷
(다) x에 대한 방정식 $|f(x)|=t$의 서로 다른 실근의 개수가 4인 실수 t의 값의 범위는 $k<t<4$이다.
(단, k는 음이 아닌 정수이다.) ❸

① -92 ② -96 ③ -100
④ -104 ⑤ -108

출제코드 함수 $f(x)$의 극솟값의 범위에 따라 경우를 나누어 조건 (다)를 만족시키는 삼차함수 $f(x)$ 추론하기

❶ 삼차함수 $y=f(x)$의 그래프는 점 $(3, 0)$을 지나고 $x=3$에서 증가함을 알 수 있다.
❷ 삼차함수 $f(x)$는 4보다 큰 x의 값에서 극솟값을 가짐을 알 수 있다.
❸ 함수 $y=|f(x)|$의 그래프와 직선 $y=t$가 4개의 교점을 갖는 t의 값의 범위를 구한다.

해설 **|1단계| 주어진 조건을 만족시키는 함수 $y=f(x)$와 함수 $y=|f(x)|$의 그래프의 개형 추론하기**

조건 (나)에서 함수 $f(x)$가 $x=4$에서 극댓값을 가지므로 삼차함수 $f(x)$는 4보다 큰 x의 값에서 극솟값을 갖는다.

이때 조건 (가)에 의하여 극댓값 $f(4)>0$이므로

(i) $0<$(극솟값)$<f(4)$
(ii) (극솟값)$=0$
(iii) $-|f(4)|<$(극솟값)<0
(iv) $-|f(4)|=$(극솟값)<0
(v) (극솟값)$<-|f(4)|$

의 경우로 나누어 생각할 수 있다.

이때 조건 (다)에서 $k<t<4$일 때 함수 $y=|f(x)|$의 그래프와 직선 $y=t$가 4개의 교점을 갖도록 각각의 경우에 따라 함수 $y=|f(x)|$의 그래프와 직선 $y=t$를 그려 보면 다음과 같다.

(i) $0<$(극솟값)$<f(4)$인 경우

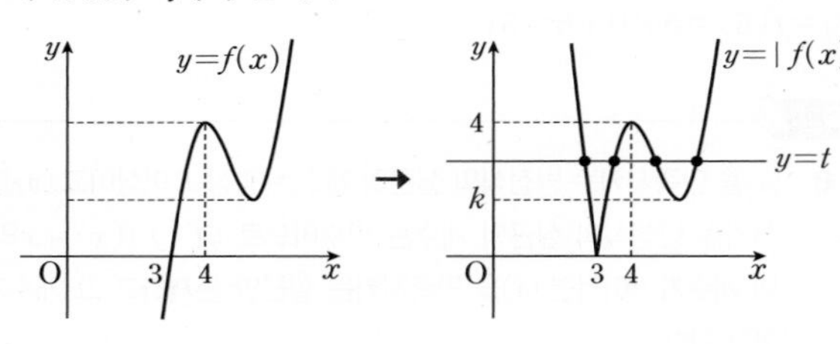

(ii) (극솟값)$=0$인 경우

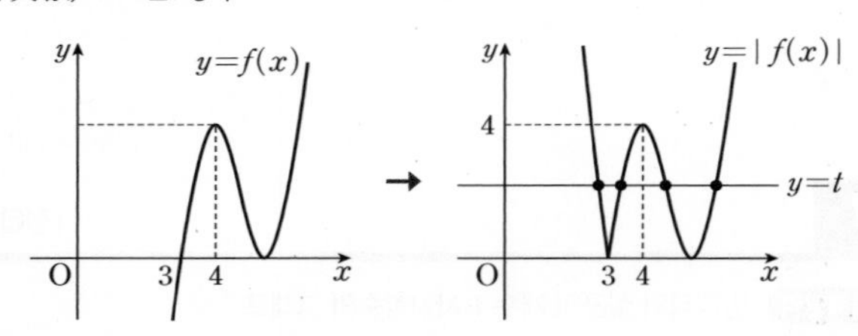

(iii) $-|f(4)|<$(극솟값)<0인 경우

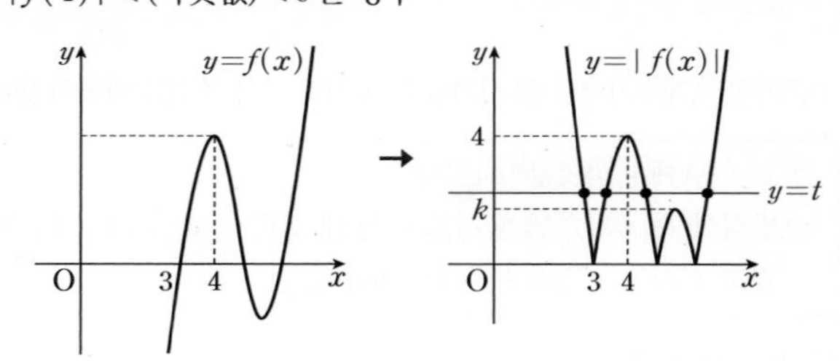

(iv) $-|f(4)|=$(극솟값)<0인 경우

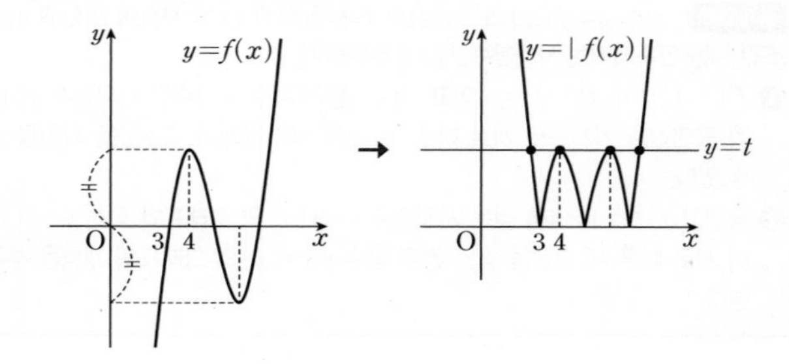

(v) (극솟값)$<-|f(4)|$인 경우

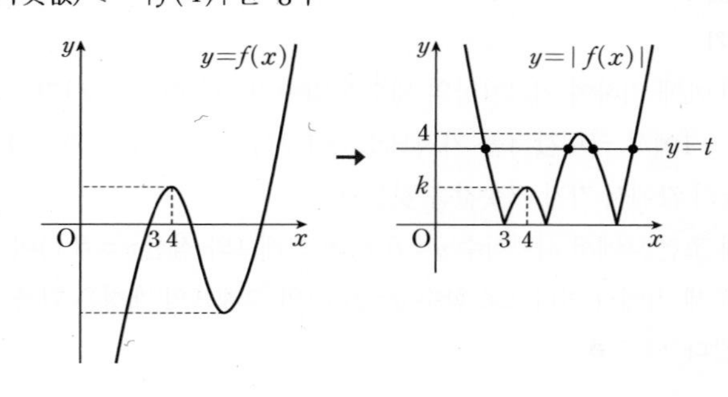

|2단계| (i), (ii), (iii)의 경우 k의 값 구하기

조건 (가)에 의하여

$f(x)=(x-3)(x^2+ax+b)$ (a, b는 상수)

로 놓으면

$f'(x)=x^2+ax+b+(x-3)(2x+a)$

$\quad\quad=3x^2+(2a-6)x+b-3a$

(i), (ii), (iii)의 경우 모두 함수 $f(x)$의 극댓값이 $f(4)=4$이므로

$f(4)=4$, $f'(4)=0$

$f(4)=4$에서

$16+4a+b=4$

$\therefore 4a+b=-12$ …… ㉠

$f'(4)=0$에서

$f'(4)=48+4(2a-6)+b-3a=0$

$\therefore 5a+b=-24$ …… ㉡

㉠, ㉡을 연립하여 풀면

$a=-12$, $b=36$

따라서

$f(x)=(x-3)(x^2-12x+36)$

$\quad\quad=(x-3)(x-6)^2$

$f'(x)=3x^2-30x+72$

$\quad\quad=3(x-4)(x-6)$

이므로 함수 $f(x)$는 $x=6$에서 극소이고 극솟값은

$f(6)=3\times 0=0$

즉, 함수 $f(x)$의 극댓값이 $f(4)=4$일 때, 함수 $f(x)$는 $x=6$에서 극솟값 0을 갖는다.

따라서 (i), (iii)의 경우는 주어진 조건에 모순이고, (ii)의 경우만 성립한다.

이때 (ii)에서 $k=0$이므로

$f(k)=f(0)=-3\times 36=-108$

|3단계| (iv)의 경우 k의 값 구하기

(vi)의 경우 함수 $f(x)$의 극댓값이 $f(4)=t$이므로

$16+4a+b=t$

$\therefore 4a+b=t-16$ …… ㉢

㉡, ㉢에서

$a=-t-8$, $b=5t+16$

이므로

$f(x)=(x-3)\{x^2-(t+8)x+5t+16\}$

$f'(x)=3x^2-(2t+22)x+8t+40$

$\quad\quad=(x-4)(3x-2t-10)$

따라서 함수 $f(x)$는 $x=\dfrac{2t+10}{3}$에서 극소이고 극솟값이 $-t$이므로

$f\left(\dfrac{2t+10}{3}\right)=-t$

$\left(\dfrac{2t+10}{3}-3\right)\left\{\left(\dfrac{2t+10}{3}\right)^2-(t+8)\times\dfrac{2t+10}{3}+5t+16\right\}=-t$

$\dfrac{2t+1}{3}\times\dfrac{-2t^2+7t+4}{9}=-t$

$-4t^3+12t^2+15t+4=-27t$

$4t^3-12t^2-42t-4=0$

$2t^3-6t^2-21t-2=0$

$(t+2)(2t^2-10t-1)=0$

$\therefore t=-2$ 또는 $t=\dfrac{5\pm3\sqrt{3}}{2}$

그런데 $0<t<4$이므로 이를 만족시키는 t의 값은 존재하지 않는다.

|4단계| (v)의 경우 k의 값 구하기

(v)의 경우 함수 $f(x)$의 극댓값이 $f(4)=k$이므로

$16+4a+b=k$

$\therefore 4a+b=k-16$ …… ㉣

㉡, ㉣에서

$a=-k-8$, $b=5k+16$

이므로

$f(x)=(x-3)\{x^2-(k+8)x+5k+16\}$

$f'(x)=3x^2-(2k+22)x+8k+40$

$\quad\quad=(x-4)(3x-2k-10)$

따라서 함수 $f(x)$는 $x=\dfrac{2k+10}{3}$에서 극소이고 극솟값이 -4이므로

$f\left(\dfrac{2k+10}{3}\right)=-4$

$\left(\dfrac{2k+10}{3}-3\right)\left\{\left(\dfrac{2k+10}{3}\right)^2-(k+8)\times\dfrac{2k+10}{3}+5k+16\right\}=-4$

$\dfrac{2k+1}{3}\times\dfrac{-2k^2+7k+4}{9}=-4$

$-4k^3+12k^2+15k+4=-108$

$4k^3-12k^2-15k-112=0$

$\therefore k^3-3k^2-\dfrac{15}{4}k-28=0$ …… ㉤

그런데 ㉤을 만족시키는 음이 아닌 정수 k는 존재하지 않는다. why? ❶

(i)~(v)에 의하여

$f(k)=-108$

해설 특강

why? ❶ 방정식 $k^3-3k^2-\dfrac{15}{4}k-28=0$의 음이 아닌 정수의 근이 존재하기 위해서는 $k^3-3k^2-\dfrac{15}{4}k-28=0$을 만족시키는 k의 값이 28의 양의 약수 중에서 하나이어야 하는데 $k=1, 2, 4, 7, 14, 28$ 중에서 $f(k)=0$을 만족시키는 것은 없다.

THEME

03 접선의 방정식의 활용

본문 26쪽

기출예시 1 | 정답 ②

삼각형 OAP의 넓이가 최대이려면 점 P와 직선 $y=x$ 사이의 거리가 최대이어야 하므로 점 P에서의 접선이 직선 $y=x$와 평행해야 한다.

이때 점 P의 x좌표가 $\frac{1}{2}$이므로

$f'\left(\frac{1}{2}\right)=1$

$f(x)=ax(x-2)^2$에서 $f'(x)=a(x-2)^2+ax\times2(x-2)$이므로

$f'\left(\frac{1}{2}\right)=a\times\frac{9}{4}+a\times\frac{1}{2}\times2\times\left(-\frac{3}{2}\right)=\frac{3}{4}a=1$

$\therefore a=\frac{4}{3}$

1등급 완성 3단계 문제연습 본문 27~31쪽

1 61	**2** 5	**3** ⑤	**4** 56	**5** 236
6 80	**7** 18	**8** 18	**9** 81	**10** ②

1 2022학년도 6월 평가원 공통 22 [정답률 4%] | 정답 61

출제영역 방정식의 실근의 개수+삼차함수의 그래프+접선의 방정식

삼차함수 $y=f(x)$의 그래프와 그 접선의 그래프를 이용하여 함수 $f(x)$의 식을 구할 수 있는지를 묻는 문제이다.

삼차함수 $f(x)$가 다음 조건을 만족시킨다.

(가) 방정식 $f(x)=0$의 서로 다른 실근의 개수는 2이다. ❶
(나) 방정식 $f(x-f(x))=0$의 서로 다른 실근의 개수는 3이다. ❷

$f(1)=4$, $f'(1)=1$ ❸, $f'(0)>1$일 때, $f(0)=\frac{q}{p}$이다. $p+q$의 값을 구하시오. (단, p와 q는 서로소인 자연수이다.) 61

출제코드 조건을 만족시키는 삼차함수 $y=f(x)$의 그래프의 개형 추론하기

❶ 삼차함수 $y=f(x)$의 그래프는 x축과 한 점에서 접하고 다른 한 점에서 만남을 파악한다.
❷ 방정식 $f(x)=0$의 서로 다른 두 실근을 α, β라 하면 두 방정식 $x-f(x)=\alpha$, $x-f(x)=\beta$의 서로 다른 실근의 개수가 3임을 파악한다.
❸ 함수 $y=f(x)$의 그래프 위의 점 $(1, 4)$에서의 접선의 기울기가 1임을 파악한다.

해설 **|1단계|** 조건 (가), (나) 파악하기

조건 (가)에서 삼차함수 $y=f(x)$의 그래프는 x축과 한 점에서 접하고 다른 한 점에서 만나므로 방정식 $f(x)=0$의 서로 다른 두 실근을 α, β라 하면 $f(\alpha)=0$, $f(\beta)=0$이고

$f(x)=k(x-\alpha)^2(x-\beta)$ $(k\neq0)$ ...... ㉠

로 놓을 수 있다.

조건 (나)에서 방정식 $f(x-f(x))=0$의 실근은 두 방정식 $x-f(x)=\alpha$, $x-f(x)=\beta$, 즉 $f(x)=x-\alpha$, $f(x)=x-\beta$의 실근과 같으므로 함수 $y=f(x)$의 그래프와 두 직선 $y=x-\alpha$, $y=x-\beta$의 서로 다른 교점의 개수가 3이다.

|2단계| 함수 $y=f(x)$의 그래프의 개형 추론하기

한편, $f(1)=4$, $f'(1)=1$이므로 함수 $y=f(x)$의 그래프 위의 점 $(1, 4)$에서의 접선의 방정식은

$y-4=f'(1)(x-1)$ $\therefore y=x+3$

또, $f'(0)>1$이므로 함수 $y=f(x)$의 그래프와 직선 $y=x+3$은 다음 그림과 같다. why? ❶

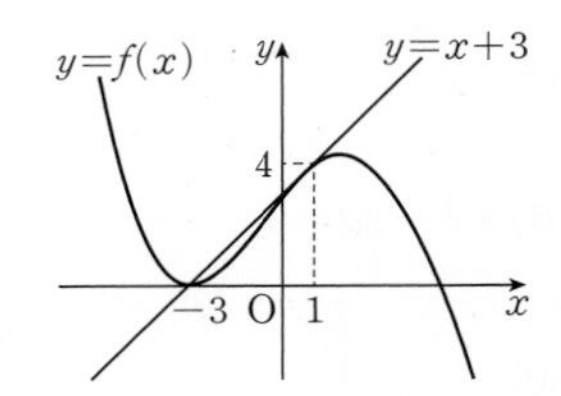

|3단계| 함수 $f(x)$의 식 구하기

함수 $y=f(x)$의 그래프와 점 $(1, 4)$에서의 접선 $y=x+3$이 점 $(-3, 0)$에서 만나므로 ㉠에서

$\alpha=-3$

$\therefore f(x)=k(x+3)^2(x-\beta)$

$f(1)=4$이므로

$16k(1-\beta)=4$ ...... ㉡

또, $f'(x)=2k(x+3)(x-\beta)+k(x+3)^2$에서 $f'(1)=1$이므로

$8k(1-\beta)+16k=1$ ...... ㉢

㉡에서 $8k(1-\beta)=2$이므로 ㉢에 대입하면

$2+16k=1$ $\therefore k=-\frac{1}{16}$

$k=-\frac{1}{16}$을 ㉡에 대입하면

$-(1-\beta)=4$ $\therefore \beta=5$

|4단계| $f(0)$의 값 구하기

따라서 $f(x)=-\frac{1}{16}(x+3)^2(x-5)$이므로

$f(0)=-\frac{1}{16}\times9\times(-5)=\frac{45}{16}$

즉, $p=16$, $q=45$이므로

$p+q=16+45=61$

해설 특강

why? ❶ (i) $k>0$일 때

두 직선 $y=x-\alpha$, $y=x-\beta$는 기울기가 1이고 각각 두 점 $(\alpha, 0)$, $(\beta, 0)$을 지나므로 다음 그림과 같다.

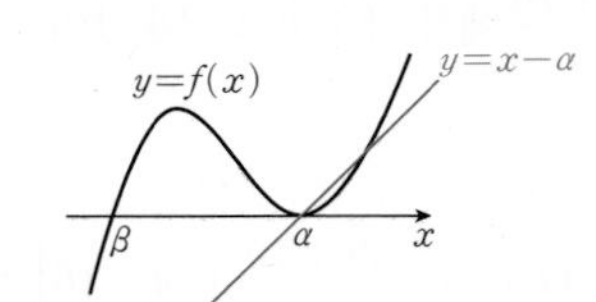

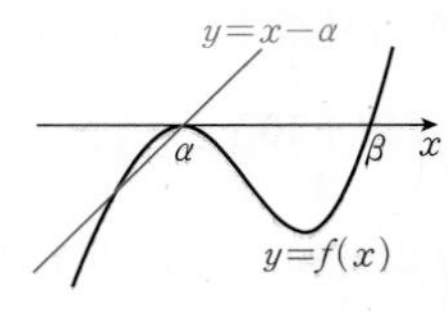

그런데 위의 그림에서 함수 $y=f(x)$의 그래프와 직선 $y=x-\alpha$의 교점의 개수가 3, 직선 $y=x-\beta$의 교점의 개수가 1 이상이므로 조건을 만족시키지 않는다.

(ii) $k<0$일 때

㉠ $f(1)=4>0$이고, $f'(1)=1$에서 $x=1$에서의 접선의 기울기가 1로 양수이므로 오른쪽 그림은 조건을 만족시키지 않는다.

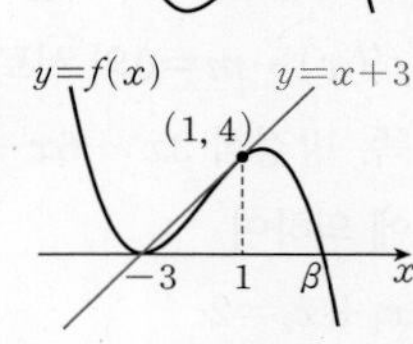

㉡ 함수 $y=f(x)$의 그래프 위의 점 $(1, 4)$에서의 접선 $y=x+3$은 오른쪽 그림과 같다.

y=f(x) y=x+3 (1, 4) −3 1 β x

---

2 2019학년도 수능 나30 [정답률 6%] | 정답 5

출제영역 접선의 방정식+함수의 극대·극소+삼차부등식이 항상 성립할 조건

두 다항함수 $f(x)$, $g(x)$에 대하여 두 함수의 그래프의 접선에 대한 조건이 주어질 때, 두 함수의 그래프 사이에 있는 직선의 기울기의 최댓값과 최솟값을 구할 수 있는지를 묻는 문제이다.

최고차항의 계수가 1인 삼차함수 $f(x)$와 최고차항의 계수가 -1인 이차함수 $g(x)$가 다음 조건을 만족시킨다.

(가) 곡선 $y=f(x)$ 위의 점 $(0, 0)$에서의 접선과 곡선 $y=g(x)$ 위의 점 $(2, 0)$에서의 접선은 모두 x축이다.
(나) 점 $(2, 0)$에서 곡선 $y=f(x)$에 그은 접선의 개수는 2이다.
(다) 방정식 $f(x)=g(x)$는 오직 하나의 실근을 가진다.❶

$x>0$인 모든 실수 x에 대하여

$g(x)\le kx-2\le f(x)$❷

를 만족시키는 실수 k의 최댓값과 최솟값을 각각 α, β라 할 때, $\alpha-\beta=a+b\sqrt{2}$이다. a^2+b^2의 값을 구하시오. 5

(단, a, b는 유리수이다.)

출제코드 조건을 만족시키는 삼차함수 $y=f(x)$의 그래프의 개형 추론하기

❶ 조건 (가)에 의하여 두 곡선 $y=f(x)$와 $y=g(x)$는 각각 원점과 점 $(2, 0)$에서 x축에 접한다. 따라서 각 경우의 함수 $y=f(x)$의 그래프의 개형을 그려 조건 (나), (다)를 만족시키는지 확인한다.

❷ 직선 $y=kx-2$는 항상 점 $(0, -2)$를 지남을 이용하여 기울기가 최대일 때와 최소일 때를 찾는다.

해설 **|1단계| 함수 $g(x)$의 식 구하기**

조건 (가)에 의하여 이차함수 $y=g(x)$의 그래프가 점 $(2, 0)$에서 x축에 접하므로

$g(x)=-(x-2)^2$

|2단계| 함수 $f(x)$의 식 구하기

조건 (가)에 의하여 삼차함수 $y=f(x)$의 그래프는 점 $(0, 0)$에서 x축에 접하므로

$f(x)=x^2(x-c)$ (c는 상수)

로 놓을 수 있다.

또, 최고차항의 계수가 1인 삼차함수 $y=f(x)$의 그래프와 최고차항의 계수가 -1인 이차함수 $y=g(x)$의 그래프는 $x<0$에서 반드시 만나므로 조건 (다)에 의하여 두 곡선 $y=f(x)$, $y=g(x)$는 $x\ge 0$에서 만나지 않아야 한다.

(i) $c<0$일 때

곡선 $y=f(x)$는 다음 그림과 같고, 이때 점 $(2, 0)$에서 곡선 $y=f(x)$에 그은 접선의 개수는 3이므로 조건 (나)에 모순이다.

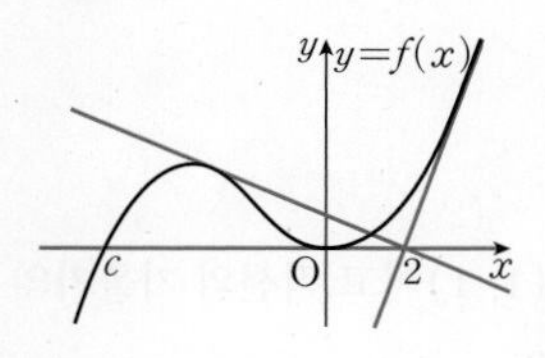

(ii) $c>0$일 때

곡선 $y=f(x)$는 다음 세 경우 중 한 가지가 된다.

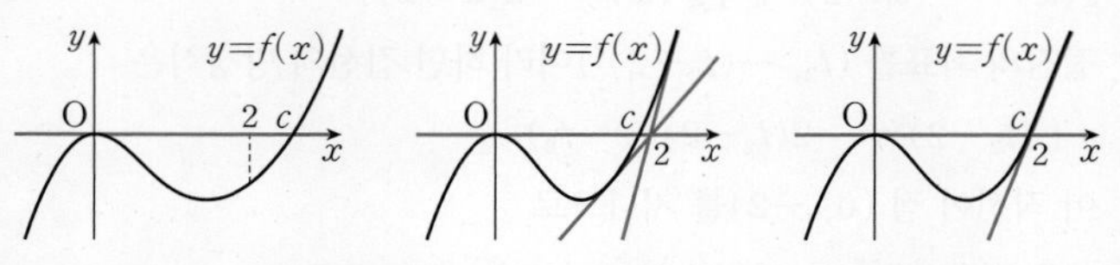

이때 $c>2$이면 접선의 개수는 1, $c<2$이면 접선의 개수는 3이므로 조건 (나)에 모순이다.

또, $c=2$이면 접선의 개수는 2이므로 조건 (나)를 만족시키지만, 곡선 $y=g(x)$와 점 $(2, 0)$에서 만나므로 조건 (다)에 모순이다.

└ $c=2$이면 방정식 $f(x)=g(x)$는 서로 다른 두 개 이상의 실근을 갖는다.

(iii) $c=0$일 때

$f(x)=x^3$이므로 곡선 $y=f(x)$는 다음 그림과 같고 조건 (나)와 조건 (다)를 모두 만족시킨다.

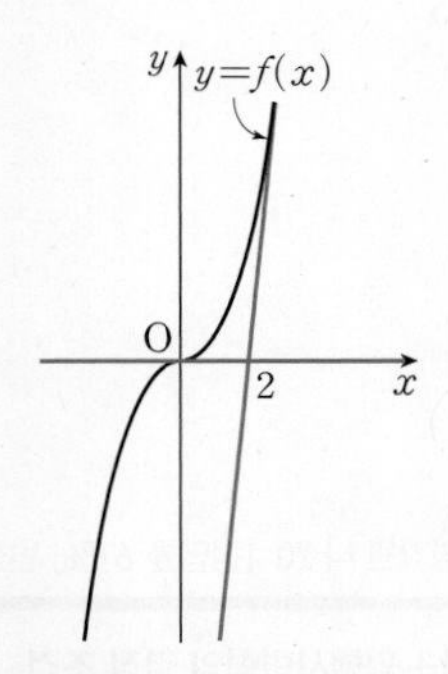

(i), (ii), (iii)에 의하여 $f(x)=x^3$

|3단계| 실수 k의 최댓값과 최솟값 구하기

$x>0$에서 $g(x)\le kx-2\le f(x)$이려면 직선 $y=kx-2$가 두 곡선 $y=f(x)$, $y=g(x)$ 사이에 있어야 한다. (단, 경계선은 포함한다.)

이때 직선 $y=kx-2$는 k의 값에 관계없이 항상 점 $(0, -2)$를 지나므로 직선의 기울기 k는 다음 그림과 같이 곡선 $y=f(x)$와 접할 때 최대이고, 곡선 $y=g(x)$와 접할 때 최소이다.

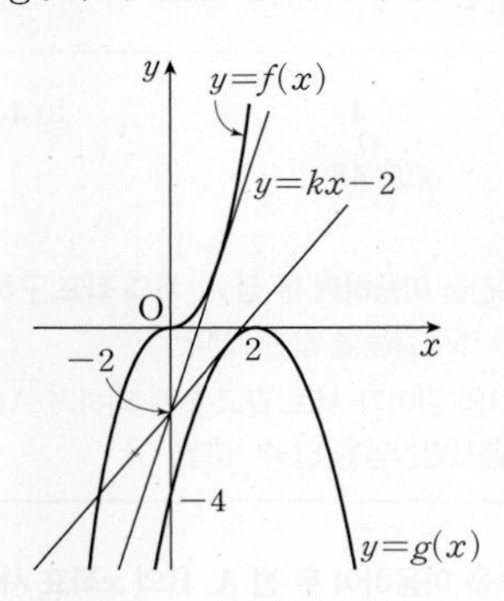

직선 $y=kx-2$가 곡선 $y=f(x)$와 접할 때

$f(x)=x^3$에서 $f'(x)=3x^2$

접점의 좌표를 (t_1, t_1^3)이라 하면 접선의 방정식은

$y-t_1^3=3t_1^2(x-t_1)$

이 직선이 점 $(0, -2)$를 지나므로

$-2-t_1^3=-3t_1^3$

$t_1^3=1$

$\therefore t_1=1$

이때 접점의 좌표는 $(1, 1)$이고 직선의 기울기의 최댓값은

$\alpha=f'(1)=3\times1^2=3$

직선 $y=kx-2$가 곡선 $y=g(x)$와 접할 때

$g(x)=-(x-2)^2$에서 $g'(x)=-2(x-2)$

접점의 좌표를 $(t_2, -(t_2-2)^2)$이라 하면 접선의 방정식은

$y+(t_2-2)^2=-2(t_2-2)(x-t_2)$

이 직선이 점 $(0, -2)$를 지나므로

$-2+(t_2-2)^2=-2(t_2-2)\times(-t_2)$

$t_2^2=2$

$\therefore t_2=\sqrt{2}\ (\because t_2>0)$

이때 접점의 좌표는 $(\sqrt{2}, -(\sqrt{2}-2)^2)$이고 직선의 기울기의 최솟값은

$\beta=g'(\sqrt{2})=-2\times(\sqrt{2}-2)=4-2\sqrt{2}$

$\therefore \alpha-\beta=3-(4-2\sqrt{2})=-1+2\sqrt{2}$

따라서 $a=-1$, $b=2$이므로

$a^2+b^2=(-1)^2+2^2=5$

3

2018학년도 6월 평가원 나 20 [정답률 61%] 변형 | 정답 ⑤

출제영역 접선의 기울기+평행사변형의 결정 조건

접선의 기울기와 주어진 조건을 이용하여 사각형의 넓이를 구할 수 있는지를 묻는 문제이다.

곡선 $y=x^3-3x^2-x+15$ 위의 서로 다른 두 점 A, B에서의 접선 l_1, l_2가 다음 조건을 만족시킬 때, 사각형 ACDB의 넓이는?

(가) 두 직선 l_1과 l_2는 서로 평행하다.❶
(나) 두 직선 l_1, l_2가 x축과 만나는 점을 각각 C, D라 할 때, $\overline{AC}=\overline{BD}$이다.❷

① 40 ② 42 ③ 44 ④ 46 ✓⑤ 48

출제코드 주어진 조건을 이용하여 두 점 A, B의 좌표 구하기

❶ 접선 l_1, l_2의 기울기가 같음을 알 수 있다.

❷ 두 선분 AC, BD의 길이가 서로 같고 ❶에 의하여 $\overline{AC}\,/\!/\,\overline{BD}$이므로 사각형 ACDB가 평행사변형임을 알 수 있다.

해설 **|1단계|** **조건 (가)를 이용하여 두 점 A, B의 x좌표 사이의 관계식 구하기**

$f(x)=x^3-3x^2-x+15$라 하면

$f'(x)=3x^2-6x-1$

두 점 A, B의 x좌표를 각각 x_1, x_2 $(x_1<x_2)$라 하자.

두 직선 l_1, l_2가 서로 평행하므로

$f'(x_1)=f'(x_2)$

두 직선 l_1, l_2의 기울기를 m이라 하면 x_1, x_2는 방정식 $f'(x)=m$, 즉 $f'(x)-m=0$의 서로 다른 두 실근이다.

즉, 방정식 $3x^2-6x-1-m=0$에서 이차방정식의 근과 계수의 관계에 의하여

$x_1+x_2=2$ …… ㉠

$x_1x_2=\dfrac{-1-m}{3}$ …… ㉡

|2단계| **조건 (나)를 이용하여 두 점 A, B의 좌표 구하기**

조건 (가)에서 $\overline{AC}\,/\!/\,\overline{BD}$이고, 조건 (나)에서 $\overline{AC}=\overline{BD}$이므로 사각형 ACDB는 평행사변형이다. why? ❶

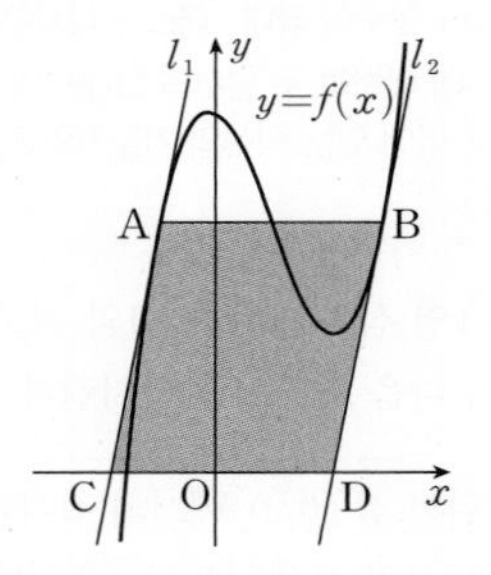

이때 두 직선 AB와 CD도 서로 평행하고, 두 점 C, D는 x축 위의 점이므로 직선 AB는 x축과 평행하다. why? ❷

즉, 두 점 A, B의 y좌표는 같으므로 $f(x_1)=f(x_2)$에서

$$\begin{aligned}f(x_1)-f(x_2)&=(x_1^3-3x_1^2-x_1+15)-(x_2^3-3x_2^2-x_2+15)\\&=(x_1^3-x_2^3)-3(x_1^2-x_2^2)-(x_1-x_2)\\&=(x_1-x_2)\{(x_1^2+x_1x_2+x_2^2)-3(x_1+x_2)-1\}\\&=0\end{aligned}$$

이때 $x_1\neq x_2$이므로

$(x_1^2+x_1x_2+x_2^2)-3(x_1+x_2)-1=0$

$\{(x_1+x_2)^2-x_1x_2\}-3(x_1+x_2)-1=0$

㉠, ㉡을 위의 식에 대입하면

$\left(2^2+\dfrac{1+m}{3}\right)-3\times2-1=0$

$\dfrac{1+m}{3}=3$

$1+m=9$

$\therefore m=8$

$m=8$을 ㉡에 대입하면

$x_1x_2=\dfrac{-1-8}{3}=-3$ …… ㉢

㉠, ㉢을 연립하여 풀면

$x_1=-1$, $x_2=3$ $(\because x_1<x_2)$ how? ❸

따라서 두 점 A, B의 좌표는 A$(-1, 12)$, B$(3, 12)$이다.

(12: $f(-1)=(-1)^3-3\times(-1)^2-(-1)+15=12$; B의 12: 점 A의 y좌표와 같다.)

|3단계| **사각형 ACDB의 넓이 구하기**

평행사변형 ACDB의 밑변의 길이는

$\overline{AB}=3-(-1)=4$

이고, 높이는 12이므로 사각형 ACDB의 넓이는

$4\times12=48$

해설 특강

why? ❶ 사각형 ACDB는 한 쌍의 대변이 평행하고 그 길이가 같으므로 평행사변형이다.

why? ❷ 사각형 ACDB는 평행사변형이므로 두 쌍의 대변이 각각 평행하다. 따라서 $\overline{AB} /\!/ \overline{CD}$이다.

how? ❸ ㉠, ㉡에서 $x_1+x_2=2$, $x_1x_2=-3$이므로 x_1, x_2는 이차방정식 $x^2-2x-3=0$의 두 근이다.
$x^2-2x-3=0$에서
$(x+1)(x-3)=0$ $\quad \therefore x=-1$ 또는 $x=3$
$x_1<x_2$이므로 $x_1=-1$, $x_2=3$

4

2020학년도 6월 평가원 나 30 [정답률 11%] 변형 | 정답 56

출제영역 접선의 방정식+함수의 극대 · 극소+방정식의 실근의 개수

삼차함수와 분수함수의 일부분으로 이루어진 함수 $g(x)$에 대하여 함수의 극대와 극소, 점근선을 이용하여 조건을 만족시키는 미지수의 값을 구할 수 있는지를 묻는 문제이다.

최고차항의 계수가 1이고 $f'(1)=0$인 삼차함수 $f(x)$에 대하여 함수

$$g(x)=\begin{cases} \dfrac{3x+a}{x} & (x<0 \text{ 또는 } x>4) \\ f(x) & (0\le x\le 4) \end{cases}$$ ❶

가 다음 조건을 만족시킨다.

> 함수 $y=g(x)$의 그래프와 직선 $y=t$가 서로 다른 두 점에서만 만나도록 하는 모든 실수 t의 값의 집합은 $\{t\,|\,b<t\le 3 \text{ 또는 } t=8\}$이다. ❷

$|a+27b|$의 값을 구하시오. (단, a, b는 상수이고, $b<3$이다.) 56

출제코드 함수 $y=g(x)$의 그래프와 직선 $y=t$가 서로 다른 두 점에서만 만나도록 하는 모든 실수 t의 값의 집합이 $\{t\,|\,b<t\le 3 \text{ 또는 } t=8\}$이 되도록 하는 함수 $g(x)$ 구하기

❶ $a>0$, $a<0$인 경우로 나누어 주어진 조건을 만족시키는지 조사한다.
❷ 함수 $y=g(x)$의 그래프와 두 직선 $y=3$, $y=8$이 서로 다른 두 점에서 만나도록 하는 조건을 구한다.

해설 **|1단계| $a>0$인 경우 주어진 조건을 만족시키는지 조사하기**

$$g(x)=\begin{cases} \dfrac{a}{x}+3 & (x<0 \text{ 또는 } x>4) \\ f(x) & (0\le x\le 4) \end{cases}$$
에서 함수 $y=\dfrac{a}{x}+3$의 그래프는 a의 값에 따라 그 개형이 달라진다.

(i) $a>0$인 경우

$x<0$ 또는 $x>4$에서 함수 $y=g(x)$의 그래프는 오른쪽 그림과 같다.
$b<t<3$일 때, $x<0$ 또는 $x>4$에서 함수 $y=g(x)$의 그래프와 직선 $y=t$는 한 점에서 만나고 $t=3$일 때는 만나지 않는다.

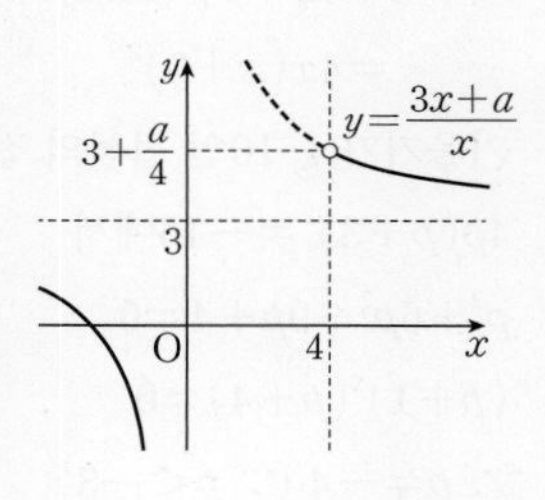

따라서 $b<t<3$일 때, $0\le x\le 4$에서 함수 $y=g(x)$의 그래프와 직선 $y=t$는 한 점에서 만나고 $t=3$일 때는 두 점에서 만나야 한다.
그런데 위와 같은 경우는 존재하지 않는다. why? ❶

|2단계| $a<0$인 경우 $f'(1)=0$을 이용하여 함수 $f(x)$의 식 세우기

(ii) $a<0$인 경우

오른쪽 그림과 같이 함수 $f(x)$의 극댓값을 8이라 하면 함수 $y=g(x)$의 그래프와 직선 $y=t$가 만나는 점이 $t=8$일 때 2개이고, $t>8$일 때 1개, $3<t<8$일 때 3개 이상이 되어 조건을 만족시킨다.

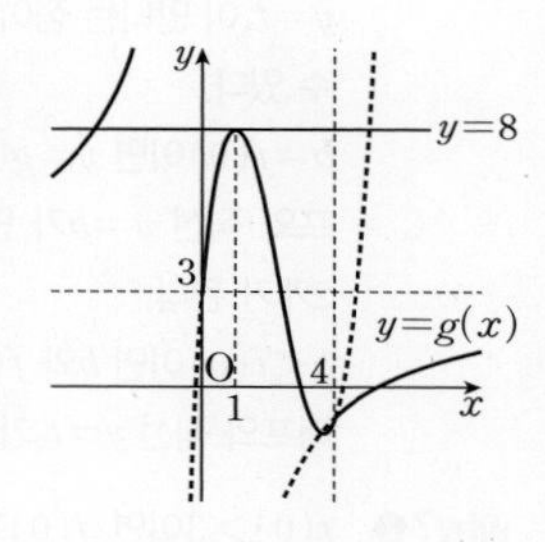

(i), (ii)에 의하여 $a<0$
이때 $f'(1)=0$이므로 함수 $f(x)$는 $x=1$에서 극댓값 $f(1)=8$을 가져야 한다.
따라서 $f(x)=(x-1)^2(x-\alpha)+8$ (α는 상수)로 놓을 수 있다.

|3단계| $f(0)=3$임을 이용하여 함수 $f(x)$ 구하기

또, $b<t\le 3$인 실수 t에 대하여 함수 $y=g(x)$의 그래프와 직선 $y=t$가 서로 다른 두 점에서 만나기 위해서는 $f(0)=3$이어야 한다. why? ❷
즉, $f(0)=-\alpha+8=3$이므로
$\alpha=5$
$\therefore f(x)=(x-1)^2(x-5)+8$

|4단계| 함수 $g(x)$가 $x=4$에서 연속임을 이용하여 상수 a의 값 구하기

한편, $b<t\le 3$인 실수 t에 대하여 함수 $y=g(x)$의 그래프와 직선 $y=t$가 서로 다른 두 점에서 만나기 위해서는 함수 $g(x)$가 $x=4$에서 연속이어야 한다.

$$\lim_{x\to 4+} g(x)=\lim_{x\to 4+}\frac{3x+a}{x}=3+\frac{a}{4},$$
$$\lim_{x\to 4-} g(x)=\lim_{x\to 4-}\{(x-1)^2(x-5)+8\}=-1,$$
$g(4)=f(4)=-1$
이므로
$3+\dfrac{a}{4}=-1$
$\therefore a=-16$

|5단계| 상수 b의 값 구하기

또, $b<t\le 3$인 실수 t에 대하여 조건을 만족시키려면 함수 $f(x)$의 극솟값이 b이어야 한다.
$f(x)=(x-1)^2(x-5)+8$이므로
$$f'(x)=2(x-1)(x-5)+(x-1)^2 =(x-1)(2x-10+x-1) =(x-1)(3x-11)$$
$f'(x)=0$에서 $x=1$ 또는 $x=\dfrac{11}{3}$
삼차함수 $f(x)$는 $x=\dfrac{11}{3}$에서 극솟값을 가지므로
$$b=f\left(\frac{11}{3}\right)=\left(\frac{11}{3}-1\right)^2\times\left(\frac{11}{3}-5\right)+8=-\frac{40}{27}$$
$\therefore |a+27b|=|-16+(-40)|=56$

해설 특강

why? ❶ 오른쪽 그림과 같은 경우 $b>f(0)$이면 $f(0)$과 b 사이의 실수 t_1에 대하여 함수 $y=g(x)$의 그래프와 직선 $y=t_1$이 만나는 점이 2개가 될 수 있다.

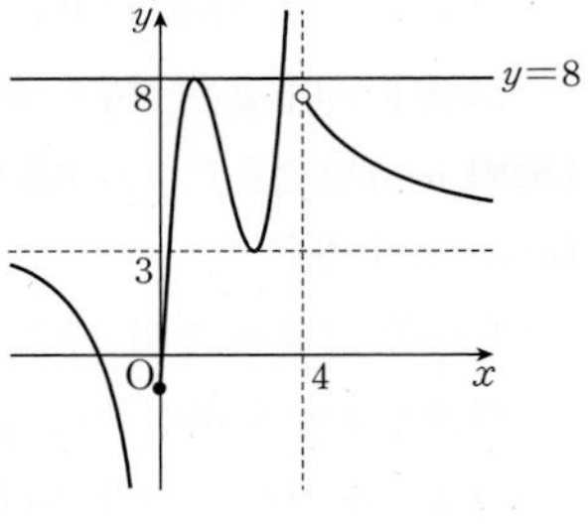

$b=f(0)$이면 $y=g(x)$의 그래프와 직선 $y=b$가 만나는 점이 2개가 된다.

$b<f(0)$이면 b와 $f(0)$ 사이의 실수 t_2에 대하여 함수 $y=g(x)$의 그래프와 직선 $y=t_2$가 만나는 점이 1개가 된다.

why? ❷ $f(0)>3$이면 $f(0)$과 3 사이의 실수 t_1에 대하여 함수 $y=g(x)$의 그래프와 직선 $y=t_1$이 만나는 점이 $x<0$에서 1개, $0\le x\le 4$에서 1개로 총 2개가 될 수 있다.

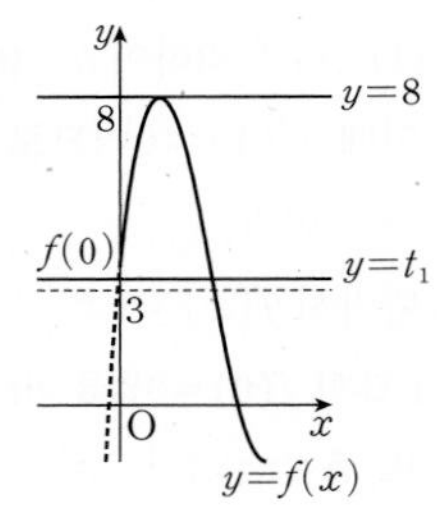

$f(0)<3$이면 $f(0)$과 3 사이의 실수 t_2에 대하여 함수 $y=g(x)$의 그래프와 직선 $y=t_2$가 만나는 점이 $0\le x\le 4$에서 2개, $x>4$에서 1개로 총 3개가 될 수 있다.

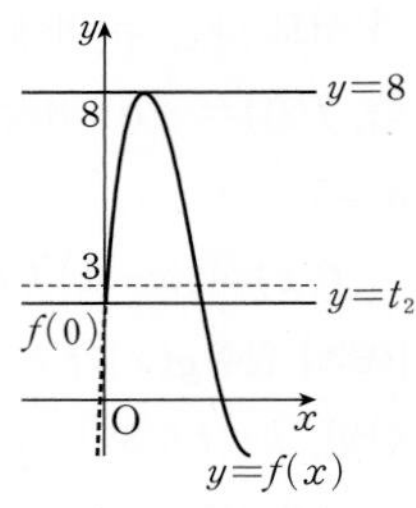

5

2018학년도 수능 나 29 [정답률 48%] 변형 | 정답 **236**

출제영역 함수의 연속성+접선의 방정식

함수의 연속성과 접선의 방정식을 이용하여 조건에 맞는 값을 구할 수 있는지를 묻는 문제이다.

최고차항의 계수가 1인 사차함수 $f(x)$와 함수

$$g(x)=\begin{cases}\dfrac{1}{(x-a)^2} & (x\ne a)\\ 1 & (x=a)\end{cases}$$ ❶

이 다음 조건을 만족시킨다. (단, $a<0$)

(가) 함수 $f(x)g(x)$는 실수 전체의 집합에서 미분가능하다. ❷
(나) 함수 $f(x)g(x)$는 $x=-1$에서 최솟값 -4를 갖는다.

모든 실수 x에 대하여 부등식 $-16x+k\le f(x)$를 만족시키는 실수 k의 최댓값을 M이라 할 때, $-4M$의 값을 구하시오. 236

출제코드 주어진 조건을 이용하여 함수 $f(x)$의 식 구하기

❶ 함수 $g(x)$는 $x=a$에서만 불연속이다.

❷ 함수 $f(x)$는 사차함수이므로 모든 실수 x에서 연속이고, 함수 $g(x)$는 한 점 $x=a$에서만 불연속이므로 함수 $f(x)g(x)$가 모든 실수 x에서 연속이려면 $f(a)g(a)=0$이어야 한다.

해설 **|1단계| 함수 $f(x)$의 식 구하기**

$h(x)=f(x)g(x)$로 놓으면 조건 (가)에서 함수 $h(x)$가 실수 전체의 집합에서 미분가능하므로 $x=a$에서 연속이다.

$$\therefore \lim_{x\to a}h(x)=\lim_{x\to a}f(x)g(x)$$
$$=\lim_{x\to a}\frac{f(x)}{(x-a)^2}=h(a)$$

즉, $x\to a$일 때, (분모) $\to 0$이고 극한값이 존재하므로 (분자) $\to 0$이어야 한다.

따라서 $f(a)=0$이므로 $h(a)=0$이다. **why? ❶**

이때 $\lim_{x\to a}\dfrac{f(x)}{(x-a)^2}=0$이므로 $f(x)$는 $(x-a)^2$으로 나누어떨어져야 한다.

즉,

$f(x)=(x-a)^2q(x)$ ($q(x)$는 이차식)

로 놓을 수 있다.

$\lim_{x\to a}\dfrac{(x-a)^2q(x)}{(x-a)^2}=0$에서 $q(a)=0$이므로

$$f(x)=(x-a)^2(x-a)(x-b)$$
$$=(x-a)^3(x-b) \text{ (단, } b\text{는 상수)}$$

따라서 함수 $h(x)$는

$$h(x)=f(x)g(x)$$
$$=\begin{cases}(x-a)(x-b) & (x\ne a)\\ 0 & (x=a)\end{cases}$$

이므로

$h(x)=(x-a)(x-b)$

한편, 조건 (나)에서 함수 $h(x)$는 $x=-1$에서 최솟값 -4를 가지므로

$$h(x)=(x+1)^2-4$$
$$=x^2+2x-3$$
$$=(x+3)(x-1)$$

$h(x)=0$에서 $x=-3$ 또는 $x=1$

그런데 $a<0$이므로

$a=-3$, $b=1$

$\therefore f(x)=(x+3)^3(x-1)$

|2단계| 기울기가 -16인 접선의 접점의 x좌표 구하기

모든 실수 x에 대하여 $-16x+k\le f(x)$이려면 직선 $y=-16x+k$는 함수 $y=f(x)$의 그래프에 접하거나 아래쪽에 있어야 한다.

$f(x)=(x+3)^3(x-1)$에서

$$f'(x)=3(x+3)^2(x-1)+(x+3)^3$$
$$=(x+3)^2(3x-3+x+3)$$
$$=4x(x+3)^2$$

기울기가 -16인 접선의 접점의 좌표를 $(p, f(p))$라 하면

$4p(p+3)^2=-16$에서

$p^3+6p^2+9p+4=0$

$(p+1)^2(p+4)=0$

$\therefore p=-4$ ($\because p<-3$)

|3단계| k의 최댓값 구하기

접점의 좌표는 $(-4,\ 5)$이므로 접선의 방정식은

$y=-16(x+4)+5$

$\therefore\ y=-16x-59$

따라서 $k\le-59$에서 k의 최댓값은 $M=-59$이므로

$-4M=(-4)\times(-59)=236$

해설 특강

why? ❶ $h(a)=f(a)g(a)$이고 $f(a)=0$이므로 $h(a)=0$이다.

6

2020학년도 9월 평가원 나 30 [정답률 6%] 변형 | 정답 80

출제영역 접선의 방정식의 활용+ 등차수열+점과 직선 사이의 거리

주어진 조건을 이용하여 사차함수 $f(x)$를 추론한 후 평행한 두 접선 사이의 거리를 구할 수 있는지를 묻는 문제이다.

최고차항의 계수가 1인 사차함수 $y=f(x)$가 다음 조건을 만족시킨다.

(가) 함수 $y=f(x)$의 그래프 위의 점 $(0,\ f(0))$에서의 접선 l의 기울기는 2이다.

(나) 접선 l과 곡선 $y=f(x)$가 만나는 세 점 $(a,\ f(a))$, $(0,\ f(0))$, $(b,\ f(b))$ $(a<0<b)$에 대하여 $f(a)$, $f(0)$, $f(b)$는 이 순서대로 등차수열을 이룬다. ❶, ❷

(다) 곡선 $y=f(x)$ 위의 점 $\left(\frac{\sqrt{2}}{2},\ f\left(\frac{\sqrt{2}}{2}\right)\right)$에서의 접선 m의 기울기는 2이다. ❸

두 접선 l, m 사이의 거리가 d일 때, $\frac{1}{d^2}$의 값을 구하시오. 80

출제코드 $f(a)$, $f(0)$, $f(b)$가 이 순서대로 등차수열을 이루면 a, 0, b도 이 순서대로 등차수열을 이룬다는 것 알기

❶ 함수 $y=f(x)$의 그래프 위의 점 $(0,\ f(0))$에서의 접선 l의 방정식을 $y=2x+k$ (k는 상수)로 놓으면 사차식 $f(x)-(2x+k)$의 꼴을 추론할 수 있다.

❷ 세 점 $(a,\ f(a))$, $(0,\ f(0))$, $(b,\ f(b))$는 접선 l 위에 있으므로 $f(a)$, $f(0)$, $f(b)$가 이 순서대로 등차수열을 이루면 a, 0, b도 이 순서대로 등차수열을 이룬다.

❸ 곡선 $y=f(x)$ 위의 점 $\left(\frac{\sqrt{2}}{2},\ f\left(\frac{\sqrt{2}}{2}\right)\right)$에서의 접선의 기울기가 2이므로 $f'\left(\frac{\sqrt{2}}{2}\right)=2$이다.

해설 **|1단계| 세 수 $f(a)$, $f(0)$, $f(b)$가 이 순서대로 등차수열을 이룬다는 것을 이용하여 a, b 사이의 관계식 구하기**

조건 (나)에서 접선 l 위의 세 점의 y좌표인 $f(a)$, $f(0)$, $f(b)$ $(a<0<b)$가 이 순서대로 등차수열을 이루므로 a, 0, b도 이 순서대로 등차수열을 이룬다. **why? ❶**

즉, $\frac{a+b}{2}=0$에서

$a=-b$ ⋯⋯ ㉠

|2단계| 접선 l이 곡선 $y=f(x)$와 세 점 $(a,\ f(a))$, $(0,\ f(0))$, $(b,\ f(b))$에서 만나는 것과 조건 (다)를 이용하여 함수 $f(x)$의 식 구하기

조건 (가)에서 함수 $y=f(x)$의 그래프 위의 점 $(0,\ f(0))$에서의 접선 l의 방정식을

$y=2x+k$ (k는 상수)

로 놓으면 조건 (나)에서 접선 l과 곡선 $y=f(x)$가 세 점 $(a,\ f(a))$, $(0,\ f(0))$, $(b,\ f(b))$에서 만나므로

$f(x)-(2x+k)=x^2(x-a)(x-b)$ **why? ❷**

$f(x)-(2x+k)=x^2(x+b)(x-b)$ ($\because$ ㉠)

$\therefore\ f(x)=x^2(x+b)(x-b)+2x+k$

$\therefore\ f'(x)=2x(x+b)(x-b)+x^2(x-b)+x^2(x+b)+2$

$=2x^3-2b^2x+x^3-bx^2+x^3+bx^2+2$

$=4x^3-2b^2x+2$

조건 (다)에서 $f'\left(\frac{\sqrt{2}}{2}\right)=2$이므로

$4\times\left(\frac{\sqrt{2}}{2}\right)^3-2b^2\times\frac{\sqrt{2}}{2}+2=2$

$\sqrt{2}-b^2\sqrt{2}=0$, $(1-b^2)\sqrt{2}=0$

$1-b^2=0$ $\quad\therefore\ b=1$ ($\because\ b>0$)

$\therefore\ f(x)=x^2(x+1)(x-1)+2x+k=x^4-x^2+2x+k$

|3단계| 접선 m의 방정식을 구하고, $\frac{1}{d^2}$의 값 구하기

이때 접선 m의 방정식은 $y=2\left(x-\frac{\sqrt{2}}{2}\right)+f\left(\frac{\sqrt{2}}{2}\right)$에서

$y=2x-\sqrt{2}+\left(\frac{1}{4}-\frac{1}{2}+\sqrt{2}+k\right)$

$\therefore\ y=2x-\frac{1}{4}+k$

따라서 접선 l 위의 한 점 $(0,\ k)$와 접선 m: $2x-y-\frac{1}{4}+k=0$ 사이의 거리가 d이므로

$$d=\frac{\left|2\times0-k-\frac{1}{4}+k\right|}{\sqrt{2^2+(-1)^2}}=\frac{\frac{1}{4}}{\sqrt{5}}=\frac{1}{4\sqrt{5}}$$

$\therefore\ \frac{1}{d^2}=\left(\frac{1}{d}\right)^2=(4\sqrt{5})^2=80$

해설 특강

why? ❶ 세 수 $f(a)$, $f(0)$, $f(b)$가 이 순서대로 등차수열을 이루면 오른쪽 그림과 같이 세 수 a, 0, b도 이 순서대로 등차수열을 이룬다.

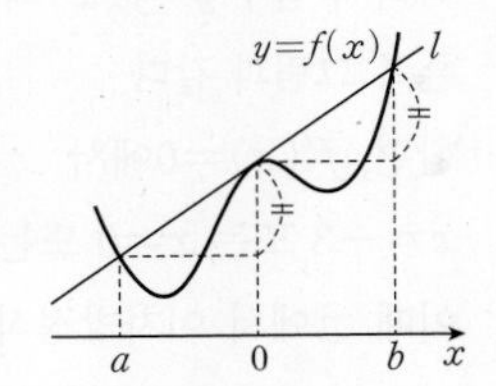

why? ❷ 최고차항의 계수가 1인 사차함수 $y=f(x)$의 그래프가 직선 $y=2x+k$와 $x=0$인 점에서 접하고 x좌표가 a, b인 점에서 만나면 사차방정식 $f(x)=2x+k$, 즉 $f(x)-(2x+k)=0$은 중근 0과 두 실근 a, b를 가지므로 $f(x)-(2x+k)=x^2(x-a)(x-b)$가 성립한다.

핵심 개념 등차중항 (수학 I)

세 수 a, b, c가 이 순서대로 등차수열을 이루면 $b=\frac{a+c}{2}$이다.

7

| 정답 18

출제영역 접선의 기울기 + 방정식의 실근의 개수 + 함수의 대칭성

함수 $y=f'(x)$의 그래프가 주어졌을 때 조건을 만족시키는 사차함수 $f(x)$를 추론하여 최고차항의 계수에 관계없이 항상 지나는 점을 구할 수 있는지를 묻는 문제이다.

최고차항의 계수가 a인 사차함수 $f(x)$와 함수 $f'(x)$가 다음 조건을 만족시킬 때, 양수 a의 값에 관계없이 함수 $y=f(x)$의 그래프가 항상 지나는 점들의 y좌표의 합을 구하시오. 18

(가) 모든 실수 x에 대하여 $f'(x)+f'(-x)=0$이다. ❶
(나) 곡선 $y=f(x)$가 점 $(3, f(3))$에서 직선 $y=t$에 접한다. (단, $t>0$) ❷
(다) 방정식 $f(x)-6=0$은 서로 다른 세 실근을 갖는다. ❸

출제코드 함수의 대칭성과 주어진 조건을 이용하여 함수 $y=f(x)$의 그래프 추론하기

❶ $f'(x)=-f'(-x)$이므로 함수 $y=f'(x)$의 그래프가 원점에 대하여 대칭이다. 즉, 함수 $f'(x)$의 식은 상수항과 짝수 차항을 포함하지 않음을 알 수 있다.
❷ 곡선 $y=f(x)$가 점 $(3, f(3))$에서 x축에 평행한 직선에 접하므로 $f'(3)=f'(-3)=0$, $f(3)=f(-3)=t$임을 이용한다.
❸ 함수 $y=f(x)$의 그래프와 직선 $y=6$의 교점의 개수가 3임을 알 수 있다.

해설 **|1단계| $f(x)=ax^4+bx^3+cx^2+dx+e$로 놓고 조건 (가), (나), (다)를 이용하여 b, c, d, e의 값 구하기**

$f(x)=ax^4+bx^3+cx^2+dx+e$ (a, b, c, d, e는 상수, $a>0$)로 놓으면

$f'(x)=4ax^3+3bx^2+2cx+d$

조건 (가)에서 도함수 $y=f'(x)$의 그래프가 원점에 대하여 대칭이므로

$b=d=0$

즉, $f'(x)=4ax^3+2cx=2x(2ax^2+c)$ …… ㉠

이고, $f(x)=ax^4+cx^2+e$이므로 $f(x)=f(-x)$이다.

이때 조건 (나)에서 곡선 $y=f(x)$가 점 $(3, f(3))$에서 직선 $y=t$에 접하므로

$f'(3)=f'(-3)=0$, $f(3)=f(-3)=t$

따라서 함수 $y=f(x)$의 그래프의 개형은 오른쪽 그림과 같다.

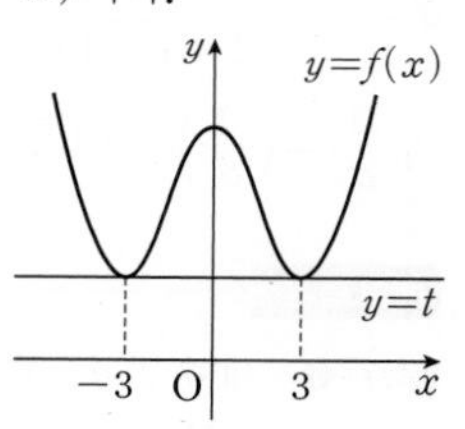

한편, $f'(x)=0$에서

$x=-3$ 또는 $x=0$ 또는 $x=3$

이때 ㉠에서 이차방정식 $2ax^2+c=0$의 두 근은 $x=-3$ 또는 $x=3$이므로 이차방정식의 근과 계수의 관계에 의하여

$(-3)\times3=\frac{c}{2a}$ $\quad\therefore c=-18a$

$\therefore f(x)=ax^4-18ax^2+e$

조건 (다)에서 $f(x)=6$인 x의 값이 3개이므로 $f(0)=6$이어야 한다.

$\therefore e=6$

|2단계| a의 값에 관계없이 사차함수 $y=f(x)$의 그래프가 항상 지나는 점들의 y좌표의 합 구하기

따라서 $f(x)=ax^4-18ax^2+6$이므로

$ax^4-18ax^2+6=ax^2(x^2-18)+6$

$=ax^2(x+3\sqrt{2})(x-3\sqrt{2})+6$

이때 a의 값에 관계없이 함수 $y=f(x)$의 그래프가 항상 지나는 점의 좌표는 $(-3\sqrt{2}, 6)$, $(0, 6)$, $(3\sqrt{2}, 6)$이다.

따라서 구하는 y좌표의 합은

$6+6+6=18$

8

| 정답 18

출제영역 함수의 미분가능성 + 접선의 기울기 + 점과 직선 사이의 거리

함수의 그래프 위의 세 점을 꼭짓점으로 하는 삼각형의 밑변의 길이가 고정되어 있을 때, 그 삼각형의 넓이가 최대가 되도록 하는 나머지 한 점의 좌표를 접선의 기울기를 이용하여 구할 수 있는지를 묻는 문제이다.

실수 전체의 집합에서 미분가능한 함수

$$f(x)=\begin{cases} px^3-x+3 & (x\ge-2) \\ 3x+q & (x<-2) \end{cases}$$ ❶

의 그래프 위의 세 점 $\mathrm{P}(-2, f(-2))$, $\mathrm{Q}(-3, f(-3))$, $\mathrm{R}(t, f(t))$에 대하여 삼각형 PQR의 넓이❷의 최댓값을 S라 할 때, $t+3S$의 값을 구하시오. (단, p, q는 상수, $0<t<4$이다.) 18

출제코드 삼각형 PQR의 넓이가 최대가 되도록 하는 점 R의 좌표 구하기

❶ 함수 $f(x)$가 실수 전체의 집합에서 미분가능하므로 $x=-2$에서 연속이면서 좌미분계수와 우미분계수가 같아야 한다. 이 두 조건으로부터 p와 q 사이의 관계식을 구할 수 있다.
❷ 점 P와 점 Q는 고정된 점이므로 $\overline{\mathrm{PQ}}$를 밑변으로 정하면 밑변의 길이가 일정하다. 즉, 점 R의 위치에 따라 삼각형 PQR의 넓이가 달라짐을 알 수 있다.

해설 **|1단계| 함수 $f(x)$의 미분가능성을 이용하여 p, q의 값 구하기**

함수 $f(x)=\begin{cases} px^3-x+3 & (x\ge-2) \\ 3x+q & (x<-2) \end{cases}$가 $x=-2$에서 연속이어야 하므로

$\lim_{x\to-2+} f(x)=\lim_{x\to-2-} f(x)=f(-2)$에서

$-8p+5=-6+q$

$\therefore 8p+q=11$ …… ㉠

또, $f'(x)=\begin{cases} 3px^2-1 & (x>-2) \\ 3 & (x<-2) \end{cases}$이고, 함수 $f(x)$가 $x=-2$에서 미분가능해야 하므로

$\lim_{x\to-2+} f'(x)=\lim_{x\to-2-} f'(x)=f'(-2)$에서

$12p-1=3$ $\quad\therefore p=\frac{1}{3}$

$p=\frac{1}{3}$을 ㉠에 대입하면 $q=\frac{25}{3}$

|2단계| 함수 $f(x)$의 식을 구하고 그래프의 개형 파악하기

$$\therefore f(x)=\begin{cases} \frac{1}{3}x^3-x+3 & (x\ge-2) \\ 3x+\frac{25}{3} & (x<-2) \end{cases}$$

$x\ge-2$일 때, $f'(x)=x^2-1=(x+1)(x-1)$

$f'(x)=0$에서 $x=-1$ 또는 $x=1$

이때 $x\geq-2$에서 함수 $f(x)$의 증가와 감소를 표로 나타내면 다음과 같다.

x	-2	$\cdots$	-1	$\cdots$	1	$\cdots$
$f'(x)$	$+$	$+$	0	$-$	0	$+$
$f(x)$	$\frac{7}{3}$	↗	극대	↘	극소	↗

즉, $x\geq-2$일 때, 함수 $f(x)$는 $x=-1$에서 극대이고 극댓값은 $f(-1)=\frac{11}{3}$, $x=1$에서 극소이고 극솟값은 $f(1)=\frac{7}{3}$이다.

따라서 함수 $y=f(x)$의 그래프의 개형은 오른쪽 그림과 같다.

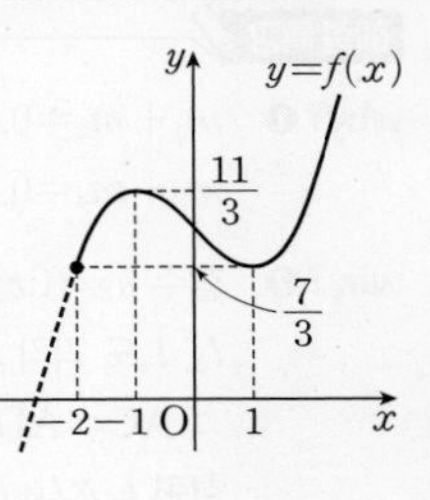

|3단계| 삼각형 PQR의 넓이가 최대가 되도록 하는 점 R의 좌표 구하기

$f(-2)=\frac{7}{3}$이므로 점 P의 좌표는 $\left(-2,\ \frac{7}{3}\right)$, $f(-3)=-\frac{2}{3}$이므로 점 Q의 좌표는 $\left(-3,\ -\frac{2}{3}\right)$이다.

세 점 P, Q, R에 대하여 선분 PQ를 밑변으로 할 때, 삼각형 PQR의 넓이가 최대가 되려면 직선 PQ와 점 R 사이의 거리가 최대이어야 한다.

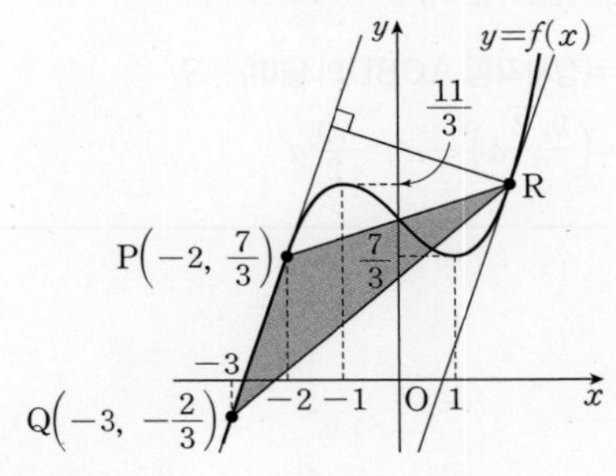

즉, 위의 그림과 같이

(직선 PQ의 기울기)=(점 R에서의 접선의 기울기)

이어야 한다.

이때 (직선 PQ의 기울기)$=3$이고,

$x\geq-2$에서 $f'(x)=x^2-1$

이므로 $f'(t)=3$에서

$t^2-1=3,\ t^2=4$

$\therefore t=2\ (\because t>0)$

즉, 삼각형 PQR의 넓이가 최대가 되게 하는 점 R의 좌표는

$\left(2,\ \frac{11}{3}\right)$이다. $\boxed{f(2)=\frac{11}{3}}$

|4단계| 삼각형 PQR의 넓이의 최댓값 S 구하기

삼각형 PQR의 넓이의 최댓값 S는

$S=\frac{1}{2}\times\overline{PQ}\times$(점 R와 직선 PQ 사이의 거리)

이다. 이때

$\overline{PQ}=\sqrt{\{-3-(-2)\}^2+\left(-\frac{2}{3}-\frac{7}{3}\right)^2}=\sqrt{10}$

이고, 직선 PQ의 방정식은

$y=3x+\frac{25}{3}$, 즉 $9x-3y+25=0$

이므로

(점 R와 직선 PQ 사이의 거리)$=\dfrac{\left|9\times2-3\times\frac{11}{3}+25\right|}{\sqrt{9^2+(-3)^2}}$

$=\dfrac{32}{3\sqrt{10}}$

$\therefore S=\frac{1}{2}\times\sqrt{10}\times\frac{32}{3\sqrt{10}}=\frac{16}{3}$

따라서 $t=2$이고 $3S=16$이므로

$t+3S=2+16=18$

9

|정답 81

출제영역 접선의 방정식+사차함수의 그래프

y축 위의 두 점에서 사차함수 $y=f(x)$의 그래프에 그은 접선의 방정식을 구하고 네 접선이 서로 만나는 네 점을 꼭짓점으로 하는 사각형이 x축에 의하여 나누어진 두 도형의 넓이의 비를 구할 수 있는지를 묻는 문제이다.

함수 $f(x)=x^4-\frac{3}{2}x^2$과 y축 위의 서로 다른 두 점 A, B에 대하여 점 A에서 곡선 $y=f(x)$에 그은 두 접선 l_1, l_2의 기울기를 각각 m_1, $m_2\ (m_1>m_2)$라 하고 점 B에서 곡선 $y=f(x)$에 그은 두 접선 l_3, l_4의 기울기를 각각 m_3, $m_4\ (m_3<m_4)$라 할 때, $m_1m_2=m_3m_4=-1$❶이다. 두 직선 l_1, l_3이 만나는 점을 C라 하고 두 직선 l_2, l_4가 만나는 점을 D라 할 때, 사각형 ACBD가 x축에 의하여 나누어진 두 도형의 넓이를 각각 S_1, $S_2\ (S_1>S_2)$라❷ 하자. $\frac{S_1}{S_2}=\frac{q}{p}$일 때, $p+q$의 값을 구하시오. 81

(단, 점 A의 y좌표는 음수이고, p와 q는 서로소인 자연수이다.)

출제코드 네 접선의 방정식을 구하여 사각형 ACBD가 x축에 의하여 나누어진 두 도형의 넓이의 비 구하기

❶ $m_1m_2=m_3m_4=-1$을 이용하여 사각형 ACBD가 어떤 사각형인지 파악한다.

❷ 두 점 A, B의 y좌표를 구한 후 사각형 ACBD가 x축에 의하여 나누어진 두 도형의 넓이의 비를 구한다.

해설 **|1단계| 사차함수 $y=f(x)$의 그래프 그리기**

$f(x)=x^4-\frac{3}{2}x^2$이므로

$f'(x)=4x^3-3x=x(2x+\sqrt{3})(2x-\sqrt{3})$

$f'(x)=0$에서 $x=-\frac{\sqrt{3}}{2}$ 또는 $x=0$ 또는 $x=\frac{\sqrt{3}}{2}$

함수 $f(x)$의 증가와 감소를 표로 나타내면 다음과 같다.

x	$\cdots$	$-\frac{\sqrt{3}}{2}$	$\cdots$	0	$\cdots$	$\frac{\sqrt{3}}{2}$	$\cdots$
$f'(x)$	$-$	0	$+$	0	$-$	0	$+$
$f(x)$	↘	극소	↗	극대	↘	극소	↗

따라서 함수 $y=f(x)$의 그래프는 다음 그림과 같다.

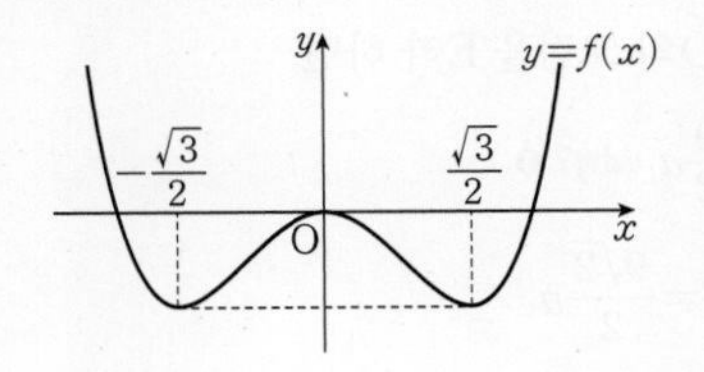

[2단계] 두 접선의 기울기의 곱이 -1임을 이용하여 사각형 ACBD가 정사각형임을 파악하기

함수 $y=f(x)$의 그래프는 y축에 대하여 대칭이므로 y축 위의 점에서 그은 두 접선의 기울기는 절댓값의 크기가 같고 부호는 반대이다.

즉, $m_1+m_2=0$, $m_3+m_4=0$이므로

$m_1=1$, $m_2=-1$, $m_3=-1$, $m_4=1$ **why? ❶**

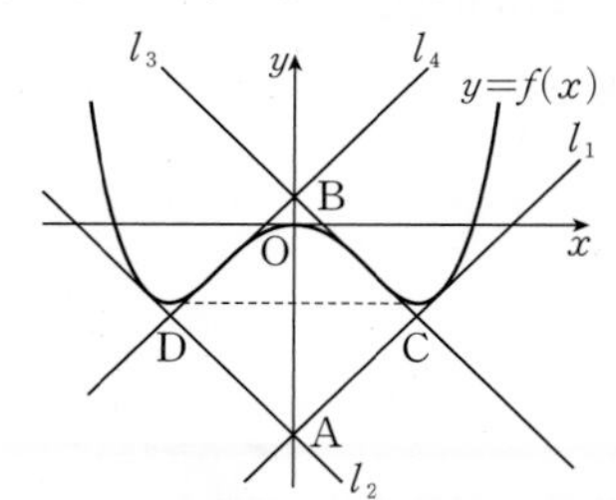

따라서 사각형 ACBD는 정사각형이다. **why? ❷**

[3단계] 두 점 A, B의 좌표 구하기

함수 $y=f(x)$의 그래프 위의 점 $(t, f(t))$에서의 접선의 기울기는

$f'(t)=4t^3-3t$

함수 $y=f(x)$의 그래프 위의 점 $(t, f(t))$에서의 접선의 기울기가 1이면

$4t^3-3t=1$, $4t^3-3t-1=0$

$(2t+1)^2(t-1)=0$

$\therefore t=-\frac{1}{2}$ 또는 $t=1$

함수 $y=f(x)$의 그래프 위의 점 $(t, f(t))$에서의 접선의 기울기가 -1이면

$4t^3-3t=-1$, $4t^3-3t+1=0$

$(t+1)(2t-1)^2=0$

$\therefore t=-1$ 또는 $t=\frac{1}{2}$

따라서 네 접선의 방정식은

l_1: $y=(x-1)-\frac{1}{2}=x-\frac{3}{2}$ ← 점 $\left(1, -\frac{1}{2}\right)$에서의 접선의 방정식

l_2: $y=-(x+1)-\frac{1}{2}=-x-\frac{3}{2}$ ← 점 $\left(-1, -\frac{1}{2}\right)$에서의 접선의 방정식

l_3: $y=-\left(x-\frac{1}{2}\right)-\frac{5}{16}=-x+\frac{3}{16}$ ← 점 $\left(\frac{1}{2}, -\frac{5}{16}\right)$에서의 접선의 방정식

l_4: $y=\left(x+\frac{1}{2}\right)-\frac{5}{16}=x+\frac{3}{16}$ ← 점 $\left(-\frac{1}{2}, -\frac{5}{16}\right)$에서의 접선의 방정식

$\therefore \mathrm{A}\left(0, -\frac{3}{2}\right)$, $\mathrm{B}\left(0, \frac{3}{16}\right)$

[4단계] S_1과 S_2의 넓이의 비 구하기

$\overline{\mathrm{OA}}:\overline{\mathrm{OB}}=\frac{3}{2}:\frac{3}{16}=8:1$이므로

$\overline{\mathrm{OB}}=a$라 하면 $\overline{\mathrm{OA}}=8a$

$\therefore \overline{\mathrm{AB}}=9a$

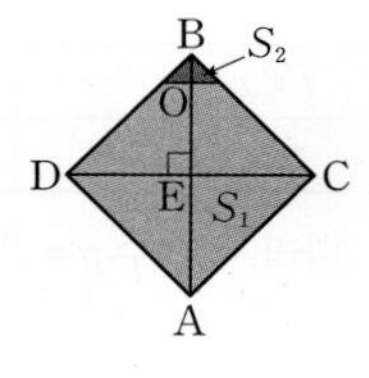

두 선분 AB, CD의 교점을 E라 하면

$\overline{\mathrm{BE}}=\frac{1}{2}\overline{\mathrm{AB}}=\frac{9}{2}a$ **why? ❸**

$\therefore \overline{\mathrm{BC}}=\sqrt{2}\,\overline{\mathrm{BE}}=\frac{9\sqrt{2}}{2}a$

$$\therefore \frac{S_1}{S_2}=\frac{\left(\frac{9\sqrt{2}}{2}a\right)^2-a^2}{\frac{1}{2}\times 2a\times a}=\frac{\frac{79}{2}a^2}{a^2}=\frac{79}{2}$$ **why? ❹**

따라서 $p=2$, $q=79$이므로

$p+q=2+79=81$

해설특강

why? ❶ $m_1+m_2=0$, $m_1m_2=-1$, $m_1>m_2$이므로 $m_1=1$, $m_2=-1$
$m_3+m_4=0$, $m_3m_4=-1$, $m_3<m_4$이므로 $m_3=-1$, $m_4=1$

why? ❷ 함수 $y=f(x)$의 그래프가 y축에 대하여 대칭이므로 두 직선 l_1, l_2와 l_3, l_4도 각각 y축에 대하여 대칭이다.
$\therefore \overline{\mathrm{AC}}=\overline{\mathrm{AD}}$, $\overline{\mathrm{BC}}=\overline{\mathrm{BD}}$
한편 $l_1 /\!/ l_4$, $l_2 /\!/ l_3$이므로 사각형 ACBD는 평행사변형이다.
즉, 사각형 ACBD의 네 변의 길이가 같다.
또, 사각형 ACBD의 네 내각의 크기가 $90°$로 같으므로 사각형 ACBD는 정사각형이다.

why? ❸ 정사각형의 두 대각선은 길이가 같고 서로를 수직이등분하므로
$\overline{\mathrm{AB}}=\overline{\mathrm{CD}}$, $\overline{\mathrm{AB}}\perp\overline{\mathrm{CD}}$, $\overline{\mathrm{AE}}=\overline{\mathrm{BE}}=\overline{\mathrm{CE}}=\overline{\mathrm{DE}}$

why? ❹ 넓이가 S_2인 삼각형은 밑변의 길이가 $2a$, 높이가 a인 삼각형이므로
$S_2=\frac{1}{2}\times 2a\times a=a^2$
$\therefore S_1=$(정사각형 ACBD의 넓이)$-S_2$
$=\left(\frac{9\sqrt{2}}{2}a\right)^2-a^2=\frac{79}{2}a^2$

10

| 정답 ②

출제영역 접선의 방정식+함수의 극대 · 극소+사차함수의 그래프

사차함수의 그래프 위의 점에서의 접선과 사차함수의 그래프의 위치 관계를 이용하여 사차함수를 정할 수 있는지를 묻는 문제이다.

최고차항의 계수가 1인 사차함수 $f(x)$가 다음 조건을 만족시킨다.

> (가) 임의의 실수 t에 대하여 점 $(t, f(t))$에서의 접선의 y절편이
> $-tf'(t)+f(-t)$ ❶
> 이다.
> (나) 방정식 $f'(x)=0$은 서로 다른 세 실근 α, β, γ를 갖고, ❷
> $f(\alpha)+f(\beta)+f(\gamma)=-1$, $f(\alpha)f(\beta)f(\gamma)=0$
> 이다.

$\alpha^4+\beta^4+\gamma^4$의 값은?

① $\frac{1}{2}$ ✓② 1 ③ $\frac{3}{2}$
④ 2 ⑤ $\frac{5}{2}$

출제코드 조건 (나)를 만족시키는 함수 $f(x)$의 극댓값과 극솟값의 조건 추론하기

❶ 점 $(t, f(t))$에서의 접선의 y절편을 직접 구해서 주어진 식과 비교한다.

❷ 방정식 $f'(x)=0$은 삼차방정식이고, 이 방정식의 세 근 $x=\alpha$, $x=\beta$, $x=\gamma$에서 사차함수 $y=f(x)$는 극값을 갖는다.

해설 **|1단계| 조건 (가)를 이용하여 함수 $y=f(x)$의 그래프의 성질 추론하기**

점 $(t,\ f(t))$에서의 접선의 방정식은

$y-f(t)=f'(t)(x-t)$에서

$y=f'(t)x-tf'(t)+f(t)$

이므로 이 접선의 y절편은

$-tf'(t)+f(t)$

이때 조건 (가)에 의하여

$-tf'(t)+f(t)=-tf'(t)+f(-t)$

이므로

$f(t)=f(-t)$

즉, 사차함수 $y=f(x)$의 그래프가 y축에 대하여 대칭임을 알 수 있다.

|2단계| 조건 (나)를 이용하여 $f(\alpha)$, $f(\beta)$, $f(\gamma)$의 값 구하기

따라서

$f(x)=x^4+ax^2+b$ (a, b는 상수)

로 놓을 수 있다.

조건 (나)에서 방정식 $f'(x)=0$의 서로 다른 세 실근이 α, β, γ이므로 사차함수 $f(x)$는 $x=\alpha$, $x=\beta$, $x=\gamma$에서 극대 또는 극소이다.

$\alpha<\beta<\gamma$라 하면 함수 $f(x)$는 $x=\alpha$, $x=\gamma$에서 극솟값을 갖고, $x=\beta$에서 극댓값을 갖는다.

이때

$f(\alpha)+f(\beta)+f(\gamma)=-1$, $f(\alpha)f(\beta)f(\gamma)=0$

이므로 $f(\beta)=0$이어야 한다. why? ❶

$f(\beta)=0$이고, $f(\alpha)=f(\gamma)$이므로

$f(\alpha)+f(\beta)+f(\gamma)=-1$에서 $f(\alpha)=f(\gamma)=-\frac{1}{2}$

|3단계| $\alpha^4+\beta^4+\gamma^4$의 값 구하기

또, $\beta=0$이므로 $f(\beta)=0$에서 why? ❷

$f(0)=b=0$

$f(x)=x^4+ax^2$에서

$f'(x)=4x^3+2ax$

$f'(\alpha)=0$에서

$f'(\alpha)=4\alpha^3+2a\alpha=0$

$2\alpha^2+a=0$ ($\because \alpha\neq0$)

$\therefore a=-2\alpha^2$ ...... ㉠

$f(\alpha)=-\frac{1}{2}$에서

$\alpha^4+a\alpha^2=-\frac{1}{2}$

㉠을 위의 식에 대입하면

$\alpha^4-2\alpha^4=-\frac{1}{2}$

$\alpha^4=\frac{1}{2}$

사차함수 $y=f(x)$의 그래프가 y축에 대하여 대칭이므로

$\gamma=-\alpha$

$\therefore \gamma^4=(-\alpha)^4=\frac{1}{2}$

$\therefore \alpha^4+\beta^4+\gamma^4=\frac{1}{2}+0+\frac{1}{2}=1$

해설 특강

why? ❶ $\alpha<\beta<\gamma$라 하면 함수 $f(x)$는 $x=\alpha$, $x=\gamma$에서 극솟값을 갖고, $x=\beta$에서 극댓값을 갖는다.

따라서 y축에 대하여 대칭인 사차함수 $y=f(x)$의 그래프의 개형은 다음 그림과 같다.

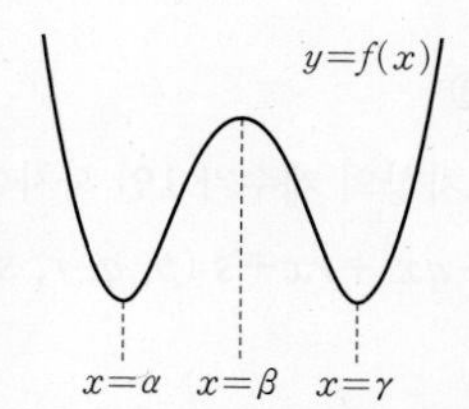

이때 극댓값은 극솟값보다 크므로 극솟값이 0이면 극댓값은 양수가 되어야 하고, 극댓값이 0이면 극솟값은 음수가 되어야 한다.

따라서 $f(\alpha)f(\beta)f(\gamma)=0$에서 $f(\alpha)=f(\gamma)=0$ 또는 $f(\beta)=0$이어야 하는데 $f(\alpha)+f(\beta)+f(\gamma)=-1$이려면 $f(\beta)=0$, $f(\alpha)+f(\gamma)=-1$이어야 한다.

why? ❷ $f(x)=x^4+ax^2+b$에서

$f'(x)=4x^3+2ax=2x(2x^2+a)$

$f'(x)=0$에서 $x=0$ 또는 $2x^2+a=0$

$\alpha<\beta<\gamma$이므로 $\beta=0$이고 α, γ는 이차방정식 $2x^2+a=0$의 두 근이다.

THEME

04 함수의 미분가능성

본문 32쪽

기출예시 1 | 정답 ③

함수 $f(x)$는 최고차항의 계수가 1인 사차함수이므로

$f(x)=x^4+px^3+qx^2+rx+s$ (p, q, r, s는 상수)

로 놓을 수 있다.

조건 (나)에서 모든 실수 x에 대하여 $g(x+2)=g(x)$이므로 함수 $g(x)$는 주기가 2인 함수이고 조건 (가)에서 $-1\le x<1$인 x에 대하여 $g(x)=f(x)$이므로 함수 $g(x)$는 $-1\le x<1$에서의 함수 $f(x)$가 2를 주기로 반복되는 함수이다.

ㄱ. 함수 $g(x)$는 주기가 2인 주기함수이므로 주기의 경계에서 연속이고 미분가능하면 실수 전체의 집합에서 미분가능하다.

즉, $f(-1)=f(1)$, $f'(-1)=f'(1)$은 함수 $g(x)$가 실수 전체의 집합에서 미분가능하기 위한 필요충분조건이다. (참)

└ 한 주기의 양 끝 값에서의 미분계수가 같다.

└ 한 주기의 양 끝 값에서의 함숫값이 같다. → 연속

ㄴ. $f(1)=1+p+q+r+s$, $f(-1)=1-p+q-r+s$

이때 함수 $g(x)$가 실수 전체의 집합에서 미분가능하면

$f(-1)=f(1)$이므로 $p+r=0$

$\therefore r=-p$ ······ ㉠

또, $f'(x)=4x^3+3px^2+2qx+r$이므로

$f'(1)=4+3p+2q+r$

$f'(-1)=-4+3p-2q+r$

함수 $g(x)$가 실수 전체의 집합에서 미분가능하면

$f'(-1)=f'(1)$이므로 $2+q=0$

$\therefore q=-2$ ······ ㉡

즉, ㉠, ㉡에 의하여

$f(x)=x^4+px^3-2x^2-px+s$

$f'(x)=4x^3+3px^2-4x-p$

따라서 $f'(0)=-p$, $f'(1)=4+3p-4-p=2p$이므로

$f'(0)f'(1)=-2p^2\le 0$ (거짓)

ㄷ. ㄴ에 의하여

$f'(-1)=f'(1)=2p$

이때 $f'(1)>0$이면 $p>0$

즉, $f'(0)=-p<0$이므로 함수 $y=f'(x)$의 그래프는 다음 그림과 같다.

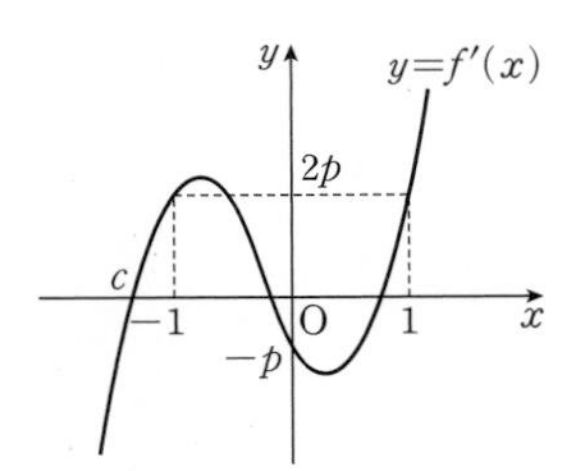

따라서 구간 $(-\infty, -1)$에서 $f'(c)=0$인 c가 존재한다. (참)

따라서 옳은 것은 ㄱ, ㄷ이다.

킬러 해결 TRAINING

본문 33쪽

TRAINING 문제 1 | 정답 (1) $a=\frac{1}{2}$, $b=\frac{1}{2}$ (2) $a=2$, $b=0$, $c=-6$, $d=-2$

(1) $f(x)=\begin{cases} -x+1 & (x<0) \\ a(x-1)^2+b & (x\ge 0) \end{cases}$

$=\begin{cases} -x+1 & (x<0) \\ ax^2-2ax+a+b & (x\ge 0) \end{cases}$

$f(x)$가 실수 전체의 집합에서 미분가능한 함수이므로 구간의 경계인 $x=0$에서도 연속이고 미분계수가 존재해야 한다.

(i) $x=0$에서 연속이어야 하므로

$f(0)=\lim_{x\to 0-}f(x)=\lim_{x\to 0+}f(x)$

$\therefore 1=a+b$ ······ ㉠

(ii) $x=0$에서 미분계수가 존재해야 하므로

$\lim_{x\to 0-}f'(x)=\lim_{x\to 0+}f'(x)$

이때 $f'(x)=\begin{cases} -1 & (x<0) \\ 2ax-2a & (x>0) \end{cases}$에서

$-1=-2a$

$\therefore a=\frac{1}{2}$

$a=\frac{1}{2}$을 ㉠에 대입하여 풀면

$b=\frac{1}{2}$

(2) 함수 $f(x)=\begin{cases} -3x+a & (x<-1) \\ x^3+bx^2+cx & (-1\le x<1) \\ -3x+d & (x\ge 1) \end{cases}$가 실수 전체의 집합에서 미분가능하려면 구간의 경계인 $x=-1$, $x=1$에서도 연속이고 미분계수가 존재해야 한다.

이때 $f'(x)=\begin{cases} -3 & (x<-1) \\ 3x^2+2bx+c & (-1<x<1) \\ -3 & (x>1) \end{cases}$이고,

(i) $x=-1$에서 연속이어야 하므로

$f(-1)=\lim_{x\to -1-}f(x)=\lim_{x\to -1+}f(x)$

즉, $3+a=-1+b-c$이므로

$a-b+c=-4$ ······ ㉠

$x=-1$에서 미분계수가 존재해야 하므로

$\lim_{x\to -1-}f'(x)=\lim_{x\to -1+}f'(x)$

즉, $-3=3-2b+c$이므로

$2b-c=6$ ······ ㉡

(ii) $x=1$에서 연속이어야 하므로

$f(1)=\lim_{x\to 1-}f(x)=\lim_{x\to 1+}f(x)$

즉, $1+b+c=-3+d$이므로

$b+c-d=-4$ ······ ㉢

$x=1$에서 미분계수가 존재해야 하므로

$\lim_{x\to 1-}f'(x)=\lim_{x\to 1+}f'(x)$

즉, $3+2b+c=-3$이므로

$2b+c=-6$ ······ ㉣

㉡, ㉣을 연립하여 풀면

$b=0,\ c=-6$

이 값을 ㉠, ㉢에 각각 대입하여 풀면

$a=2,\ d=-2$

TRAINING 문제 2 | 정답 (1) ㄱ, ㄹ (2) ㅇ

(1) $f(a)=0$인 삼차함수의 그래프는

ㄱ, ㄴ, ㄹ

이때 함수 $y=|f(x)|$의 그래프의 개형은 각각 다음 그림과 같다.

ㄱ.

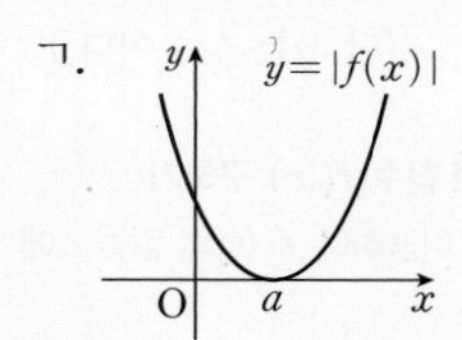

ㄴ.

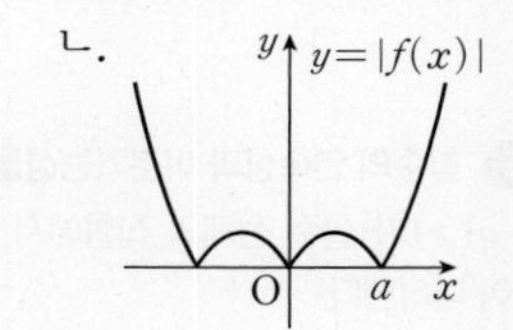

ㄹ.

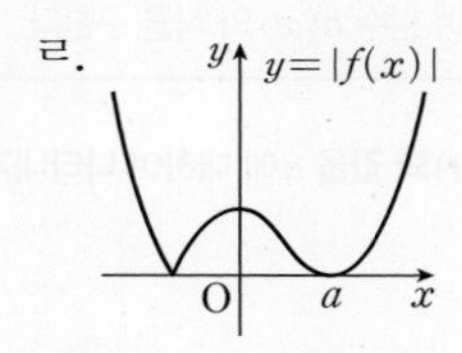

따라서 함수 $|f(x)|$가 $x=a$에서 미분가능한 함수 $y=f(x)$의 그래프는 ㄱ, ㄹ이다.

(2) $f'(0)=0$인 사차함수의 그래프는

ㅁ, ㅅ, ㅇ

이때 함수 $y=|f(x)|$의 그래프의 개형은 각각 다음 그림과 같다.

ㅁ.

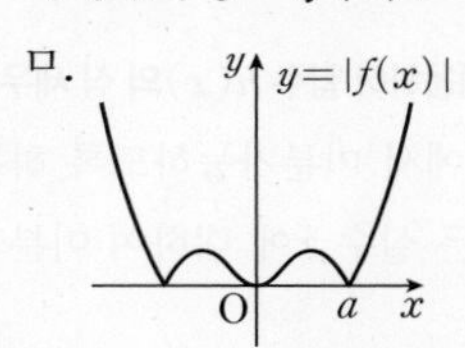

→ 미분가능하지 않은 점이 2개이다.

ㅅ.

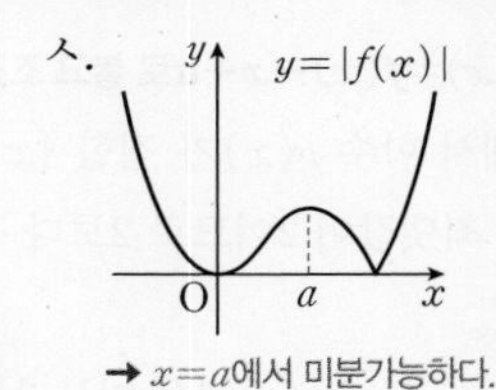

→ $x=a$에서 미분가능하다.

ㅇ.

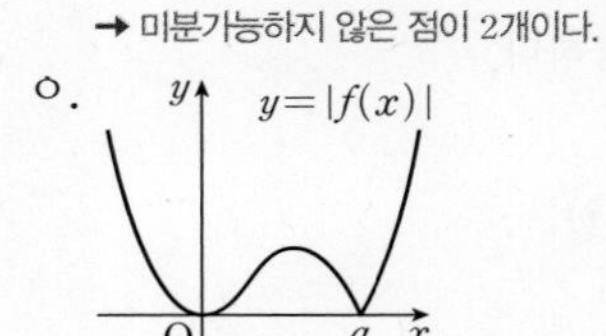

따라서 함수 $|f(x)|$가 오직 $x=a\ (a>0)$에서만 미분가능하지 않은 함수 $y=f(x)$의 그래프는 ㅇ뿐이다.

1등급 완성 3단계 문제연습 본문 34~37쪽

1 147	**2** 32	**3** ③	**4** 174
5 84	**6** 61	**7** 16	

1

2011학년도 수능 가 24 [정답률 5%] | 정답 147

출제영역 사차함수의 그래프의 개형＋함수의 미분가능성

조건을 만족시키는 사차함수의 그래프의 개형을 찾고, 함수의 식을 구할 수 있는지를 묻는 문제이다.

최고차항의 계수가 1이고, $f(0)=3$, $f'(3)<0$인 사차함수 $f(x)$ ❶ 가 있다. 실수 t에 대하여 집합 S를

$S=\{a\,|\,$함수 $|f(x)-t|$가 $x=a$에서 미분가능하지 않다.$\}$

라 하고, 집합 S의 원소의 개수를 $g(t)$ ❷ 라 하자. 함수 $g(t)$가 $t=3$과 $t=19$에서만 불연속 ❸ 일 때, $f(-2)$의 값을 구하시오. 147

킬러코드 조건을 만족시키는 사차함수 $y=f(x)$의 그래프의 개형으로 가능한 것 추론하기

❶ 최고차항의 계수가 1이고 $f(0)=3$, $f'(3)<0$인 사차함수 $y=f(x)$의 그래프의 개형으로 가능한 것은 4가지이다.

❷ 함수 $g(t)$는 함수 $|f(x)-t|$가 미분가능하지 않은 x의 값의 개수임을 알고, 함수 $y=g(t)$의 그래프를 그려 본다.

❸ 함수 $|f(x)-t|$가 미분가능하지 않은 x의 값의 개수는 변한다는 것을 알 수 있다.

해설 **|1단계| 조건을 만족시키는 사차함수 $y=f(x)$의 그래프의 개형 추론하기**

최고차항의 계수가 1이고 $f(0)=3$, $f'(3)<0$인 사차함수의 그래프의 개형으로 가능한 것은 다음 그림과 같이 4가지이다.

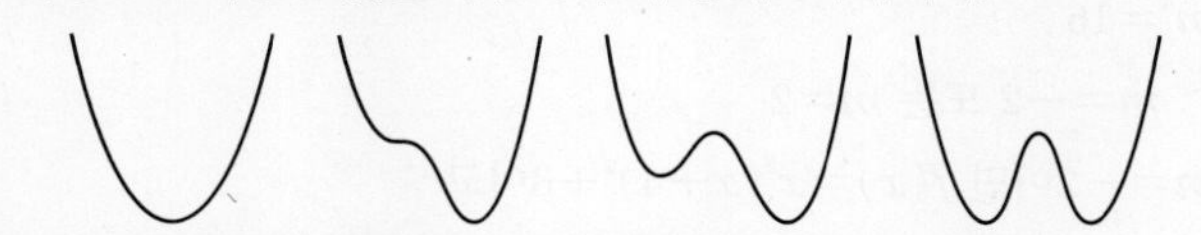

|2단계| 함수 $g(t)$에 대한 조건을 만족시키는 함수 $f(x)$의 식 구하기

함수 $g(t)$는 $t=3$, $t=19$에서만 불연속이므로 가능한 사차함수 $y=f(x)$의 그래프별로 함수 $y=g(t)$의 그래프를 그려 불연속인 t의 값이 2개인 경우를 찾아보자.

(i)

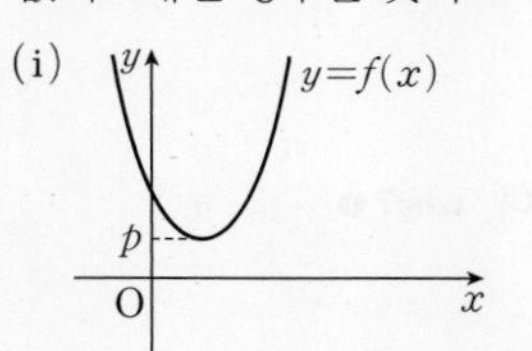

→

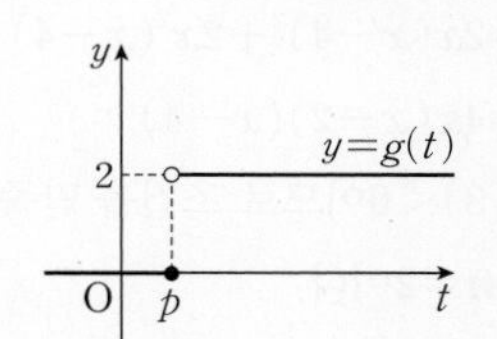

이때 함수 $g(t)$가 불연속인 t의 값은 1개이다.

(ii)

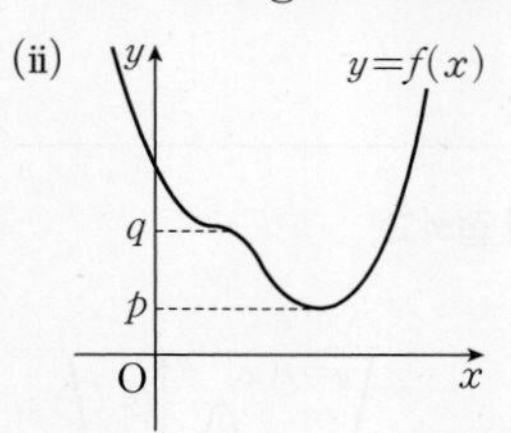

→

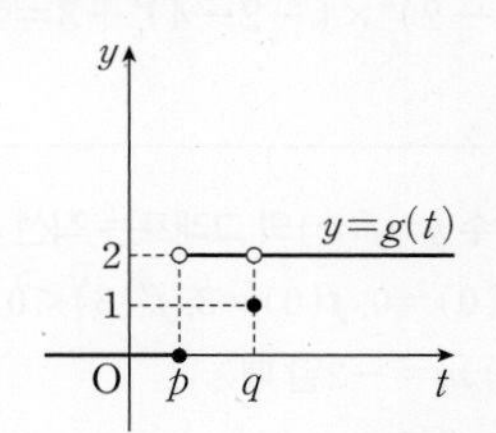

함수 $g(t)$는 $t=p$, $t=q$에서 불연속이므로 불연속인 t의 값이 2개이다.

그런데 다음 그림과 같이 $p=3$, $q=19$인 경우 $f(0)=3$이면 $f'(3)>0$ 또는 $f'(3)=0$이므로 조건을 만족시키지 않는다.

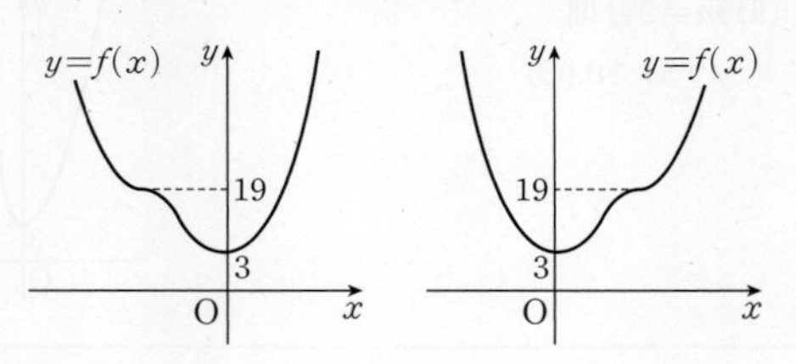

(iii)

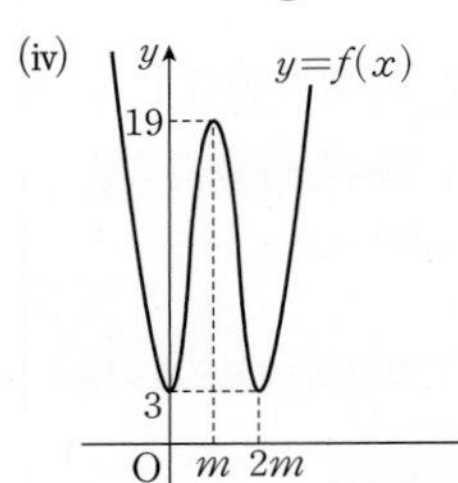

→

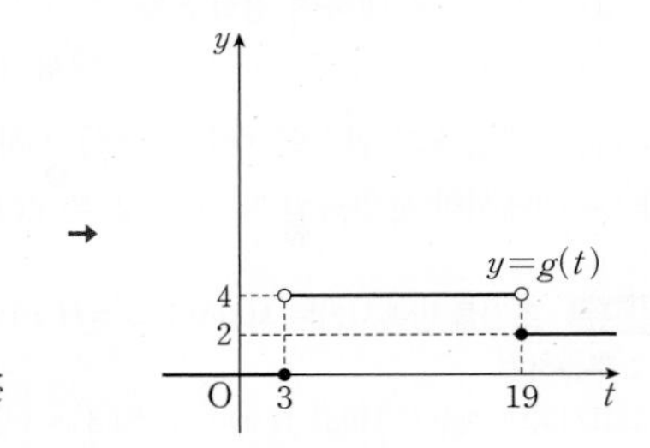

이때 함수 $g(t)$가 불연속인 t의 값은 3개이다.

(iv)

위의 그림과 같이 함수 $g(t)$가 $t=3$에서 불연속이려면 함수 $|f(x)-t|$가 $x=0$, $x=2m$에서 극소이고, 극솟값이 $f(0)=f(2m)=3$이어야 하므로

$f(x)=x^2(x-2m)^2+3$

또, 함수 $g(t)$가 $t=19$에서 불연속이려면 함수 $|f(x)-t|$가 $x=m$에서 극대이고, 극댓값이 $f(m)=19$이어야 하므로

$f(m)=m^2(m-2m)^2+3=m^4+3=19$

$m^4=16$

$\therefore m=-2$ 또는 $m=2$

$m=-2$이면 $f(x)=x^2(x+4)^2+3$이고

$f'(x)=2x(x+4)^2+2x^2(x+4)$

$=4x(x+2)(x+4)$

에서 $f'(3)>0$이므로 조건을 만족시키지 않는다.

$m=2$이면 $f(x)=x^2(x-4)^2+3$이고

$f'(x)=2x(x-4)^2+2x^2(x-4)$

$=4x(x-2)(x-4)$

에서 $f'(3)<0$이므로 조건을 만족시킨다. **why? ❶**

따라서 $m=2$이다.

(i)~(iv)에서 $f(x)=x^2(x-4)^2+3$이므로

$f(-2)=(-2)^2\times(-2-4)^2+3=147$

해설특강

why? ❶ 함수 $y=f(x)$의 그래프는 직선 $y=3$에 접하고

$f'(0)=0$, $f(0)=3$, $f'(3)<0$

(i) $m=-2$일 때

$f'(3)>0$ (×)

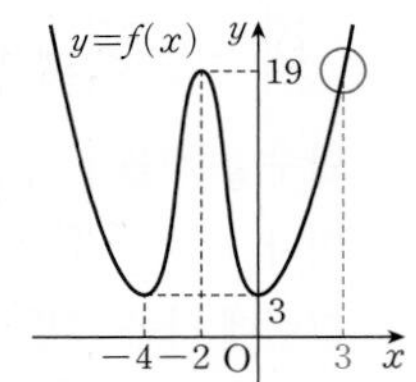

(ii) $m=2$일 때

$f'(3)<0$ (○)

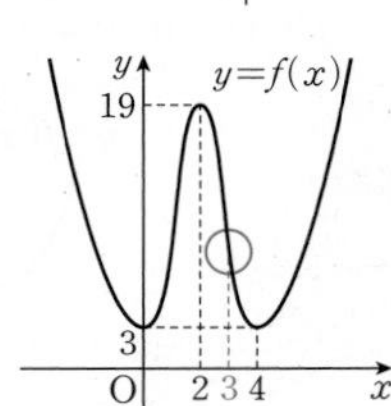

2

2022학년도 6월 평가원 공통 14 [정답률 26%] 변형 | 정답 32

출제영역 함수의 미분가능성+함수의 연속+절댓값 기호를 포함한 함수

절댓값 기호를 포함한 함수의 연속성과 미분가능성을 이용하여 함숫값을 구할 수 있는지를 묻는 문제이다.

$f'(1)=0$인 삼차함수 $f(x)$에 대하여 실수 전체의 집합에서 연속인 함수 $g(x)$가 다음 조건을 만족시킨다. ❶

(가) 모든 실수 x에 대하여 $xg(x)=|xf(x)-x^2+ax|$이다.

(나) 함수 $g(x)$가 집합 $\{x|x<k\}$에서 미분가능하도록 하는 실수 k의 최댓값은 2이다. ❷

함수 $f(x)$의 극솟값이 -4일 때, $g(a)$의 값을 구하시오. 32

(단, a는 상수이다.)

킬러코드 함수의 연속성과 미분가능성을 이용하여 함수 $f(x)$ 구하기

❶ 함수 $g(x)$가 실수 전체의 집합에서 연속임을 이용하여 $f(0)$의 값을 a에 대하여 나타낸다.

❷ $h(x)=f(x)-x+a$로 놓고 조건 (나)를 이용하여 함수 $h(x)$의 식을 구한다.

해설 **|1단계| 함수 $g(x)$가 연속임을 이용하여 $f(0)$의 값을 a에 대하여 나타내기**

조건 (가)에서

$x\ge0$일 때, $g(x)=|f(x)-x+a|$

$x<0$일 때, $g(x)=-|f(x)-x+a|$

함수 $g(x)$는 $x=0$에서 연속이므로

$\lim_{x\to0+}g(x)=|f(0)+a|$, $\lim_{x\to0-}g(x)=-|f(0)+a|$에서

$|f(0)+a|=-|f(0)+a|$, $|f(0)+a|=0$

$\therefore f(0)=-a$ …… ㉠

|2단계| $h(x)=f(x)-x+a$로 놓고 조건 (나)를 이용하여 함수 $h(x)$의 식 세우기

조건 (나)에서 함수 $g(x)$가 집합 $\{x|x<k\}$에서 미분가능하도록 하는 실수 k의 최댓값이 2이므로 2보다 작은 모든 실수 x에 대하여 미분가능하다.

즉, 함수 $g(x)$는 $x=0$에서 미분가능하다.

$h(x)=f(x)-x+a$라 하면

$h(0)=f(0)+a=-a+a=0$ ($\because$ ㉠)

$\therefore h'(0)=0$ **why? ❶**

$h'(x)=f'(x)-1$이므로

$h'(1)=f'(1)-1=-1$ ($\because f'(1)=0$)

$h(x)=bx^3+cx^2+dx+e$ (b, c, d, e는 상수, $b\neq0$)라 하면

$h(0)=0$이므로

$e=0$

또, $h'(x)=3bx^2+2cx+d$이므로 $h'(0)=0$, $h'(1)=-1$에서

$d=0$, $3b+2c=-1$ $\quad\therefore c=-\frac{1+3b}{2}$

$\therefore h(x)=bx^3-\frac{1+3b}{2}x^2$

|3단계| 조건 (나)를 이용하여 $h(2)$의 값을 구하고 함수 $h(x)$ 구하기

조건 (나)에서 $h(2)=0$이어야 하므로 **why? ❷**

$h(2)=8b-2(1+3b)=0$ $\quad\therefore b=1$

$\therefore h(x)=x^3-2x^2$

|4단계| 함수 $f(x)$의 극솟값이 -4임을 이용하여 a의 값을 구하고 $g(a)$의 값 구하기

$f(x)=h(x)+x-a=x^3-2x^2+x-a$이므로

$f'(x)=3x^2-4x+1=(3x-1)(x-1)$

$f'(x)=0$에서 $x=\frac{1}{3}$ 또는 $x=1$

따라서 함수 $f(x)$는 $x=1$에서 극솟값 -4를 가지므로

$f(1)=1-2+1-a=-4$

$\therefore a=4$

즉, $x\geq 0$일 때, $g(x)=|f(x)-x+4|$이므로

$g(4)=|f(4)-4+4|=32$ ($\because f(4)=32$)

해설 특강

why? ❶ $h(0)=0$일 때, $h'(0)\neq 0$이면 함수 $g(x)=|h(x)|$가 $x=0$에서 미분가능하지 않으므로 조건을 만족시키지 않는다. 따라서 $h'(0)=0$이다.

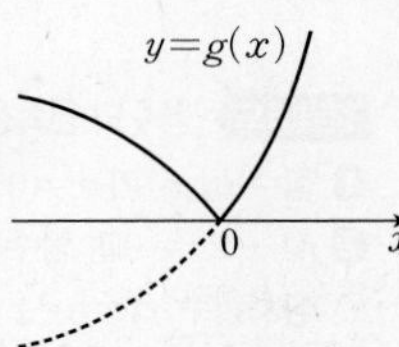

why? ❷ 함수 $g(x)$가 집합 $\{x|x<k\}$에서 미분가능하도록 하는 실수 k의 최댓값이 2이므로 2보다 크거나 같은 실수 x에 대해서는 함수 $g(x)$가 집합 $\{x|x<k\}$에서 미분가능하지 않는 실수 x의 값이 존재한다. 즉, $x=2$일 때 함수 $g(x)$가 미분가능하지 않으므로 $h(2)=0$

3

2017학년도 9월 평가원 나 21 [정답률 34%] 변형 **|정답 ③**

출제영역 함수의 미분가능성+사차함수의 그래프+절댓값 기호를 포함한 함수의 그래프

x축에 접하는 사차함수 $y=f(x)$의 그래프와 함수 $y=|x(x-1)(x-4)|$의 그래프의 위치 관계를 이용하여 새롭게 정의된 함수 $g(x)$가 단 한 개의 x의 값에서만 미분가능하지 않을 조건을 찾을 수 있는지를 묻는 문제이다.

다음 조건을 만족시키며 최고차항의 계수가 양수인 모든 사차함수 $f(x)$에 대하여 $f(2)$의 최댓값은?

(가) 방정식 $f(x)=0$의 실근은 0, 1, 4뿐이다. ❶

(나) 실수 x에 대하여 $f(x)$와 $|x(x-1)(x-4)|$ 중 크지 않은 값을 $g(x)$라 하자. 함수 $g(x)$가 $x=a$에서 미분가능하지 않을 때, a의 값은 단 한 개이다. ❷

① $\frac{4}{3}$ ② $\frac{5}{3}$ ✓③ 2 ④ $\frac{7}{3}$ ⑤ $\frac{8}{3}$

킬러코드 x, $x-1$, $x-4$ 중 $f(x)$의 중복된 인수에 따라 경우를 나누어 함수 $g(x)$가 단 한 개의 x의 값에서만 미분가능하지 않기 위한 조건 찾기

❶ 사차식 $f(x)$는 x, $x-1$, $x-4$를 인수로 가지므로 어느 하나는 중복된 인수이다.

➡ x, $x-1$, $x-4$ 중 함수 $f(x)$의 중복된 인수가 무엇인지에 따라 경우를 나누어 생각한다.

❷ ❶에서 나눈 각 경우에서 함수 $g(x)$가 단 한 개의 x의 값에서만 미분가능하지 않기 위해서는 함수 $y=f(x)$의 그래프가 어떻게 그려져야 하는지 생각한다.

해설 **|1단계| 조건 (가)를 만족시키는 함수 $f(x)$의 식 세우기**

조건 (가)에서 양수 k에 대하여 사차함수 $f(x)$는

$f(x)=kx^2(x-1)(x-4)$ 또는 $f(x)=kx(x-1)^2(x-4)$

또는 $f(x)=kx(x-1)(x-4)^2$

중 하나이다.

|2단계| $f(x)=kx^2(x-1)(x-4)$인 경우 $f(2)$의 값 구하기

$h(x)=|x(x-1)(x-4)|$, $i(x)=x(x-1)(x-4)$로 놓으면

$i'(x)=(x-1)(x-4)+x(x-4)+x(x-1)$

(i) $f(x)=kx^2(x-1)(x-4)$인 경우

두 함수 $y=f(x)$, $y=h(x)$의 그래프는 오른쪽 그림과 같이 k의 값에 관계없이 반드시 $x=\alpha$ ($\alpha<0$)에서 만나고 함수 $g(x)$는 $x=\alpha$에서 미분가능하지 않다. **why? ❶**

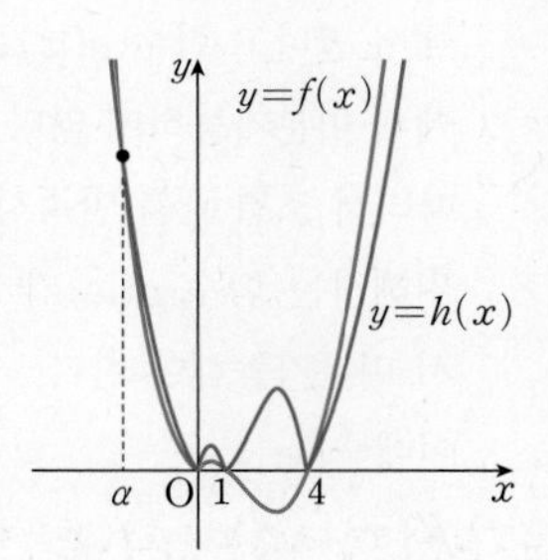

따라서 조건 (나)를 만족시키기 위해서는 함수 $g(x)$가 $x=4$에서 미분가능해야 한다.

이때

$f'(x)=2kx(x-1)(x-4)+kx^2(x-4)+kx^2(x-1)$

이고 $f'(4)=i'(4)$이므로

$48k=12 \quad \therefore k=\frac{1}{4}$

따라서 $f(x)=\frac{1}{4}x^2(x-1)(x-4)$이므로

$f(2)=-2$

|3단계| $f(x)=kx(x-1)^2(x-4)$인 경우 $f(2)$의 값 구하기

(ii) $f(x)=kx(x-1)^2(x-4)$인 경우

$f'(x)=k(x-1)^2(x-4)+2kx(x-1)(x-4)+kx(x-1)^2$

이때 함수 $g(x)$가 [그림 1]과 같이 $x=0$에서 미분가능하고 $x=4$에서 미분가능하지 않거나 [그림 2]와 같이 $x=0$에서 미분가능하지 않고 $x=4$에서 미분가능할 수 있다.

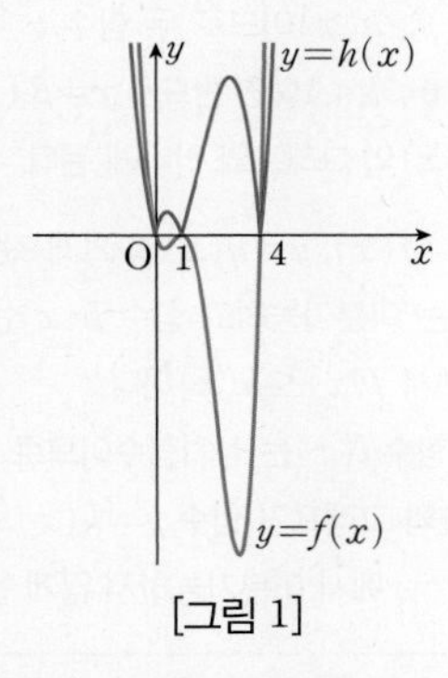

[그림 1]

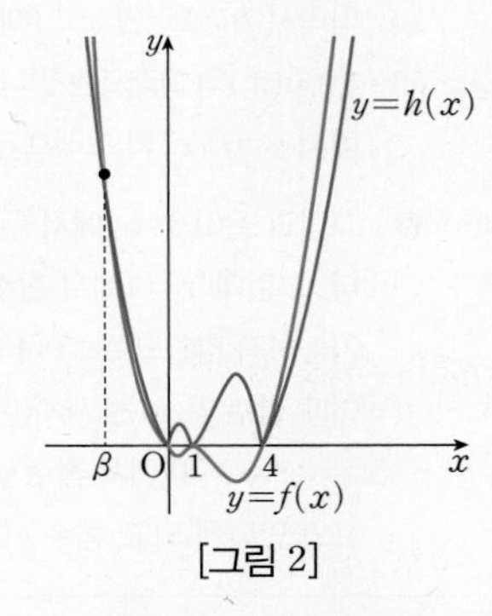

[그림 2]

㉠ $x=0$에서 미분가능하고 $x=4$에서 미분가능하지 않을 때

$f'(0)=-i'(0)$이어야 하므로

$-4k=-4 \quad \therefore k=1$

㉡ $x=0$에서 미분가능하지 않고 $x=4$에서 미분가능할 때

$f'(4)=i'(4)$이어야 하므로

$36k=12 \quad \therefore k=\frac{1}{3}$

그런데 이때는 함수 $g(x)$가 $x=0$에서 미분가능하지 않고 $x=\beta$ ($\beta<0$)에서도 미분가능하지 않으므로 조건 (나)를 만족시키지 않는다. **why? ❷**

㉠, ㉡에 의하여 $f(x)=x(x-1)^2(x-4)$이므로

$f(2)=-4$

|4단계| $f(x)=kx(x-1)(x-4)^2$인 경우 $f(2)$의 값 구하기

(iii) $f(x)=kx(x-1)(x-4)^2$인 경우

두 함수 $y=f(x)$, $y=h(x)$의 그래프는 반드시 $x=\gamma$ ($\gamma>4$)에서 만나고 함수 $g(x)$는 $x=\gamma$에서 미분가능하지 않다. **why? ❸**

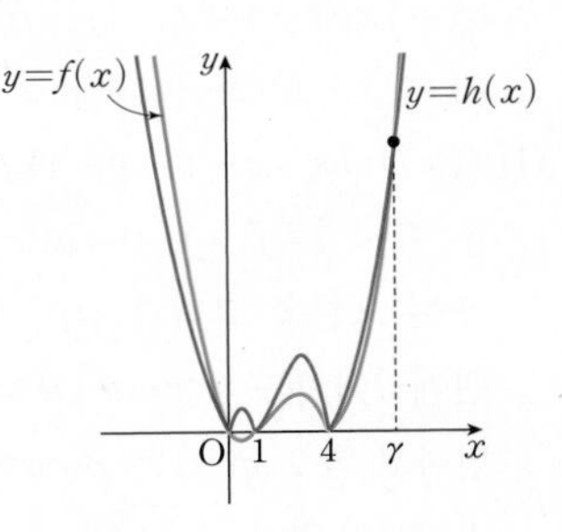

따라서 조건 (나)를 만족시키기 위해서는 함수 $g(x)$가 $x=0$에서 미분가능해야 한다.

이때

$f'(x)=k(x-1)(x-4)^2+kx(x-4)^2+2kx(x-1)(x-4)$

이고, $f'(0)=-i'(0)$이므로

$-16k=-4 \qquad \therefore k=\dfrac{1}{4}$

따라서 $f(x)=\dfrac{1}{4}x(x-1)(x-4)^2$이므로

$f(2)=2$

(i), (ii), (iii)에 의하여 $f(2)$의 최댓값은 2이다.

해설 특강

why? ❶ $x=0$에서 두 함수 $y=f(x)$, $y=h(x)$의 그래프는 접한다. 그런데 $x=0$에서 함수 $y=f(x)$는 미분가능하고, 함수 $y=h(x)$는 미분가능하지 않으므로 $x=0$의 근방에서 $f(x)\le h(x)$이다.
이때 함수 $f(x)$는 사차함수이고, 함수 $i(x)$는 삼차함수이므로 반드시 $x=\alpha$ ($\alpha<0$)에서 함수 $y=f(x)$의 그래프가 함수 $y=h(x)$의 그래프와 만나게 되고, 함수 $g(x)$는 $x=\alpha$에서 미분가능하지 않게 된다.

why? ❷ $k=1$이면 두 함수 $y=f(x)$와 $y=h(x)$의 그래프는 $x=0$에서 접한다.
따라서 $k>1$이면 $x<0$에서 $f(x)>h(x)$이므로 두 함수 $y=f(x)$, $y=h(x)$의 그래프는 만나지 않고, $0<k<1$이면 반드시 $x=\beta$ ($\beta<0$)에서 $y=f(x)$의 그래프가 $y=h(x)$의 그래프와 만나게 된다.

why? ❸ 그림과 같이 $x=4$에서 두 함수 $y=f(x)$, $y=h(x)$의 그래프는 접한다. 그런데 $x=4$에서 함수 $f(x)$는 미분가능하고 함수 $h(x)$는 미분가능하지 않으므로 $x=4$의 근방에서 $f(x)\le h(x)$이다.
이때 함수 $f(x)$는 사차함수이고, 함수 $i(x)$는 삼차함수이므로 반드시 $x=\gamma$ ($\gamma>4$)에서 함수 $y=f(x)$의 그래프가 함수 $y=h(x)$의 그래프와 만나게 되고, 함수 $g(x)$는 $x=\gamma$에서 미분가능하지 않게 된다.

4

2021학년도 수능 나 30 [정답률 10%] 변형 | 정답 174

출제영역 함수의 미분가능성+절댓값 기호를 포함한 함수

절댓값 기호를 포함한 함수 $h(x)$에 대하여 함수의 연속성과 미분가능성을 이용하여 함숫값을 구할 수 있는지를 묻는 문제이다.

최고차항의 계수가 1인 이차함수 $f(x)$와 일차항의 계수가 양수인 일차함수 $g(x)$에 대하여 실수 전체의 집합에서 미분가능한 함수 $h(x)$를 ❶

$$h(x)=\begin{cases} |f(x)g(x)| & (x<0) \\ g(x)-f(x)-\dfrac{4}{5} & (x\ge 0) \end{cases}$$ ❷

라 하자. $h(-2)=0$이고 ❷ 함수 $h(x)$가 극대 또는 극소가 되는 서로 다른 실수 x의 개수가 2일 때, $5h(-5)$의 값을 구하시오. 174

(단, $f(0)\ne 0$, $g(0)\ne 0$)

킬러코드 함수의 연속성과 미분가능성을 이용하여 두 함수 $f(x)$, $g(x)$ 구하기

❶ 함수 $h(x)$가 $x=0$에서 미분가능할 조건을 찾는다.
❷ $h(-2)=0$과 함수 $h(x)$가 실수 전체의 집합에서 미분가능함을 이용하여 삼차함수 $f(x)g(x)$의 식을 세운다.

해설 **|1단계| 함수 $h(x)$가 $x=-2$에서 미분가능함을 이용하여 $f(x)g(x)$의 식 세우기**

함수 $f(x)g(x)$는 삼차함수이고 $h(-2)=0$이므로 함수 $h(x)$가 $x=-2$에서 미분가능하려면 $x=-2$에서 함수 $f(x)g(x)$의 미분계수가 0이어야 한다.

따라서 일차함수 $g(x)$의 최고차항의 계수를 k라 하면

$f(x)g(x)=k(x+2)^2(x-a)$ ($k>0$이고, a는 상수)

로 놓을 수 있다.

|2단계| 함수 $h(x)$가 $x=0$에서 미분가능할 조건 찾기

$a<0$이면 다음 그림과 같이 $x<0$에서 함수 $h(x)$가 극대 또는 극소가 되는 서로 다른 실수 x의 개수가 3이므로 조건을 만족시키지 않는다.

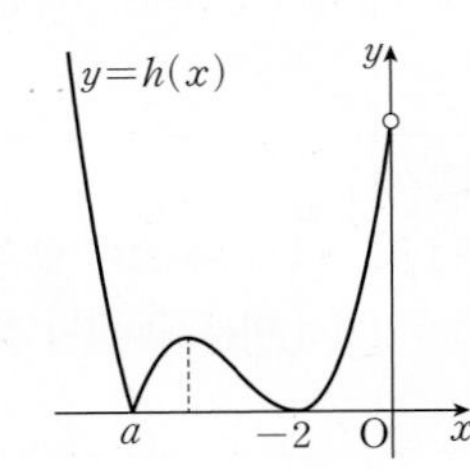

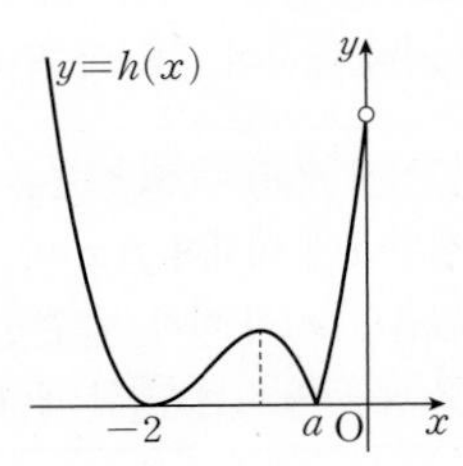

$f(0)\ne 0$, $g(0)\ne 0$에서 $h(0)\ne 0$이므로 $a>0$이어야 한다.

함수 $h(x)$는 $x=0$에서 연속이므로

$\lim\limits_{x\to 0+} h(x)=g(0)-f(0)-\dfrac{4}{5}$,

$\lim\limits_{x\to 0-} h(x)=|f(0)g(0)|=|-4ak|=4ak$ ($\because a>0$, $k>0$),

$h(0)=g(0)-f(0)-\dfrac{4}{5}$

에서

$g(0)-f(0)-\dfrac{4}{5}=4ak \qquad \cdots\cdots ㉠$

또, 함수 $h(x)$는 $x=0$에서 미분가능하므로

$$\lim_{x\to0+}\frac{h(x)-h(0)}{x}=\lim_{x\to0+}\frac{g(x)-f(x)-\frac{4}{5}-\left\{g(0)-f(0)-\frac{4}{5}\right\}}{x}$$
$$=\lim_{x\to0+}\frac{g(x)-g(0)}{x}-\lim_{x\to0+}\frac{f(x)-f(0)}{x}$$
$$=g'(0)-f'(0)$$

이때 $f(0)g(0)<0$이고 $\lim_{x\to0-}f(x)g(x)=f(0)g(0)<0$이므로 why? ❶

$$\lim_{x\to0-}\frac{h(x)-h(0)}{x}$$
$$=\lim_{x\to0-}\frac{|f(x)g(x)|-|f(0)g(0)|}{x}$$
$$=\lim_{x\to0-}\frac{-f(x)g(x)+f(0)g(0)}{x}$$
$$=\lim_{x\to0-}\frac{-f(x)g(x)+f(0)g(x)-f(0)g(x)+f(0)g(0)}{x}$$
$$=-\lim_{x\to0-}\frac{\{f(x)-f(0)\}g(x)}{x}-\lim_{x\to0-}\frac{\{g(x)-g(0)\}f(0)}{x}$$
$$=-f'(0)g(0)-f(0)g'(0)$$
$$\therefore g'(0)-f'(0)=-f'(0)g(0)-f(0)g'(0) \quad \cdots\cdots ㉡$$

|3단계| 두 가지 경우로 나누어 두 함수 $f(x)$, $g(x)$의 식 구하기

(i) $f(x)=(x+2)^2$, $g(x)=k(x-a)$인 경우

$f(0)=4$, $g(0)=-ak$

함수 $h(x)$는 $x=0$에서 연속이므로 ㉠에서

$$-ak-4-\frac{4}{5}=4ak$$

이때 $a>0$, $k>0$에서 $4ak>0$, $-ak-4-\frac{4}{5}<0$이므로 모순이다.

(ii) $f(x)=(x+2)(x-a)$, $g(x)=k(x+2)$인 경우

$f(0)=-2a$, $g(0)=2k$이고,

$f'(x)=2x+2-a$, $g'(x)=k$이므로

$f'(0)=2-a$, $g'(0)=k$

함수 $h(x)$는 $x=0$에서 연속이므로 ㉠에서

$$2k+2a-\frac{4}{5}=4ak \quad \cdots\cdots ㉢$$

함수 $h(x)$는 $x=0$에서 미분가능하므로 ㉡에서

$$k+a-2=4ak-4k$$
$$\therefore 4ak=5k+a-2 \quad \cdots\cdots ㉣$$

㉣을 ㉢에 대입하면

$$2k+2a-\frac{4}{5}=5k+a-2$$
$$3k=a+\frac{6}{5} \qquad \therefore k=\frac{a}{3}+\frac{2}{5} \quad \cdots\cdots ㉤$$

㉤을 ㉣에 대입하면

$$4a\left(\frac{a}{3}+\frac{2}{5}\right)=5\left(\frac{a}{3}+\frac{2}{5}\right)+a-2$$
$$\frac{4}{3}a^2-\frac{16}{15}a=0,\ \frac{4}{3}a\left(a-\frac{4}{5}\right)=0$$
$$\therefore a=0 \text{ 또는 } a=\frac{4}{5}$$

이때 $a>0$이므로

$$a=\frac{4}{5},\ k=\frac{2}{3}$$

(i), (ii)에 의하여

$$f(x)g(x)=\frac{2}{3}(x+2)^2\left(x-\frac{4}{5}\right)$$
$$\therefore 5h(-5)=5|f(-5)g(-5)|$$
$$=5\times\left|\frac{2}{3}\times9\times\left(-\frac{29}{5}\right)\right|=174$$

참고 함수 $y=h(x)$의 그래프는 다음 그림과 같다.

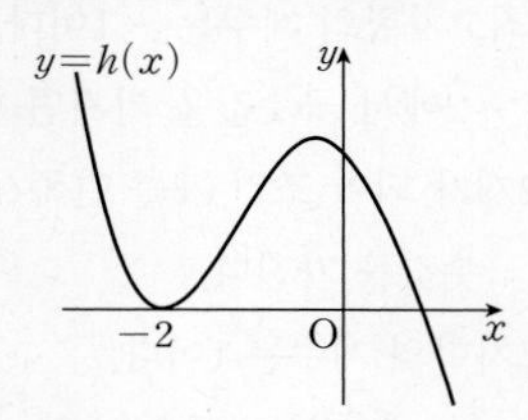

해설 특강

why? ❶ 두 함수 $p(x)$, $q(x)$에 대하여

$\lim_{x\to a}p(x)=\alpha$, $\lim_{x\to a}q(x)=\beta$ (α, β는 실수)일 때, a에 가까운 모든 실수 x에 대하여 $p(x)\le q(x)$이면 $\alpha\le\beta$이다.

문제에서 $q(x)=f(x)g(x)$, $p(x)=0$, a 대신 $0-$ (또는 $0+$)로 놓으면 위 성질이 성립함을 알 수 있다.

5

2021학년도 6월 평가원 나 30 [정답률 13%] 변형 | 정답 84

함수의 미분가능성+함수의 극대 · 극소+범위에 따라 다르게 정의된 함수

함수의 미분가능성을 이용하여 조건을 만족시키는 두 삼차함수 $f(x)$, $g(x)$를 구할 수 있는지를 묻는 문제이다.

최고차항의 계수의 절댓값이 1인 두 삼차함수 $f(x)$, $g(x)$에❶ 대하여 함수 $f(x)$는 $x=-2$에서 극댓값이 0이고 함수 $g(x)$는 극댓값과 극솟값의 합이 0이❷다. 함수

$$h(x)=\begin{cases} f(x) & (x\le0) \\ g(x) & (x>0)\end{cases}$$

가 실수 전체의 집합에서 미분가능❸하고 다음 조건을 만족시킬 때, $h(-1)\times h(5)$의 값을 구하시오. (단, 두 함수 $f(x)$, $g(x)$의 모든 계수는 유리수이고, $h(0)<0$이다.) 84

(가) 함수 $h(x)$의 극대가 되는 실수 x의 개수가 2이고 극소가 되는 실수 x의 개수가 1이다.❷

(나) 방정식 $h(x)=0$의 모든 실근의 합은 2이다.

킬러코드 함수의 연속성과 미분가능성을 이용하여 두 함수 $f(x)$, $g(x)$ 구하기

❶ 두 삼차함수 $f(x)$와 $g(x)$의 최고차항의 계수를 구한다.

❷ 함수 $h(x)$가 $x=0$에서 미분가능하고 극대, 극소가 되는 실수 x의 개수가 각각 2, 1이라는 조건을 이용하여 두 함수 $f(x)$와 $g(x)$의 식을 세운다.

❸ 함수 $h(x)$가 $x=0$에서 연속이면서 미분가능함을 이용하여 함수 $f(x)$와 $g(x)$를 구한다.

해설 |1단계| 두 삼차함수 $f(x)$, $g(x)$의 최고차항의 계수 구하기

삼차함수 $f(x)$가 $x=-2$에서 극댓값 0을 가지므로 함수 $h(x)$는 $x=-2$에서 극댓값 0을 갖는다.

조건 (가)에 의하여 함수 $h(x)$는 $x>0$에서 극댓값을 가져야 한다. why? ❶

함수 $h(x)$가 극대가 되는 양수 x의 값을 α라 하자.
실수 전체의 집합에서 연속인 함수에 대하여 극대가 되는 두 실수 x의 값 사이에는 반드시 극소가 되는 실수 x의 값이 존재한다.
삼차함수 $g(x)$의 최고차항의 계수가 1이면 함수 $h(x)$가 극소가 되는 실수 x의 값이 $-2<x<\alpha$와 $x>\alpha$에서 각각 1개씩 존재하므로 조건 ㈎를 만족시키지 않는다.
따라서 함수 $g(x)$의 최고차항의 계수는 -1이다.
또, 함수 $f(x)$가 $x<-2$에서 극솟값을 가지면 함수 $h(x)$가 극소가 되는 실수 x의 값이 2개가 되어 조건 ㈎를 만족시키지 않으므로 함수 $f(x)$는 $x>-2$에서 극솟값을 가진다.
즉, 함수 $f(x)$의 최고차항의 계수는 1이다.
따라서 함수 $y=h(x)$의 그래프의 개형은 다음 그림과 같다.

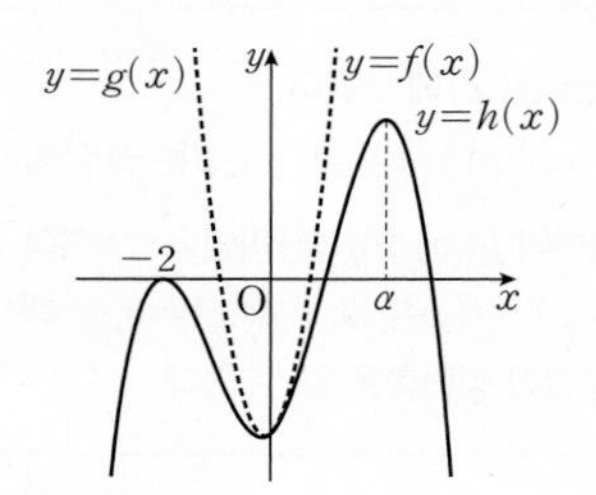

|2단계| 두 함수 $f(x)$, $g(x)$의 식 세우기

삼차함수 $f(x)$는 $x=-2$에서 극댓값 0을 가지므로
$f'(-2)=0$, $f(-2)=0$
따라서 함수 $f(x)$를
$f(x)=(x+2)^2(x+a)$ (a는 유리수인 상수)
로 놓을 수 있다.
함수 $g(x)$의 극댓값과 극솟값의 합이 0이므로
$g(x)=-(x-c)^3+b(x-c)$ (b, c는 유리수인 상수, $b>0$)
로 놓을 수 있다. why? ❷

|3단계| 방정식 $h(x)=0$의 실근 구하기

$g(x)=-(x-c)\{(x-c)^2-b\}$
$\quad=-(x-c)(x-c+\sqrt{b})(x-c-\sqrt{b})$
$g(x)=0$에서
$x=c$ 또는 $x=c-\sqrt{b}$ 또는 $x=c+\sqrt{b}$
이때 $c-\sqrt{b}<0$이므로 $x>0$에서 방정식 $h(x)=0$의 실근은
$x=c$ 또는 $x=c+\sqrt{b}$ why? ❸
또, $x\le 0$에서 방정식 $h(x)=0$의 실근은 $x=-2$이고 조건 ㈏에서 방정식 $h(x)=0$의 모든 실근의 합은 2이므로
$-2+c+c+\sqrt{b}=2$, $\sqrt{b}=4-2c$
$\therefore b=(4-2c)^2 \quad\cdots\cdots$ ㉠

|4단계| 함수 $h(x)$가 $x=0$에서 미분가능함을 이용하여 두 함수 $f(x)$, $g(x)$의 계수 사이의 관계식 구하기

함수 $h(x)$는 $x=0$에서 연속이므로 $\lim_{x\to 0+} h(x)=\lim_{x\to 0-} h(x)$에서
$f(0)=g(0)$
$\therefore 4a=c^3-bc$
$\quad=c^3-c(4-2c)^2$ ($\because$ ㉠)
$\quad=-3c^3+16c^2-16c \quad\cdots\cdots$ ㉡

한편,
$f'(x)=2(x+2)(x+a)+(x+2)^2$, $g'(x)=-3(x-c)^2+b$
이고, 함수 $h(x)$는 $x=0$에서 미분가능하므로
$\lim_{x\to 0+}\frac{h(x)-h(0)}{x}=\lim_{x\to 0-}\frac{h(x)-h(0)}{x}$에서
$f'(0)=g'(0)$
$\therefore 4a+4=-3c^2+b$
$\quad=-3c^2+(4-2c)^2$ ($\because$ ㉠)
$\quad=c^2-16c+16 \quad\cdots\cdots$ ㉢
㉡을 ㉢에 대입하면
$-3c^3+16c^2-16c+4=c^2-16c+16$
$3c^3-15c^2+12=0$
$c^3-5c^2+4=0$
$(c-1)(c^2-4c-4)=0$
$\therefore c=1$ ($\because c$는 유리수)
따라서 $a=-\frac{3}{4}$, $b=4$, $c=1$이므로

$$h(x)=\begin{cases}(x+2)^2\left(x-\frac{3}{4}\right) & (x\le 0)\\ -(x-1)^3+4(x-1) & (x>0)\end{cases}$$

$\therefore h(-1)\times h(5)=\left(-\frac{7}{4}\right)\times(-48)=84$

해설특강

why? ❶ 함수 $h(x)$는 $x<0$에서 삼차함수 $f(x)$이므로 $x<0$에서 극대가 되는 실수 x의 개수는 1이다.
또, $h(x)$가 미분가능한 함수이므로 $x=0$에서는 극대가 될 수 없다.
따라서 함수 $h(x)$에서 극대가 되는 다른 한 실수 x는 양수이어야 한다. 즉, 삼차함수 $g(x)$가 극대가 되는 실수 x가 존재한다.

why? ❷ 삼차함수 $i(x)$를 $i(x)=-x^3+bx$ (b는 상수)라 하면
$i(x)=-i(-x)$이므로 함수 $i(x)$의 그래프는 원점에 대하여 대칭이고, 함수 $y=i(x)$의 극댓값과 극솟값의 합은 0이다.
따라서 극댓값과 극솟값의 합이 0인 삼차함수는 함수 $i(x)$의 그래프를 x축의 방향으로 평행이동한 그래프의 함수이다.
따라서 함수 $g(x)$는
$g(x)=-(x-c)^3+b(x-c)$ (b, c는 상수)
로 놓을 수 있다.

why? ❸ $h(0)=f(0)=4a<0$이므로 방정식 $f(x)=0$의 다른 한 실근 $-a$는 양수이다.
방정식 $h(x)=0$은 서로 다른 세 실근을 가지고 음의 실근은 -2이므로 방정식 $g(x)=0$의 서로 다른 세 실근 중
두 근은 양수 ($x=c$ 또는 $x=c+\sqrt{b}$), 나머지 한 근은 음수 ($x=-2$)이다.

6 | 정답 61

출제영역 함수의 미분가능성+사차함수의 그래프의 개형

함수의 극값과 절댓값 기호가 포함된 함수의 미분가능성을 이용하여 함수의 그래프의 개형을 추론하고 함숫값을 구할 수 있는지를 묻는 문제이다.

최고차항의 계수가 1인 사차함수 $f(x)$에 대하여 함수 $g(x)$를

$$g(x)=\begin{cases} f(x) & (x<0) \\ f(-x) & (x\geq 0) \end{cases}$$ ❶

라 할 때, 두 함수 $f(x)$, $g(x)$가 다음 조건을 만족시킨다.

(가) 함수 $g(x)$는 $x=-2$, $x=0$, $x=2$에서 극값을 갖는다.
(나) 함수 $|f(x)+m|$이 실수 전체의 집합에서 미분가능하도록 ❷ 하는 실수 m의 최솟값은 $\frac{131}{3}$이다.
(다) 함수 $|g(x)+n|$이 실수 전체의 집합에서 미분가능하도록 하는 실수 n의 최솟값은 2이다.

$f(3)=-\frac{131}{3}$일 때, $f(0)=\frac{q}{p}$이다. $p+q$의 값을 구하시오. 61

(단, p와 q는 서로소인 자연수이다.)

킬러코드 사차함수 $f(x)$의 극값과 최솟값에 대한 조건을 이용하여 그 그래프의 개형 추론하기

❶ 함수 $g(x)$는 $x<0$일 때는 $g(x)=f(x)$이고, $x\geq 0$일 때는 최고차항의 계수가 1인 사차함수 $y=f(x)$의 그래프 중 $x<0$인 부분을 y축에 대하여 대칭이동한 그래프를 갖는 함수임을 알 수 있다.

❷ 함수 $y=|f(x)+m|$의 그래프와 x축이 만나는 x의 값에서 미분가능해야 한다.

해설 **|1단계| 조건 (가)를 만족시키는 함수 $y=g(x)$의 그래프의 개형 모두 추론하기**

$x<0$일 때 $f(x)=g(x)$이고, 조건 (가)에서 함수 $g(x)$가 극값을 가지면서 0보다 작은 x의 값은 $x=-2$뿐이므로 최고차항의 계수가 1인 사차함수 $f(x)$는 $x=-2$에서 극솟값을 갖는다.

이때 함수 $g(x)$는 $x<0$일 때는 $g(x)=f(x)$이고, $x\geq 0$일 때는 최고차항의 계수가 1인 사차함수 $y=f(x)$의 그래프 중 $x<0$인 부분을 y축에 대하여 대칭이동한 그래프를 가지므로 함수 $y=g(x)$의 그래프는 y축에 대하여 대칭이고 그 개형으로 가능한 것은 다음 그림과 같다.

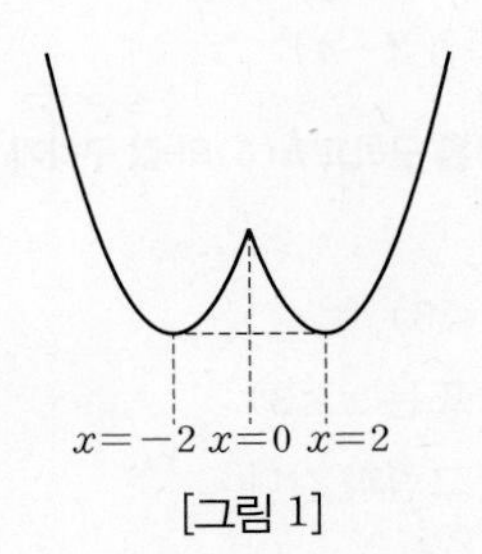

[그림 1]

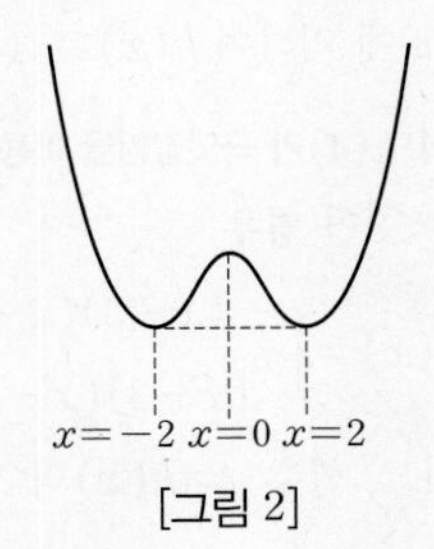

[그림 2]

|2단계| 조건 (다)를 만족시키는 함수 $y=f(x)$의 그래프의 개형 모두 추론하기

그런데 조건 (다)에 의하여 함수 $g(x)$는 $x=0$에서 미분가능함을 알 수 있으므로 함수 $y=g(x)$의 그래프의 개형은 [그림 2]와 같아야 한다. why? ❶

즉, 함수 $f(x)$는 $x=0$에서 극댓값을 갖는다.

또, 함수 $g(x)$의 최솟값은 -2이어야 하므로

$g(-2)=f(-2)=-2$ ······ ㉠

따라서 함수 $y=f(x)$는 $x=-2$, $x=\alpha$ $(\alpha>0)$에서 극솟값을 갖고, $x=0$에서 극댓값을 가지므로 그 그래프의 개형으로 가능한 것은 다음 그림과 같다.

(i)

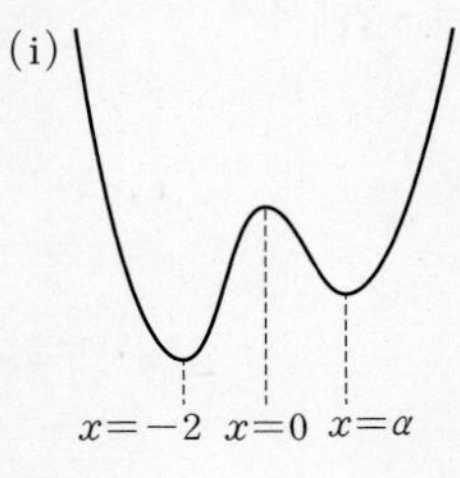

(ii)

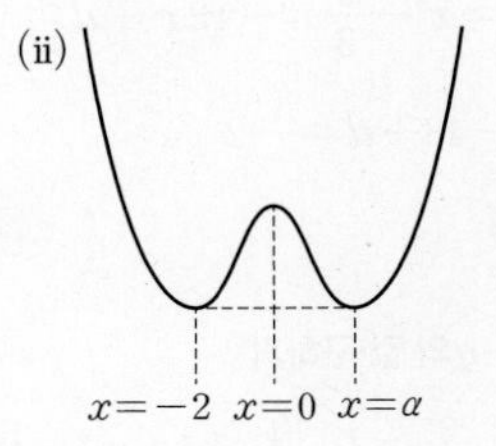

(iii)

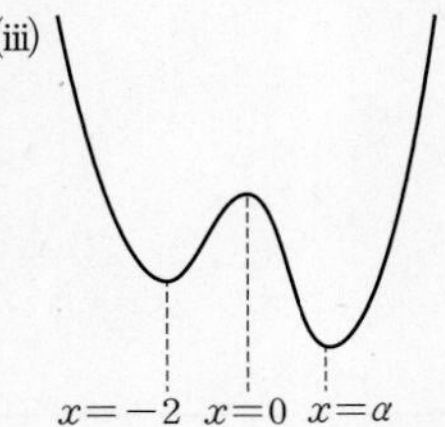

|3단계| 조건 (나)와 $f(3)=-\frac{131}{3}$임을 이용하여 함수 $f(x)$의 식 구하기

이때 조건 (나)에 의하여 함수 $f(x)$의 최솟값은 $-\frac{131}{3}$이어야 한다.

(i)의 경우

함수 $f(x)$는 $x=-2$에서 극소이자 최소이므로

$f(-2)=-\frac{131}{3}$

그런데 ㉠에서 $f(-2)=-2$이므로 조건을 만족시키지 않는다.

(ii)의 경우

함수 $f(x)$는 $x=-2$, $x=\alpha$에서 극소이자 최소이므로

$f(-2)=f(\alpha)=-\frac{131}{3}$

그런데 ㉠에서 $f(-2)=-2$이므로 조건을 만족시키지 않는다.

(iii)의 경우

함수 $f(x)$는 $x=\alpha$에서 극소이자 최소이므로

$f(\alpha)=-\frac{131}{3}$

그런데 $f(3)=-\frac{131}{3}$이므로 $\alpha=3$이다.

즉, 함수 $y=f(x)$는

$x=-2$에서 극솟값 -2, $x=3$에서 극솟값 $-\frac{131}{3}$을 갖고,

$x=0$에서 극댓값을 갖는다.

따라서

$f(x)=x^4+ax^3+bx^2+cx+d$ (a, b, c, d는 상수)

로 놓으면

$f'(x)=4x^3+3ax^2+2bx+c$

$f'(0)=0$에서

$c=0$

$f'(-2)=0$에서

$-32+12a-4b=0$

$\therefore 3a-b=8$ ······ ㉡

$f'(3)=0$에서

$108+27a+6b=0$

$\therefore 9a+2b=-36$ ······ ㉢

㉡, ㉢을 연립하여 풀면

$a=-\frac{4}{3}$, $b=-12$

즉, $f(x)=x^4-\frac{4}{3}x^3-12x^2+d$이고 $f(-2)=-2$에서

$16+\frac{32}{3}-48+d=-2$

$\therefore d=\frac{58}{3}$

|4단계| $p+q$의 값 구하기

따라서 $f(x)=x^4-\frac{4}{3}x^3-12x^2+\frac{58}{3}$이므로

$f(0)=\frac{58}{3}$

즉, $p=3$, $q=58$이므로

$p+q=3+58=61$

해설특강

why? ❶ 함수 $|g(x)+n|$이 실수 전체의 집합에서 미분가능하다는 것은 함수 $g(x)+n$이 실수 전체의 집합에서 미분가능하고 $g(x)+n=0$을 만족시키는 모든 x의 값에서 함수 $|g(x)+n|$이 미분가능함을 의미한다.

핵심 개념 $y=|f(x)|$ 꼴의 함수의 미분가능성

함수 $f(x)$에 대하여 $f(a)=0$이고 함수 $|f(x)|$가 $x=a$에서 미분가능할 때 함수 $y=f(x)$의 그래프의 개형으로 가능한 것은 다음 그림과 같다.

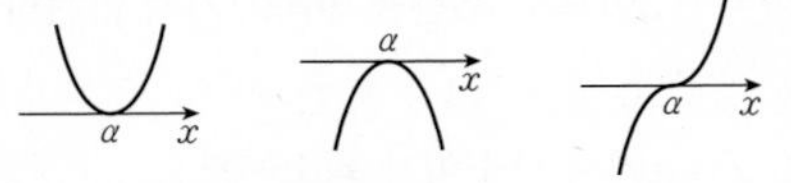
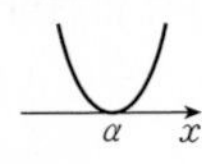
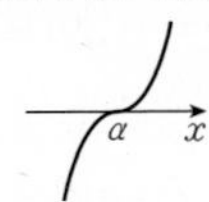
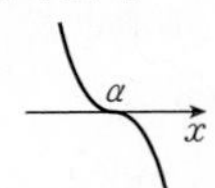

7

|정답 16

출제영역 함수의 미분가능성+함수의 극대·극소+절댓값 기호를 포함한 함수

함수의 미분가능성을 이용하여 조건을 만족시키는 함수 $h(x)$를 구할 수 있는지를 묻는 문제이다.

최고차항의 계수가 1인 두 이차함수 $f(x)$, $g(x)$에 대하여 $h(x)=|f(x)|g(x)$가 다음 조건을 만족시킨다.

(가) 함수 $h(x)$는 $x=3$에서만 미분가능하지 않다. ❶
(나) 3이 아닌 실수 a에 대하여 $h'(a)=0$이면 함수 $h(x)$는 $x=a$에서 극대 또는 극소이다. ❷

함수 $h(x)$는 $x=4$에서 극댓값을 가질 때, $h(5)$의 값을 구하시오. 16

킬러코드 함수의 미분가능성과 극대, 극소의 성질을 이용하여 함수 $h(x)$ 구하기

❶ 함수의 미분가능성을 이용하여 두 함수 $f(x)$, $g(x)$가 인수로 가지는 일차식을 각각 구한다.
❷ 극대와 극소의 정의를 이용하여 함수 $h(x)$의 식을 세운다.

해설 **|1단계| 함수의 미분가능성을 이용하여 두 함수 $f(x)$, $g(x)$가 인수로 가지는 일차식 각각 구하기**

조건 (가)에서 함수 $h(x)$는 $x=3$에서만 미분가능하지 않으므로 함수 $f(x)$는 $x=3$에서 중근이 아닌 실근을 가져야 한다.

따라서 함수 $f(x)$는

$f(x)=(x-3)(x-a)$ (a는 $a\neq3$인 상수)

로 놓을 수 있다.

이때 함수 $h(x)$는 $x=a$에서 미분가능하므로 $g(x)$는 $x-a$를 인수로 가져야 한다.

$g(x)=(x-a)(x-b)$ (b는 $b\neq3$인 상수)로 놓으면

$h(x)=|(x-3)(x-a)|(x-a)(x-b)$

즉,

$$\lim_{x\to a}\frac{h(x)-h(a)}{x-a}=\lim_{x\to a}\frac{|(x-3)(x-a)|(x-a)(x-b)}{x-a}$$
$$=\lim_{x\to a}|(x-3)(x-a)|(x-b)=0$$

이므로 $h'(a)=0$

|2단계| 극대와 극소의 정의를 이용하여 함수 $h(x)$의 식 세우기

(i) $a\neq b$인 경우

$h(a)=0$이고 충분히 작은 양수 p에 대하여

$h(a+p)=|(a+p-3)p|\times p\times(a+p-b)$,

$h(a-p)=|(a-p-3)p|\times(-p)\times(a-p-b)$

이므로 $h(a+p)$와 $h(a-p)$의 부호가 반대이다. **why? ❶**

즉, $h(a-p)<h(a)=0<h(a+p)$ 또는

$h(a+p)<h(a)=0<h(a-p)$이므로 함수 $h(x)$는 $h'(a)=0$이지만 $x=a$에서 극값을 갖지 않는다.

(ii) $a=b$인 경우

함수 $h(x)=|(x-3)(x-a)|(x-a)^2$이고 충분히 작은 양수 p에 대하여

$h(a+p)=|(a+p-3)p|\times p^2$,

$h(a-p)=|(a-p-3)p|\times(-p)^2$

에서

$h(a+p)>0=h(a)$, $h(a-p)>0=h(a)$

이므로 함수 $h(x)$는 $x=a$에서 극솟값을 갖는다.

(i), (ii)에 의하여 $h(x)=|(x-3)(x-a)|(x-a)^2$

|3단계| $h(4)$가 극댓값임을 이용하여 함수 $h(x)$를 구하고 $h(5)$의 값 구하기

(iii) $a<3$인 경우

$$h(x)=\begin{cases}-(x-3)(x-a)^3 & (a<x<3)\\(x-3)(x-a)^3 & (x\le a \text{ 또는 } x\ge3)\end{cases}$$

이고, 함수 $y=h(x)$의 그래프는 다음 그림과 같다.

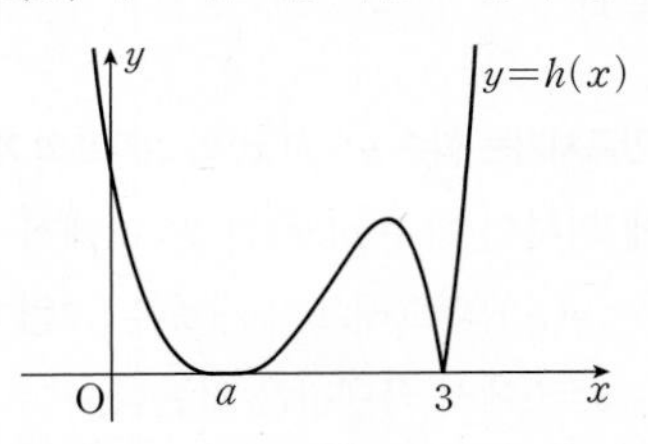

함수 $h(x)$는 $x<3$에서 극댓값을 가지므로 조건을 만족시키지 않는다.

(iv) $a>3$인 경우

$$h(x)=\begin{cases} -(x-3)(x-a)^3 & (3<x<a) \\ (x-3)(x-a)^3 & (x\le 3 \text{ 또는 } x\ge a) \end{cases}$$

이고, 함수 $y=h(x)$의 그래프는 다음 그림과 같다.

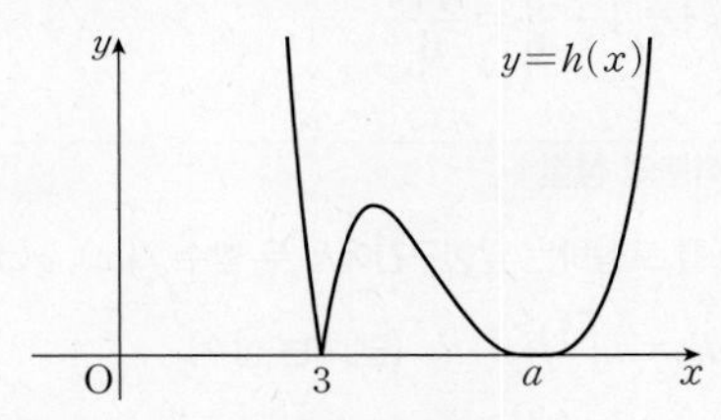

함수 $h(x)$는 $3<x<a$에서 극댓값을 갖는다.

(iii), (iv)에 의하여 $3<x<a$일 때

$$\begin{aligned} h'(x) &= -(x-a)^3-3(x-3)(x-a)^2 \\ &= -(x-a)^2(x-a+3x-9) \\ &= -(x-a)^2(4x-a-9) \end{aligned}$$

$h'(x)=0$에서

$x=a$ 또는 $x=\dfrac{a+9}{4}$

따라서 함수 $h(x)$는 $x=\dfrac{a+9}{4}$에서 극댓값을 가지므로

$\dfrac{a+9}{4}=4$

$\therefore a=7$

즉, $h(x)=\begin{cases} -(x-3)(x-7)^3 & (3<x<7) \\ (x-3)(x-7)^3 & (x\le 3 \text{ 또는 } x\ge 7) \end{cases}$ 이므로

$h(5)=-1\times 2\times(-8)=16$

해설 특강

why? ❶ $a-b>0$인 경우 충분히 작은 양수 p에 대하여 $a-b+p$와 $a-b-p$의 값은 모두 양수이다.
또, $a-b<0$인 경우 충분히 작은 양수 p에 대하여 $a-b+p$와 $a-b-p$의 값은 모두 음수이다.
따라서 $h(a+p)$와 $h(a-p)$의 부호가 반대이다.

THEME

05 여러 가지 함수의 정적분의 계산

본문 39쪽

기출예시 1 | 정답 ⑤

ㄱ. 최고차항의 계수가 양수이고 조건 (가)를 만족시키는 삼차함수 $y=f(x)$와 도함수 $y=f'(x)$의 그래프의 개형은 다음 그림과 같다.

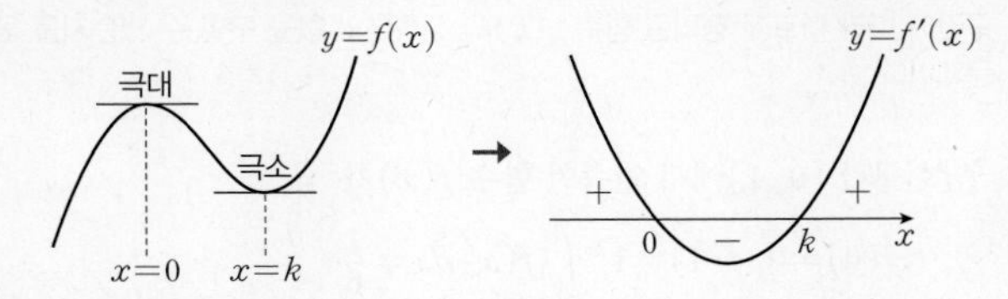

이때 $f'(x)=ax(x-k)$ $(a>0)$로 놓으면 $0<x<k$에서

$f'(x)<0 \qquad \therefore \displaystyle\int_0^k f'(x)dx<0$ (참)

ㄴ. 조건 (나)에서 $\displaystyle\int_0^t |f'(x)|dx=f(t)+f(0)$의 양변을 t에 대하여 미분하면

$|f'(t)|=f'(t)$

이므로

$f'(t)\ge 0$

따라서 $t>1$에서 $f'(t)\ge 0$이고, 조건 (가)에서 함수 $f(x)$는 $x=0$에서 극댓값, $x=k$에서 극솟값을 가지므로

$0<k\le 1$ (참)

ㄷ. $f'(x)=ax(x-k)=ax^2-akx$에서

$$\begin{aligned} \int_0^t |f'(x)|dx &= \int_0^k(-ax^2+akx)dx+\int_k^t(ax^2-akx)dx \\ &= \left[-\frac{a}{3}x^3+\frac{ak}{2}x^2\right]_0^k+\left[\frac{a}{3}x^3-\frac{ak}{2}x^2\right]_k^t \\ &= \left(-\frac{ak^3}{3}+\frac{ak^3}{2}\right)+\left(\frac{a}{3}t^3-\frac{ak}{2}t^2\right)-\left(\frac{ak^3}{3}-\frac{ak^3}{2}\right) \\ &= \frac{ak^3}{6}+\left(\frac{a}{3}t^3-\frac{ak}{2}t^2\right)+\frac{ak^3}{6} \\ &= \frac{a}{3}t^3-\frac{ak}{2}t^2+\frac{ak^3}{3} \qquad \cdots\cdots ㉠ \end{aligned}$$

$$\begin{aligned} f(x) &= \int(ax^2-akx)dx \\ &= \frac{a}{3}x^3-\frac{ak}{2}x^2+C \ (C\text{는 적분상수}) \end{aligned}$$

라 하면

$$\begin{aligned} f(t)+f(0) &= \left(\frac{a}{3}t^3-\frac{ak}{2}t^2+C\right)+C \\ &= \frac{a}{3}t^3-\frac{ak}{2}t^2+2C \qquad \cdots\cdots ㉡ \end{aligned}$$

㉠과 ㉡이 같아야 하므로

$2C=\dfrac{ak^3}{3} \qquad \therefore C=\dfrac{ak^3}{6}$

즉, $f(x)=\dfrac{a}{3}x^3-\dfrac{ak}{2}x^2+\dfrac{ak^3}{6}$이므로 극솟값은

$f(k)=\dfrac{ak^3}{3}-\dfrac{ak^3}{2}+\dfrac{ak^3}{6}=0$ (참)

따라서 ㄱ, ㄴ, ㄷ 모두 옳다.

1등급 완성 3단계 문제연습

본문 40~43쪽

1 ②	2 ③	3 40	4 ⑤
5 83	6 90	7 94	8 11

1

2022학년도 6월 평가원 공통 11 [정답률 56%]

| 정답 ②

출제영역 **정적분의 계산+함수의 대칭이동, 평행이동**

구간에 따라 다르게 정의된 함수 $g(x)$의 정적분의 값을 구할 수 있는지를 묻는 문제이다.

닫힌구간 $[0, 1]$에서 연속인 함수 $f(x)$가

$$f(0)=0,\ f(1)=1,\ \int_0^1 f(x)\,dx=\frac{1}{6}$$

을 만족시킨다. 실수 전체의 집합에서 정의된 함수 $g(x)$가 다음 조건을 만족시킬 때, $\int_{-3}^{2} g(x)\,dx$의 값은?

(가) $g(x)=\begin{cases} -f(x+1)+1 & (-1<x<0) \\ f(x) & (0\le x\le 1) \end{cases}$ ❶

(나) 모든 실수 x에 대하여 $g(x+2)=g(x)$이다. ❷

① $\frac{5}{2}$ ✓② $\frac{17}{6}$ ③ $\frac{19}{6}$ ④ $\frac{7}{2}$ ⑤ $\frac{23}{6}$

출제코드 **함수 $y=f(x+1)$의 그래프는 함수 $y=f(x)$의 그래프를 평행이동한 그래프임을 이용하여 정적분의 값 구하기**

❶ 함수 $y=f(x+1)$의 그래프는 함수 $y=f(x)$의 그래프를 평행이동한 그래프임을 파악한다.

❷ $\int_{-3}^{-1} g(x)\,dx=\int_{-1}^{1} g(x)\,dx$, $\int_{1}^{2} g(x)\,dx=\int_{-1}^{0} g(x)\,dx$임을 파악한다.

해설 **|1단계| 조건 (가)를 이용하여 $\int_{-1}^{1} g(x)\,dx$의 값 구하기**

조건 (가)의 함수 $y=-f(x+1)+1$에서 함수 $y=f(x+1)$의 그래프는 함수 $y=f(x)$의 그래프를 x축의 방향으로 -1만큼 평행이동한 그래프이므로

$$\begin{aligned}\int_{-1}^{0} g(x)\,dx&=\int_{-1}^{0}\{-f(x+1)+1\}\,dx\\&=-\int_{-1}^{0} f(x+1)\,dx+\int_{-1}^{0} 1\,dx\\&=-\int_{0}^{1} f(x)\,dx+\Big[x\Big]_{-1}^{0}\\&=-\frac{1}{6}+1=\frac{5}{6}\end{aligned}$$

$$\int_0^1 g(x)\,dx=\int_0^1 f(x)\,dx=\frac{1}{6}$$

$$\begin{aligned}\therefore \int_{-1}^{1} g(x)\,dx&=\int_{-1}^{0} g(x)\,dx+\int_{0}^{1} g(x)\,dx\\&=\frac{5}{6}+\frac{1}{6}=1\end{aligned}$$

|2단계| 조건 (나)를 이용하여 $\int_{-3}^{2} g(x)\,dx$의 값 구하기

조건 (나)에서 $g(x+2)=g(x)$이므로

$$\begin{aligned}\int_{-3}^{2} g(x)\,dx&=\int_{-3}^{-1} g(x)\,dx+\int_{-1}^{1} g(x)\,dx+\int_{1}^{2} g(x)\,dx\\&=\int_{-1}^{1} g(x)\,dx+\int_{-1}^{1} g(x)\,dx+\int_{-1}^{0} g(x)\,dx\\&=1+1+\frac{5}{6}=\frac{17}{6}\end{aligned}$$

핵심 개념 **정적분의 성질**

세 실수 a, b, c를 포함하는 닫힌구간에서 두 함수 $f(x)$, $g(x)$가 연속일 때

(1) $\int_a^b kf(x)\,dx=k\int_a^b f(x)\,dx$ (단, k는 상수)

(2) $\int_a^b \{f(x)\pm g(x)\}\,dx=\int_a^b f(x)\,dx\pm\int_a^b g(x)\,dx$ (복호동순)

(3) $\int_a^b f(x)\,dx=\int_a^c f(x)\,dx+\int_c^b f(x)\,dx$

└ a, b, c의 대소와 관계없이 성립한다.

2

2021학년도 9월 평가원 나 20 [정답률 30%]

| 정답 ③

출제영역 **여러 가지 함수의 정적분의 계산**

구간에 따라 다르게 정의된 함수의 식을 구한 후 그 정적분의 값을 구할 수 있는지를 묻는 문제이다.

실수 전체의 집합에서 연속인 두 함수 $f(x)$와 $g(x)$가 ❶ 모든 실수 x에 대하여 다음 조건을 만족시킨다.

(가) $f(x)\ge g(x)$ ❷

(나) $f(x)+g(x)=x^2+3x$

(다) $f(x)g(x)=(x^2+1)(3x-1)$

$\int_0^2 f(x)\,dx$의 값은?

① $\frac{23}{6}$ ② $\frac{13}{3}$ ✓③ $\frac{29}{6}$ ④ $\frac{16}{3}$ ⑤ $\frac{35}{6}$

출제코드 **조건을 만족시키는 함수 $f(x)$의 식 추론하기**

❶ 두 함수 $f(x)$와 $g(x)$가 다항함수라고 착각하지 않도록 주의한다.

❷ 함수 $y=f(x)$의 그래프는 함수 $y=g(x)$의 그래프보다 항상 위에 있거나 같음을 파악한다.

해설 **|1단계| 조건 (나), (다)를 이용하여 두 함수 $f(x)$, $g(x)$의 식 추론하기**

조건 (나)에서 $f(x)+g(x)=x^2+3x$이므로

$g(x)=x^2+3x-f(x)$

위의 식을 조건 (다)의 $f(x)g(x)=(x^2+1)(3x-1)$에 대입하면

$f(x)\{x^2+3x-f(x)\}=(x^2+1)(3x-1)$

$\{f(x)\}^2-(x^2+3x)f(x)+(x^2+1)(3x-1)=0$

$\{f(x)-(x^2+1)\}\{f(x)-(3x-1)\}=0$

$\therefore \begin{cases} f(x)=x^2+1 \\ g(x)=3x-1 \end{cases}$ 또는 $\begin{cases} f(x)=3x-1 \\ g(x)=x^2+1 \end{cases}$

|2단계| 조건 (가)를 이용하여 함수 $f(x)$의 식 구하기

두 함수 $y=x^2+1$, $y=3x-1$의 그래프는 다음 그림과 같다. **how? ❶**

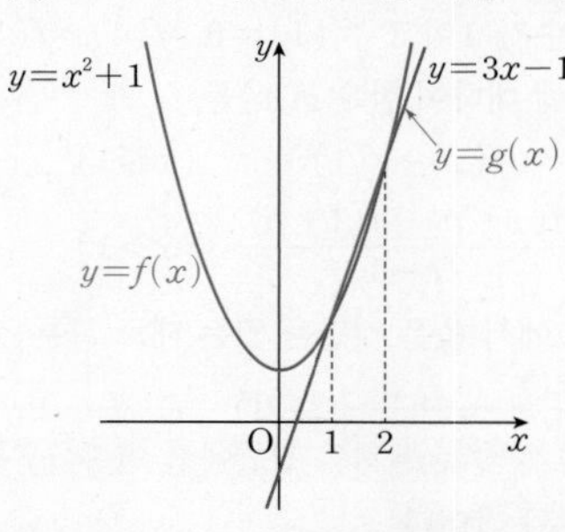

조건 (가)에 의하여 함수 $y=f(x)$의 그래프는 함수 $y=g(x)$의 그래프보다 항상 위에 있거나 같아야 하므로 위의 그림에서

$f(x)=\begin{cases} x^2+1 & (x\le 1 \text{ 또는 } x\ge 2) \\ 3x-1 & (1<x<2) \end{cases}$ **why? ❷**

|3단계| $\int_0^2 f(x)\,dx$의 값 구하기

$$\therefore \int_0^2 f(x)\,dx=\int_0^1 (x^2+1)\,dx+\int_1^2 (3x-1)\,dx$$
$$=\left[\frac{1}{3}x^3+x\right]_0^1+\left[\frac{3}{2}x^2-x\right]_1^2$$
$$=\frac{4}{3}+\frac{7}{2}=\frac{29}{6}$$

해설 특강

how? ❶ $x^2+1=3x-1$에서 $x^2-3x+2=0$
$(x-1)(x-2)=0$
$\therefore x=1$ 또는 $x=2$
따라서 두 함수 $y=x^2+1$, $y=3x-1$의 그래프의 교점의 x좌표는 1, 2이다.

why? ❷ $x\le 1$ 또는 $x\ge 2$일 때, $x^2+1\ge 3x-1$
$1<x<2$일 때, $x^2+1<3x-1$
이므로 조건 (가)에 의하여

$f(x)=\begin{cases} x^2+1 & (x\le 1 \text{ 또는 } x\ge 2) \\ 3x-1 & (1<x<2) \end{cases}$,

$g(x)=\begin{cases} 3x-1 & (x\le 1 \text{ 또는 } x\ge 2) \\ x^2+1 & (1<x<2) \end{cases}$

3

2022학년도 수능 공통 20 [정답률 10%] 변형 | **정답 40**

출제영역 정적분의 계산＋함수의 미분가능성

함수의 미분가능성을 이용하여 구간에 따라 다르게 정의된 함수의 식을 구하고 정적분으로 이루어진 등식을 이용하여 정적분의 값을 구할 수 있는지를 묻는 문제이다.

실수 전체의 집합에서 미분가능한 함수 $f(x)$가 다음 조건을 만족시킨다.

> (가) 닫힌구간 $[0, 1]$에서 $f(x)=x^2$이다.
> (나) 세 상수 a, b, c에 대하여 닫힌구간 $[-1, 2]$에서 $f(x+1)=af(x)+bx+c$이다. ❶

$\int_{-1}^0 \{3f(x)+3\}\,dx=\int_0^2 f(x)\,dx$ ❷ 일 때, $12\times\int_0^2 f(x)\,dx$의 값을 구하시오. (단, $a>0$) 40

출제코드 함수의 연속성과 미분가능성을 이용하여 구간에 따라 다르게 정의된 함수 $f(x)$를 구하여 정적분의 값 구하기

❶ 함수 $f(x)$가 실수 전체의 집합에서 미분가능함을 이용하여 상수 b, c의 값을 구한다.

❷ 주어진 관계식을 이용하여 $\int_0^2 f(x)\,dx$의 값을 구한다.

해설 **|1단계| 함수 $f(x)$가 실수 전체의 집합에서 연속임을 이용하여 상수 c의 값 구하기**

조건 (가)에서 $f(1)=\lim_{x\to 1-} f(x)=1$이고 함수 $f(x)$는 $x=1$에서 연속이다.

조건 (나)에서 닫힌구간 $[-1, 2]$에서 $f(x+1)=af(x)+bx+c$이므로
$0\le x\le 1$에서 $f(x+1)=ax^2+bx+c$
$x+1=t$ $(0\le x\le 1)$로 놓으면 $1\le t\le 2$에서
$f(t)=a(t-1)^2+b(t-1)+c$
$\therefore \lim_{t\to 1+} f(t)=c=1$

|2단계| 함수 $f(x)$가 실수 전체의 집합에서 미분가능함을 이용하여 상수 b의 값과 $1\le x\le 2$에서의 $f(x)$ 구하기

함수 $f(x)$는 $x=1$에서 미분가능하므로

$$\lim_{x\to 1-}\frac{f(x)-f(1)}{x-1}=\lim_{x\to 1-}\frac{x^2-1}{x-1}=\lim_{x\to 1-}(x+1)=2,$$
$$\lim_{x\to 1+}\frac{f(x)-f(1)}{x-1}=\lim_{x\to 1+}\frac{a(x-1)^2+b(x-1)+c-c}{x-1}$$
$$=\lim_{x\to 1+}\{a(x-1)+b\}=b$$

에서 $b=2$이고 닫힌구간 $[1, 2]$에서
$f(x)=a(x-1)^2+2(x-1)+1$

|3단계| $-1\le x\le 0$에서의 $f(x)$ 구하기

또, $f(x+1)=af(x)+2x+1$에 대하여 $-1\le x\le 0$일 때,
$0\le x+1\le 1$이므로

$$f(x)=\frac{f(x+1)-2x-1}{a}$$
$$=\frac{(x+1)^2-2x-1}{a}$$
$$=\frac{x^2}{a}$$

|4단계| 주어진 관계식을 이용하여 $12\times\int_0^2 f(x)\,dx$의 값 구하기

$$\int_{-1}^0 \{3f(x)+3\}\,dx=\int_{-1}^0\left(\frac{3}{a}x^2+3\right)dx$$
$$=\left[\frac{x^3}{a}+3x\right]_{-1}^0$$
$$=-\left(-\frac{1}{a}-3\right)$$
$$=\frac{1}{a}+3$$

$$\int_0^2 f(x)\,dx=\int_0^1 f(x)\,dx+\int_1^2 f(x)\,dx$$
$$=\int_0^1 x^2dx+\int_1^2\{a(x-1)^2+2(x-1)+1\}\,dx$$
$$=\left[\frac{1}{3}x^3\right]_0^1+\int_1^2\{ax^2-2(a-1)x+a-1\}\,dx$$
$$=\frac{1}{3}+\left[\frac{a}{3}x^3-(a-1)x^2+(a-1)x\right]_1^2$$
$$=\frac{1}{3}+\left(\frac{a}{3}+2\right)$$
$$=\frac{a}{3}+\frac{7}{3}$$

$\int_{-1}^0 \{3f(x)+3\}\,dx=\int_0^2 f(x)\,dx$에서

$\frac{1}{a}+3=\frac{a}{3}+\frac{7}{3}$

$a^2-2a-3=0$

$(a+1)(a-3)=0$

$\therefore a=-1$ 또는 $a=3$

이때 $a>0$이므로 $a=3$

$\therefore 12\times\int_0^2 f(x)\,dx=12\times\left(1+\frac{7}{3}\right)=40$

참고 $-1\le x\le 0$일 때, $f(x)=\frac{x^2}{3}$

$0\le x\le 1$일 때, $f(x)=x^2$

$1\le x\le 2$일 때, $f(x)=3(x-1)^2+2(x-1)+1=3x^2-4x+2$

4

2022학년도 9월 평가원 공통 14 [정답률 50%] 변형 | 정답 ⑤

출제영역 정적분의 계산+함수의 미분가능성

구간에 따라 다르게 정의된 함수의 연속성 및 미분가능성, 정적분의 성질 등을 이용하여 명제의 참, 거짓을 판별할 수 있는지를 묻는 문제이다.

최고차항의 계수가 1이고 $f'(1)=0$, $f(4)=f(1)$인 삼차함수 $f(x)$와 양수 p에 대하여 함수 $g(x)$를

$$g(x)=\begin{cases} f(x)-f(1) & (x\le 1) \\ \dfrac{f(x+p)-f(1+p)}{x-1} & (x>1)\end{cases}$$

라 하자. 〈보기〉에서 옳은 것만을 있는 대로 고른 것은?

보기

ㄱ. 함수 $g(x)$가 실수 전체의 집합에서 연속이 되도록 하는 양수 p의 개수는 1이다. ❶

ㄴ. $f'(1+p)=0$이면 함수 $(x-1)g(x)$는 $x=1$에서 미분가능하다. ❷

ㄷ. $p\ge 2$이면 $\beta>\alpha>0$인 모든 실수 α, β에 대하여 $\int_\alpha^\beta (x-1)g(x)\,dx\ge 0$이다. ❸

① ㄱ ② ㄱ, ㄴ ③ ㄱ, ㄷ
④ ㄴ, ㄷ ✓⑤ ㄱ, ㄴ, ㄷ

출제코드 구간에 따라 다르게 정의된 함수 $f(x)$에 대한 명제의 참, 거짓 판별하기

❶ 함수 $g(x)$에 대하여 연속의 정의를 이용하여 양수 p의 개수를 추론한다.

❷ 함수 $(x-1)g(x)$에 대하여 $x=1$에서의 미분가능성을 판별한다.

❸ 정적분 $\int_\alpha^\beta (x-1)g(x)\,dx$의 부호를 추론한다.

해설 **|1단계| 함수 $f(x)$가 $x=1$에서 연속임을 이용하여 상수 p의 값 구하기**

ㄱ. $h(x)=f(x)-f(1)$이라 하면 $h(x)$는 최고차항의 계수가 1인 삼차함수이다.

이때 $h(1)=h(4)=0$이고 $h'(1)=f'(1)=0$이므로

$h(x)=(x-1)^2(x-4)$

($h(1)=f(1)-f(1)=0$, $h(4)=f(4)-f(1)=f(1)-f(1)=0$)

$h'(x)=2(x-1)(x-4)+(x-1)^2$
$=3(x-1)(x-3)$

$h'(x)=0$에서 $x=1$ 또는 $x=3$

$h'(x)=f'(x)$이므로

$f'(3)=h'(3)=0$

함수 $g(x)$가 실수 전체의 집합에서 연속이 되려면

$g(1)=\lim_{x\to 1-}g(x)=\lim_{x\to 1-}\{f(x)-f(1)\}=0$,

$\lim_{x\to 1+}g(x)=\lim_{x\to 1+}\frac{f(x+p)-f(1+p)}{x-1}=f'(1+p)$

에서 $f'(1+p)=0$

$p>0$이므로 $1+p=3$, 즉 $p=2$이어야 한다.

따라서 함수 $g(x)$가 실수 전체의 집합에서 연속이 되도록 하는 양수 p의 개수는 1이다. (참)

|2단계| $x=1$에서 함수 $(x-1)g(x)$의 미분가능성 판별하기

ㄴ. $(x-1)g(x)=\begin{cases}(x-1)\{f(x)-f(1)\} & (x\le 1) \\ f(x+p)-f(1+p) & (x>1)\end{cases}$에서

$\lim_{x\to1-}(x-1)g(x)=\lim_{x\to1+}(x-1)g(x)=0$이므로 함수 $(x-1)g(x)$는 $x=1$에서 연속이다.

$$\lim_{x\to1-}\frac{(x-1)g(x)}{x-1}=\lim_{x\to1-}g(x)=\lim_{x\to1-}\{f(x)-f(1)\}=0$$

$$\lim_{x\to1+}\frac{(x-1)g(x)}{x-1}=\lim_{x\to1+}g(x)=\lim_{x\to1+}\frac{f(x+p)-f(1+p)}{x-1}=f'(1+p)=0\ (\because ㄱ)$$

따라서

$$\lim_{x\to1-}\frac{(x-1)g(x)}{x-1}=\lim_{x\to1+}\frac{(x-1)g(x)}{x-1}=0$$

이므로 함수 $(x-1)g(x)$는 $x=1$에서 미분가능하다. (참)

|3단계| 함수의 증가와 감소의 성질을 이용하여 함수 $(x-1)g(x)$의 부호 판단하기

ㄷ. $(x-1)g(x)=\begin{cases}(x-1)\{f(x)-f(1)\} & (x\le1)\\ f(x+p)-f(1+p) & (x>1)\end{cases}$

(i) $x\le1$에서 $(x-1)g(x)$의 부호

ㄱ에서 $f(x)-f(1)=(x-1)^2(x-4)$이므로

$(x-1)\{f(x)-f(1)\}=(x-1)^3(x-4)$

$0\le x\le1$인 모든 실수 x에 대하여

$(x-1)g(x)\ge0$

(ii) $x>1$에서 $(x-1)g(x)$의 부호

$$\lim_{x\to1}\frac{f(x+p)-f(1+p)}{x-1}=f'(1+p)$$

$x\ge3$에서 $f'(x)=3(x-1)(x-3)\ge0$이고, 이때 함수 $f'(x)$는 증가한다.

$p\ge2$에서 $1+p\ge3$이므로

$x>1$일 때, $\{(x-1)g(x)\}'=f'(x+p)>f'(1+p)\ge0$

또, $x=1$에서 함수 $(x-1)g(x)$의 함숫값은 0이므로 $p\ge2$일 때, $x>1$인 모든 실수 x에 대하여

$(x-1)g(x)>0$

따라서 $x\ge0$일 때, $(x-1)g(x)\ge0$이므로

$\int_{\alpha}^{\beta}(x-1)g(x)\,dx\ge0$ (참)

따라서 ㄱ, ㄴ, ㄷ 모두 옳다.

5

2016학년도 수능 A 29 [정답률 56%] 변형 | 정답 83

출제영역 정적분의 계산

이차함수에 대한 함숫값 및 정적분에 대한 조건식을 이용하여 이차함수의 식을 구하고 정적분의 값을 구할 수 있는지를 묻는 문제이다.

이차함수 $f(x)$가 다음 조건을 만족시킨다.

(가) $\int_{-2}^{3}f(x)dx=0$ ❶

(나) 등식 $\int_{-2}^{k}|f(x)|dx=\int_{k}^{-2}f(x)dx$를 만족시키는 양의 실수 k의 최댓값은 1이다. ❷

$f(0)=-1$일 때, $\int_{-2}^{3}|f(x)|dx=\frac{q}{p}$이다. $p+q$의 값을 구하시오. (단, p와 q는 서로소인 자연수이다.) 83

출제코드 절댓값 기호가 있는 함수의 정적분과 정적분의 성질을 이용하여 $f(x)=0$을 만족시키는 x의 값 구하기

❶ 함수 $f(x)$가 이차함수이고, $\int_{-2}^{3}f(x)dx=0$이므로 열린구간 $(-2, 3)$에서 $f(x)=0$을 만족시키는 실수 x가 존재함을 알 수 있다.

❷ $\int_{k}^{-2}f(x)dx=-\int_{-2}^{k}f(x)dx$이므로 주어진 등식은 열린구간 $(-2, k)$에서 $f(x)\le0$임을 의미한다.

해설 **|1단계| 조건 (나)를 이용하여 $f(x)=0$을 만족시키는 x의 값 구하기**

조건 (나)에서 $\int_{-2}^{k}|f(x)|dx=\int_{k}^{-2}f(x)dx$이고

$\int_{k}^{-2}f(x)dx=-\int_{-2}^{k}f(x)dx$이므로 ($\int_{a}^{b}f(x)dx=-\int_{b}^{a}f(x)dx$)

$\int_{-2}^{k}|f(x)|dx=-\int_{-2}^{k}f(x)dx$

즉, 열린구간 $(-2, k)$에서 $f(x)\le0$임을 의미한다.

이를 만족시키는 양의 실수 k의 최댓값이 1이므로 $-2\le x\le1$에서 $f(x)\le0$이고 $f(1)=0$이다.

|2단계| $f(0)=-1$과 조건 (가)를 이용하여 함수 $f(x)$의 식 구하기

$f(x)=ax^2+bx+c$ (a, b, c는 상수, $a\ne0$)라 하면

$f(0)=-1$이므로 $c=-1$

$\therefore f(x)=ax^2+bx-1$

또, $f(1)=0$이므로

$f(1)=a+b-1=0$

$\therefore b=1-a$

$\therefore f(x)=ax^2+(1-a)x-1$

이때 조건 (가)에서

$$\int_{-2}^{3}f(x)dx=\int_{-2}^{3}\{ax^2+(1-a)x-1\}dx=\left[\frac{a}{3}x^3+\frac{1-a}{2}x^2-x\right]_{-2}^{3}$$

$$=\left\{9a+\frac{9(1-a)}{2}-3\right\}-\left\{-\frac{8a}{3}+2(1-a)+2\right\}=\frac{5(11a-3)}{6}=0$$

$\therefore a=\frac{3}{11}$

$\therefore f(x)=\frac{3}{11}x^2+\frac{8}{11}x-1=\frac{1}{11}(3x^2+8x-11)$

|3단계| 정적분 $\int_{-2}^{3}|f(x)|dx$의 값 구하기

조건 (나)에서 $-2\le x\le 1$일 때

$f(x)\le 0$, $f(1)=0$

조건 (가)에서 $\int_{-2}^{3}f(x)dx=0$이므로

$\int_{-2}^{1}|f(x)|dx=\int_{1}^{3}|f(x)|dx$ why? ❶

$$\therefore \int_{-2}^{3}|f(x)|dx$$
$$=\int_{-2}^{1}\{-f(x)\}dx+\int_{1}^{3}f(x)dx$$
$$=2\int_{1}^{3}f(x)dx$$
$$=\frac{2}{11}\int_{1}^{3}(3x^2+8x-11)dx$$
$$=\frac{2}{11}\left[x^3+4x^2-11x\right]_1^3$$
$$=\frac{2}{11}\times\{(3^3+4\times3^2-11\times3)-(1^3+4\times1^2-11\times1)\}$$
$$=\frac{2}{11}\times\{30-(-6)\}=\frac{72}{11}$$

따라서 $p=11$, $q=72$이므로

$p+q=11+72=83$

해설 특강

why? ❶ 조건 (나)에서 $-2\le x\le 1$일 때 $f(x)\le 0$, $f(1)=0$이므로

$\int_{-2}^{1}f(x)dx\le 0$

또, $\int_{-2}^{3}f(x)dx=\int_{-2}^{1}f(x)dx+\int_{1}^{3}f(x)dx$이고,

조건 (가)에서 $\int_{-2}^{3}f(x)dx=0$이므로

$\int_{1}^{3}|f(x)|dx=\int_{1}^{3}f(x)dx$,

$\int_{1}^{3}f(x)dx=-\int_{-2}^{1}f(x)dx=\int_{-2}^{1}|f(x)|dx$

$\therefore \int_{-2}^{1}|f(x)|dx=\int_{1}^{3}|f(x)|dx$

핵심 개념 절댓값 기호가 있는 함수의 정적분

절댓값 기호가 있는 함수의 정적분에서는 절댓값 기호 안의 식의 값을 0이 되게 하는 값을 기준으로 적분 구간을 나누고 다음 정적분의 성질을 이용하여 나누어 계산한다.

➡ $\int_{a}^{b}f(x)dx=\int_{a}^{c}f(x)dx+\int_{c}^{b}f(x)dx$

(1) 같은 적분 구간에 대하여 함수 $|f(x)|$의 정적분의 값과 함수 $f(x)$의 정적분의 값의 부호가 반대이고 절댓값이 같은 경우
➡ 해당 구간에서 함수 $y=f(x)$의 그래프는 x축 아래쪽에 있다.

(2) 같은 적분 구간에 대하여 함수 $|f(x)|$의 정적분의 값과 함수 $f(x)$의 정적분의 값이 같은 경우
➡ 해당 구간에서 함수 $y=f(x)$의 그래프는 x축 위쪽에 있다.

6 2015학년도 6월 평가원 B 30 [정답률 16%] 변형 |정답 90

출제영역 정적분의 계산+함수의 미분가능성+함수의 평행이동

주어진 조건을 이용하여 구간에 따라 다르게 정의된 함수 $f(x)$를 구한 후 그 정적분의 값을 구할 수 있는지를 묻는 문제이다.

실수 전체의 집합에서 미분가능한 함수 $f(x)$가 다음 조건을 만족시킨다.

(가) 모든 정수 n에 대하여 함수 $y=f(x)$의 그래프는 점 $(2n, n)$, $(2n+1, n)$을 모두 지난다. ❶
(나) 모든 정수 k에 대하여 닫힌구간 $[2k-1, 2k]$에서 함수 $y=f(x)$의 그래프는 각각 이차함수의 그래프이고, 닫힌구간 $[2k, 2k+1]$에서 함수 $y=f(x)$의 그래프는 각각 삼차함수의 그래프이다. ❷
(다) 모든 정수 m에 대하여 $f'(2m)=2$이다.

$\int_{1}^{3}f(x)dx=a$라 할 때, $60a$의 값을 구하시오. 90

출제코드 실수 전체의 집합에서의 함수 $f(x)$ 추론하기

❶ $n=0, 1, 2, \cdots$를 대입하여 함수 $y=f(x)$의 그래프가 지나는 점에 대한 규칙성을 찾아본다.
❷ $k=0, 1$을 대입하여 닫힌구간 $[1, 2]$에서의 이차함수의 식과 닫힌구간 $[0, 1]$에서의 삼차함수의 식을 구한다.

해설 |1단계| 닫힌구간 $[1, 2]$에서의 함수 $f(x)$의 식 구하기

조건 (나)에서 닫힌구간 $[1, 2]$에서의 함수 $f(x)$는 이차함수이고 조건 (가)에서 그 그래프는 두 점 $(1, 0)$, $(2, 1)$을 지나며 조건 (다)에서 $f'(2)=2$이다.

이때 상수 a, b, c에 대하여

$f(x)=ax^2+bx+c$ $(1\le x\le 2,\ a\ne 0)$

라 하면

$f(1)=0$에서 $a+b+c=0$ …… ㉠

$f(2)=1$에서 $4a+2b+c=1$ …… ㉡

$f'(x)=2ax+b$ $(1\le x\le 2)$이고 $f'(2)=2$에서

$f'(2)=\lim_{x\to 2-}f'(x)=4a+b=2$ …… ㉢

㉠, ㉡, ㉢을 연립하여 풀면

$a=1$, $b=-2$, $c=1$

따라서 $f(x)=x^2-2x+1=(x-1)^2$ $(1\le x\le 2)$이므로

$f'(x)=2x-2$ $(1<x<2)$이고,

$f'(1)=\lim_{x\to 1+}(2x-2)=0$ ─ 함수 $f(x)$는 실수 전체의 집합에서 미분가능하므로 미분계수의 우극한값만 구해도 미분계수와 같다.

|2단계| 닫힌구간 $[0, 1]$에서의 함수 $f(x)$의 식 구하기

한편, 조건 (나)에서 닫힌구간 $[0, 1]$에서의 함수 $f(x)$는 삼차함수이고 조건 (가)에서 그 그래프는 두 점 $(0, 0)$, $(1, 0)$을 지나며 조건 (다)에서 $f'(0)=2$이고 위에서 $f'(1)=0$이다.

이때 상수 p, q, r, s에 대하여

$f(x)=px^3+qx^2+rx+s$ $(0\le x\le 1,\ p\ne 0)$라 하면

$f(0)=0$에서 $s=0$

$f(1)=0$에서 $p+q+r+s=0$

$\therefore p+q+r=0$ …… ㉣

$f'(x)=3px^2+2qx+r\ (0\le x\le 1)$이고 $f'(0)=2$에서

$f'(0)=\lim_{x\to 0+}(3px^2+2qx+r)=r=2$ …… ㉤

$f'(1)=0$에서

$f'(1)=\lim_{x\to 1-}(3px^2+2qx+r)$

$=3p+2q+r=0$ …… ㉥

㉣, ㉤, ㉥을 연립하여 풀면

$p=2,\ q=-4,\ r=2$

$\therefore f(x)=2x^3-4x^2+2x=2x(x-1)^2\ (0\le x\le 1)$

|3단계| 실수 전체의 집합에서의 함수 $f(x)$ 추론하기

조건 ㈎에서 함수 $y=f(x)$의 그래프는 세 점 $(2, 1)$, $(3, 1)$, $(4, 2)$를 지나고 조건 ㈐에서 $f'(2)=f'(4)=2$이므로 닫힌구간 $[2, 4]$에서의 함수 $y=f(x)$의 그래프는 닫힌구간 $[0, 2]$에서의 함수 $y=f(x)$의 그래프를 x축의 방향으로 2만큼, y축의 방향으로 1만큼 평행이동한 것과 같다. **why? ❶**

따라서 함수 $y=f(x)$의 그래프는 오른쪽 그림과 같다.

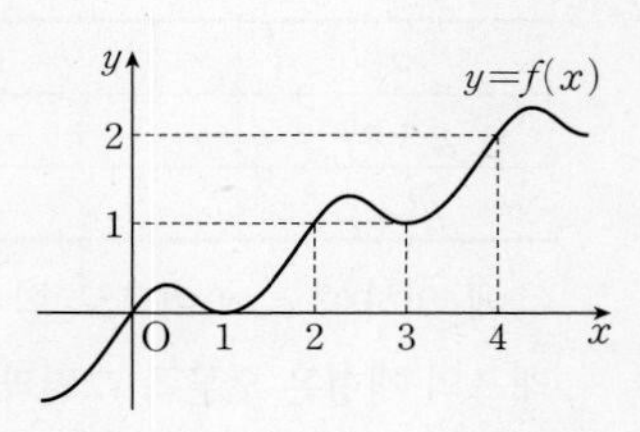

|4단계| 정적분 $\int_1^3 f(x)dx$의 값 구하기

이때 $\int_2^3 f(x)dx=\int_0^1 f(x)dx+1$이므로

$$\int_1^3 f(x)dx=\int_1^2 f(x)dx+\int_2^3 f(x)dx$$
$$=\int_0^1 f(x)dx+\int_1^2 f(x)dx+1$$
$$=\int_0^1 (2x^3-4x^2+2x)dx+\int_1^2 (x-1)^2dx+1$$
$$=\int_0^1 (2x^3-4x^2+2x)dx+\int_0^1 x^2dx+1$$
$$=\int_0^1 (2x^3-3x^2+2x)dx+1$$
$$=\left[\frac{1}{2}x^4-x^3+x^2\right]_0^1+1$$
$$=\frac{1}{2}-1+1+1=\frac{3}{2}$$

따라서 $a=\frac{3}{2}$이므로

$60a=60\times\frac{3}{2}=90$

해설특강

why? ❶ 닫힌구간 $[3, 4]$에서의 함수 $f(x)$는 이차함수이고 그 그래프는 두 점 $(3, 1)$, $(4, 2)$를 지나며 $f'(4)=2$이다.

|1단계|에서와 같은 방법으로

$f(x)=a_1x^2+b_1x+c_1\ (3\le x\le 4)$

로 놓고 상수 a_1, b_1, c_1의 값을 구하여 대입하면

$f(x)=(x-3)^2+1\ (3\le x\le 4)$

또, 닫힌구간 $[2, 3]$에서의 함수 $f(x)$는 삼차함수이고 그 그래프는 두 점 $(2, 1)$, $(3, 1)$을 지나며 $f'(2)=2$, $f'(3)=0$이다.

|2단계|에서와 같은 방법으로

$f(x)=p_1x^3+q_1x^2+r_1x+s_1\ (2\le x\le 3)$

로 놓고 상수 p_1, q_1, r_1, s_1의 값을 구하여 대입하면

$f(x)=2(x-2)(x-3)^2+1\ (2\le x\le 3)$

따라서 닫힌구간 $[2, 4]$에서의 함수 $y=f(x)$의 그래프는 닫힌구간 $[0, 2]$에서의 함수 $y=f(x)$의 그래프를 x축의 방향으로 2만큼, y축의 방향으로 1만큼 평행이동한 것과 같다.

핵심 개념 평행이동한 함수의 정적분

$$\int_a^b f(x)dx=\int_{a+c}^{b+c} f(x-c)dx=\int_{a-c}^{b-c} f(x+c)dx$$

7

|정답 **94**

출제영역 정적분의 계산＋그래프가 대칭인 함수의 정적분＋함수의 극한

정적분으로 정의된 함수의 그래프의 대칭성과 주어진 함수의 극한값을 이용하여 함수식을 추론한 후 함숫값을 구할 수 있는지를 묻는 문제이다.

최고차항의 계수가 1인 이차함수 $f(x)$와 다항함수 $g(x)$는 다음 조건을 만족시킨다.

> ㈎ $g(x)=\int_1^x \{f'(t)f(t)\}dt$ ❶
>
> ㈏ 모든 실수 k에 대하여 $\int_{-k}^k g(x)dx=2\int_0^k g(x)dx$이다. ❷

$\lim_{x\to 1}\frac{g(x)}{x-1}=12$일 때, $f(3)+g(3)$의 값을 구하시오. 94
❸

출제코드 $f'(t)f(t)$의 부정적분을 이용하여 $g(x)=\int_1^x\{f'(t)f(t)\}dt$ 구하기

❶ $f'(t)f(t)$의 부정적분, 즉 어떤 함수를 미분하면 $f'(t)f(t)$가 나오는지 생각한다.

❷ 함수 $g(x)$는 그래프가 y축에 대하여 대칭인 함수, 즉 우함수임을 알 수 있다.

❸ 주어진 함수의 극한값을 이용하여 두 함수 $f(x)$, $g(x)$의 식을 구한다.

해설 |1단계| 함수 $g(x)$를 함수 $f(x)$에 대한 식으로 나타내기

$\{f(t)\}^2$을 t에 대하여 미분하면

$[\{f(t)\}^2]'=2f'(t)f(t)$

이므로 조건 ㈎에서

$$g(x)=\int_1^x\{f'(t)f(t)\}dt$$
$$=\left[\frac{1}{2}\{f(t)\}^2\right]_1^x$$
$$=\frac{1}{2}\{f(x)\}^2-\frac{1}{2}\{f(1)\}^2 \quad \cdots\cdots ㉠$$

|2단계| 이차함수 $f(x)$의 식 세우기

조건 ㈏에서 모든 실수 k에 대하여

$\int_{-k}^k g(x)dx=2\int_0^k g(x)dx$

이므로 모든 실수 x에 대하여

$g(-x)=g(x)$

즉, $g(x)$는 우함수이고, $f(x)$는 최고차항의 계수가 1인 이차함수이므로 ㉠에서

$f(x)=x^2+a$ (a는 상수)

로 놓을 수 있다. why? ❶

|3단계| 주어진 함수 $g(x)$의 극한값을 이용하여 두 함수 $f(x)$, $g(x)$의 식을 구하고, $f(3)+g(3)$의 값 구하기

따라서 ㉠에서 $g(x)=\frac{1}{2}(x^2+a)^2-\frac{1}{2}(1+a)^2$이므로

$$\lim_{x\to1}\frac{g(x)}{x-1}=\lim_{x\to1}\frac{(x^2+a)^2-(1+a)^2}{2(x-1)}=\lim_{x\to1}\frac{(x^2-1)(x^2+2a+1)}{2(x-1)}$$
$$=\lim_{x\to1}\frac{(x-1)(x+1)(x^2+2a+1)}{2(x-1)}$$
$$=\lim_{x\to1}\frac{(x+1)(x^2+2a+1)}{2}=2a+2$$

즉, $2a+2=12$이므로

$2a=10$ $\quad\therefore a=5$

따라서 $f(x)=x^2+5$, $g(x)=\frac{1}{2}(x^2+5)^2-18$이므로

$f(3)+g(3)=14+80=94$

해설특강

why? ❶ $g(x)$는 우함수이므로 짝수 차항 및 상수항의 합으로만 이루어져야 한다.
이때 ㉠에서 $g(x)=\frac{1}{2}\{f(x)\}^2-\frac{1}{2}\{f(1)\}^2$이므로
$\{f(x)\}^2=2g(x)+\{f(1)\}^2$
즉, $f(x)$도 우함수이므로 짝수 차항 및 상수항의 합으로만 이루어져야 한다.
따라서 $f(x)$의 일차항의 계수가 0이므로 $f(x)=x^2+a$ (a는 상수)로 놓을 수 있다.

8 |정답 11

출제영역 정적분의 계산+방정식의 실근의 개수

방정식의 실근의 개수를 이용하여 함수의 식을 추론하고 정적분의 값이 주어진 적분 구간을 구할 수 있는지를 묻는 문제이다.

최고차항의 계수가 -1인 삼차함수 $f(x)$와 실수 k $(k>0)$가 다음 조건을 만족시킨다.

> (가) $\int_{-k}^{k} f(x)\,dx=81$ ❶
> (나) 방정식 $xf'(x)=f(x)$는 $x>0$에서 오직 하나의 실근 $x=k$를 갖는다. ❷

$k^2=\frac{q}{p}$일 때, $p+q$의 값을 구하시오. 11

(단, $f(0)>0$이고, p와 q는 서로소인 자연수이다.)

출제코드 조건 (나)를 이용하여 함수 $f(x)$의 식 추론하기

❶ 함수 $f(x)$는 삼차함수이므로 $f(x)$에서 이차항과 상수항의 합을 0에서 k까지 적분한 값의 2배가 81임을 알 수 있다.

❷ $x>0$에서 함수 $y=xf'(x)-f(x)$는 x축과 오직 한 점에서 만나는 것을 알 수 있다.

해설 **|1단계| 조건 (나)를 이용하여 함수 $f(x)$의 식 추론하기**

$f(x)=-x^3+ax^2+bx+c$ (a, b, c는 상수)라 하면

$f'(x)=-3x^2+2ax+b$

$f(0)>0$이므로 $c>0$ $\quad\cdots\cdots$ ㉠

조건 (나)의 방정식 $xf'(x)=f(x)$에서

$x(-3x^2+2ax+b)=-x^3+ax^2+bx+c$

$\therefore 2x^3-ax^2+c=0$ $\quad\cdots\cdots$ ㉡

조건 (나)에 의하여 $x>0$에서 방정식 ㉡을 만족시키는 실근은 하나뿐이다.

$g(x)=2x^3-ax^2+c$라 하면

$g'(x)=6x^2-2ax$

$=2x(3x-a)$

(i) $a=0$일 때

$g'(x)=0$에서 $x=0$

함수 $g(x)$의 증가와 감소를 표로 나타내면 다음과 같다.

x	$\cdots$	0	$\cdots$
$g'(x)$	$+$	0	$+$
$g(x)$	↗	c	↗

㉠에 의하여 $c>0$이므로 함수 $y=g(x)$의 그래프의 개형은 오른쪽 그림과 같다.

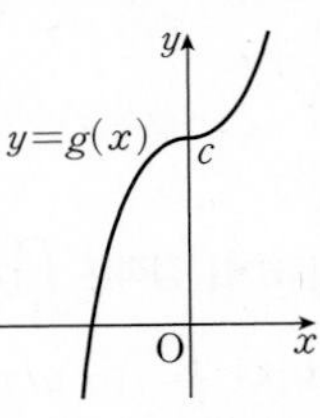

따라서 $x>0$에서 방정식 ㉡을 만족시키는 실근은 없다.

(ii) $a<0$일 때

$g'(x)=0$에서 $x=\frac{a}{3}$ 또는 $x=0$

함수 $g(x)$의 증가와 감소를 표로 나타내면 다음과 같다.

x	$\cdots$	$\frac{a}{3}$	$\cdots$	0	$\cdots$
$g'(x)$	$+$	0	$-$	0	$+$
$g(x)$	↗	극대	↘	극소	↗

따라서 함수 $y=g(x)$의 그래프의 개형은 오른쪽 그림과 같으므로 $x>0$에서 방정식 ㉡을 만족시키는 실근은 없다.

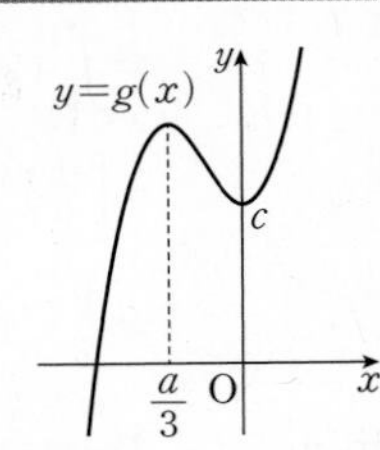

(i), (ii)에 의하여 조건 (나)를 만족시키기 위해서는 $a>0$이어야 한다.

또, $a>0$일 때 함수 $y=g(x)$의 그래프의 개형은 오른쪽 그림과 같이 $x=\frac{a}{3}$일 때 극솟값이 0이어야 한다.

즉, $g\left(\frac{a}{3}\right)=0$이므로

$\frac{2}{27}a^3-\frac{1}{9}a^3+c=0$

$\therefore c=\frac{a^3}{27}$

이때 $x>0$에서 방정식 $g(x)=0$은 실근 $x=\frac{a}{3}$를 갖는다.

즉, $k=\frac{a}{3}$이므로

$a=3k,\ c=\frac{a^3}{27}=k^3$

$\therefore f(x)=-x^3+3kx^2+bx+k^3$

|2단계| 조건 (가)를 이용하여 k^2의 값 구하기

조건 (가)에 의하여

$$\int_{-k}^{k} f(x)\,dx=\int_{-k}^{k}(-x^3+3kx^2+bx+k^3)\,dx$$

$$=2\int_{0}^{k}(3kx^2+k^3)\,dx \text{ how? ❶}$$

$$=2\Big[kx^3+k^3x\Big]_0^k$$

$$=2(k^4+k^4)$$

$$=4k^4=81$$

즉, $k^4=\frac{81}{4}$이므로 $k^2=\frac{9}{2}$

따라서 $p=2,\ q=9$이므로

$p+q=2+9=11$

해설 특강

how? ❶ $\int_{-k}^{k} x^3dx=0,\ \int_{-k}^{k} x\,dx=0,$

$\int_{-k}^{k} x^2dx=2\int_{0}^{k} x^2dx,$

$\int_{-k}^{k} c\,dx=2\int_{0}^{k} c\,dx$ (단, c는 상수)

핵심 개념 우함수와 기함수의 정적분

연속함수 $f(x)$가

(1) 우함수, 즉 모든 실수 x에 대하여 $f(-x)=f(x)$이면

$$\int_{-a}^{a} f(x)\,dx=2\int_{0}^{a} f(x)\,dx$$

(2) 기함수, 즉 모든 실수 x에 대하여 $f(-x)=-f(x)$이면

$$\int_{-a}^{a} f(x)\,dx=0$$

THEME

06 적분과 미분의 관계의 활용

본문 45쪽

기출예시 1 | 정답 ⑤

x에 대한 등식 $\int_{1}^{x}\left\{\frac{d}{dt}f(t)\right\}dt=x^3+ax^2-2$가 모든 실수 x에 대하여 성립하므로 양변에 $x=1$을 대입하면

$\int_{1}^{1}\left\{\frac{d}{dt}f(t)\right\}dt=1^3+a\times1^2-2$

$0=a-1 \qquad \therefore a=1$

$\int_{1}^{x}\left\{\frac{d}{dt}f(t)\right\}dt=f(x)-f(1)$이므로

$f(x)-f(1)=x^3+x^2-2$

$\therefore f(x)=x^3+x^2-2+f(1)$

따라서 $f'(x)=3x^2+2x$이므로

$f'(a)=f'(1)=3+2=5$

1등급 완성 3단계 문제연습 본문 46~49쪽

1 8	2 ④	3 ②	4 27
5 180	6 59	7 ②	8 ①

1

2022학년도 6월 평가원 공통 20 [정답률 20%] | 정답 8

출제영역 정적분으로 정의된 함수+함수의 극대·극소

정적분으로 정의된 함수 $g(x)$를 미분하여 $g'(x)$의 부호 변화를 파악할 수 있는지를 묻는 문제이다.

실수 a와 함수 $f(x)=x^3-12x^2+45x+3$에 대하여 함수

$$g(x)=\int_{a}^{x}\{f(x)-f(t)\}\times\{f(t)\}^4dt \quad ❶$$

가 오직 하나의 극값을 갖도록 하는 ❷ 모든 a의 값의 합을 구하시오. 8

출제코드 정적분으로 정의된 함수 $g(x)$를 미분하여 $g'(x)$의 부호 변화를 파악하기

❶ 곱의 미분법을 이용하여 주어진 등식의 양변을 x에 대하여 미분한다.

❷ 함수 $g'(x)$의 부호 변화가 한 번 일어남을 파악한다.

해설 |1단계| $g'(x)=0$을 만족시키는 x의 값 구하기

함수 $f(x)=x^3-12x^2+45x+3$에서

$f'(x)=3x^2-24x+45$

$=3(x-3)(x-5)$

$f'(x)=0$에서 $x=3$ 또는 $x=5$

$$g(x)=\int_{a}^{x}\{f(x)-f(t)\}\times\{f(t)\}^4dt$$

$$=f(x)\int_{a}^{x}\{f(t)\}^4dt-\int_{a}^{x}\{f(t)\}^5dt$$

$$g'(x)=f'(x)\int_a^x \{f(t)\}^4dt+\{f(x)\}^5-\{f(x)\}^5$$
$$=f'(x)\int_a^x \{f(t)\}^4dt$$

$g'(x)=0$에서 $f'(x)=0$ 또는 $\int_a^x \{f(t)\}^4dt=0$

$\therefore$ $x=3$ 또는 $x=5$ 또는 $x=a$ **why? ❶**

|2단계| 조건을 만족시키는 a의 값 구하기

(i) $a\neq3$, $a\neq5$일 때

함수 $g(x)$는 $x=3$, $x=5$, $x=a$에서 모두 극값을 가지므로 조건을 만족시키지 않는다.

(ii) $a=3$일 때

$g'(x)=0$에서 $x=3$ 또는 $x=5$

함수 $g(x)$의 증가와 감소를 표로 나타내면 다음과 같다. **how? ❷**

x	$\cdots$	3	$\cdots$	5	$\cdots$
$g'(x)$	$-$	0	$-$	0	$+$
$g(x)$	↘		↘	극소	↗

함수 $g(x)$는 $x=5$에서만 극값을 갖는다.

(iii) $a=5$일 때

$g'(x)=0$에서 $x=3$ 또는 $x=5$

함수 $g(x)$의 증가와 감소를 표로 나타내면 다음과 같다. **how? ❸**

x	$\cdots$	3	$\cdots$	5	$\cdots$
$g'(x)$	$-$	0	$+$	0	$+$
$g(x)$	↘	극소	↗		↗

함수 $g(x)$는 $x=3$에서만 극값을 갖는다.

(i), (ii), (iii)에서 함수 $g(x)$가 오직 하나의 극값을 갖도록 하는 실수 a의 값은

$a=3$ 또는 $a=5$

따라서 모든 a의 값의 합은 $3+5=8$

해설 특강

why? ❶ $h(x)=\int_a^x \{f(t)\}^4dt$라 하면 $h'(x)=\{f(x)\}^4\geq0$이므로 $h(x)$는 증가함수이다. 또, $h(a)=\int_a^a \{f(t)\}^4dt=0$이므로 $h(x)=0$을 만족시키는 x의 값은 a뿐이다.

how? ❷ $g'(x)=f'(x)\int_3^x \{f(t)\}^4dt$에서

$x<3$일 때, $f'(x)>0$, $\int_3^x \{f(t)\}^4dt<0$

$3<x<5$일 때, $f'(x)<0$, $\int_3^x \{f(t)\}^4dt>0$

$x>5$일 때, $f'(x)>0$, $\int_3^x \{f(t)\}^4dt>0$

how? ❸ $g'(x)=f'(x)\int_5^x \{f(t)\}^4dt$에서

$x<3$일 때, $f'(x)>0$, $\int_5^x \{f(t)\}^4dt<0$

$3<x<5$일 때, $f'(x)<0$, $\int_5^x \{f(t)\}^4dt<0$

$x>5$일 때, $f'(x)>0$, $\int_5^x \{f(t)\}^4dt>0$

2

2019학년도 9월 평가원 나 21 [정답률 42%] | 정답 ④

출제영역 정적분으로 정의된 함수+사차함수의 그래프의 특징

사차함수이면서 우함수인 함수의 그래프의 특징과 정적분으로 정의된 함수의 조건을 이용하여 주어진 함숫값을 구할 수 있는지를 묻는 문제이다.

사차함수 $f(x)=x^4+ax^2+b$에 대하여 $x\geq0$에서 정의된 함수

$$g(x)=\int_{-x}^{2x}\{f(t)-|f(t)|\}dt$$ ❶

가 다음 조건을 만족시킨다.

(가) $0<x<1$에서 $g(x)=c_1$ (c_1은 상수) ❷
(나) $1<x<5$에서 $g(x)$는 감소한다.
(다) $x>5$에서 $g(x)=c_2$ (c_2는 상수) ❷

$f(\sqrt{2})$의 값은? (단, a, b는 상수이다.)

① 40 ② 42 ③ 44
✓④ 46 ⑤ 48

출제코드 사차함수 $y=f(x)$의 그래프의 대칭성과 정적분으로 정의된 함수 $g(x)$, 세 조건 (가), (나), (다)를 이용하여 함수 $f(x)$의 식 구하기

❶ $f(t)-|f(t)|$는 $f(t)$의 값의 부호에 따라 다르게 나타남을 파악한다.
❷ $0<x<1$, $x>5$일 때, $f(x)-|f(x)|=0$임을 파악한다.

해설 **|1단계| 주어진 조건의 의미 파악하기**

$h(x)=f(x)-|f(x)|$라 하면

$$h(x)=\begin{cases}0 & (f(x)\geq0)\\ 2f(x) & (f(x)<0)\end{cases}$$

조건 (가), (다)에 의하여 $0<x<1$, $x>5$이면 $g(x)$가 상수함수이므로 닫힌구간 $[-x, 2x]$에서 $h(x)=0$, 즉 $f(x)\geq0$이어야 한다.

또, 조건 (나)에 의하여 $1<x<5$이면 함수 $g(x)$는 감소하므로 닫힌구간 $[-x, 2x]$에서 $h(x)=2f(x)$, 즉 $f(x)<0$인 구간을 포함해야 한다.

|2단계| 함수 $y=f(x)$의 그래프의 개형 그리기

한편, $f(x)=x^4+ax^2+b$에서 모든 실수 x에 대하여 $f(x)=f(-x)$이므로 사차함수 $y=f(x)$의 그래프는 y축에 대하여 대칭이다.

따라서 사차함수 $y=f(x)$의 그래프의 개형은 다음 그림과 같다.

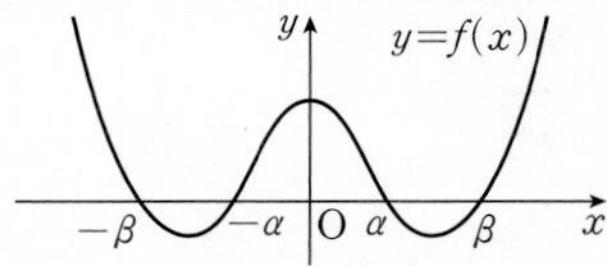

위의 그림과 같이 함수 $y=f(x)$의 그래프가 x축과 만나는 네 점의 x좌표를 각각 $-\beta$, $-\alpha$, α, β $(0<\alpha<\beta)$라 하자.

(i) $0<x<\frac{\alpha}{2}$일 때

닫힌구간 $[-x, 2x]$에서 $f(x)>0$이므로 조건 (가)에 의하여

$\frac{\alpha}{2}\geq1$ $\quad\therefore$ $\alpha\geq2$

(ii) $\frac{\alpha}{2}<x<\beta$일 때

닫힌구간 $[-x, 2x]$에서 $f(x)<0$인 구간이 존재하므로 조건 (나)에 의하여

$\frac{\alpha}{2}\leq1$, $\beta\geq5$ $\quad\therefore$ $\alpha\leq2$, $\beta\geq5$

(iii) $x>\beta$일 때

닫힌구간 $[-x, -\beta]$와 닫힌구간 $[\beta, 2x]$에서 $f(x)\geq 0$이므로 조건 (다)에 의하여

$\beta\leq 5$

(i), (ii), (iii)에 의하여

$\alpha=2,\ \beta=5$

|3단계| $f(\sqrt{2})$의 값 구하기

따라서

$$f(x)=(x+5)(x+2)(x-2)(x-5)$$
$$=(x^2-4)(x^2-25)$$

이므로

$$f(\sqrt{2})=\{(\sqrt{2})^2-4\}\{(\sqrt{2})^2-25\}$$
$$=(-2)\times(-23)=46$$

참고 상수항을 포함한 짝수 차수인 항의 합 또는 차로 이루어진 다항함수 $f(x)$는 모든 실수 x에 대하여 $f(x)=f(-x)$가 성립한다.
즉, 이와 같은 함수 $y=f(x)$의 그래프는 y축에 대하여 대칭이다.
$f(x)=(x^2-4)(x^2-25)=x^4-29x^2+100$이므로
$a=-29,\ b=100$

3

2021학년도 수능 나 20 [정답률 24%] 변형 | 정답 ②

출제영역 정적분으로 정의된 함수+적분과 미분의 관계+정적분의 계산+함수의 극대·극소

정적분으로 정의된 함수가 오직 하나의 극값을 갖도록 하는 조건을 찾을 수 있는지를 묻는 문제이다.

실수 $a\ (a>2)$에 대하여 함수 $f(x)$를

$f(x)=x^2(x-2)(x-a)$ ❶

라 하자. 함수 $g(x)=x\int_0^x f(t)\,dt-\int_0^x tf(t)\,dt$ ❷ 가 오직 하나의 극값을 갖도록 하는 실수 a의 최댓값은?

① $\frac{19}{6}$ ✓② $\frac{10}{3}$ ③ $\frac{7}{2}$
④ $\frac{11}{3}$ ⑤ $\frac{23}{6}$

출제코드 정적분으로 정의된 함수 $g(x)$가 $x=0$에서 극솟값을 갖는지 확인하기

❶ 함수 $y=f(x)$의 그래프의 개형을 그린다.
❷ 주어진 등식의 양변을 x에 대하여 미분한다.

해설 **|1단계| 함수 $y=f(x)$의 그래프의 개형 추론하기**

$f(x)=x^2(x-2)(x-a)$이므로 함수 $y=f(x)$의 그래프의 개형은 다음 그림과 같다.

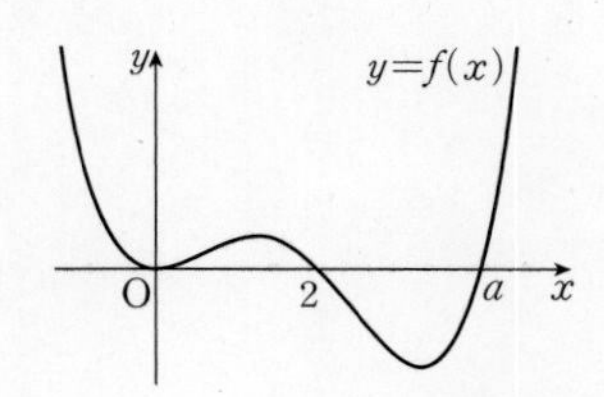

|2단계| 함수 $g'(x)$를 함수 $f(x)$에 대한 정적분으로 나타내고 함수 $g(x)$가 극값을 갖는 실수 x의 값 구하기

$$g'(x)=\int_0^x f(t)\,dt+xf(x)-xf(x)$$
$$=\int_0^x f(t)\,dt$$

$\therefore g'(0)=0$

$x<0$일 때 $g'(x)=\int_0^x f(t)\,dt=-\int_x^0 f(t)\,dt<0$,

$0<x<2$일 때 $g'(x)=\int_0^x f(t)\,dt>0$

이므로 함수 $g(x)$는 $x=0$에서 극솟값을 갖는다.

|3단계| 함수 $g(x)$가 오직 하나의 극값을 갖도록 하는 실수 a의 값 구하기

$0\leq x\leq 2$에서 함수 $y=f(x)$의 그래프와 x축으로 둘러싸인 부분의 넓이를 S_1이라 하고, $2\leq x\leq a$에서 함수 $y=f(x)$의 그래프와 x축으로 둘러싸인 부분의 넓이를 S_2라 하자.

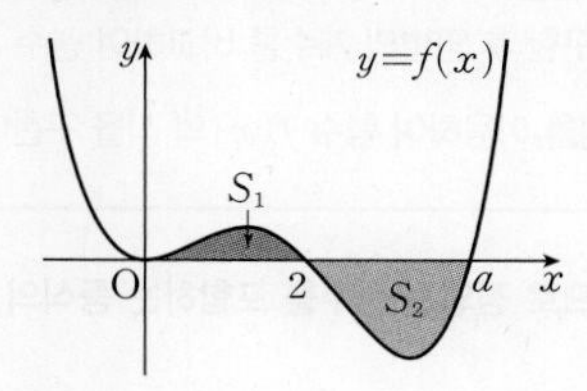

(i) $S_1<S_2$일 때

$g'(p)=\int_0^p f(t)\,dt=0$이고 $2<p<a$인 실수 p가 존재한다.

$0<x<p$일 때 $g'(x)=\int_0^x f(t)\,dt>0$,

$p<x<a$일 때 $g'(x)=\int_0^x f(t)\,dt<0$

이므로 함수 $g(x)$는 $x=p$에서 극댓값을 가진다.
이때 극값이 하나가 아니므로 조건을 만족시키지 않는다.

(ii) $S_1\geq S_2$일 때

$x>0$인 모든 실수 x에 대하여 $g'(x)=\int_0^x f(t)\,dt\geq 0$이므로 함수 $g(x)$는 $x=0$에서만 극값을 갖는다.

(i), (ii)에 의하여 $S_1\geq S_2$이어야 하고 $g'(x)=\int_0^x f(t)dt=0$, 즉 $S_1=S_2$일 때 a가 최대이다.

즉, $\int_0^a f(x)\,dx=0$이므로

$$\int_0^a f(x)\,dx=\int_0^a \{x^4-(a+2)x^3+2ax^2\}\,dx$$
$$=\left[\frac{x^5}{5}-\frac{a+2}{4}x^4+\frac{2}{3}ax^3\right]_0^a$$
$$=-\frac{1}{20}a^4\left(a-\frac{10}{3}\right)=0$$

$\therefore a=0$ 또는 $a=\frac{10}{3}$

이때 $a>2$이므로

$a=\frac{10}{3}$

4 2020학년도 수능 나 28 [정답률 19%] 변형 | 정답 **27**

출제영역 정적분으로 정의된 함수 + 적분과 미분의 관계

정적분으로 정의된 함수를 포함하는 등식의 양변의 계수를 비교하여 주어진 함수를 구할 수 있는지를 묻는 문제이다.

최고차항의 계수가 1인 삼차함수 $f(x)$가 다음 조건을 만족시킨다.

(가) 모든 실수 x에 대하여

$\int_1^x f(t)\,dt = k(x-1)\{f(x)+3f(1)\}$이다. ❶

(나) 모든 실수 x에 대하여 $\int_1^x f(t)\,dt \ge 0$이다. ❷

$f(4)$의 값을 구하시오. (단, k는 상수이다.) 27

출제코드 주어진 등식을 미분한 후 양변의 계수를 비교하여 함수 $f(x)$의 식 구하기

❶ 주어진 등식의 양변을 x에 대하여 미분하여 함수 $f(x)$와 도함수 $f'(x)$ 사이의 관계식을 구한 후 양변의 계수를 비교하여 상수 k의 값을 구한다.

❷ $\int_1^x f(t)\,dt \ge 0$임을 이용하여 함수 $f(x)$의 식을 구한다.

해설 **|1단계| 정적분으로 정의된 함수를 포함하는 등식의 양변의 계수를 비교하여 상수 k의 값 구하기**

조건 (가)에서 주어진 식의 양변을 x에 대하여 미분하면

$f(x)=k\{f(x)+3f(1)\}+k(x-1)f'(x)$

$\therefore (1-k)f(x)=k(x-1)f'(x)+3kf(1)$ ⋯⋯ ㉠

양변의 최고차항의 계수를 비교하면

$1-k=3k$ **why?** ❶

$\therefore k=\frac{1}{4}$

|2단계| |1단계|에서 구한 등식을 x에 대하여 미분하여 도함수 $f'(x)$ 구하기

$k=\frac{1}{4}$을 ㉠에 대입하여 정리하면

$f(x)-f(1)=(x-1)\times\frac{f'(x)}{3}$

삼차함수 $f(x)$의 최고차항의 계수가 1이므로

$f(x)-f(1)=(x-1)(x^2+ax+b)$ (a, b는 상수) ⋯⋯ ㉡

로 놓을 수 있다.

이때 $\frac{f'(x)}{3}=x^2+ax+b$이므로

$f'(x)=3x^2+3ax+3b$ ⋯⋯ ㉢

㉡의 양변을 x에 대하여 미분하면

$f'(x)=x^2+ax+b+(x-1)(2x+a)$

$=3x^2+(2a-2)x+b-a$ ⋯⋯ ㉣

㉢, ㉣의 계수를 비교하면

$3a=2a-2$, $3b=b-a$ $\therefore a=-2$, $b=1$

즉, $f'(x)=3x^2-6x+3$이므로

$f(x)=x^3-3x^2+3x+C=(x-1)^3+C+1$ (단, C는 적분상수)

|3단계| 조건 (나)를 이용하여 함수 $f(x)$의 식 구하기

$C+1\ne0$인 경우 조건 (나)를 만족시키지 않는다. **why?** ❷

따라서 $C+1=0$이므로

$f(x)=(x-1)^3$

$\therefore f(4)=3^3=27$

해설특강

why? ❶ $f(x)$는 최고차항의 계수가 1인 삼차함수이므로
㉠의 좌변에서 최고차항의 계수는 $1-k$,
㉠의 우변에서 최고차항은 $kxf'(x)$에 있고 $f'(x)$의 최고차항의 계수는 3이므로 ㉠의 우변에서 최고차항의 계수는 $3k$이다.
즉, $1-k=3k$이다.

why? ❷ (i) $C+1>0$일 때

함수 $y=f(x)$의 그래프는 다음 그림과 같다.

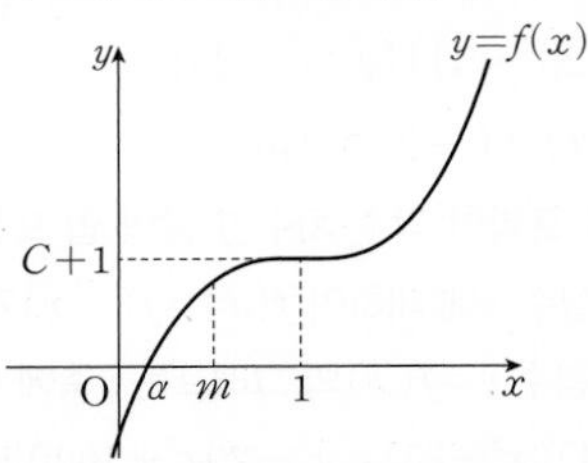

$f(\alpha)=0$을 만족시키는 실수 α에 대하여

$\alpha<m<1$일 때, $\int_1^m f(t)\,dt=-\int_m^1 f(t)\,dt<0$

이므로 조건을 만족시키지 않는다.

(ii) $C+1<0$일 때

함수 $y=f(x)$의 그래프는 다음 그림과 같다.

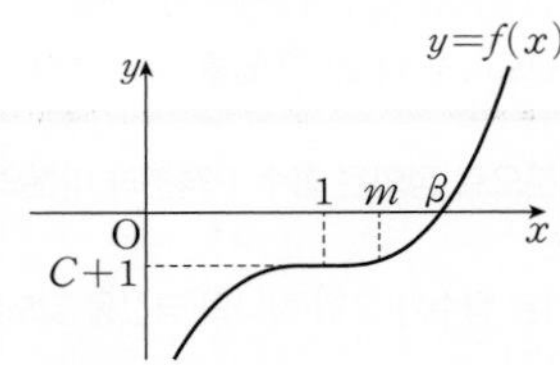

$f(\beta)=0$을 만족시키는 실수 β에 대하여

$1<m<\beta$일 때, $\int_1^m f(t)\,dt<0$

이므로 조건을 만족시키지 않는다.

(iii) $C+1=0$일 때

함수 $y=f(x)$의 그래프는 다음 그림과 같다.

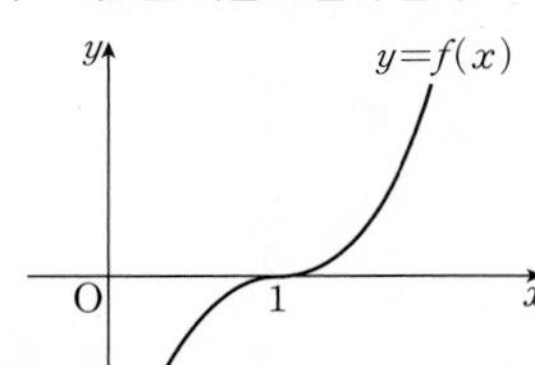

$m=1$일 때, $\int_1^m f(t)\,dt=0$,

$m\ne1$일 때, $\int_1^m f(t)\,dt>0$

이므로 조건 (나)를 만족시킨다.

5 2022년 3월 교육청 공통 22 [정답률 8%] 변형 | 정답 180

출제영역 정적분으로 정의된 함수+적분과 미분의 관계+정적분의 계산+함수의 미분가능성

절댓값 기호를 포함한 함수에 대하여 정적분과 미분의 관계와 함수의 미분계수의 정의를 이용하여 정적분의 값을 구할 수 있는지를 묻는 문제이다.

실수 전체의 집합에서 연속인 함수 $f(x)$와 최고차항의 계수가 1인 이차함수 $g(x)$가 있다. 1보다 큰 상수 a에 대하여 두 함수 $f(x)$, $g(x)$가 다음 조건을 만족시킨다.

(가) 모든 실수 x에 대하여

$|x^2g(x)|=\int_a^x (t+b)f(t)\,dt$ (b는 상수)이다. ❶, ❷

(나) 방정식 $f(x)=0$의 서로 다른 모든 실근의 합은 $\frac{3}{4}$이다.

$8\int_0^{2a} f(x)\,dx$의 값을 구하시오. 180

출제코드 절댓값 기호를 포함한 함수 $|x^2g(x)|$에 대하여 정적분의 성질과 미분계수의 정의를 이용하여 함수 $g(x)$의 식 세우기

❶ 주어진 등식에 $x=a$를 대입하여 함수 $g(x)$의 식을 세운다.

❷ 함수 $|x^2g(x)|$가 $x=a$에서 미분가능함을 이용하여 함수 $g(x)$가 완전제곱 꼴임을 파악한다.

해설 **|1단계| 주어진 등식에 $x=a$를 대입하여 함수 $g(x)$의 식 세우기**

조건 (가)에서 주어진 식의 양변에 $x=a$를 대입하면

$|a^2g(a)|=0$

이때 $a>1$이므로

$g(a)=0$

따라서 $g(x)$는 $x-a$를 인수로 가지므로

$g(x)=(x-a)(x-c)$ (c는 상수)

로 놓을 수 있다.

|2단계| 함수 $|x^2g(x)|$가 $x=a$에서 미분가능함을 이용하여 함수 $g(x)$의 식 구하기

함수 $(x+b)f(x)$는 실수 전체의 집합에서 연속이므로 함수 $\int_a^x (t+b)f(t)\,dt$는 실수 전체의 집합에서 미분가능하다.

$\therefore \frac{d}{dx}\int_a^x (t+b)f(t)\,dt=(x+b)f(x)$

즉, 함수 $|x^2g(x)|$는 $x=a$에서 미분가능하다.

$$\lim_{x\to a+}\frac{|x^2g(x)|-|a^2g(a)|}{x-a}=\lim_{x\to a+}\frac{|x^2(x-a)(x-c)|}{x-a}=\lim_{x\to a+}|x^2(x-c)|=a^2|a-c|,$$

$$\lim_{x\to a-}\frac{|x^2g(x)|-|a^2g(a)|}{x-a}=\lim_{x\to a-}\frac{|x^2(x-a)(x-c)|}{x-a}=-\lim_{x\to a-}|x^2(x-c)|=-a^2|a-c|$$

이므로

$a^2|a-c|=-a^2|a-c$

$2a^2|a-c|=0$

$\therefore a=c$ ($\because a\neq 0$)

$\therefore g(x)=(x-a)^2$

|3단계| 주어진 등식을 미분하여 정적분의 값 구하기

따라서 조건 (가)에서 주어진 등식은

$x^2(x-a)^2=\int_a^x (t+b)f(t)\,dt$

이므로 이 식의 양변을 x에 대하여 미분하여 정리하면

$4x\left(x-\frac{a}{2}\right)(x-a)=(x+b)f(x)$

이때 함수 $f(x)$가 실수 전체의 집합에서 연속이므로

$b=0$ 또는 $b=-\frac{a}{2}$ 또는 $b=-a$

이어야 한다.

(i) $b=0$일 때

$f(x)=4\left(x-\frac{a}{2}\right)(x-a)$이고 방정식 $f(x)=0$의 서로 다른 모든 실근의 합은

$\frac{a}{2}+a=\frac{3}{2}a$

이때 $a>1$에서 $\frac{3}{2}a>\frac{3}{2}$이므로 조건 (나)를 만족시키지 않는다.

(ii) $b=-\frac{a}{2}$일 때

$f(x)=4x(x-a)$이고 방정식 $f(x)=0$의 서로 다른 모든 실근의 합은

$0+a=a$

이때 $a>1$이므로 조건 (나)를 만족시키지 않는다.

(iii) $b=-a$일 때

$f(x)=4x\left(x-\frac{a}{2}\right)$이고 방정식 $f(x)=0$의 서로 다른 모든 실근의 합은

$0+\frac{a}{2}=\frac{a}{2}$

조건 (나)에 의하여

$\frac{a}{2}=\frac{3}{4}$ $\therefore a=\frac{3}{2}$

(i), (ii), (iii)에 의하여

$a=\frac{3}{2}$, $b=-\frac{3}{2}$

따라서 $f(x)=4x\left(x-\frac{3}{4}\right)=4x^2-3x$이므로

$$8\int_0^{2a} f(x)\,dx=8\int_0^3 (4x^2-3x)\,dx=8\left[\frac{4}{3}x^3-\frac{3}{2}x^2\right]_0^3=8\times\left(36-\frac{27}{2}\right)=180$$

6

2016학년도 수능 B 30 [정답률 11%] 변형 | 정답 59

출제영역 적분과 미분의 관계+함수의 증가 · 감소+함수의 연속+정적분의 성질

적분과 미분의 관계와 함수의 증가 · 감소를 이용하여 함수 $f(x)$를 추론하고 정적분의 값을 구할 수 있는지를 묻는 문제이다.

실수 전체의 집합에서 연속인 함수 $f(x)$가 다음 조건을 만족시킨다.

(가) 모든 실수 x에 대하여
$xf(x)=\int_0^x [4+tf'(t)-\{f'(t)\}^2]\,dt$이다. ❶
(나) $x<-\frac{b}{2a}$일 때, $f(x)=ax^2+bx+c$이다.
(단, a, b, c는 상수이고, $a\neq0$, $b>0$이다.) ❷
(다) $x\neq4$인 모든 실수 x에 대하여 $f'(x)\geq0$, $f(x)\leq4$이다. ❸

$f(0)=0$일 때, $\int_0^6 f(x)dx=\frac{q}{p}$이다. $p+q$의 값을 구하시오. 59
(단, p와 q는 서로소인 자연수이다.)

출제코드 적분과 미분의 관계를 이용하여 주어진 조건을 만족시키는 함수 $f(x)$ 추론하기

❶ 주어진 등식의 양변을 x에 대하여 미분한다.
➡ $\{xf(x)\}'=4+xf'(x)-\{f'(x)\}^2$
❷ $f(x)$, $f'(x)$를 ❶의 관계식에 대입하여 함수식을 푼다.
❸ $x\neq4$인 실수 전체의 집합에서 함수 $f(x)$는 증가하거나 상수함수이고, 최댓값은 4임을 알 수 있다.

해설 **|1단계|** **조건 (가)에서 두 함수 $f(x)$와 $f'(x)$ 사이의 관계식 구하기**

조건 (가)에서 주어진 식의 양변을 x에 대하여 미분하면

$f(x)+xf'(x)=4+xf'(x)-\{f'(x)\}^2$

$\therefore f(x)=4-\{f'(x)\}^2$ …… ㉠

|2단계| **a, b, c의 값 및 함수 $f(x)$ 구하기**

조건 (나)에서 $x<-\frac{b}{2a}$일 때 $f(x)=ax^2+bx+c$이므로

$f'(x)=2ax+b$

$f(x)=ax^2+bx+c$, $f'(x)=2ax+b$를 ㉠에 대입하면

$ax^2+bx+c=4-(2ax+b)^2$

$\therefore a(4a+1)x^2+b(4a+1)x+b^2+c-4=0$ …… ㉡

㉡이 $x<-\frac{b}{2a}$인 모든 실수 x에 대하여 성립하므로

$4a+1=0$, $b^2+c-4=0$

$\therefore a=-\frac{1}{4}$, $c=4-b^2$

따라서 $x<-\frac{b}{2a}=2b$일 때

$f(x)=-\frac{1}{4}x^2+bx+4-b^2$

이때 $f(0)=0$이므로

$4-b^2=0$

$b^2=4$ $\quad\therefore b=2$ ($\because b>0$)

또, $c=4-b^2$에서 $c=0$

따라서 $x<4$일 때

$f(x)=-\frac{1}{4}x^2+2x=-\frac{1}{4}(x-4)^2+4$

또, 조건 (다)에서 $x\neq4$일 때 $f'(x)\geq0$, $f(x)\leq4$이고, 함수 $f(x)$가 실수 전체의 집합에서 연속이므로 $x\geq4$일 때

$f(x)=4$

$$\therefore f(x)=\begin{cases}-\frac{1}{4}x^2+2x & (x<4)\\ 4 & (x\geq4)\end{cases}$$

|3단계| **$\int_0^6 f(x)dx$의 값 구하기**

$$\therefore \int_0^6 f(x)dx=\int_0^4 f(x)dx+\int_4^6 f(x)dx$$
$$=\int_0^4\left(-\frac{1}{4}x^2+2x\right)dx+\int_4^6 4\,dx$$
$$=\left[-\frac{1}{12}x^3+x^2\right]_0^4+\left[4x\right]_4^6$$
$$=\frac{32}{3}+8=\frac{56}{3}$$

즉, $p=3$, $q=56$이므로

$p+q=3+56=59$

7

| 정답 ②

출제영역 적분과 미분의 관계+함수의 극한의 성질

다항함수 $f(x)$에 대하여 $f(x)$의 정적분으로 정의된 함수를 포함하는 등식이 조건으로 주어질 때, 적분과 미분의 관계를 이용하여 함수 $f(x)$를 구할 수 있는지를 묻는 문제이다.

다항함수 $f(x)$가 다음 조건을 만족시킨다.

(가) $\lim_{x\to\infty} f(x)=\infty$
(나) 모든 실수 x에 대하여 등식
$\int_0^x \{f(x)\times f(t)\}dt=2\int_0^x x^2f(t)dt+x^5+kx^3+x$ ❶, ❷
가 성립한다. (단, k는 상수이다.)

$f(0)=1$일 때, $f(1)$의 값은?

① 3 ✓② 4 ③ 5
④ 6 ⑤ 7

출제코드 다항함수 $f(x)$의 차수 구하기

❶ 등식에 포함된 정적분에서 적분변수가 t이므로 피적분함수에서 $f(x)$, x^2은 상수가 되어 적분 기호 밖으로 꺼낼 수 있다.
❷ 정적분의 적분 구간이 같으므로 하나의 정적분으로 합친다.

해설 **|1단계|** **조건 (나)의 등식 정리하기**

$\int_0^x \{f(x)\times f(t)\}dt=2\int_0^x x^2f(t)dt+x^5+kx^3+x$에서

$f(x)\int_0^x f(t)dt=2x^2\int_0^x f(t)dt+x^5+kx^3+x$

$\therefore \{f(x)-2x^2\}\int_0^x f(t)dt=x^5+kx^3+x$ …… ㉠

|2단계| **다항함수 $f(x)$의 차수 구하기**

㉠에서 $f(x)$가 일차함수이면 좌변은 사차함수이므로 등식이 성립하지 않으며, $f(x)$가 최고차항의 계수가 2인 이차함수이면 좌변은 삼차함수 또는 사차함수이므로 등식이 성립하지 않는다. why? ❶

이때 다항함수 $f(x)$의 차수를 n $(n\geq 2)$이라 하면 함수 $\int_0^x f(t)dt$의 차수는 $n+1$이므로 ㉠의 좌변의 차수는

$n+(n+1)=2n+1$

따라서 $2n+1=5$이므로 $n=2$이고, 함수 $f(x)$의 최고차항의 계수는 2가 아니다.

|3단계| 함수 $g(x)=\int_0^x f(t)dt$로 놓고 함수 $g(x)$의 식을 정하여 주어진 등식에 대입하기

$g(x)=\int_0^x f(t)dt$라 하면 함수 $g(x)$는 삼차함수이고 $g(0)=0$이므로

$g(x)=ax^3+bx^2+cx$ (a, b, c는 상수)

로 놓을 수 있다.

$\therefore f(x)=g'(x)=3ax^2+2bx+c$

이때 $f(0)=1$이므로 $c=1$

$\therefore g(x)=ax^3+bx^2+x$, $f(x)=3ax^2+2bx+1$

이 식을 ㉠에 대입하면

$\{(3ax^2+2bx+1)-2x^2\}(ax^3+bx^2+x)=x^5+kx^3+x$

$\therefore \{(3a-2)x^2+2bx+1\}(ax^3+bx^2+x)=x^5+kx^3+x$ ⋯⋯ ㉡

|4단계| 주어진 등식의 양변의 계수를 비교하여 함수 $f(x)$의 식 구하기

㉡의 식이 모든 실수 x에 대하여 성립하므로 좌변과 우변의 최고차항의 계수는 서로 같다.

즉, $(3a-2)\times a=1$에서

$3a^2-2a=1$, $3a^2-2a-1=0$

$(3a+1)(a-1)=0$ $\qquad \therefore a=-\frac{1}{3}$ 또는 $a=1$

이때 조건 (가)에 의하여 함수 $f(x)$의 최고차항의 계수가 양수이어야 하므로 why? ❷

$a>0$ $\qquad \therefore a=1$

$a=1$을 ㉡에 대입하면

$(x^2+2bx+1)(x^3+bx^2+x)=x^5+kx^3+x$

우변에서 사차항의 계수가 0이므로

$1\times b+2b\times 1=0$, $3b=0$

$\therefore b=0$

따라서 $f(x)=3x^2+1$이므로

$f(1)=3\times 1^2+1=4$

해설특강

why? ❶ $f(x)$가 일차함수이면 $\int_0^x f(t)dt$는 이차함수이므로 ㉠의 좌변의 차수는 4, 우변의 차수는 5가 되어 등식이 성립하지 않게 된다.

또, $f(x)=2x^2+ax+b$ (a, b는 상수)이면 $\int_0^x f(t)dt$는 삼차함수이고, 함수 $f(x)-2x^2$이 일차함수 또는 상수함수이므로 ㉠의 좌변의 차수는 3 또는 4, 우변의 차수는 5가 되어 등식이 성립하지 않게 된다.

why? ❷ 조건 (가)에서 $\lim_{x\to\infty} f(x)=\infty$이므로 이차함수 $y=f(x)$의 그래프는 아래로 볼록(∪)하다.

따라서 함수 $f(x)$의 최고차항의 계수는 양수이다.

8

|정답 ①

출제영역 적분과 미분의 관계+구간에 따라 다르게 정의된 함수+미분가능성+함수의 극대·극소

정적분으로 정의된 함수를 포함하면서 구간에 따라 다르게 정의된 함수 $h(x)$의 미분가능성이 조건으로 주어질 때, 도함수를 이용하여 그래프의 개형을 추론하고 주어진 설명의 참, 거짓을 판별할 수 있는지를 묻는 문제이다.

함수 $f(x)=x^2+|x-1|+k$와 함수

$g(x)=\int_1^x f(t)dt$ ❶

에 대하여 함수 $h(x)$를

$$h(x)=\begin{cases} -xg(x) & (x<1) \\ xg(x) & (x\geq 1) \end{cases}$$

라 정의하자. 함수 $h(x)$가 모든 실수 x에서 미분가능❷할 때, 〈보기〉에서 옳은 것만을 있는 대로 고른 것은? (단, k는 상수이다.)

| 보기 |

ㄱ. $h(1)=h'(1)$

ㄴ. $\{x|f(x)=0\}=\{x|h(x)=0\}$ ❸

ㄷ. 함수 $h(x)$는 서로 다른 3개의 극값을 갖는다.

✓① ㄱ ② ㄱ, ㄴ ③ ㄱ, ㄷ

④ ㄴ, ㄷ ⑤ ㄱ, ㄴ, ㄷ

킬러코드 두 함수 $y=f(x)$, $y=g(x)$의 그래프의 개형을 이용하여 집합 $\{x|h(x)=0\}$의 원소를 추론하고 함수 $y=h(x)$의 그래프의 개형 추론하기

❶ $g(1)=0$이고 $g'(x)=f(x)$임을 알 수 있다.

❷ 함수 $g(x)$가 모든 실수 x에 대하여 미분가능하므로 함수 $h(x)$가 모든 실수 x에 대하여 미분가능하려면 $x=1$에서 미분가능하면 된다.

❸ 곡선 $y=f(x)$와 x축의 교점이 곡선 $y=h(x)$와 x축의 교점과 일치하는지 확인한다.

해설 **|1단계| ㄱ의 참, 거짓 판별하기**

ㄱ. 함수 $h(x)$가 모든 실수 x에서 미분가능하므로 함수 $h(x)$는 $x=1$에서 미분가능하다.

이때 $h(1)=1\times g(1)=\int_1^1 f(t)dt=0$이므로

$$\lim_{x\to 1-}\frac{h(x)-h(1)}{x-1}=\lim_{x\to 1-}\frac{-xg(x)}{x-1}$$
$$=\lim_{x\to 1-}\left\{(-x)\times\frac{1}{x-1}\int_1^x f(t)dt\right\}$$
$$=(-1)\times f(1)$$
$$=-(1+k) \quad \cdots\cdots ㉠$$

$$\lim_{x\to 1+}\frac{h(x)-h(1)}{x-1}=\lim_{x\to 1+}\frac{xg(x)}{x-1}$$
$$=\lim_{x\to 1+}\left\{x\times\frac{1}{x-1}\int_1^x f(t)dt\right\}$$
$$=1\times f(1)$$
$$=1+k \quad \cdots\cdots ㉡$$

즉, $-(1+k)=1+k$이므로

$k=-1$

$\therefore f(x)=x^2+|x-1|-1$

㉠, ㉡에서 $h'(1)=1+(-1)=0$

$\therefore h(1)=h'(1)$ (참)

|2단계| ㄴ의 참, 거짓 판별하기

ㄴ. $f(x)=x^2+|x-1|-1$에서

$$f(x)=\begin{cases} x^2-x & (x<1) \\ x^2+x-2 & (x\geq 1) \end{cases}$$

즉, $x<1$일 때 $f(x)=x^2-x=x(x-1)$,

$x\geq 1$일 때 $f(x)=x^2+x-2=(x+2)(x-1)$

이므로 함수 $y=f(x)$의 그래프는 다음 그림과 같다.

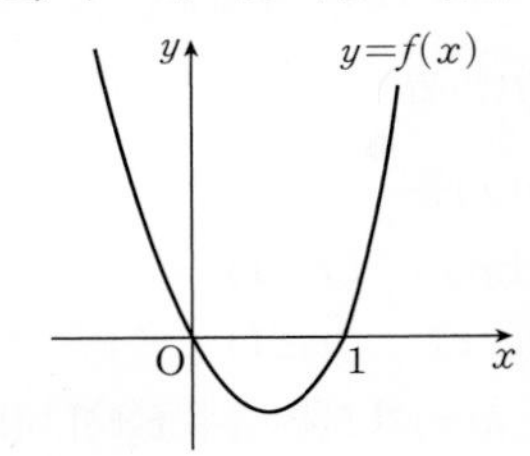

$\therefore \{x|f(x)=0\}=\{0, 1\}$

$$h(x)=\begin{cases} -xg(x) & (x<1) \\ xg(x) & (x\geq 1) \end{cases}$$에서

$h(0)=-0\times g(0)=0$, $h(1)=g(1)=0$

따라서 함수 $y=h(x)$의 그래프는 x축과 두 점 $(0, 0)$, $(1, 0)$에서 만나므로

$\{0, 1\}=\{x|f(x)=0\}\subset\{x|h(x)=0\}$

한편, $g(1)=\int_1^1 f(t)dt=0$, $g'(1)=f(1)=0$이므로 함수 $y=g(x)$의 그래프는 점 $(1, 0)$에서 x축에 접한다. **why? ❶**

이때 $x>1$에서 $f(x)>0$이므로 $x>1$에서

$g(x)=\int_1^x f(t)dt>0$

$x<1$일 때 $g'(x)=f(x)=0$에서 $x=0$이고,

$x<0$일 때 $g'(x)=f(x)>0$

$0<x<1$일 때, $g'(x)=f(x)<0$

즉, 함수 $g(x)$는 $x=0$에서 극댓값을 갖고, $x=1$에서 극솟값을 갖는다.

따라서 함수 $y=g(x)$의 그래프의 개형은 다음 그림과 같다.

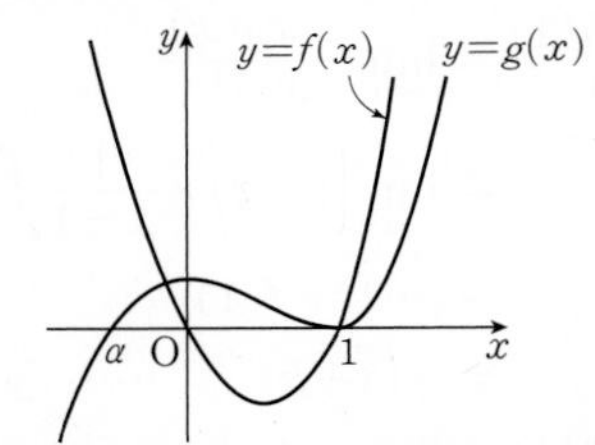

$g(0)>0$이므로 사잇값의 정리에 의하여 $g(\alpha)=0$인 0보다 작은 실수 α가 존재한다.

이때 $h(\alpha)=-\alpha g(\alpha)=-\alpha\times 0=0$이므로

$\alpha\in\{x|h(x)=0\}$

$\therefore \{x|f(x)=0\}\neq\{x|h(x)=0\}$ (거짓)

|3단계| ㄷ의 참, 거짓 판별하기

ㄷ. (i) $x>1$일 때, $h(x)=xg(x)$에서

$h'(x)=g(x)+xg'(x)$

$=g(x)+xf(x)>0$

이므로 함수 $h(x)$는 $x>1$에서 극값을 갖지 않는다.

(ii) $x<1$일 때, $h(x)=-xg(x)$에서

$h'(x)=-g(x)-xg'(x)$

$=-g(x)-xf(x)$

이고, $f(x)=x(x-1)$이므로

$h'(x)=-g(x)-x^2(x-1)$

이때 $F(x)=-x^2(x-1)=-x^3+x^2$이라 하면

$F'(x)=-3x^2+2x$

$=x(-3x+2)$

$F'(x)=0$에서 $x=0$ 또는 $x=\frac{2}{3}$

함수 $F(x)$의 증가와 감소를 표로 나타내면 다음과 같다.

x	$\cdots$	0	$\cdots$	$\frac{2}{3}$	$\cdots$
$F'(x)$	$-$	0	$+$	0	$-$
$F(x)$	↘	0	↗	$\frac{4}{27}$	↘

한편, $g(0)>0$이고

$g\left(\frac{2}{3}\right)=\int_1^{\frac{2}{3}} f(t)dt$

$=-\int_{\frac{2}{3}}^1 f(t)dt$

$=-\int_{\frac{2}{3}}^1 (t^2-t)dt$

$=-\left[\frac{1}{3}t^3-\frac{1}{2}t^2\right]_{\frac{2}{3}}^1$

$=\frac{7}{162}<F\left(\frac{2}{3}\right)=\frac{4}{27}$

따라서 다음 그림과 같이 $x<1$일 때 두 곡선 $y=F(x)$, $y=g(x)$는 서로 다른 두 점 β, γ $(\beta<\gamma)$에서 만난다.

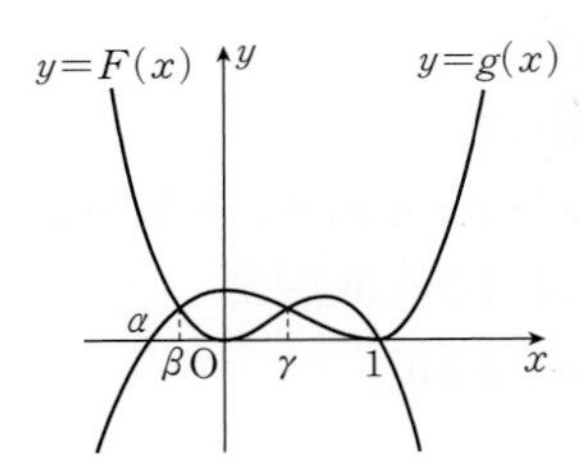

즉, $x<1$일 때 $h'(x)=0$을 만족시키는 실수 x의 값은 β, γ이다.

한편,

$x<\beta$일 때, $h'(x)=-g(x)+F(x)>0$

$\beta<x<\gamma$일 때, $h'(x)=-g(x)+F(x)<0$

$\gamma<x<1$일 때, $h'(x)=-g(x)+F(x)>0$

(i), (ii)에서 함수 $h(x)$는 $x=\beta$, $x=\gamma$에서 2개의 극값을 갖는다.

why? ❷ (거짓)

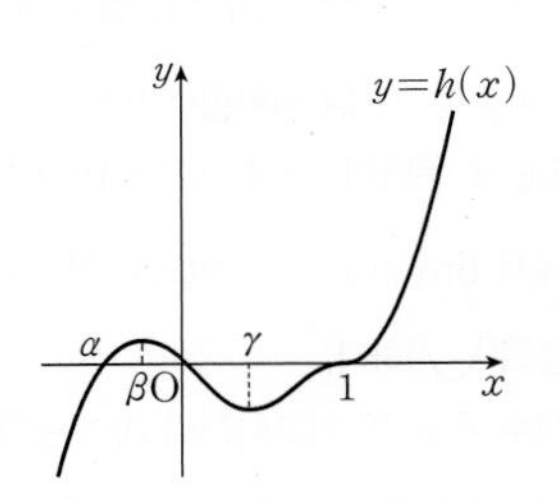

따라서 옳은 것은 ㄱ뿐이다.

해설 특강

why?❶ $g(1)=0$이므로 곡선 $y=g(x)$는 점 $(1, 0)$을 지나고, $g'(1)=0$이므로 곡선 $y=g(x)$ 위의 점 $(1, 0)$에서의 접선의 기울기는 0이다.
따라서 곡선 $y=g(x)$는 점 $(1, 0)$에서 직선 $y=0$, 즉 x축에 접한다.

why?❷ ㄷ의 (i)에서 $x>1$일 때 $h'(x)>0$이고, (ii)에서 $\gamma<x<1$일 때 $h'(x)>0$이므로 $x=1$의 좌우에서 $h'(x)$의 부호가 바뀌지 않는다.
따라서 함수 $h(x)$는 $x=1$에서 극값을 갖지 않는다.

핵심 개념 미분계수와 함수의 미분가능성

(1) 함수 $y=f(x)$의 $x=a$에서의 미분계수는

$$f'(a)=\lim_{\Delta x\to 0}\frac{\Delta y}{\Delta x}=\lim_{h\to 0}\frac{f(a+h)-f(a)}{h}=\lim_{x\to a}\frac{f(x)-f(a)}{x-a}$$

(2) 함수 $f(x)$의 $x=a$에서의 미분계수 $f'(a)$가 존재할 때, 함수 $f(x)$는 $x=a$에서 미분가능하다고 한다.

(3) $x=a$에서 연속인 함수 $f(x)$가 $x=a$에서의 미분계수의 좌극한값과 미분계수의 우극한값이 같을 때, $x=a$에서 미분가능하다.

THEME

07 정적분의 활용

본문 50~51쪽

기출예시 1 | 정답 ④

$A=B$이므로

$$\int_0^2 \{(x^3+x^2)-(-x^2+k)\}dx=0$$

즉,

$$\int_0^2 (x^3+2x^2-k)dx=\left[\frac{1}{4}x^4+\frac{2}{3}x^3-kx\right]_0^2$$

$$=4+\frac{16}{3}-2k=0$$

이므로

$$k=\frac{14}{3}$$

핵심 개념 두 도형의 넓이가 같을 조건

두 곡선 $y=f(x)$, $y=g(x)$로 둘러싸인 도형의 넓이를 각각 S_1, S_2라 할 때, $S_1=S_2$이면

$$\int_\alpha^\gamma \{f(x)-g(x)\}dx=0$$

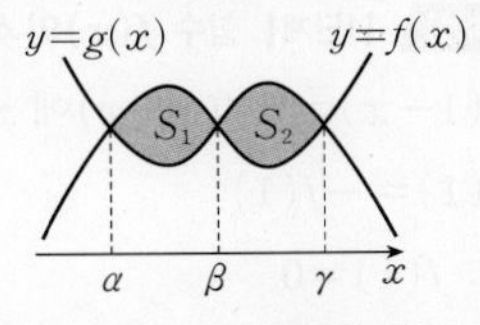

기출예시 2 | 정답 17

$t\geq 2$일 때

$$v(t)=\int a(t)dt$$

$$=\int (6t+4)dt$$

$$=3t^2+4t+C \text{ (단, } C\text{는 적분상수)}$$

이때 $v(2)=16-16=0$이므로

$12+8+C=0$ $\quad\therefore C=-20$

즉, $0\leq t\leq 3$일 때

$$v(t)=\begin{cases} 2t^3-8t & (0\leq t\leq 2) \\ 3t^2+4t-20 & (2\leq t\leq 3) \end{cases}$$

이므로 함수 $y=v(t)$ $(0\leq t\leq 3)$의 그래프는 오른쪽 그림과 같다.

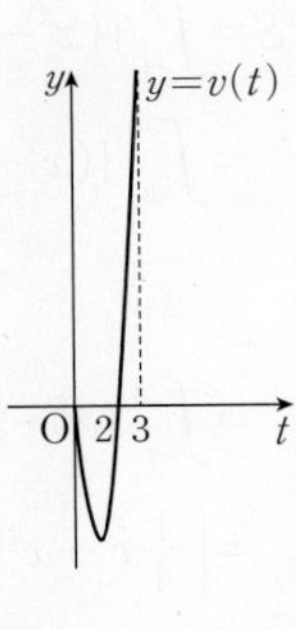

따라서 시각 $t=0$에서 $t=3$까지 점 P가 움직인 거리는

$$\int_0^3 |v(t)|dt$$

$$=\int_0^2 (-2t^3+8t)dt+\int_2^3 (3t^2+4t-20)dt$$

$$=\left[-\frac{1}{2}t^4+4t^2\right]_0^2+\left[t^3+2t^2-20t\right]_2^3$$

$$=8+9=17$$

1등급 완성 3단계 문제연습 본문 52~55쪽

1 2	**2** ③	**3** 33	**4** ①
5 ⑤	**6** 4	**7** 9	**8** 16

1

2021년 10월 교육청 공통 20 [정답률 33%] | 정답 2

출제영역 정적분의 활용 - 넓이

두 곡선으로 둘러싸인 부분의 넓이를 구할 수 있는지를 묻는 문제이다.

최고차항의 계수가 1인 삼차함수 $f(x)$가 $f(0)=0$이고, 모든 실수 x에 대하여 $f(1-x)=-f(1+x)$를 ❶ 만족시킨다. 두 곡선 $y=f(x)$와 $y=-6x^2$으로 둘러싸인 부분의 넓이를 ❷ S라 할 때, $4S$의 값을 구하시오. 2

출제코드 삼차함수 $f(x)$의 식을 구하여 두 곡선 사이의 넓이 구하기

❶ $f(1-x)=-f(1+x)$에 적절한 x의 값을 대입하여 $f(x)=0$이 되게 하는 x의 값을 구하고, 함수 $f(x)$의 식을 구한다.

❷ 정적분의 성질을 이용하여 두 곡선으로 둘러싸인 부분의 넓이를 구한다.

해설 **[1단계] 함수 $f(x)$의 식 구하기**

$f(1-x)=-f(1+x)$에 $x=0$을 대입하면

$f(1)=-f(1)$

$\therefore f(1)=0$

$f(1-x)=-f(1+x)$에 $x=1$을 대입하면

$f(0)=-f(2)$

$\therefore f(2)=0$ ($\because f(0)=0$)

최고차항의 계수가 1인 삼차함수 $f(x)$에 대하여 $f(0)=f(1)=f(2)=0$이므로

$f(x)=x(x-1)(x-2)=x^3-3x^2+2x$

[2단계] 두 곡선 $y=f(x)$와 $y=-6x^2$으로 둘러싸인 부분의 넓이 구하기

두 곡선 $y=f(x)$, $y=-6x^2$의 교점의 x좌표는

$x^3-3x^2+2x=-6x^2$에서 $x^3+3x^2+2x=0$

$x(x+1)(x+2)=0$

$\therefore x=-2$ 또는 $x=-1$ 또는 $x=0$

$-2\le x\le -1$에서 $x^3-3x^2+2x\ge -6x^2$,

$-1\le x\le 0$에서 $-6x^2\ge x^3-3x^2+2x$ why? ❶

이므로

$$S=\int_{-2}^{0}|(x^3-3x^2+2x)-(-6x^2)|\,dx$$

$$=\int_{-2}^{-1}\{(x^3-3x^2+2x)-(-6x^2)\}\,dx+\int_{-1}^{0}\{(-6x^2)-(x^3-3x^2+2x)\}\,dx$$

$$=\int_{-2}^{-1}(x^3+3x^2+2x)\,dx+\int_{-1}^{0}(-x^3-3x^2-2x)\,dx$$

$$=\left[\frac{1}{4}x^4+x^3+x^2\right]_{-2}^{-1}+\left[-\frac{1}{4}x^4-x^3-x^2\right]_{-1}^{0}$$

$$=\frac{1}{4}+\frac{1}{4}=\frac{1}{2}$$

$$\therefore 4S=4\times\frac{1}{2}=2$$

해설특강

why? ❶ $-2\le x\le -1$에서 $x(x+1)(x+2)\ge 0$이므로

$x^3+3x^2+2x\ge 0$ $\quad\therefore x^3-3x^2+2x\ge -6x^2$

$-1\le x\le 0$에서 $x(x+1)(x+2)\le 0$이므로

$x^3+3x^2+2x\le 0$ $\quad\therefore x^3+3x^2+2x\le -6x^2$

2

2022학년도 수능 공통 14 [정답률 25%] | 정답 ③

출제영역 정적분의 활용 - 속도와 거리

수직선 위를 움직이는 점의 시각 t에서의 위치가 정의될 때, 점 P의 거리와 속도 사이의 관계에 대한 설명의 참, 거짓을 판별할 수 있는지를 묻는 문제이다.

수직선 위를 움직이는 점 P의 시각 t에서의 위치 $x(t)$가 두 상수 a, b에 대하여

$x(t)=t(t-1)(at+b)$ ❶ $(a\ne 0)$

이다. 점 P의 시각 t에서의 속도 $v(t)$가 $\int_0^1|v(t)|\,dt=2$를 ❷ 만족시킬 때, <보기>에서 옳은 것만을 있는 대로 고른 것은?

| 보기 |

ㄱ. $\int_0^1 v(t)\,dt=0$ ❸

ㄴ. $|x(t_1)|>1$인 t_1이 열린구간 $(0, 1)$에 존재한다.

ㄷ. $0\le t\le 1$인 모든 t에 대하여 $|x(t)|<1$이면 $x(t_2)=0$인 t_2가 열린구간 $(0, 1)$에 존재한다.

① ㄱ ② ㄱ, ㄴ ✓③ ㄱ, ㄷ
④ ㄴ, ㄷ ⑤ ㄱ, ㄴ, ㄷ

출제코드 (거리)$=\int$(속도)dt임을 이용하여 거리와 속도 사이의 관계 파악하기

❶ 방정식 $x(t)=0$을 만족시키는 t의 값을 구한다.

❷ 점 P가 시각 $t=0$에서 $t=1$까지 움직인 거리가 2임을 파악한다.

❸ $\int_0^1 v(t)\,dt=\int_0^1 x'(t)\,dt$임을 이용한다.

해설 **[1단계] ㄱ의 참, 거짓 판별하기**

ㄱ. $v(t)=x'(t)$이므로

$$\int_0^1 v(t)\,dt=\int_0^1 x'(t)\,dt=\Big[x(t)\Big]_0^1=x(1)-x(0)$$

이때 $x(0)=x(1)=0$이므로

$$\int_0^1 v(t)\,dt=0 \text{ (참)}$$

[2단계] ㄴ의 참, 거짓 판별하기

ㄴ. $x(0)=x(1)=0$이므로 $t=0$, $t=1$일 때 점 P의 위치는 원점이다.

점 P가 열린구간 $(0, 1)$에서 움직인 거리가 2이고 $t=1$일 때 점 P의 위치가 원점이므로 $t=0$일 때의 원점에서부터 움직인 점 P까지의 최대 거리는 1이다.

따라서 $|x(t_1)|>1$인 t_1은 열린구간 $(0, 1)$에 존재하지 않는다.

(거짓)

|3단계| ㄷ의 참, 거짓 판별하기

ㄷ. $0 \le t \le 1$인 모든 시각 t에서 $|x(t)|<1$이려면 점 P는 운동 방향을 2번 바꿔야 한다. **why? ❶**

또, $\int_0^1 |v(t)|\,dt=2$이므로 $x(t_2)=0$인 t_2가 열린구간 $(0,\ 1)$에 존재한다. (참)

따라서 옳은 것은 ㄱ, ㄷ이다.

해설 특강

why? ❶ $0 \le t \le 1$에서 점 P가 운동 방향을 바꿀 수 있는 횟수는 1 또는 2이다. 그런데 $0 \le t \le 1$에서 점 P가 운동 방향을 1번 바꿀 경우 점 P의 위치는 $t=t_a$ $(0<t_a<1)$일 때 1 또는 -1이어야 한다. 즉, $|x(t_a)|=1$이므로 $|x(t)|<1$을 만족시키지 않는다.

3

2019학년도 수능 나 17 [정답률 67%] 변형 | 정답 **33**

출제영역 정적분의 활용 - 넓이 + 정적분의 성질

연속함수 $f(x)$에 대하여 조건으로 주어진 함수의 성질과 정적분의 값을 이용하여 함수 $y=f(x)$의 그래프와 x축 및 두 직선으로 둘러싸인 부분의 넓이를 구할 수 있는지를 묻는 문제이다.

실수 전체의 집합에서 증가하는 연속함수 $f(x)$가 다음 조건을 만족시킨다.

> (가) 모든 실수 x에 대하여 $f(-x)=-f(x)$ ❶
> (나) 모든 실수 x에 대하여 $f(x)=f(x-4)+6$ ❸
> (다) $\int_{-2}^{4} f(x)\,dx=9$ ❷

함수 $y=f(x)$의 그래프와 x축 및 두 직선 $x=10$, $x=12$로 둘러싸인 부분의 넓이를 구하시오. ❷ 33

출제코드 주어진 조건을 이용하여 정적분의 식 변형하기

❶ 함수 $y=f(x)$의 그래프는 원점에 대하여 대칭이므로 $\int_{-a}^{a} f(x)\,dx=0$임을 이용한다.

❷ 구하는 넓이는 $\int_{10}^{12} |f(x)|\,dx$이고, $\int_{-2}^{4} f(x)\,dx=9$로부터 넓이를 구하는 데 필요한 정적분의 값을 다음 정적분의 성질을 이용하여 구한다.
➡ $\int_a^b f(x)dx=\int_a^c f(x)dx+\int_c^b f(x)dx$

❸ 함수 $y=f(x-4)+6$의 그래프는 함수 $y=f(x)$의 그래프를 x축의 방향으로 4만큼, y축의 방향으로 6만큼 평행이동한 것과 같음을 이용한다.

해설 **|1단계| 조건 (가), (다)를 이용하여 $\int_2^4 f(x)\,dx$의 값 구하기**

조건 (가)에서 함수 $y=f(x)$의 그래프는 원점에 대하여 대칭이므로

$$\int_{-2}^{2} f(x)\,dx=0$$

$$\begin{aligned}\therefore \int_{-2}^{4} f(x)\,dx&=\int_{-2}^{2} f(x)\,dx+\int_{2}^{4} f(x)\,dx\\&=\int_{2}^{4} f(x)\,dx\\&=9\ (\because (다)) \quad \cdots\cdots ㉠\end{aligned}$$

|2단계| 함수 $y=f(x)$의 그래프와 x축 및 두 직선 $x=10$, $x=12$로 둘러싸인 부분의 넓이 구하기

조건 (가)에서 $f(0)=0$이고 함수 $f(x)$가 실수 전체의 집합에서 증가하므로 $x>0$에서 $f(x)>0$

따라서 구하는 넓이는

$$\begin{aligned}\int_{10}^{12} |f(x)|\,dx&=\int_{10}^{12} f(x)\,dx\\&=\int_{10}^{12}\{f(x-4)+6\}\,dx\ (\because (나))\\&=\int_{10}^{12} f(x-4)\,dx+\int_{10}^{12} 6\,dx\\&=\int_{6}^{8} f(x)\,dx+12 \quad \textbf{why? ❶}\\&=\int_{6}^{8}\{f(x-4)+6\}\,dx+12\ (\because (나))\\&=\int_{6}^{8} f(x-4)\,dx+\int_{6}^{8} 6\,dx+12\\&=\int_{2}^{4} f(x)\,dx+24 \quad \textbf{why? ❶}\\&=9+24=33\ (\because ㉠)\end{aligned}$$

해설 특강

why? ❶ 함수 $y=f(x-4)$의 그래프는 함수 $y=f(x)$의 그래프를 x축의 방향으로 4만큼 평행이동한 것이므로

$$\int_{10}^{12} f(x-4)\,dx=\int_{10-4}^{12-4} f(x)\,dx=\int_{6}^{8} f(x)\,dx$$

$$\int_{6}^{8} f(x-4)\,dx=\int_{6-4}^{8-4} f(x)\,dx=\int_{2}^{4} f(x)\,dx$$

핵심 개념 평행이동한 그래프를 갖는 함수의 정적분

함수 $y=f(x-k)$의 그래프는 함수 $y=f(x)$의 그래프를 x축의 방향으로 k만큼 평행이동한 것이므로 다음이 성립한다.

➡ $\int_{a+k}^{b+k} f(x-k)\,dx=\int_a^b f(x)\,dx$

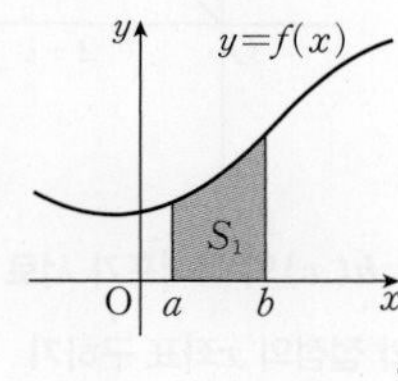

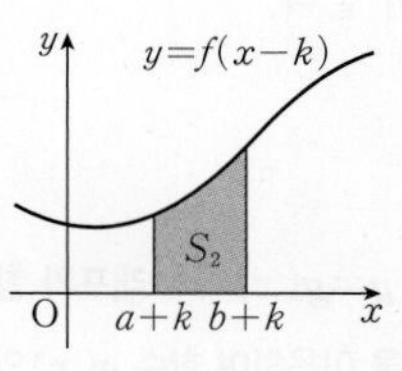

$S_1=S_2$

4 2018학년도 9월 평가원 나 30 [정답률 8%] 변형 | 정답 ①

출제영역 정적분의 활용 – 넓이 + 접선의 기울기

x의 값의 범위에 따라 다르게 정의된 함수 $f(x)$에 대하여 새롭게 정의된 함수 $h(x)$의 그래프를 좌표평면 위에 나타낸 후 두 함수가 서로 다른 세 점에서 접하는 것을 이용하여 함수를 결정하고 정적분의 값을 구할 수 있는지를 묻는 문제이다.

두 함수

$$f(x)=\begin{cases} 0 & (x\le 0) \\ x & (x>0) \end{cases},\ g(x)=a(x-1)^2+b$$

에 대하여 함수 $h(x)$를

$$h(x)=f(x)-f(x-c)-f(x-2+c)$$

라 하자. 함수 $y=h(x)$의 그래프와 함수 $y=g(x)$의 그래프가 서로 다른 세 점 $(\alpha, h(\alpha))$, $(\beta, h(\beta))$, $(\gamma, h(\gamma))$ $(\alpha<\beta<\gamma)$에서 접하고 ❶ $\gamma=\alpha+1$일 때, ❷ $\int_\alpha^\gamma \{h(x)-g(x)\}dx$의 값은?

(단, a, b, c는 상수이고, $0<c<1$이다.)

✓① $\frac{1}{48}$ ② $\frac{1}{24}$ ③ $\frac{1}{16}$ ④ $\frac{1}{12}$ ⑤ $\frac{5}{48}$

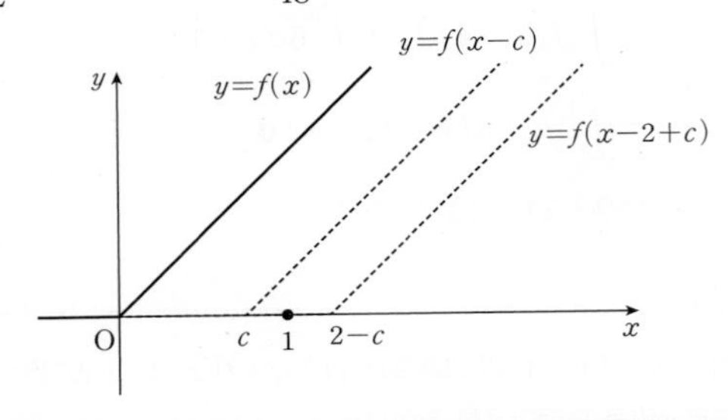

출제코드 함수 $y=g(x)$와 함수 $y=h(x)$의 그래프의 접점의 좌표를 구한 후 정적분과 넓이의 관계를 이용하여 주어진 정적분의 값 구하기

❶ 함수 $y=g(x)$의 그래프와 함수 $y=h(x)$의 그래프가 서로 다른 세 점에서 접한다는 조건을 이용하여 함수 $g(x)$의 계수와 접점의 x좌표를 구한다.

❷ 정적분과 넓이의 관계를 이용하여 정적분의 값을 구한다.

해설 **|1단계| 함수 $y=h(x)$의 그래프 그리기**

$$h(x)=\begin{cases} 0 & (x\le 0) \\ x & (0<x\le c) \\ c & (c<x\le 2-c) \\ -x+2 & (x>2-c) \end{cases}$$ how? ❶

이므로 함수 $y=h(x)$의 그래프는 오른쪽 그림과 같다.

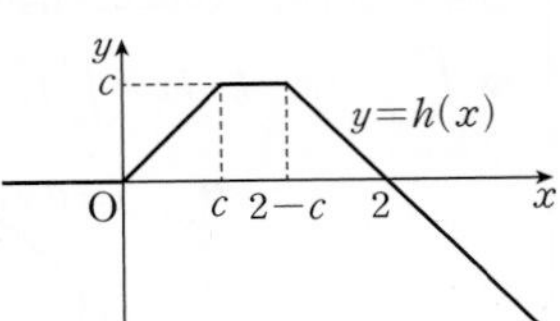

|2단계| 함수 $y=g(x)$의 그래프와 함수 $y=h(x)$의 그래프가 서로 다른 세 점에서 접하는 것을 이용하여 함수 $g(x)$의 계수와 접점의 x좌표 구하기

함수 $y=h(x)$의 그래프와 함수 $y=g(x)$의 그래프가 서로 다른 세 점 α, β, γ $(\alpha<\beta<\gamma)$에서 접하기 위해서는 오른쪽 그림과 같이 세 열린구간 $(0, c)$, $(c, 2-c)$, $(2-c, 2)$에서 각각 접해야 한다.

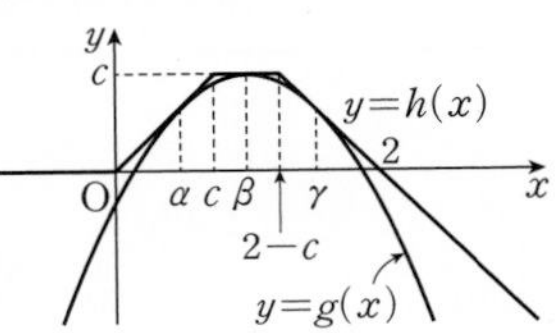

함수 $y=h(x)$ $(0\le x\le 2)$의 그래프와 x축으로 둘러싸인 도형은 직선 $x=1$에 대하여 대칭인 사다리꼴이고 이차함수 $y=g(x)$의 그래프도 직선 $x=1$에 대하여 대칭이므로 두 함수의 그래프는 점 $(1, c)$에서 접해야 한다.

$\therefore \beta=1,\ b=c$

이때 $\gamma=\alpha+1$에서 $\gamma-\alpha=1$이고, $\frac{\alpha+\gamma}{2}=\beta=1$이므로 두 식을 연립하여 풀면

$\alpha=\frac{1}{2},\ \gamma=\frac{3}{2}$

또, $0<x\le c$에서 함수 $y=g(x)$의 그래프와 직선 $y=x$는 접해야 하므로 이차방정식 $a(x-1)^2+c=x$, 즉 $ax^2-(2a+1)x+a+c=0$의 판별식을 D라 하면

$D=\{-(2a+1)\}^2-4a(a+c)=0$

$4a^2+4a+1-4a^2-4ac=0$

$\therefore 4a+1=4ac$ …… ㉠

한편, 점 $(\alpha, h(\alpha))$에서의 접선의 기울기가 1이므로

$g'(\alpha)=g'\left(\frac{1}{2}\right)=1$

이때 $g'(x)=2a(x-1)$이므로

$g'\left(\frac{1}{2}\right)=-a=1$

$\therefore a=-1,\ c=\frac{3}{4}$ ($\because$ ㉠)

$\therefore g(x)=-(x-1)^2+\frac{3}{4}=-x^2+2x-\frac{1}{4}$

|3단계| 정적분과 넓이의 관계를 이용하여 주어진 정적분의 값 구하기

$$\int_{\frac{1}{2}}^{\frac{3}{2}} h(x)\,dx=\frac{1}{2}\times\left\{\left(\frac{5}{4}-\frac{3}{4}\right)+2\right\}\times\frac{3}{4}-2\times\frac{1}{2}\times\left(\frac{1}{2}\right)^2=\frac{11}{16}$$

$$\int_{\frac{1}{2}}^{\frac{3}{2}} g(x)\,dx=\int_{\frac{1}{2}}^{\frac{3}{2}}\left(-x^2+2x-\frac{1}{4}\right)dx=\left[-\frac{1}{3}x^3+x^2-\frac{1}{4}x\right]_{\frac{1}{2}}^{\frac{3}{2}}$$
$$=\left(-\frac{9}{8}+\frac{9}{4}-\frac{3}{8}\right)-\left(-\frac{1}{24}+\frac{1}{4}-\frac{1}{8}\right)=\frac{2}{3}$$

$$\therefore \int_\alpha^\gamma \{h(x)-g(x)\}dx=\int_{\frac{1}{2}}^{\frac{3}{2}} h(x)\,dx-\int_{\frac{1}{2}}^{\frac{3}{2}} g(x)\,dx=\frac{11}{16}-\frac{2}{3}=\frac{1}{48}$$

해설특강

how? ❶ $f(x-c)=\begin{cases} 0 & (x\le c) \\ x-c & (x>c) \end{cases}$

$f(x-2+c)=\begin{cases} 0 & (x\le 2-c) \\ x-2+c & (x>2-c) \end{cases}$

이므로

$x\le 0$에서 $h(x)=0-0-0=0$

$0<x\le c$에서 $h(x)=x-0-0=x$

$c<x\le 2-c$에서 $h(x)=x-(x-c)-0=c$

$x>2-c$에서 $h(x)=x-(x-c)-(x-2+c)=-x+2$

5 2011학년도 수능 가17 [정답률 29%] 변형 | 정답 ⑤

출제영역 정적분의 활용-속도와 거리+구간에 따라 다르게 정의된 함수

수직선 위를 움직이는 점의 시각 t에서의 속도가 구간에 따라 다르게 정의될 때, 점 P가 움직인 거리를 이용하여 새롭게 정의된 함수에 대한 설명의 참, 거짓을 판별할 수 있는지를 묻는 문제이다.

원점을 출발하여 수직선 위를 움직이는 점 P의 시각 t $(0\le t\le 5)$에서의 속도 $v(t)$가 다음과 같다.

$$v(t)=\begin{cases} t & (0\le x<2) \\ -4t+10 & (2\le x<3) \\ 2t-8 & (3\le x\le 5) \end{cases}$$

$0\le x\le 5$인 실수 x에 대하여 점 P가

시각 $t=0$에서 $t=x$까지 움직인 거리, ❶

시각 $t=x$에서 $t=5$까지 움직인 거리 ❷

중에서 최소인 값을 $f(x)$라 할 때, 〈보기〉에서 옳은 것만을 있는 대로 고른 것은?

| 보기 |

ㄱ. $f(2)=2$

ㄴ. $f(3)-f(2)=\int_2^3 v(t)dt$

ㄷ. 함수 $f(x)$는 열린구간 $(0, 5)$에서 미분가능하다.

① ㄱ ② ㄱ, ㄴ ③ ㄱ, ㄷ
④ ㄴ, ㄷ ✓⑤ ㄱ, ㄴ, ㄷ

출제코드 x의 값의 범위를 나누어 함수 $f(x)$의 식 구하기

❶ 함수 $y=|v(t)|$의 그래프와 t축 및 두 직선 $t=0$, $t=x$로 둘러싸인 부분의 넓이와 같다.

❷ 함수 $y=|v(t)|$의 그래프와 t축 및 두 직선 $t=x$, $t=5$로 둘러싸인 부분의 넓이와 같다.

해설 **|1단계| 함수 $y=|v(t)|$의 그래프 그리기**

함수 $y=v(t)$의 그래프를 이용하여 함수 $y=|v(t)|$의 그래프를 그리면 다음 그림과 같다.

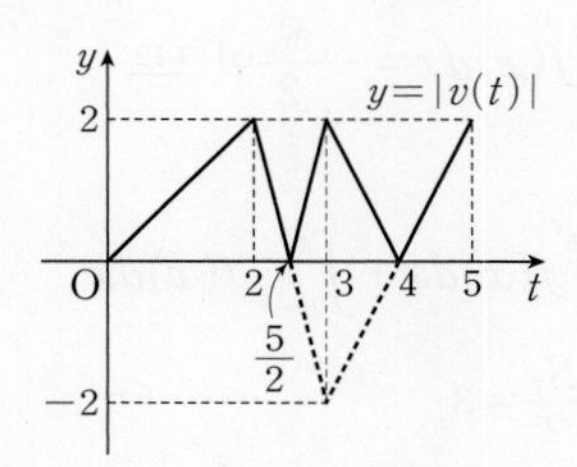

|2단계| 함수 $f(x)$의 식 구하기

시각 $t=0$에서 $t=x$까지 움직인 거리를 $g(x)$, 시각 $t=x$에서 $t=5$까지 움직인 거리를 $h(x)$라 하면

$g(x)=\int_0^x |v(t)|dt$, $h(x)=\int_x^5 |v(t)|dt$

이므로 $g(0)=0$, $h(5)=0$이고 열린구간 $(0, 5)$에서 함수 $g(x)$는 증가하고 함수 $h(x)$는 감소한다.

이때

$$\int_0^{\frac{5}{2}} |v(t)|dt=\int_{\frac{5}{2}}^5 |v(t)|dt=\frac{5}{2}$$

이므로 $g\left(\frac{5}{2}\right)=h\left(\frac{5}{2}\right)$

$$\therefore f(x)=\begin{cases} g(x) & \left(0\le x<\frac{5}{2}\right) \\ h(x) & \left(\frac{5}{2}\le x\le 5\right) \end{cases}$$

|3단계| ㄱ의 참, 거짓 판별하기

ㄱ. $f(2)=g(2)=\int_0^2 |v(t)|dt$

$=\frac{1}{2}\times 2\times 2=2$ (참)

|4단계| ㄴ의 참, 거짓 판별하기

ㄴ. $f(3)=h(3)=\int_3^5 |v(t)|dt$

$=2\times\frac{1}{2}\times 1\times 2=2$

$\therefore f(3)-f(2)=2-2=0$ ($\because$ ㄱ)

한편,

$$\int_2^3 v(t)dt=\int_2^{\frac{5}{2}} v(t)dt+\int_{\frac{5}{2}}^3 v(t)dt$$

$$=\frac{1}{2}+\left(-\frac{1}{2}\right)=0$$

이므로

$f(3)-f(2)=\int_2^3 v(t)dt$ (참)

|5단계| ㄷ의 참, 거짓 판별하기

ㄷ. $f(x)=\begin{cases} g(x)=\int_0^x |v(t)|dt & \left(0\le x<\frac{5}{2}\right) \\ h(x)=\int_x^5 |v(t)|dt & \left(\frac{5}{2}\le x\le 5\right) \end{cases}$에서

$$g'(x)=\frac{d}{dx}\int_0^x |v(t)|dt=|v(x)|$$

$$h'(x)=\frac{d}{dx}\int_x^5 |v(t)|dt$$

$$=-\frac{d}{dx}\int_5^x |v(t)|dt=-|v(x)|$$

함수 $|v(t)|$는 열린구간 $(0, 5)$에서 연속이므로 두 함수 $g(x)$, $h(x)$는 모두 열린구간 $(0, 5)$에서 미분가능하다.

따라서 함수 $f(x)$는 각각 열린구간 $\left(0, \frac{5}{2}\right)$, $\left(\frac{5}{2}, 5\right)$에서 미분가능하므로 함수 $f(x)$가 열린구간 $(0, 5)$에서 미분가능하려면 $x=\frac{5}{2}$에서 미분가능해야 한다.

(i) $0<x<\frac{5}{2}$일 때

$$f(x)-f\left(\frac{5}{2}\right)=\int_0^x |v(t)|dt-\int_0^{\frac{5}{2}} |v(t)|dt$$

$$=\int_{\frac{5}{2}}^0 |v(t)|dt+\int_0^x |v(t)|dt$$

$$=\int_{\frac{5}{2}}^x |v(t)|dt$$

이므로

$$\lim_{x\to\frac{5}{2}-}\frac{f(x)-f\left(\frac{5}{2}\right)}{x-\frac{5}{2}}=\lim_{x\to\frac{5}{2}-}\frac{1}{x-\frac{5}{2}}\int_{\frac{5}{2}}^x |v(t)|dt$$

$$=\left|v\left(\frac{5}{2}\right)\right|=0$$

(ii) $\frac{5}{2}<x<5$일 때

$$f(x)-f\left(\frac{5}{2}\right)=\int_x^5|v(t)|dt-\int_{\frac{5}{2}}^5|v(t)|dt$$
$$=\int_x^5|v(t)|dt+\int_5^{\frac{5}{2}}|v(t)|dt$$
$$=\int_x^{\frac{5}{2}}|v(t)|dt$$
$$=-\int_{\frac{5}{2}}^x|v(t)|dt$$

이므로

$$\lim_{x\to\frac{5}{2}+}\frac{f(x)-f\left(\frac{5}{2}\right)}{x-\frac{5}{2}}=\lim_{x\to\frac{5}{2}+}\frac{1}{x-\frac{5}{2}}\times\left(-\int_{\frac{5}{2}}^x|v(t)|dt\right)$$
$$=-\left|v\left(\frac{5}{2}\right)\right|=0$$

(i), (ii)에 의하여 $\lim_{x\to\frac{5}{2}-}\frac{f(x)-f\left(\frac{5}{2}\right)}{x-\frac{5}{2}}=\lim_{x\to\frac{5}{2}+}\frac{f(x)-f\left(\frac{5}{2}\right)}{x-\frac{5}{2}}$이므로 함수 $f(x)$는 $x=\frac{5}{2}$에서 미분가능하다.

즉, 함수 $f(x)$는 열린구간 $(0, 5)$에서 미분가능하다. (참)

따라서 ㄱ, ㄴ, ㄷ 모두 옳다.

6 2018년 10월 교육청 나 29 [정답률 18%] 변형 | 정답 4

출제영역 정적분의 활용-넓이+이차함수의 그래프의 성질+함수의 극한과 다항함수의 결정+다항함수의 미분법

다항함수 $f(x)$에 대하여 함수의 극한값과 도함수 $f'(x)$의 성질, 정적분의 값이 주어질 때, 정적분의 기하적 의미를 이해하고 정적분의 값을 구할 수 있는지를 묻는 문제이다.

다항함수 $f(x)$와 상수 p가 다음 조건을 만족시킨다.

> (가) $\lim_{x\to\infty}\frac{f(x)+2x}{x^2}=a$ (a는 양수) ❶
> (나) 모든 실수 t에 대하여 $f'(t)+f'(2p-t)=0$이다.
> (다) $\int_0^p f(x)dx=3$, $\int_0^p|f(x)|dx=\frac{11}{3}$ ❷

$k>p$인 상수 k에 대하여 $f(k)=0$일 때, $12\int_p^k|f(x)|dx$의 값을 구하시오. 4

출제코드 조건 (나)를 이용하여 함수 $y=f(x)$의 그래프의 개형을 추론하고 정적분과 넓이의 관계를 이용하여 정적분의 값 구하기

❶ $x\to\infty$일 때 극한값이 존재하므로 (분모의 차수)=(분자의 차수)이다. 또, 극한값이 양수 a이므로 분자와 분모의 최고차항의 계수의 비는 a이다.

❷ $\int_0^p|f(x)|dx>0$이므로 $p>0$이고, $\int_0^p f(x)dx<\int_0^p|f(x)|dx$이므로 함수 $y=f(x)$의 그래프는 $0<x<p$에서 x축과 만남을 알 수 있다.

해설 **|1단계|** **조건 (가)를 이용하여 함수 $f(x)$의 식 세우기**

조건 (가)의 $\lim_{x\to\infty}\frac{f(x)+2x}{x^2}=a$ (a는 양수)에서 함수 $f(x)$는 최고차항의 계수가 a인 이차함수이므로

$f(x)=ax^2+bx+c$ (b, c는 상수)

로 놓을 수 있다.

|2단계| **조건 (나), (다)를 이용하여 함수 $y=f(x)$의 그래프의 개형 추론하기**

$f(x)=ax^2+bx+c$에서 $f'(x)=2ax+b$

조건 (나)의 $f'(t)+f'(2p-t)=0$에서

$(2at+b)+\{2a(2p-t)+b\}=0$

$4ap+2b=0 \quad \therefore p=-\frac{b}{2a}$

즉, 이차함수 $f(x)=ax^2+bx+c$의 그래프의 축의 방정식은

$x=p$ why? ❶

이때 $f(k)=0$이므로 함수 $y=f(x)$의 그래프는 점 $(k, 0)$을 지나고, 직선 $x=p$에 대하여 대칭이므로 점 $(2p-k, 0)$도 지난다.

한편, 조건 (다)에서 $\int_0^p|f(x)|dx>0$이므로 $p>0$이고,

$\int_0^p f(x)dx<\int_0^p|f(x)|dx$이므로 함수 $y=f(x)$의 그래프는 $0<x<p$에서 x축과 만남을 알 수 있다.

따라서 함수 $y=f(x)$의 그래프의 개형은 다음 그림과 같다.

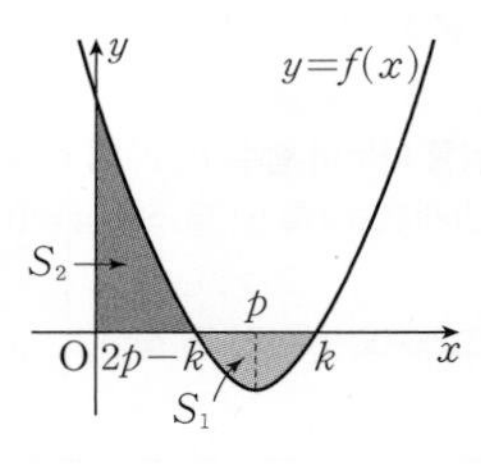

|3단계| **$12\int_p^k|f(x)|dx$의 값 구하기**

위의 그림에서 곡선 $y=f(x)$와 x축으로 둘러싸인 부분의 넓이를 S_1, 곡선 $y=f(x)$와 x축 및 y축으로 둘러싸인 부분의 넓이를 S_2라 하면

$\int_{2p-k}^p f(x)dx=\int_p^k f(x)dx=-\frac{S_1}{2}$이므로

조건 (다)에서

$$\int_0^p f(x)dx=\int_0^{2p-k}f(x)dx+\int_{2p-k}^p f(x)dx$$
$$=S_2-\frac{S_1}{2}=3 \quad \cdots\cdots ㉠$$

$$\int_0^p|f(x)|dx=\int_0^{2p-k}f(x)dx-\int_{2p-k}^p f(x)dx$$
$$=S_2+\frac{S_1}{2}=\frac{11}{3} \quad \cdots\cdots ㉡$$

㉠, ㉡을 연립하여 풀면

$S_1=\frac{2}{3}$, $S_2=\frac{10}{3}$

$$\therefore 12\int_p^k|f(x)|dx=-12\int_p^k f(x)dx$$
$$=-12\times\left(-\frac{S_1}{2}\right)$$
$$=6\times S_1$$
$$=6\times\frac{2}{3}=4$$

해설특강

why? ❶ $f(x)=ax^2+bx+c$

$=a\left(x+\dfrac{b}{2a}\right)^2+c-\dfrac{b^2}{4a}$

이므로 함수 $y=f(x)$의 그래프의 축은 직선 $x=-\dfrac{b}{2a}$이다.

이때 $p=-\dfrac{b}{2a}$이므로 이차함수 $y=f(x)$의 그래프의 축은 직선 $x=p$이다.

7

| 정답 9

출제영역 정적분의 활용－넓이＋접선의 방정식＋함수의 그래프

주어진 정적분의 최솟값을 두 함수의 그래프 사이의 넓이를 이용하여 구할 수 있는지를 묻는 문제이다.

닫힌구간 $[0, 3]$에서 정의된 두 함수

$$f(x)=3x^2-x^3,\ g(x)=\begin{cases} m(x-2)+4 & (0\le x<2) \\ n(x-2)+4 & (2\le x\le 3)\end{cases}$$ ❶

가 있다. $0\le x\le 3$인 모든 실수 x에 대하여 $f(x)\ge g(x)$일 때, $\displaystyle\int_0^3\{f(x)-g(x)\}dx$의 최솟값은 $\dfrac{q}{p}$이다. $p+q$의 값을 구하시오. 9 ❷

(단, p와 q는 서로소인 자연수이다.)

출제코드 $\displaystyle\int_0^3\{f(x)-g(x)\}dx$의 값이 최소일 때의 함수 $y=g(x)$의 그래프의 개형 추론하기

❶ 함수 $y=f(x)$의 그래프는 도함수를 이용하여 그릴 수 있고, 함수 $y=g(x)$의 그래프는 점 $(2, 4)$에서 꺾이는 직선임을 알 수 있다.

❷ 닫힌구간 $[0, 3]$에서 함수 $y=f(x)$의 그래프는 함수 $y=g(x)$의 그래프와 접하거나 위쪽에 있으므로 $\displaystyle\int_0^3\{f(x)-g(x)\}dx$는 $0\le x\le 3$에서 함수 $y=f(x)$의 그래프와 함수 $y=g(x)$의 그래프 사이의 넓이를 의미한다.

해설 **|1단계| 함수 $y=f(x)$의 그래프의 개형 파악하기**

$f(x)=3x^2-x^3$에서

$f'(x)=6x-3x^2$

$=-3x(x-2)$

$f'(x)=0$에서 $x=0$ 또는 $x=2$

닫힌구간 $[0, 3]$에서 함수 $f(x)$의 증가와 감소를 표로 나타내면 다음과 같다.

x	0	$\cdots$	2	$\cdots$	3
$f'(x)$	0	+	0	−	
$f(x)$	0	↗	4	↘	0

|2단계| 조건을 만족시키는 함수 $y=g(x)$의 그래프의 개형 추론하기

$0\le x\le 3$인 모든 실수 x에 대하여 $f(x)\ge g(x)$이므로 닫힌구간 $[0, 3]$에서 곡선 $y=f(x)$는 곡선 $y=g(x)$와 접하거나 위쪽에 있다.

따라서 $\displaystyle\int_0^3\{f(x)-g(x)\}dx$는 $0\le x\le 3$에서 함수 $y=f(x)$의 그래프와 함수 $y=g(x)$의 그래프 사이의 넓이를 의미한다.

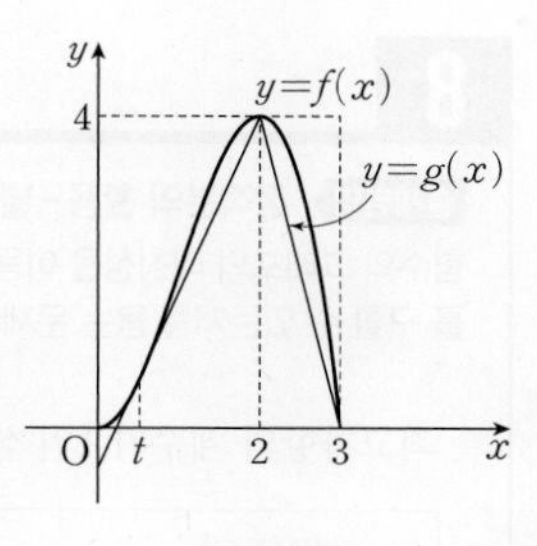

함수 $y=g(x)$의 그래프는 m, n의 값에 관계없이 점 $(2, 4)$를 지나므로 $\displaystyle\int_0^3\{f(x)-g(x)\}dx$의 값이 최소이려면 함수 $y=g(x)$의 그래프는 오른쪽 그림과 같이 $0\le x<2$에서 함수 $y=f(x)$의 그래프와 접하는 점이 존재하고 점 $(3, 0)$을 지나야 한다.

|3단계| 함수 $g(x)$의 식 구하기

$0\le x<2$에서 함수 $y=g(x)$의 그래프와 함수 $y=f(x)$의 그래프가 접하는 점의 좌표를 $(t, f(t))$ $(0<t<2)$라 하면 함수 $y=f(x)$ 위의 점 $(t, f(t))$에서의 접선의 방정식은

$y=f'(t)(x-t)+f(t)$ ...... ㉠

직선 ㉠이 점 $(2, 4)$를 지나므로

$4=f'(t)(2-t)+f(t)$에서

$4=(6t-3t^2)(2-t)+(3t^2-t^3)$

$4=2t^3-9t^2+12t$

$2t^3-9t^2+12t-4=0$

$(t-2)(2t^2-5t+2)=0$

$(t-2)^2(2t-1)=0$

$\therefore t=\dfrac{1}{2}$ $(\because 0<t<2)$

$t=\dfrac{1}{2}$을 ㉠에 대입하면

$y=f'\left(\dfrac{1}{2}\right)\left(x-\dfrac{1}{2}\right)+f\left(\dfrac{1}{2}\right)$

$y=\dfrac{9}{4}\left(x-\dfrac{1}{2}\right)+\dfrac{5}{8}$

$\therefore y=\dfrac{9}{4}x-\dfrac{1}{2}$

$\therefore g(x)=\dfrac{9}{4}x-\dfrac{1}{2}$ $(0\le x<2)$

한편, $2\le x\le 3$에서 함수 $y=g(x)$의 그래프는 두 점 $(2, 4)$, $(3, 0)$을 지나는 직선이므로

$g(x)=\dfrac{4-0}{2-3}(x-3)$

$=-4x+12$ $(2\le x\le 3)$

|4단계| $\displaystyle\int_0^3\{f(x)-g(x)\}dx$의 최솟값 구하기

따라서 $\displaystyle\int_0^3\{f(x)-g(x)\}dx$의 최솟값은

$\displaystyle\int_0^2\left\{(3x^2-x^3)-\left(\frac{9}{4}x-\frac{1}{2}\right)\right\}dx+\int_2^3\{(3x^2-x^3)-(-4x+12)\}dx$

$\displaystyle=\int_0^3(3x^2-x^3)dx-\int_0^2\left(\frac{9}{4}x-\frac{1}{2}\right)dx-\int_2^3(-4x+12)dx$

$=\left[x^3-\dfrac{1}{4}x^4\right]_0^3-\left[\dfrac{9}{8}x^2-\dfrac{1}{2}x\right]_0^2-\left[-2x^2+12x\right]_2^3$

$=\dfrac{27}{4}-\dfrac{7}{2}-2=\dfrac{5}{4}$

즉, $p=4$, $q=5$이므로

$p+q=4+5=9$

8

| 정답 16

출제영역 정적분의 활용 - 넓이 + 함수의 그래프의 대칭성

함수의 그래프의 대칭성을 이용하여 함수의 식을 구하고, 정적분을 이용하여 넓이를 구할 수 있는지를 묻는 문제이다.

최고차항의 계수가 1인 삼차함수 $f(x)$가 다음 조건을 만족시킨다.

(가) $f(1)=0$ ❶
(나) 모든 실수 x에 대하여 $f(-x)=-f(x)$이다. ❶

함수 $g(x)=\int_{x}^{\sqrt{3}x} f(t)dt$와 $g'(a)=0$을 만족시키는 양수 a에 대하여 곡선 $y=g(x)$와 직선 $y=g(a)$로 둘러싸인 부분의 넓이는 ❷ $\frac{q}{p}$이다. $p+q$의 값을 구하시오. (단, p와 q는 서로소인 자연수이다.)
16

출제코드 함수 $g(x)$의 식과 a의 값 구하기

❶ $f(1)=0$이고, 함수 $y=f(x)$의 그래프가 원점에 대하여 대칭이므로 $f(0)=0$, $f(-1)=0$임을 알 수 있다.

❷ $g'(a)=0$이므로 직선 $y=g(a)$는 곡선 $y=g(x)$ 위의 점 $(a, g(a))$에서의 접선이다.

해설 **|1단계| 두 함수 $f(x)$, $g(x)$의 식 구하기**

함수 $f(x)$는 최고차항의 계수가 1인 삼차함수이고, 조건 (가), (나)에서
$f(0)=0$, $f(-1)=0$, $f(1)=0$이므로

$$f(x)=x(x+1)(x-1)=x^3-x$$

$$\begin{aligned}\therefore g(x)&=\int_{x}^{\sqrt{3}x} f(t)dt\\&=\int_{x}^{\sqrt{3}x}(t^3-t)dt\\&=\left[\frac{1}{4}t^4-\frac{1}{2}t^2\right]_{x}^{\sqrt{3}x}\\&=\left(\frac{9}{4}x^4-\frac{3}{2}x^2\right)-\left(\frac{1}{4}x^4-\frac{1}{2}x^2\right)\\&=2x^4-x^2\end{aligned}$$

|2단계| 함수 $g'(x)$를 구하고 a의 값 구하기

$$\begin{aligned}g'(x)&=8x^3-2x\\&=2x(2x+1)(2x-1)\end{aligned}$$

이므로 $g'(a)=0$에서

$a=\frac{1}{2}$ ($\because a>0$)

$$\therefore g(a)=g\left(\frac{1}{2}\right)=2\times\frac{1}{16}-\frac{1}{4}=-\frac{1}{8}$$

|3단계| 곡선 $y=g(x)$와 직선 $y=g(a)$로 둘러싸인 부분의 넓이 구하기

한편, 임의의 실수 x에 대하여 $g(-x)=g(x)$이므로 곡선 $y=g(x)$는 다음 그림과 같이 y축에 대하여 대칭이다. why? ❶

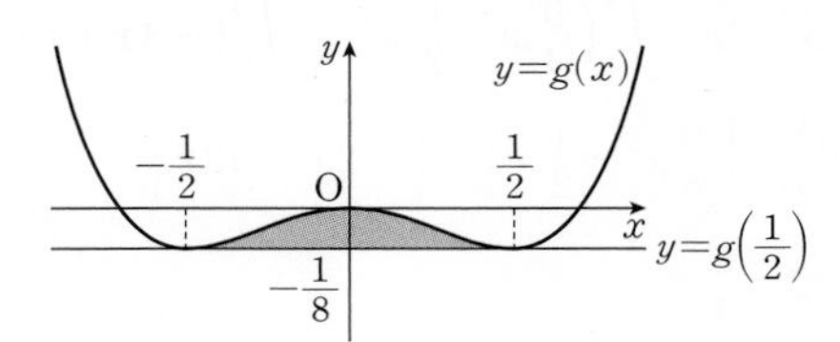

이때 곡선 $y=g(x)$와 직선 $y=g\left(\frac{1}{2}\right)$로 둘러싸인 부분도 y축에 대하여 대칭이다.

따라서 구하는 넓이는

$$\begin{aligned}\int_{-\frac{1}{2}}^{\frac{1}{2}}\left\{g(x)-g\left(\frac{1}{2}\right)\right\}dx&=\int_{-\frac{1}{2}}^{\frac{1}{2}}\left(2x^4-x^2+\frac{1}{8}\right)dx\\&=2\int_{0}^{\frac{1}{2}}\left(2x^4-x^2+\frac{1}{8}\right)dx \text{ why? ❷}\\&=2\left[\frac{2}{5}x^5-\frac{1}{3}x^3+\frac{1}{8}x\right]_{0}^{\frac{1}{2}}\\&=2\left(\frac{1}{80}-\frac{1}{24}+\frac{1}{16}\right)\\&=\frac{1}{40}-\frac{1}{12}+\frac{1}{8}\\&=\frac{1}{15}\end{aligned}$$

즉, $p=15$, $q=1$이므로

$p+q=15+1=16$

해설특강

why? ❶ $g(x)=2x^4-x^2$에서

$$\begin{aligned}g(-x)&=2\times(-x)^4-(-x)^2\\&=2x^4-x^2\\&=g(x)\end{aligned}$$

why? ❷ $f(x)$가 우함수, 즉 $f(-x)=f(x)$이면

$$\int_{-a}^{a}f(x)\,dx=2\int_{0}^{a}f(x)\,dx$$

$f(x)$가 기함수, 즉 $f(-x)=-f(x)$이면

$$\int_{-a}^{a}f(x)\,dx=0$$

수능 일등급 완성

고난도 미니 모의고사

1회 • 고난도 미니 모의고사

본문 58~61쪽

1 ⑤	2 ⑤	3 ③	4 65	5 13	6 7
7 167	8 ⑤				

1 정답 ⑤

함수 $f(x)$가 $x=0$에서 연속이므로

$\lim_{x\to0+} f(x)=\lim_{x\to0-} f(x)=f(0)$

주어진 조건에서

$x<0$일 때, $g(x)=-f(x)+x^2+4$

$x>0$일 때, $g(x)=f(x)-(x^2+2x+8)$

이때 $f(0)=a$ (a는 상수)로 놓으면

$$\begin{aligned}\lim_{x\to0-} g(x)&=\lim_{x\to0-}\{-f(x)+x^2+4\}\\&=-\lim_{x\to0-}f(x)+\lim_{x\to0-}(x^2+4)\\&=-a+4\end{aligned}$$

$$\begin{aligned}\lim_{x\to0+} g(x)&=\lim_{x\to0+}\{f(x)-(x^2+2x+8)\}\\&=\lim_{x\to0+}f(x)-\lim_{x\to0+}(x^2+2x+8)\\&=a-8\end{aligned}$$

$\lim_{x\to0-} g(x)-\lim_{x\to0+} g(x)=6$이므로

$-a+4-(a-8)=6$, $2a=6$

$\therefore a=3$

$\therefore f(0)=a=3$

2 정답 ⑤

닫힌구간 $[-1, 1]$에서 함수 $y=f(x)$의 그래프는 다음 그림과 같다.

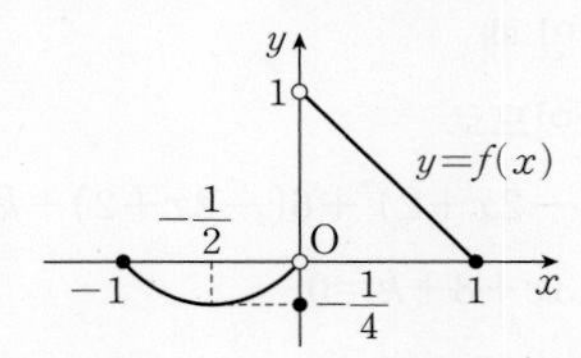

ㄱ. 함수 $g(x)=\{f(x)\}^2-f(x)$에서

$$g(x)=\begin{cases}x^4+2x^3-x & (-1\le x<0)\\ \frac{5}{16} & (x=0)\\ x^2-x & (0<x\le1)\end{cases}$$

이므로 닫힌구간 $[-1, 1]$에서 함수 $y=g(x)$의 그래프는 다음 그림과 같다.

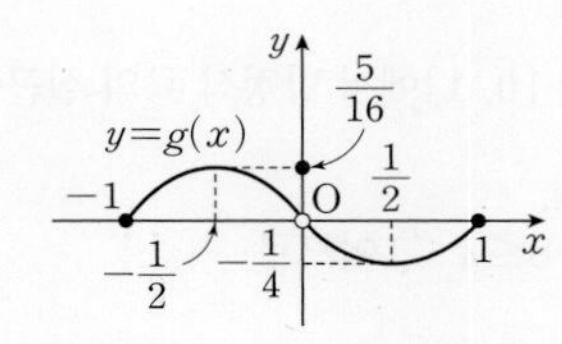

$\therefore \lim_{x\to0} g(x)=0$ (참)

ㄴ. $-1\le x\le0$일 때 $f(x)\le0$이고,

$0<x\le1$일 때 $f(x)\ge0$이므로

$$h(x)=\begin{cases}f(x)-f(x) & (-1\le x\le0)\\ f(x)+f(x) & (0<x\le1)\end{cases}$$

$$\therefore h(x)=\begin{cases}0 & (-1\le x\le0)\\ 2f(x) & (0<x\le1)\end{cases}$$

따라서 닫힌구간 $[-1, 1]$에서 함수 $y=h(x)$의 그래프는 오른쪽 그림과 같다.

$$\begin{aligned}&\lim_{x\to0-} f(-x)h(x)\\&=\lim_{x\to0-} f(-x)\lim_{x\to0-} h(x)\\&=\lim_{x\to0+} f(x)\lim_{x\to0-} h(x)\\&=1\times0=0\end{aligned}$$

$$\begin{aligned}&\lim_{x\to0+} f(-x)h(x)\\&=\lim_{x\to0+} f(-x)\lim_{x\to0+} h(x)\\&=\lim_{x\to0-} f(x)\lim_{x\to0+} h(x)\\&=0\times2=0\end{aligned}$$

$f(0)h(0)=\left(-\frac{1}{4}\right)\times0=0$

$\therefore \lim_{x\to0-} f(-x)h(x)=\lim_{x\to0+} f(-x)h(x)=f(0)h(0)=0$

따라서 함수 $f(-x)h(x)$는 $x=0$에서 연속이다. (참)

ㄷ. 두 함수 $|g(x)+k|$, $h(x)$는 모두 $x=0$을 제외한 닫힌구간 $[-1, 1]$에서 연속이므로 함수 $|g(x)+k|h(x)$가 $x=0$에서 연속이면 닫힌구간 $[-1, 1]$에서 연속이다.

즉, $x=0$에서 함수 $|g(x)+k|h(x)$가 연속이 되도록 하는 실수 k의 개수를 구하면 된다.

함수 $|g(x)+k|h(x)$가 $x=0$에서 연속이려면

$\lim_{x\to0-}|g(x)+k|h(x)=\lim_{x\to0+}|g(x)+k|h(x)=|g(0)+k|h(0)$

이어야 하고

$$\begin{aligned}\lim_{x\to0-}|g(x)+k|h(x)&=\lim_{x\to0-}|g(x)+k|\times\lim_{x\to0-}h(x)\\&=|k|\times0=0\end{aligned}$$

$$\begin{aligned}\lim_{x\to0+}|g(x)+k|h(x)&=\lim_{x\to0+}|g(x)+k|\times\lim_{x\to0+}h(x)\\&=|k|\times2=2|k|\end{aligned}$$

$$\begin{aligned}|g(0)+k|h(0)&=\left|\frac{5}{16}+k\right|\times0\\&=0\end{aligned}$$

이므로

$2|k|=0 \qquad \therefore k=0$

따라서 닫힌구간 $[-1, 1]$에서 함수 $|g(x)+k|h(x)$가 연속이 되도록 하는 실수 k는 0으로 오직 1개 존재한다. (참)

따라서 ㄱ, ㄴ, ㄷ 모두 옳다.

다른풀이 ㄱ. $g(x)=\{f(x)\}^2-f(x)=f(x)\{f(x)-1\}$이므로

$\lim_{x\to0-} g(x)=\lim_{x\to0-} f(x)\{f(x)-1\}=0\times(0-1)=0$

$\lim_{x\to0+} g(x)=\lim_{x\to0+} f(x)\{f(x)-1\}=1\times(1-1)=0$

$\therefore \lim_{x\to0} g(x)=0$ (참)

3 정답 ③

$f(x)=\frac{1}{3}x^3-kx^2+1$에서

$f'(x)=x^2-2kx$

두 점 A, B의 x좌표를 각각 a, b $(a<b)$라 하면 곡선 $y=f(x)$ 위의 두 점 A, B에서의 접선의 기울기가 모두 $3k^2$이므로

$f'(x)=x^2-2kx=3k^2$에서

$x^2-2kx-3k^2=0$, $(x+k)(x-3k)=0$

$\therefore a=-k,\ b=3k\ (\because k>0,\ a<b)$

$\therefore \mathrm{A}\left(-k,\ -\frac{4}{3}k^3+1\right)$, $\mathrm{B}(3k,\ 1)$

점 $\mathrm{A}\left(-k,\ -\frac{4}{3}k^3+1\right)$에서의 접선 l의 방정식은

$y-\left(-\frac{4}{3}k^3+1\right)=3k^2(x+k)$

$\therefore y=3k^2x+\frac{5}{3}k^3+1$

점 $\mathrm{B}(3k,\ 1)$에서의 접선 m의 방정식은

$y-1=3k^2(x-3k)$

$\therefore y=3k^2x-9k^3+1$

곡선 $y=f(x)$에 접하고 x축에 평행한 직선은 기울기가 0이므로 접점의 x좌표는 $f'(x)=0$을 만족시킨다.

즉, 접점의 x좌표는 방정식 $f'(x)=0$의 해이다.

$f'(x)=x^2-2kx=0$에서 $x(x-2k)=0$

$\therefore x=0$ 또는 $x=2k$

$f(0)=1,\ f(2k)=-\frac{4}{3}k^3+1$이므로 곡선 $y=f(x)$에 접하고 x축에 평행한 두 직선의 방정식은

$y=1,\ y=-\frac{4}{3}k^3+1$

따라서 곡선 $y=f(x)$에 접하고 x축에 평행한 두 직선과 접선 l, m으로 둘러싸인 도형은 다음 그림과 같은 평행사변형이다.

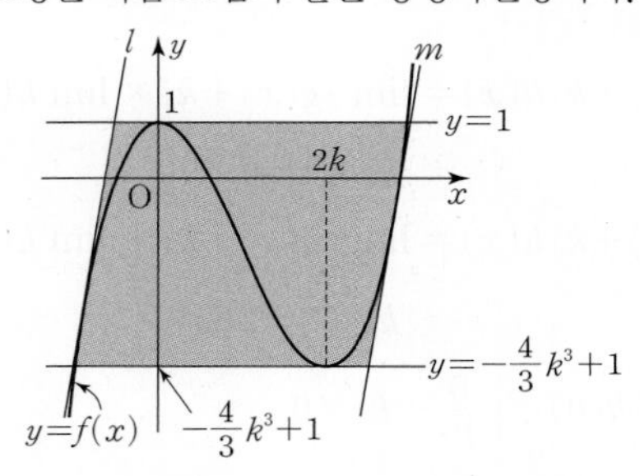

이때 두 직선 l, m과 직선 $y=1$의 교점의 x좌표를 각각 x_1, x_2라 하면

$3k^2x_1+\frac{5}{3}k^3+1=1,\ 3k^2x_2-9k^3+1=1$

$\therefore x_1=-\frac{5}{9}k,\ x_2=3k$

평행사변형의 밑변의 길이는

$x_2-x_1=3k-\left(-\frac{5}{9}k\right)=\frac{32}{9}k$ …… ㉠

평행사변형의 높이는

$1-\left(-\frac{4}{3}k^3+1\right)=\frac{4}{3}k^3$ …… ㉡

이때 평행사변형의 넓이가 24이므로 ㉠, ㉡에 의하여

$\frac{32}{9}k\times\frac{4}{3}k^3=24,\ k^4=\frac{81}{16}$

$\therefore k=\frac{3}{2}\ (\because k>0)$

4 정답 65

함수 $f(x)=x^3-3x^2+6x+k$에서

$f'(x)=3x^2-6x+6$

이를 $4f'(x)+12x-18=(f'\circ g)(x)$에 대입하면

$4(3x^2-6x+6)+12x-18=f'(g(x))$

$12x^2-12x+6=3\{g(x)\}^2-6g(x)+6$

$\{g(x)\}^2-2g(x)=4x^2-4x$

$\{g(x)\}^2-4x^2-2g(x)+4x=0$

$\{g(x)-2x\}\{g(x)+2x\}-2\{g(x)-2x\}=0$

$\{g(x)-2x\}\{g(x)+2x-2\}=0$

$\therefore g(x)=2x$ 또는 $g(x)=-2x+2$

(i) $g(x)=2x$일 때

$f(2x)=x$이므로

$(2x)^3-3(2x)^2+6(2x)+k=x,\ 8x^3-12x^2+12x+k=x$

$\therefore k=-8x^3+12x^2-11x$ …… ㉠

이때 $h_1(x)=-8x^3+12x^2-11x$라 하면

$h_1'(x)=-24x^2+24x-11$

$=-24\left(x-\frac{1}{2}\right)^2-5<0$

이므로 함수 $h_1(x)$는 감소하는 함수이다.

즉, 닫힌구간 $[0,\ 1]$에서 $h_1(1)\le h_1(x)\le h_1(0)$이므로

$-7\le h_1(x)\le 0$

따라서 닫힌구간 $[0,\ 1]$에서 방정식 ㉠의 실근이 존재하기 위해서는

$-7\le k\le 0$

(ii) $g(x)=-2x+2$일 때

$f(-2x+2)=x$이므로

$(-2x+2)^3-3(-2x+2)^2+6(-2x+2)+k=x$

$-8x^3+12x^2-13x+8+k=0$

$\therefore k=8x^3-12x^2+13x-8$ …… ㉡

이때 $h_2(x)=8x^3-12x^2+13x-8$이라 하면

$h_2'(x)=24x^2-24x+13$

$=24\left(x-\frac{1}{2}\right)^2+7>0$

이므로 함수 $h_2(x)$는 증가하는 함수이다.

즉, 닫힌구간 $[0,\ 1]$에서 $h_2(0)\le h_2(x)\le h_2(1)$이므로

$-8\le h_2(x)\le 1$

따라서 닫힌구간 $[0,\ 1]$에서 방정식 ㉡의 실근이 존재하기 위해서는

$-8\le k\le 1$

(i), (ii)에 의하여 $-8\le k\le 1$이므로

$m=-8,\ M=1$

$\therefore m^2+M^2=(-8)^2+1^2=65$

핵심 개념 역함수의 정의 (고등 수학)

함수 f의 역함수가 f^{-1}일 때
$f(x)=y \Longleftrightarrow f^{-1}(y)=x$

5 정답 13

$x^3-12x+22-4k=0$에서 $x^3-12x+22=4k$
$g(x)=x^3-12x+22$라 하면
$g'(x)=3x^2-12=3(x+2)(x-2)$
$g'(x)=0$에서 $x=-2$ 또는 $x=2$
함수 $g(x)$의 증가와 감소를 표로 나타내면 다음과 같다.

x	$\cdots$	-2	$\cdots$	2	$\cdots$
$g'(x)$	+	0	−	0	+
$g(x)$	↗	극대	↘	극소	↗

함수 $g(x)$는 $x=-2$에서 극대이고 극댓값은 $g(-2)=38$, $x=2$에서 극소이고 극솟값은 $g(2)=6$이다.
따라서 함수 $y=g(x)$의 그래프는 다음 그림과 같으므로 삼차방정식 $g(x)=4k$의 양의 실근의 개수 $f(k)$는 함수 $y=g(x)$의 그래프와 직선 $y=4k$가 제1사분면에서 만나는 교점의 개수와 같다.

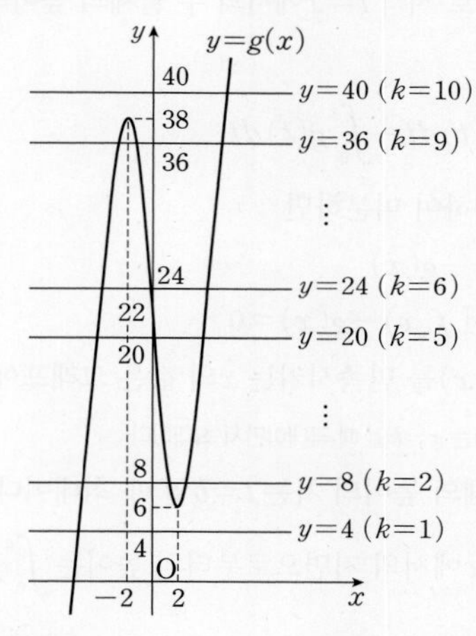

(i) $k=1$일 때, $f(k)=0$
(ii) $k=2, 3, 4, 5$일 때, $f(k)=2$
(iii) $k=6, 7, \cdots, 10$일 때, $f(k)=1$
$\therefore \sum_{k=1}^{10} f(k)=0\times1+2\times4+1\times5=13$

6 정답 7

조건 (가)에서 $\int_1^x f(t)dt=\frac{x-1}{2}\{f(x)+f(1)\}$이 모든 실수 x에 대하여 성립하므로 양변을 x에 대하여 미분하면
$f(x)=\frac{1}{2}\{f(x)+f(1)\}+\frac{x-1}{2}f'(x)$
$\frac{1}{2}f(x)=\frac{1}{2}f(1)+\frac{x-1}{2}f'(x)$
$\therefore f(x)=(x-1)f'(x)+f(1)$ ······ ㉠
이때 다항함수 $f(x)$의 최고차항을 ax^n ($a\neq0$인 상수, n은 자연수)으로 놓으면 $f'(x)$의 최고차항은 anx^{n-1}이므로 $(x-1)f'(x)$의 최고차항은 anx^n이다.

㉠에서 $f(x)$의 최고차항의 계수와 $(x-1)f'(x)$의 최고차항의 계수가 같아야 하므로
$a=an \quad \therefore n=1\ (\because a\neq0)$
즉, $f(x)$는 일차함수이고 $f(0)=1$이므로
$f(x)=ax+1$
로 놓을 수 있다.
이때 조건 (나)의 $\int_0^2 f(x)dx=5\int_{-1}^1 xf(x)dx$에서
$\int_0^2 f(x)dx=\int_0^2 (ax+1)dx=\left[\frac{a}{2}x^2+x\right]_0^2=2a+2$,
$\int_{-1}^1 xf(x)dx=\int_{-1}^1 x(ax+1)dx=\int_{-1}^1 (ax^2+x)dx$
$=2\int_0^1 ax^2dx=2\left[\frac{a}{3}x^3\right]_0^1$
$=\frac{2}{3}a$
이므로
$2a+2=5\times\frac{2}{3}a,\ \frac{4}{3}a=2 \quad \therefore a=\frac{3}{2}$
따라서 $f(x)=\frac{3}{2}x+1$이므로
$f(4)=\frac{3}{2}\times4+1=7$

7 정답 167

조건 (나)에서
$n=0$일 때, 함수 $y=f(x)$의 그래프는 점 $(3, 7)$을 지난다.
$n=1$일 때, 함수 $y=f(x)$의 그래프는 세 점 $(4, 8)$, $(5, 10)$, $(6, 13)$을 지난다.

적분 구간 $[3, 6]$에서의 x의 값을 x좌표로 하는 점만 생각한다.

(i) $3\le x\le4$일 때
함수 $y=f(x)$의 그래프가 두 점 $(3, 7)$, $(4, 8)$을 지난다.
이때 두 점 $(3, 7)$, $(4, 8)$을 지나는 직선의 기울기는
$\frac{8-7}{4-3}=1$
조건 (가)에 의하여 $f(x)=x+4$ (단, $3\le x\le4$)

(ii) $5\le x\le6$일 때
함수 $y=f(x)$의 그래프가 두 점 $(5, 10)$, $(6, 13)$을 지난다.
이때 두 점 $(5, 10)$, $(6, 13)$을 지나는 직선의 기울기는
$\frac{13-10}{6-5}=3$
조건 (가)에 의하여 $f(x)=3x-5$ (단, $5\le x\le6$)

(iii) $4\le x\le5$일 때
조건 (다)에 의하여 함수 $y=f(x)$의 그래프는 이차함수의 그래프의 일부이므로
$f(x)=px^2+qx+r$ (p, q, r는 상수, $p\neq0$)
로 놓으면
$f'(x)=2px+q$
이때 함수 $f(x)$가 실수 전체의 집합에서 미분가능하므로 $x=4$, $x=5$에서도 미분가능하다.

즉, $\lim_{x\to4+} f'(x)=\lim_{x\to4+}(2px+q)=8p+q$이고,

$\lim_{x\to4-} f'(x)=\lim_{x\to4-} 1=1$이므로

$\lim_{x\to4+} f'(x)=\lim_{x\to4-} f'(x)$에서

$8p+q=1$ ...... ㉠

또, $\lim_{x\to5+} f'(x)=\lim_{x\to5+} 3=3$이고,

$\lim_{x\to5-} f'(x)=\lim_{x\to5-}(2px+q)=10p+q$이므로

$\lim_{x\to5+} f'(x)=\lim_{x\to5-} f'(x)$에서

$10p+q=3$ ...... ㉡

㉠, ㉡을 연립하여 풀면

$p=1,\ q=-7$

함수 $f(x)=x^2-7x+r$의 그래프가 점 $(4, 8)$을 지나므로

$f(4)=8$에서 $-12+r=8$ $\quad\therefore r=20$

$\therefore f(x)=x^2-7x+20$ (단, $4\le x\le 5$)

(i), (ii), (iii)에 의하여

$$a=\int_3^6 f(x)dx$$
$$=\int_3^4 f(x)dx+\int_4^5 f(x)dx+\int_5^6 f(x)dx$$
$$=\int_3^4 (x+4)dx+\int_4^5 (x^2-7x+20)dx+\int_5^6 (3x-5)dx$$
$$=\left[\frac{1}{2}x^2+4x\right]_3^4+\left[\frac{1}{3}x^3-\frac{7}{2}x^2+20x\right]_4^5+\left[\frac{3}{2}x^2-5x\right]_5^6$$
$$=\frac{15}{2}+\frac{53}{6}+\frac{23}{2}$$
$$=\frac{167}{6}$$

$\therefore 6a=6\times\frac{167}{6}=167$

참고 $3\le x\le 4$에서 함수 $y=f(x)$의 그래프가 곡선이라면 오른쪽 그림과 같이 $f'(x)<1$, 즉 접선의 기울기가 1보다 작은 x의 값이 반드시 존재한다. 이는 조건 (가)에 모순이므로 함수 $y=f(x)$의 그래프는 직선이다.

따라서 두 점 $(3, 7)$, $(4, 8)$을 지나는 직선의 방정식은

$y-7=1\times(x-3)$ $\quad\therefore y=x+4$

또, $5\le x\le 6$에서 함수 $y=f(x)$의 그래프가 곡선이라면 오른쪽 그림과 같이 $f'(x)>3$, 즉 접선의 기울기가 3보다 큰 x의 값이 반드시 존재한다. 이는 조건 (가)에 모순이므로 함수 $y=f(x)$의 그래프는 직선이다.

따라서 두 점 $(5, 10)$, $(6, 13)$을 지나는 직선의 방정식은

$y-10=3(x-5)$ $\quad\therefore y=3x-5$

핵심 개념 정적분의 성질

세 실수 a, b, c를 포함하는 닫힌구간에서 두 함수 $f(x)$, $g(x)$가 연속일 때

(1) $\int_a^b kf(x)dx=k\int_a^b f(x)dx$ (단, k는 상수)

(2) $\int_a^b \{f(x)\pm g(x)\}dx=\int_a^b f(x)dx\pm\int_a^b g(x)dx$ (복호동순)

(3) $\int_a^b f(x)dx=\int_a^c f(x)dx+\int_c^b f(x)dx$

└ a, b, c의 대소와 관계없이 성립한다.

8 정답 ⑤

ㄱ. 두 물체 A, B 모두 같은 높이의 지면에서 출발하므로 $t=0$일 때의 높이는 0이다.

즉, $t=a$일 때, 물체 A의 위치는 $\int_0^a f(t)dt$이고 물체 B의 위치는 $\int_0^a g(t)dt$이다.

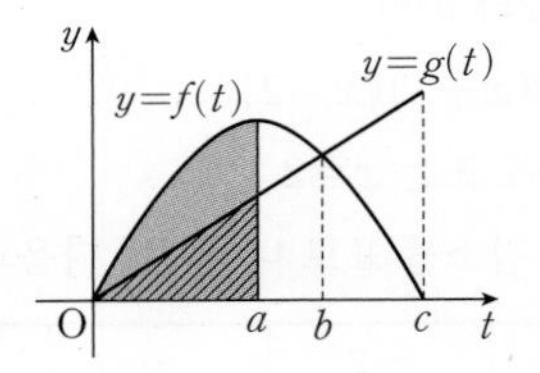

그런데 위의 그림에서 $\int_0^a f(t)dt$는 어두운 부분의 넓이이고 $\int_0^a g(t)dt$는 빗금친 부분의 넓이이므로

$\int_0^a f(t)dt>\int_0^a g(t)dt$

따라서 물체 A가 물체 B보다 높은 위치에 있다. (참)

ㄴ. ㄱ과 같은 방법으로 하면 $0\le t\le b$일 때 물체 A는 물체 B보다 높은 위치에 있으므로 시각 $t=x$에서의 두 물체의 높이의 차를 $F(x)$라 하면

$F(x)=\int_0^x f(t)dt-\int_0^x g(t)dt$

양변을 x에 대하여 미분하면

$F'(x)=f(x)-g(x)$

$F'(x)=0$에서 $f(x)-g(x)=0$

즉, $f(x)=g(x)$를 만족시키는 x의 값은 그래프에서

$x=b$ ┌ $F(x)$는 $x=b$일 때 극대이면서 최대이다.

따라서 두 물체의 높이의 차는 $t=b$일 때 최대이다. (참)

ㄷ. 물체 A의 $t=c$에서의 지면으로부터의 높이는 $\int_0^c f(t)dt$이고, 물체 B의 $t=c$에서의 지면으로부터의 높이는 $\int_0^c g(t)dt$이다.

이때 주어진 조건에서

$\int_0^c f(t)dt=\int_0^c g(t)dt$

이므로 $t=c$일 때 두 물체는 같은 높이에 있다. (참)

따라서 ㄱ, ㄴ, ㄷ 모두 옳다.

핵심 개념 속도와 거리

수직선 위를 움직이는 점 P의 시각 t에서의 속도가 $v(t)$이고 시각 $t=t_0$에서의 위치가 x_0일 때

(1) 시각 t에서 점 P의 위치 x는

➡ $x=x_0+\int_{t_0}^t v(t)dt$

(2) 시각 $t=a$에서 $t=b$까지 점 P의 위치의 변화량은

➡ $\int_a^b v(t)dt$

(3) 시각 $t=a$에서 $t=b$까지 점 P가 움직인 거리 s는

➡ $s=\int_a^b |v(t)|dt$

2회 • 고난도 미니 모의고사

본문 62~64쪽

1 ②	2 8	3 297	4 ③	5 20	6 21
7 24	8 ①				

1 정답 ②

함수 $g(x)=|x+1|-|x-1|-x$에서

(i) $x<-1$일 때

$g(x)=-(x+1)+(x-1)-x=-x-2$

(ii) $-1\le x<1$일 때

$g(x)=(x+1)+(x-1)-x=x$

(iii) $x\ge 1$일 때

$g(x)=(x+1)-(x-1)-x=-x+2$

(i), (ii), (iii)에 의하여

$$g(x)=\begin{cases}-x-2 & (x<-1)\\ x & (-1\le x<1)\\ -x+2 & (x\ge 1)\end{cases}$$

합성함수 $g\circ f$의 역함수가 존재하려면 함수 $g\circ f$는 일대일대응이어야 한다.

(i) $x<-1$일 때

$f(x)=x+a$이므로

$$g(f(x))=\begin{cases}-f(x)-2 & (f(x)<-1)\\ f(x) & (-1\le f(x)<1)\\ -f(x)+2 & (f(x)\ge 1)\end{cases}$$
$$=\begin{cases}-(x+a)-2 & (f(x)<-1) & \cdots\cdots ㉠\\ x+a & (-1\le f(x)<1) & \cdots\cdots ㉡\\ -(x+a)+2 & (f(x)\ge 1) & \cdots\cdots ㉢\end{cases}$$

따라서 합성함수 $y=g(f(x))$의 그래프의 개형은 다음 그림과 같다.

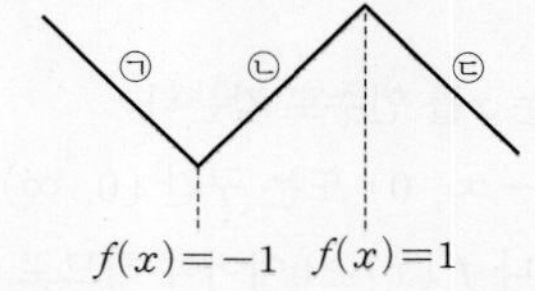

이때 실수 전체의 집합에서 함수 $g\circ f$가 일대일대응이려면 실수 전체의 집합에서 증가하거나 감소해야 하는데 $f(x)<-1$에서 감소하므로 $x<-1$에서 ㉠ 또는 ㉢이어야 한다.

그런데 ㉠, ㉢ 모두 감소하는 함수이므로 $x<-1$에서 $f(x)<f(1)$이어야 한다.

즉, $x<-1$에서 ㉠인 부분을 취해야 하므로

$g(f(x))=-(x+a)-2$
$=-x-a-2$

이고 합성함수 $g\circ f$는 실수 전체의 집합에서 감소하는 함수임을 알 수 있다.

(ii) $-1\le x<1$일 때

$f(x)=bx$이므로

$$g(f(x))=\begin{cases}-f(x)-2 & (f(x)<-1)\\ f(x) & (-1\le f(x)<1)\\ -f(x)+2 & (f(x)\ge 1)\end{cases}$$
$$=\begin{cases}-bx-2 & (f(x)<-1) & \cdots\cdots ㉣\\ bx & (-1\le f(x)<1) & \cdots\cdots ㉤\\ -bx+2 & (f(x)\ge 1) & \cdots\cdots ㉥\end{cases}$$

b의 값의 부호에 따라 합성함수 $y=g(f(x))$의 그래프의 개형은 다음 그림과 같다.

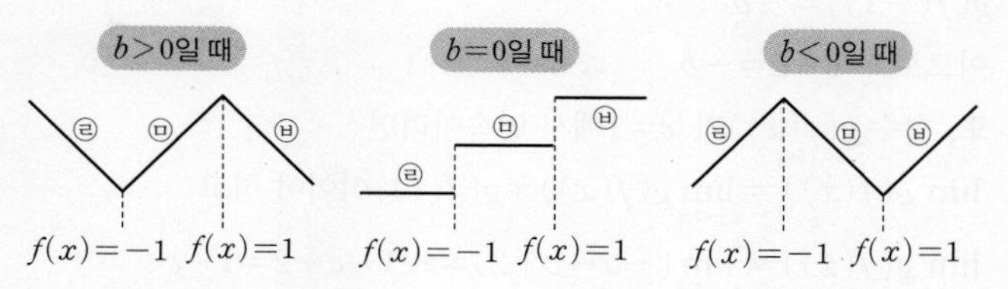

$b>0$이면 함수 $y=g(f(x))$의 그래프가 오른쪽 그림과 같고, 이때 일대일대응이 아니므로 역함수가 존재하지 않는다.

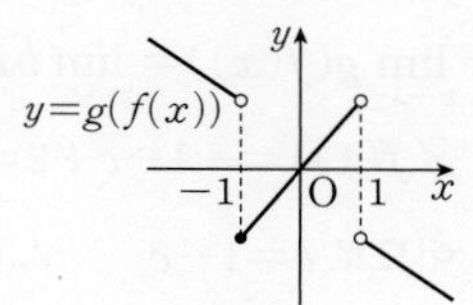

또, $b=0$이면 $-1\le x<1$에서 상수함수가 되어 $g\circ f$는 일대일대응이 될 수 없다.

따라서 실수 전체의 집합에서 합성함수 $g\circ f$가 일대일대응이려면 $-1\le x<1$에서 $b<0$일 때의 ㉤인 부분을 취해야 하므로

$g(f(x))=bx$

(iii) $x\ge 1$일 때

$f(x)=x+c$이므로

$$g(f(x))=\begin{cases}-f(x)-2 & (f(x)<-1)\\ f(x) & (-1\le f(x)<1)\\ -f(x)+2 & (f(x)\ge 1)\end{cases}$$
$$=\begin{cases}-(x+c)-2 & (f(x)<-1) & \cdots\cdots ㉦\\ x+c & (-1\le f(x)<1) & \cdots\cdots ㉧\\ -(x+c)+2 & (f(x)\ge 1) & \cdots\cdots ㉨\end{cases}$$

따라서 합성함수 $y=g(f(x))$의 그래프의 개형은 다음 그림과 같다.

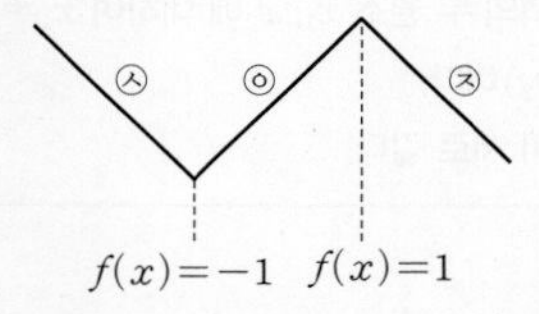

이때 실수 전체의 집합에서 합성함수 $g\circ f$가 일대일대응이려면 $x\ge 1$에서 ㉨인 부분을 취해야 하므로

$g(f(x))=-(x+c)+2$
$=-x-c+2$

(i), (ii), (iii)에 의하여

$$g(f(x))=\begin{cases}-x-a-2 & (x<-1)\\ bx & (-1\le x<1)\\ -x-c+2 & (x\ge 1)\end{cases}$$

만약 합성함수 $g\circ f$가 $x=-1$, $x=1$에서 불연속이면 함수 $y=g(f(x))$의 그래프의 개형은 오른쪽 그림과 같고, 이때 실수 전체의 집합에서 실수 전체의 집합으로의 일대일대응이 아니므로 $g\circ f$의 역함수가 존재하지 않는다.

따라서 합성함수 $g\circ f$가 일대일대응이려면 함수 $g\circ f$는 $x=-1$, $x=1$에서 연속이어야 한다.

함수 $g(f(x))$가 $x=-1$에서 연속이려면

$\lim_{x \to -1+} g(f(x)) = \lim_{x \to -1-} g(f(x)) = g(f(-1))$이어야 하고

$\lim_{x \to -1+} g(f(x)) = \lim_{x \to -1+} bx = -b$

$\lim_{x \to -1-} g(f(x)) = \lim_{x \to -1-} (-x-a-2) = 1-a-2 = -1-a$

$g(f(-1)) = -b$

이므로 $-1-a=-b$ $\quad \therefore a-b=-1$ …… ㉢

또, 함수 $g(f(x))$가 $x=1$에서 연속이려면

$\lim_{x \to 1+} g(f(x)) = \lim_{x \to 1-} g(f(x)) = g(f(1))$이어야 하고

$\lim_{x \to 1+} g(f(x)) = \lim_{x \to 1+} (-x-c+2) = -1-c+2 = 1-c$

$\lim_{x \to 1-} g(f(x)) = \lim_{x \to 1-} bx = b$

$g(f(1)) = -1-c+2 = 1-c$

이므로 $b=1-c$ $\quad \therefore b+c=1$ …… ㉣

㉢, ㉣에서

$a+b+2c = (a-b)+2(b+c)$

$= -1+2\times1 = 1$

참고 (1) $x \neq a$에서 연속인 함수 $g(x)$에 대하여 $f(x) = \begin{cases} g(x) & (x \neq a) \\ k & (x=a) \end{cases}$가

모든 실수 x에 대하여 연속이면

$\lim_{x \to a} g(x) = k$ (단, k는 상수)

(2) 연속인 두 함수 $g(x)$, $h(x)$에 대하여 함수 $f(x) = \begin{cases} g(x) & (x \le a) \\ h(x) & (x > a) \end{cases}$가

모든 실수 x에 대하여 연속이면

$\lim_{x \to a-} g(x) = \lim_{x \to a+} h(x) = f(a)$

핵심 개념 **역함수가 존재하기 위한 조건 (고등 수학)**

함수 f의 역함수가 존재한다.

$\Longleftrightarrow$ f가 일대일대응이다.

$\Longleftrightarrow$ ① 정의역의 임의의 두 원소 x_1, x_2에 대하여 $x_1 \neq x_2$이면 $f(x_1) \neq f(x_2)$이다.

② 치역과 공역이 서로 같다.

2 정답 8

오른쪽 그림과 같이 t의 값에 따라 직선 $y=t$와 함수 $y=|x^2-2x|$의 그래프의 교점의 개수를 구하여 함수 $f(t)$를 구하고, 그 그래프를 그리면 다음과 같다.

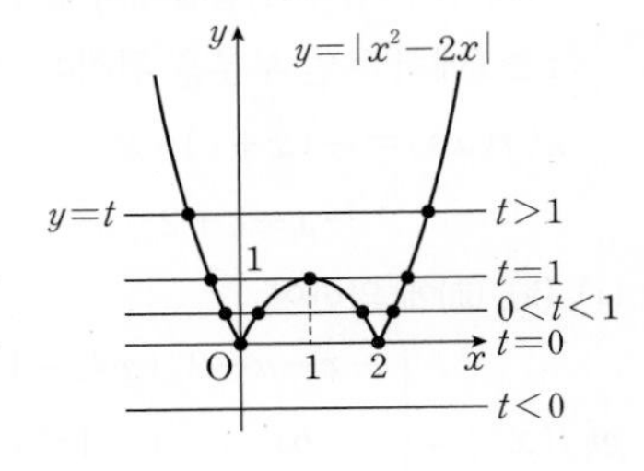

$$f(t) = \begin{cases} 0 & (t<0) \\ 2 & (t=0) \\ 4 & (0<t<1) \\ 3 & (t=1) \\ 2 & (t>1) \end{cases}$$

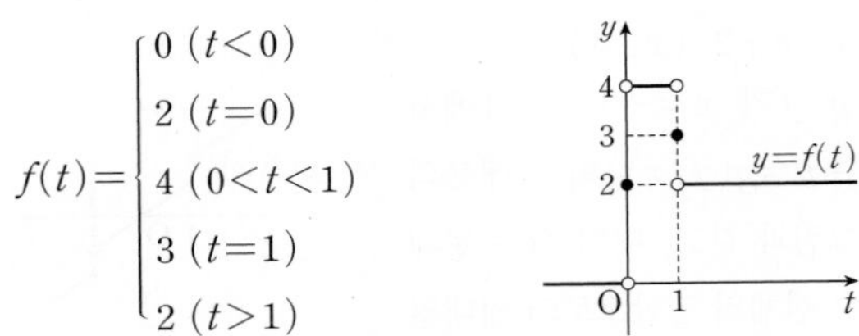

함수 $f(t)$는 $t=0$, $t=1$에서 불연속이고, 함수 $g(t)$는 모든 실수 t에서 연속이므로 함수 $f(t)g(t)$가 모든 실수 t에서 연속이려면 $t=0$, $t=1$에서 연속이어야 한다.

(i) 함수 $f(t)g(t)$가 $t=0$에서 연속이려면

$\lim_{t \to 0+} f(t)g(t) = \lim_{t \to 0-} f(t)g(t) = f(0)g(0)$

이어야 한다.

$\lim_{t \to 0+} f(t) = 4$이므로 $\lim_{t \to 0+} f(t)g(t) = 4g(0)$

$\lim_{t \to 0-} f(t) = 0$이므로 $\lim_{t \to 0-} f(t)g(t) = 0$

$f(0)g(0) = 2g(0)$

즉, $4g(0) = 0 = 2g(0)$이어야 하므로

$g(0) = 0$

(ii) 함수 $f(t)g(t)$가 $t=1$에서 연속이려면

$\lim_{t \to 1+} f(t)g(t) = \lim_{t \to 1-} f(t)g(t) = f(1)g(1)$

이어야 한다.

$\lim_{t \to 1+} f(t) = 2$이므로 $\lim_{t \to 1+} f(t)g(t) = 2g(1)$

$\lim_{t \to 1-} f(t) = 4$이므로 $\lim_{t \to 1-} f(t)g(t) = 4g(1)$

$f(1)g(1) = 3g(1)$

즉, $2g(1) = 4g(1) = 3g(1)$이어야 하므로

$g(1) = 0$

(i), (ii)에서 이차함수 $g(t)$는 최고차항의 계수가 1이고, t, $t-1$을 인수로 가지므로

$g(t) = t(t-1)$

$\therefore f(3)+g(3) = 2+6 = 8$

3 정답 297

조건 (나)에서 부호가 서로 다른 두 실수에 대하여 사차함수 $f(x)$는 $x=0$에서 증가와 감소의 변화가 있어야 하므로 함수 $f(x)$는 $x=0$에서 극값을 갖는다.

따라서 함수 $f'(x)$는 x를 인수로 갖는다.

조건 (다)에서 구간 $(-\infty, 0)$ 또는 구간 $(0, \infty)$에서는 함수 $f'(x)$가 항상 $f'(x) \le 0$이거나 $f'(x) \ge 0$이어야 하므로 함수 $f(x)$는 $x=0$에서만 극값을 갖는다.

조건 (라)에서 $f'(2)=0$이지만 $x=2$의 좌우에서 함수 $f'(x)$의 부호는 바뀌지 않아야 하므로 함수 $f(x)$는 $x=2$에서 극값을 갖지 않는다.

따라서 함수 $f'(x)$는 $(x-2)^2$을 인수로 갖는다.

조건 (가)에서 $f(x)$는 사차함수이고, 최고차항의 계수가 1 또는 -1이므로 $f'(x)$는 삼차함수이고, 최고차항의 계수가 4 또는 -4이다.

$\therefore f'(x) = \pm 4x(x-2)^2$

조건 (라)에서 $f(2) < f(0)$이므로 함수 $f(x)$는 $x>0$에서 $f'(x) \le 0$이고, $x<0$에서 $f'(x) \ge 0$이다.

따라서 함수 $f(x)$의 최고차항의 계수는 음수이므로 최고차항의 계수는 -1이고 함수 $y=f(x)$의 그래프의 개형은 오른쪽 그림과 같으므로

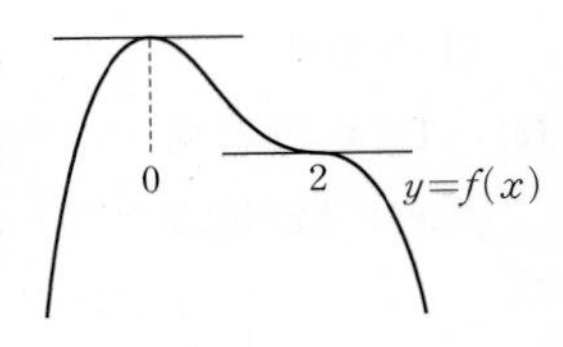

$f'(x) = -4x(x-2)^2 = -4x(x^2-4x+4)$

$= -4x^3+16x^2-16x$

$\therefore f(x)=-x^4+\frac{16}{3}x^3-8x^2+C$ (단, C는 적분상수)

$f(-3)=C-297$, $f(3)=C-9$이고, 극댓값은 $f(0)=C$이므로 닫힌구간 $[-3, 3]$에서 함수 $f(x)$의 최댓값과 최솟값은

$M=C$, $m=C-297$

$\therefore M-m=C-(C-297)=297$

4 정답 ③

조건 ㈎에서 $f(n)=0$이고, $f(x)$는 최고차항의 계수가 1인 삼차함수이므로

$f(x)=(x-n)(x^2+ax+b)$ (a, b는 상수)

로 놓을 수 있다.

조건 ㈏에서 모든 실수 x에 대하여 $(x+n)f(x)\ge 0$이므로

$(x+n)(x-n)(x^2+ax+b)\ge 0$ …… ㉠

이때 ㉠이 성립하려면 $x^2+ax+b=(x-n)(x+n)$이어야 하므로

$$\begin{aligned}f(x)&=(x-n)(x^2+ax+b)\\&=(x-n)(x-n)(x+n)\\&=(x-n)^2(x+n)\end{aligned}$$

$$\begin{aligned}\therefore f'(x)&=2(x-n)(x+n)+(x-n)^2\\&=(x-n)(3x+n)\end{aligned}$$

$f'(x)=0$에서 $x=-\frac{n}{3}$ 또는 $x=n$

함수 $f(x)$의 증가와 감소를 표로 나타내면 다음과 같다.

x	$\cdots$	$-\frac{n}{3}$	$\cdots$	n	$\cdots$
$f'(x)$	+	0	−	0	+
$f(x)$	↗	극대	↘	극소	↗

함수 $f(x)$는 $x=-\frac{n}{3}$에서 극대이고, 극댓값은 a_n이므로

$$\begin{aligned}a_n&=f\left(-\frac{n}{3}\right)=\left(-\frac{n}{3}-n\right)^2\left(-\frac{n}{3}+n\right)\\&=\frac{16}{9}n^2\times\frac{2}{3}n=\frac{32}{27}n^3\end{aligned}$$

따라서 a_n의 값이 자연수가 되도록 하는 자연수 n의 최솟값은 3이다.

참고 함수 $f(x)$를 다음과 같이 구할 수도 있다.

조건 ㈏에서 모든 실수 x에 대하여 $(x+n)f(x)\ge 0$이므로

(i) $x\ge -n$일 때, $f(x)\ge 0$ (ii) $x<-n$일 때, $f(x)\le 0$

다항함수는 모든 실수 x에 대하여 연속이므로 삼차함수 $f(x)$는 $x=-n$에서 극한값이 존재한다.

이때 $\lim_{x\to -n+}f(x)\ge 0$, $\lim_{x\to -n-}f(x)\le 0$이므로 $\lim_{x\to -n}f(x)=0$

삼차함수 $f(x)$는 $x=-n$에서 연속이므로 $f(-n)=0$

또, 조건 ㈎에서 $f(n)=0$이고 최고차항의 계수가 1이므로

$f(x)=(x+n)(x-n)(x-k)$ (k는 상수)로 놓을 수 있다.

조건 ㈏에서 모든 실수 x에 대하여 $(x+n)f(x)\ge 0$이므로

$(x+n)^2(x-n)(x-k)\ge 0$

이 부등식은 $k=n$일 때 성립하므로

$f(x)=(x-n)^2(x+n)$

5 정답 20

$h(x)=f(x)-g(x)$라 하면 $h(x)$는 최고차항의 계수가 1인 삼차함수이고, 조건 ㈎에 의하여

$h(\alpha)=f(\alpha)-g(\alpha)=0$

이므로 함수 $h(x)$는 $x-\alpha$를 인수로 갖는다.

조건 ㈏에 의하여

$h(\beta)=f(\beta)-g(\beta)=0$, $h'(\beta)=f'(\beta)-g'(\beta)=0$

이므로 함수 $h(x)$는 $(x-\beta)^2$을 인수로 갖는다.

따라서

$h(x)=(x-\alpha)(x-\beta)^2$ …… ㉠

이므로

$h'(x)=(x-\beta)^2+2(x-\alpha)(x-\beta)$ …… ㉡

조건 ㈎에 의하여

$h'(\alpha)=f'(\alpha)-g'(\alpha)=9$

이므로 $(\alpha-\beta)^2=9$ ($\because$ ㉡)

$\therefore \alpha-\beta=-3$ ($\because \alpha<\beta$)

$$\begin{aligned}\therefore f(\beta+2)-g(\beta+2)&=h(\beta+2)\\&=(\beta+2-\alpha)(\beta+2-\beta)^2 \ (\because ㉠)\\&=\{2-(\alpha-\beta)\}\times 2^2\\&=\{2-(-3)\}\times 4=20\end{aligned}$$

핵심 개념 **$h(\alpha)=0$, $h'(\alpha)=0$이라는 조건이 주어졌을 때**

$h(\alpha)=0$, $h'(\alpha)=0$이면 함수 $h(x)$는 $(x-\alpha)^2$을 인수로 갖는다.

6 정답 21

곡선 $y=x^3-3x^2+2x-3$과 직선 $y=2x+k$가 서로 다른 두 점에서만 만나려면 방정식 $x^3-3x^2+2x-3=2x+k$, 즉

$x^3-3x^2-3=k$ …… ㉠

가 서로 다른 두 실근을 가져야 한다.

$f(x)=x^3-3x^2-3$이라 하면

$f'(x)=3x^2-6x=3x(x-2)$

$f'(x)=0$에서 $x=0$ 또는 $x=2$

함수 $f(x)$의 증가와 감소를 표로 나타내면 다음과 같다.

x	$\cdots$	0	$\cdots$	2	$\cdots$
$f'(x)$	+	0	−	0	+
$f(x)$	↗	−3	↘	−7	↗

따라서 함수 $y=f(x)$의 그래프는 다음 그림과 같다.

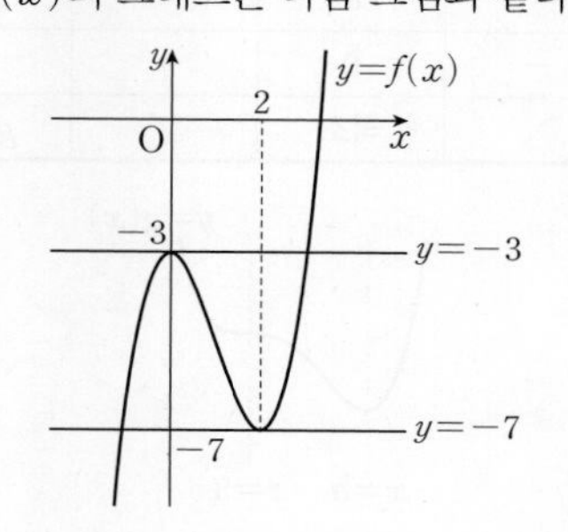

이때 방정식 ㉠이 서로 다른 두 실근을 가지려면 함수 $y=f(x)$의 그래프와 직선 $y=k$가 서로 다른 두 점에서 만나야 하므로

$k=-3$ 또는 $k=-7$

따라서 모든 실수 k의 값의 곱은

$(-3)\times(-7)=21$

7 정답 24

조건 ㈎에서 이차함수 $f(x)$가 $x-3$을 인수로 가지므로

$f(x)=k(x-3)(x-a)$ (k, a는 상수, $k\neq0$)

로 놓을 수 있다.

$g(x)=\int_a^x (t-3)f(t)dt$에서

$g'(x)=(x-3)f(x)=k(x-3)^2(x-a)$ …… ㉠

$g'(x)=0$에서

$x=3$ 또는 $x=a$

$k>0$일 때, a의 값의 범위에 따라 함수 $g(x)$의 증가와 감소를 표로 나타내고 그 그래프의 개형을 그려 보면 다음과 같다.

(i) $a>3$일 때

x	…	3	…	a	…
$g'(x)$	$-$	0	$-$	0	$+$
$g(x)$	↘	$g(3)$	↘	극소	↗

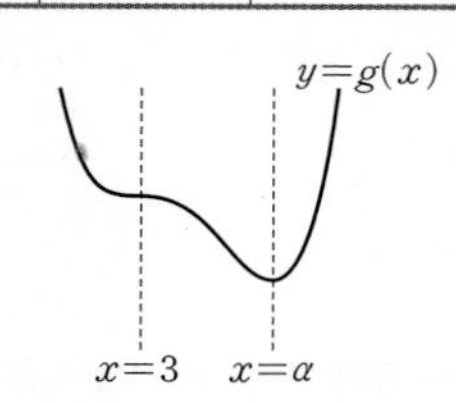

(ii) $a=3$일 때

x	…	3	…
$g'(x)$	$-$	0	$+$
$g(x)$	↘	$g(3)$	↗

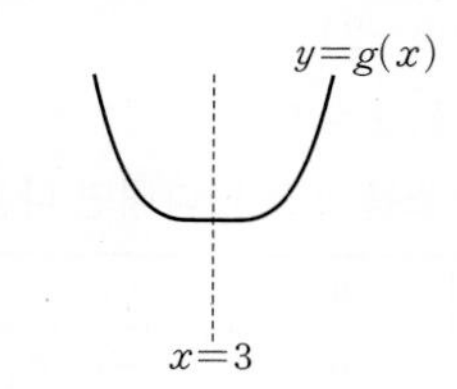

(iii) $a<3$일 때

x	…	a	…	3	…
$g'(x)$	$-$	0	$+$	0	$+$
$g(x)$	↘	극소	↗	$g(3)$	↗

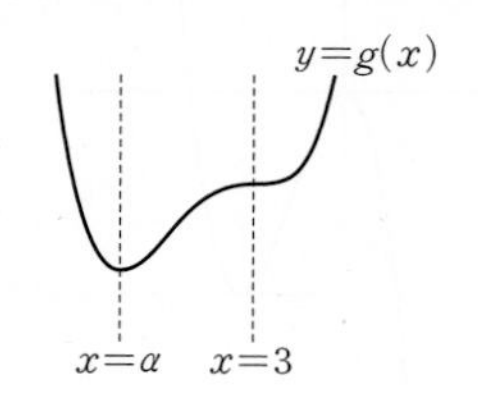

마찬가지 방법으로 $k<0$일 때, a의 값의 범위에 따라 함수 $y=g(x)$의 그래프의 개형을 그려 보면 다음과 같다.

(iv) $a>3$일 때 (v) $a=3$일 때 (vi) $a<3$일 때

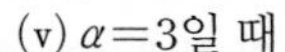

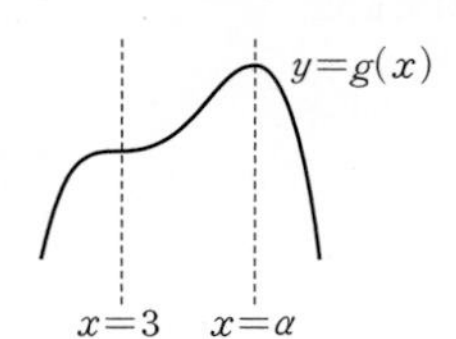

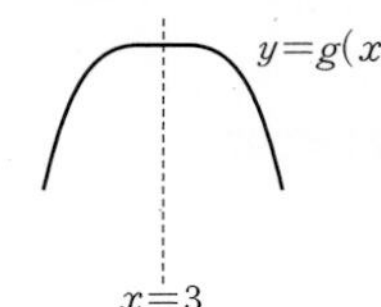

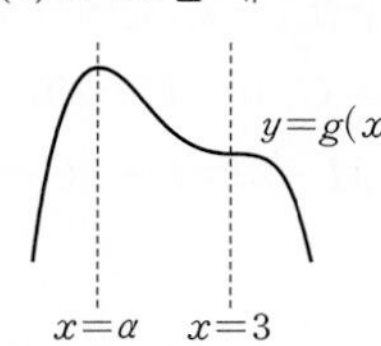

조건 ㈏에서 함수 $|g(x)|$가 $x=-1$에서만 미분가능하지 않으므로 함수 $y=g(x)$의 그래프의 개형은 다음 두 가지 경우 중 하나이어야 한다.

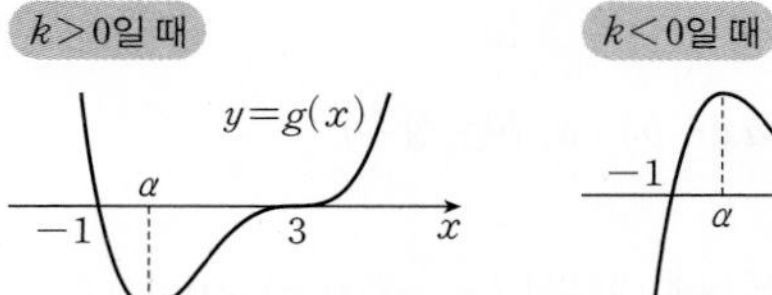

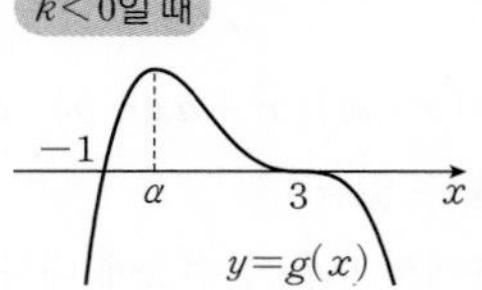

이때 방정식 $g(x)=0$을 만족시키는 실수 x의 값은

$x=-1$ 또는 $x=3$

이고, $g(x)=\int_a^x (t-3)f(t)dt$에서 $g(a)=0$이므로

$a=3$ ($\because a\neq-1$)

또, 함수 $g'(x)$는 삼차함수이고 삼차항의 계수가 k이므로 함수 $g(x)$는 사차함수이고 사차항의 계수는 $\frac{k}{4}$이다.

즉, $g(x)=\frac{k}{4}(x-3)^3(x+1)$

$\therefore g'(x)=\frac{k}{4}\{3(x-3)^2(x+1)+(x-3)^3\}$

$=kx(x-3)^2$

위의 식이 ㉠과 일치해야 하므로 $a=0$

$\therefore f(x)=kx(x-3)$

$f(1)=4$에서

$-2k=4$ $\therefore k=-2$

$\therefore g(x)=-\frac{1}{2}(x-3)^3(x+1)$

따라서 $g(a+2)=g(5)=-\frac{1}{2}\times2^3\times6=-24$이므로

$|g(a+2)|=24$

8 정답 ①

점 P의 시각 t $(0\leq t\leq5)$에서의 속도 $v(t)$가

$$v(t)=\begin{cases} 4t & (0\leq t<1) \\ -2t+6 & (1\leq t<3) \\ t-3 & (3\leq t\leq5) \end{cases}$$

이므로 그 그래프는 오른쪽 그림과 같다.

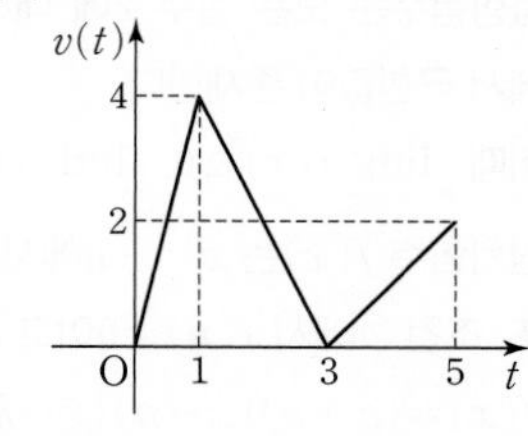

이때 시각 $t=0$에서 $t=x$까지 움직인 거리를 $p(x)$, 시각 $t=x$에서 $t=x+2$까지 움직인 거리를 $q(x)$, 시각 $t=x+2$에서 $t=5$까지 움직인 거리를 $r(x)$라 하면 $v(t)\geq0$이므로 $p(x)$, $q(x)$, $r(x)$는 각각 속도 $v(t)$의 그래프와 t축 사이의 넓이와 같다.

ㄱ. $x=1$일 때, $p(1)$, $q(1)$, $r(1)$은 각각 오른쪽 그림의 각 영역의 넓이와 같으므로

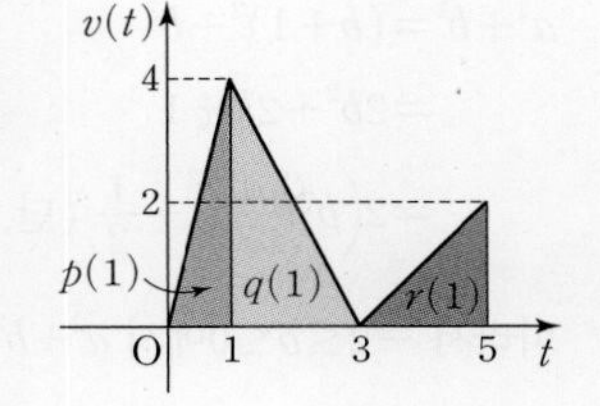

$p(1)=\frac{1}{2}\times1\times4=2$

$q(1)=\frac{1}{2}\times2\times4=4$

$r(1)=\frac{1}{2}\times2\times2=2$

이때 $f(1)$의 값은 $p(1)$, $q(1)$, $r(1)$ 중 최소인 값이므로

$f(1)=2$ (참)

ㄴ. $x=2$일 때, $p(2)$, $q(2)$, $r(2)$는 각각 오른쪽 그림의 각 영역의 넓이와 같으므로

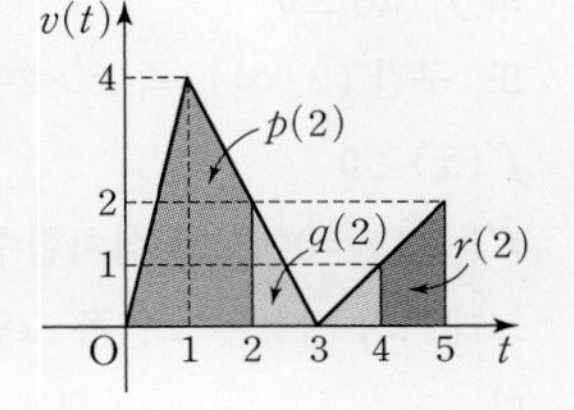

$p(2)=\frac{1}{2}\times1\times4+\frac{1}{2}\times(2+4)\times1$

$=5$

$q(2)=\frac{1}{2}\times1\times2+\frac{1}{2}\times1\times1=\frac{3}{2}$

$r(2)=\frac{1}{2}\times(1+2)\times1=\frac{3}{2}$

이때 $f(2)$의 값은 $p(2)$, $q(2)$, $r(2)$ 중 최소인 값이므로

$f(2)=\frac{3}{2}$

$\therefore f(2)-f(1)=\frac{3}{2}-2=-\frac{1}{2}$

한편, $\int_1^2 v(t)dt=\frac{1}{2}\times(2+4)\times1=3$이므로

$f(2)-f(1)\neq\int_1^2 v(t)dt$ (거짓)

ㄷ. (i) $0<x<1$일 때, $p(x)$, $q(x)$, $r(x)$는 각각 오른쪽 그림의 각 영역의 넓이와 같으므로

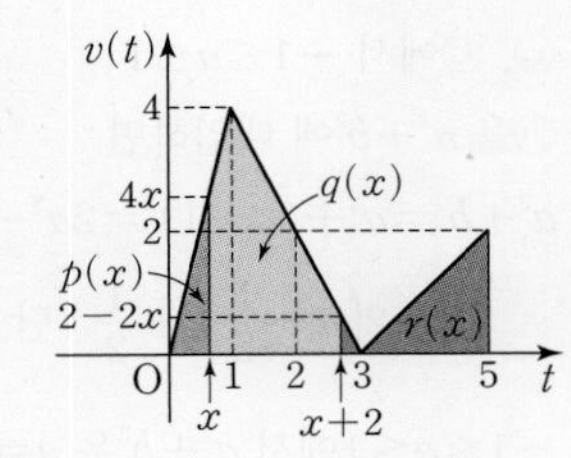

$p(x)<p(1)=2$

$q(x)>\int_1^2 v(t)dt=3$

$r(x)>r(1)=2$

$\therefore f(x)=p(x)=\frac{1}{2}\times x\times4x=2x^2$

(ii) $1<x<\frac{3}{2}$일 때, $p(x)$, $q(x)$, $r(x)$는 각각 오른쪽 그림의 각 영역의 넓이와 같으므로

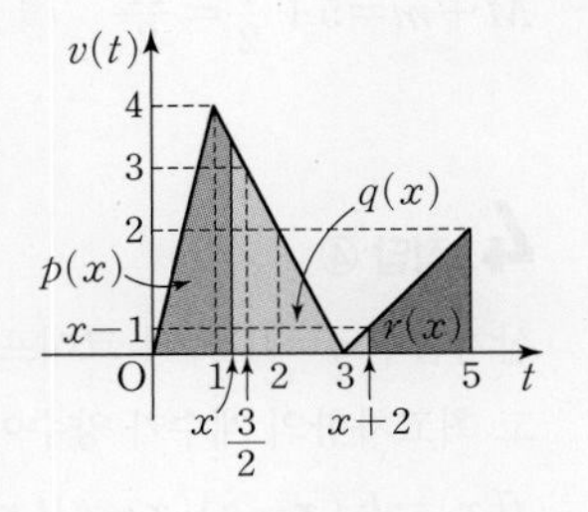

$p(x)>p(1)=2$

$q(x)>\int_{\frac{3}{2}}^3 v(t)dt$

$=\frac{1}{2}\times\frac{3}{2}\times3=\frac{9}{4}>2$

$r(x)<r(1)=2$

$\therefore f(x)=r(x)=r(1)-\int_3^{x+2} v(t)dt$

$=2-\frac{1}{2}(x-1)^2=-\frac{1}{2}x^2+x+\frac{3}{2}$

또, $f(1)=2$이므로 (i), (ii)에 의하여

$$f(x)=\begin{cases}2x^2 & (0<x\leq1)\\ -\frac{1}{2}x^2+x+\frac{3}{2} & \left(1<x<\frac{3}{2}\right)\end{cases}$$

$$\therefore f'(x)=\begin{cases}4x & (0<x<1)\\ -x+1 & \left(1<x<\frac{3}{2}\right)\end{cases}$$

함수 $f(x)$는 $x=1$에서 연속이지만 $\lim_{x\to1-} f'(x)=4$, $\lim_{x\to1+} f'(x)=0$이므로 $x=1$에서의 미분계수는 존재하지 않는다.

즉, 함수 $f(x)$는 $x=1$에서 미분가능하지 않다. (거짓)

따라서 옳은 것은 ㄱ뿐이다.

3회 • 고난도 미니 모의고사

본문 65~68쪽

1 32	**2** 9	**3** ③	**4** ④	**5** 64	**6** ⑤
7 ①	**8** 200				

1 정답 32

조건 (나)에서 함수 $f(x)g(x)$가 모든 실수에서 연속이므로 $x=2$에서 연속이다.

즉, $\lim_{x\to2} f(x)g(x)=f(2)g(2)$이어야 하므로

$\lim_{x\to2} f(x)g(x)=\lim_{x\to2}\frac{2g(x)}{x-2}=f(2)g(2)$ …… ㉠

㉠에서 $x\to2$일 때 극한값이 존재하고 (분모) $\to0$이므로 (분자) $\to0$이다.

즉, $\lim_{x\to2}2g(x)=0$이므로 $g(2)=0$

$g(x)=a(x-2)(x-\alpha)$ $(a\neq0)$로 놓으면 ㉠에서

$\lim_{x\to2}\frac{2g(x)}{x-2}=\lim_{x\to2}2a(x-\alpha)=f(2)g(2)=0$

이므로

$2-\alpha=0$ $\quad\therefore \alpha=2$

$\therefore g(x)=a(x-2)^2$

조건 (가)에서 $g(0)=8$이므로

$4a=8$ $\quad\therefore a=2$

따라서 $g(x)=2(x-2)^2$이므로

$g(6)=2\times(6-2)^2=32$

2 정답 9

$f(x)=x^3+3x^2$에서

$f'(x)=3x^2+6x=3x(x+2)$

$f'(x)=0$에서 $x=-2$ 또는 $x=0$

함수 $f(x)$의 증가와 감소를 표로 나타내면 다음과 같다.

x	$\cdots$	-2	$\cdots$	0	$\cdots$
$f'(x)$	+	0	−	0	+
$f(x)$	↗	극대	↘	극소	↗

함수 $f(x)$는 $x=-2$에서 극대이고 극댓값 $f(-2)=4$를 갖고, $x=0$에서 극소이고 극솟값 $f(0)=0$을 갖는다.

조건 (가), (나)에서 점 $(-4,\ a)$를 지나고 곡선 $y=f(x)$에 접하는 세 직선의 기울기의 곱이 음수이므로 오른쪽 그림과 같이 세 접선의 기울기 중 한 접선의 기울기만 음수이어야 한다.

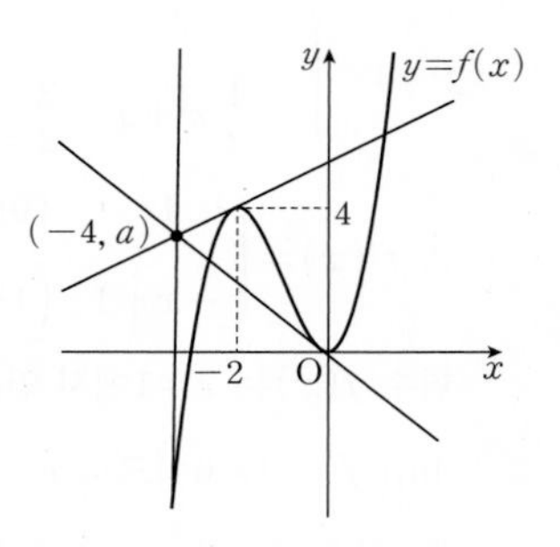

$\therefore\ 0<a<4$ └ 세 접선의 기울기가 모두 음수인 경우는 불가능하다.

따라서 정수 a의 최댓값은 3이므로

$M^2=3^2=9$

참고 (i) $a>4$일 때

세 접선 중 기울기가 양수인 접선이 1개, 기울기가 음수인 접선이 2개이므로 주어진 조건을 만족시키지 않는다.

(ii) $a=4$ 또는 $a=0$일 때

세 접선 중 하나의 기울기가 0이므로 주어진 조건을 만족시키지 않는다.

(iii) $-16<a<0$일 때

세 접선의 기울기 모두 양수이므로 주어진 조건을 만족시키지 않는다.

(iv) $a=-16$일 때

점 $(-4,\ -16)$은 곡선 $y=f(x)$ 위의 점이고, 점 $(-4,\ -16)$에서 곡선 $y=f(x)$에 그을 수 있는 접선은 기울기가 양수인 접선 2개를 그을 수 있으므로 주어진 조건을 만족시키지 않는다.

(v) $a<-16$일 때

기울기가 양수인 접선 1개만 그을 수 있으므로 주어진 조건을 만족시키지 않는다.

3 정답 ③

함수 $f(x)$가 구간 $(-\infty,\ 0)$, 즉 $x<0$에서 감소해야 하므로 이 구간에서 $f'(x)\le 0$

또, 구간 $(2,\ \infty)$, 즉 $x>2$에서 증가해야 하므로 이 구간에서

$f'(x)\ge 0$

$f'(x)=(x+1)(x^2+ax+b)$에서

(i) $x<-1$일 때

$x+1<0$이므로 $x^2+ax+b\ge 0$ …… ㉠

(ii) $-1\le x<0$일 때

$x+1\ge 0$이므로 $x^2+ax+b\le 0$ …… ㉡

(iii) $x>2$일 때

$x+1>0$이므로 $x^2+ax+b\ge 0$ …… ㉢

$g(x)=x^2+ax+b$로 놓으면 $g(x)$는 연속함수이므로 ㉠, ㉡에서 $g(-1)=0$이어야 한다.

즉, $1-a+b=0$에서 $a=b+1$ …… ㉣

㉡에서 $g(0)\le 0$이므로

$b\le 0$ …… ㉤

㉢에서 $g(2)\ge 0$이므로

$4+2a+b\ge 0$

$4+2(b+1)+b=3b+6\ge 0$ ($\because$ ㉣)

$\therefore\ b\ge -2$ …… ㉥

㉤, ㉥에서 $-2\le b\le 0$

㉣을 a^2+b^2에 대입하면

$a^2+b^2=(b+1)^2+b^2$

$=2b^2+2b+1$

$=2\left(b+\frac{1}{2}\right)^2+\frac{1}{2}$ (단, $-2\le b\le 0$)

따라서 $-2\le b\le 0$에서 a^2+b^2은 $b=-2$일 때 최댓값 $M=5$, $b=-\frac{1}{2}$일 때 최솟값 $m=\frac{1}{2}$을 가지므로

$M+m=5+\frac{1}{2}=\frac{11}{2}$

다른 풀이 함수 $f(x)$가 구간 $(-\infty,\ 0)$, 즉 $x<0$에서 감소해야 하므로 $f'(x)\le 0$

또, 구간 $(2,\ \infty)$, 즉 $x>2$에서 증가해야 하므로

$f'(x)\ge 0$

$f'(-1)=0$이므로 삼차함수 $y=f'(x)$의 그래프의 개형은 오른쪽 그림과 같아야 한다.

즉, $f'(x)=(x+1)(x^2+ax+b)$는 $(x+1)^2$을 인수로 가지므로 방정식 $x^2+ax+b=0$은 $x=-1$을 근으로 갖는다.

즉, $1-a+b=0$에서

$b=a-1$ …… ㉠

위의 그래프에서 $f'(0)\le 0$, $f'(2)\ge 0$이므로

$f'(0)=b\le 0$

㉠에서 $a-1\le 0$ $\quad\therefore\ a\le 1$ …… ㉡

$f'(2)=3(4+2a+b)=3(3a+3)\ge 0$ ($\because$ ㉠)

$\therefore\ a\ge -1$ …… ㉢

㉡, ㉢에서 $-1\le a\le 1$

㉠을 a^2+b^2에 대입하면

$a^2+b^2=a^2+(a-1)^2=2a^2-2a+1$

$=2\left(a-\frac{1}{2}\right)^2+\frac{1}{2}$ (단, $-1\le a\le 1$)

$-1\le a\le 1$에서 a^2+b^2은 $a=-1$일 때 최댓값 $M=5$, $a=\frac{1}{2}$일 때 최솟값 $m=\frac{1}{2}$을 가지므로

$M+m=5+\frac{1}{2}=\frac{11}{2}$

4 정답 ④

삼차함수 $y=f(x)$의 그래프는 세 점 $(a,\ 0)$, $(c,\ 0)$, $(e,\ 0)$을 지나고 최고차항의 계수가 양수이므로

$f(x)=k_1(x-a)(x-c)(x-e)$ $(k_1>0)$

로 놓을 수 있다.

일차함수 $y=g(x)$의 그래프는 점 $(c,\ 0)$을 지나고 기울기가 양수이므로

$g(x)=k_2(x-c)$ $(k_2>0)$

로 놓을 수 있다.

$h(x)=f(x)g(x)$라 하면

$h(x)=k_1k_2(x-a)(x-c)^2(x-e)$

이때 사차함수 $h(x)=f(x)g(x)$는 $x=p$와 $x=q$에서 극소이므로 함수 $y=h(x)$의 그래프의 개형은 오른쪽 그림과 같다.

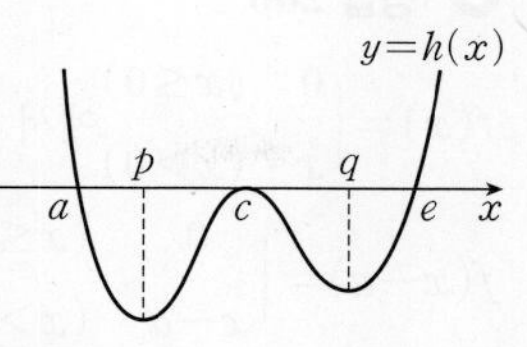

ㄱ. 함수 $y=f(x)g(x)$는 $x=c$에서 극대이다. (참)

ㄴ. 방정식 $f(x)g(x)=f(k)g(k)$가 단 하나의 실근을 가질 때, $h(p)<h(q)$이면 $k=p$이지만 $h(p)>h(q)$이면 $k=q$이다. (거짓)

ㄷ. 함수 $y=f(x)$의 그래프와 직선 $y=g(x)$의 교점 중 x좌표가 c가 아닌 두 점의 x좌표를 각각 l, m $(l<m)$이라 하면 이차함수 $y=f'(x)-g'(x)$에 대하여 $f'(l)-g'(l)>0$, $f'(b)-g'(b)<0$이므로 사잇값의 정리에 의하여 $f'(x_1)-g'(x_1)=0$인 x_1 $(l<x_1<b)$이 존재한다.
마찬가지로 $f'(d)-g'(d)<0$, $f'(m)-g'(m)>0$이므로 $f'(x_2)-g'(x_2)=0$인 x_2 $(d<x_2<m)$가 존재한다.
따라서 주어진 방정식은 서로 다른 두 실근 x_1, x_2를 갖고, $x_1<b<d<x_2$이므로
$d-b<x_2-x_1$ (참)

따라서 옳은 것은 ㄱ, ㄷ이다.

참고 ㄷ에서 $f'(x)-g'(x)=0$, 즉 $f'(x)=g'(x)$를 만족시키는 x의 값은 직선 $y=g(x)$와 기울기가 같은 함수 $y=f(x)$의 그래프의 접선의 접점의 x좌표이므로 x_1, x_2는 다음 그림과 같다.

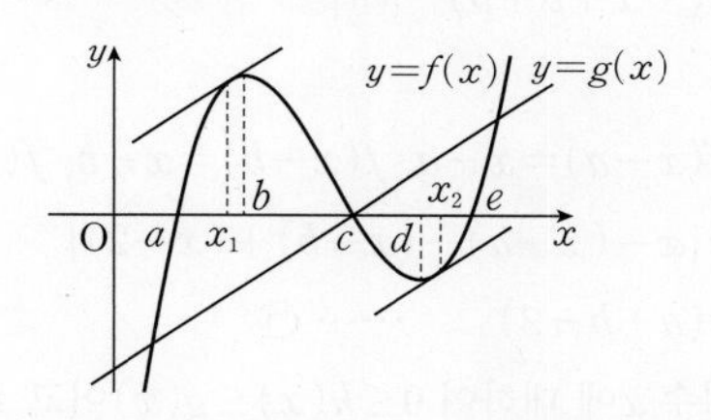

핵심 개념 사잇값의 정리의 활용

함수 $f(x)$가 닫힌구간 $[a, b]$에서 연속이고 $f(a)$와 $f(b)$의 부호가 서로 다르면 $f(c)=0$인 c가 a와 b 사이에 적어도 하나 존재한다.
즉, 방정식 $f(x)=0$은 a와 b 사이에서 적어도 하나의 실근을 갖는다.

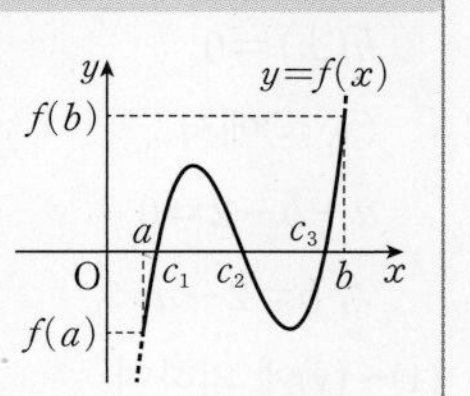

5 정답 64

$f(x)=\frac{2\sqrt{3}}{3}x(x-3)(x+3)=\frac{2\sqrt{3}}{3}(x^3-9x)$에서

$f'(x)=\frac{2\sqrt{3}}{3}(3x^2-9)=2\sqrt{3}(x-\sqrt{3})(x+\sqrt{3})$

$f'(x)=0$에서 $x=-\sqrt{3}$ 또는 $x=\sqrt{3}$

함수 $f(x)$의 증가와 감소를 표로 나타내면 다음과 같다.

x	$\cdots$	$-\sqrt{3}$	$\cdots$	$\sqrt{3}$	$\cdots$
$f'(x)$	+	0	−	0	+
$f(x)$	↗	12 (극대)	↘	−12 (극소)	↗

따라서 $x\geq-3$에서 함수 $y=g(x)$의 그래프의 개형은 다음 그림과 같다.

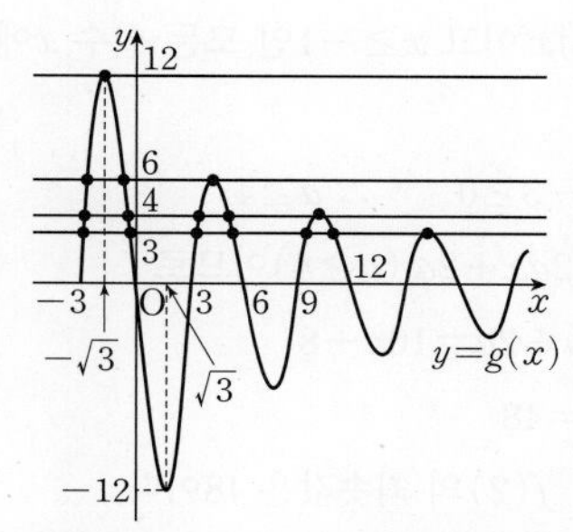

자연수 k에 대하여 $6k-3\leq x<6k+3$일 때

$g(x)=\frac{1}{k+1}f(x-6k)$

이므로 $k+1$이 12의 양의 약수일 때 함수 $g(x)$의 극댓값이 자연수이다.
$k=1, 2, 3, 5, 11$일 때 함수 $g(x)$의 극댓값은 각각
6, 4, 3, 2, 1

$a_1=2\times11+1=23$,

$a_2=2\times5+1=11$,

$a_3=2\times3+1=7$,

$a_4=2\times2+1=5$,

$a_5=2\times2=4$,

$a_6=2\times1+1=3$,

$7\leq n\leq11$일 때, $a_n=2\times1=2$,

$a_{12}=1$

$\therefore \sum_{n=1}^{12}a_n=23+11+7+5+4+3+2\times5+1=64$

참고 함수 $g(x)=\frac{1}{k+1}f(x-6k)$의 그래프는 함수 $y=f(x)$의 그래프를 x축의 방향으로 $6k$만큼 평행이동하고 y축의 방향으로 $\frac{1}{k+1}$배한 것이다.
따라서 $-3\leq x<3$에서의 함수 $y=f(x)$의 그래프를 $k=1, 2, 3, \cdots$일 때로 나누어 함수 $y=g(x)$의 그래프를 그리면 된다.

6 정답 ⑤

조건 (가)에서 $f(x)=x^3+ax^2+bx+c$ (a, b, c는 상수)로 놓을 수 있다.
$f(0)=c$이고, $f'(x)=3x^2+2ax+b$에서 $f'(0)=b$
조건 (나)에서 $f(0)=f'(0)$이므로 $c=b$
$\therefore f(x)=x^3+ax^2+bx+b$
$g(x)=f(x)-f'(x)$로 놓으면
$g(x)=x^3+ax^2+bx+b-(3x^2+2ax+b)$
$\quad=x^3+(a-3)x^2+(b-2a)x \quad \cdots\cdots (*)$

조건 (다)에서 $x\geq-1$인 모든 실수 x에 대하여 $g(x)=f(x)-f'(x)\geq0$이고, $g(0)=0$이므로 삼차함수 $y=g(x)$의 그래프의 개형은 오른쪽 그림과 같다.

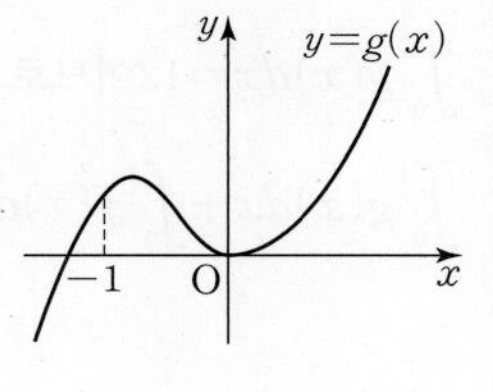

함수 $g(x)$는 $x=0$에서 극솟값을 가지므로
$g'(0)=0$

$g'(x)=3x^2+2(a-3)x+b-2a$에서

$g'(0)=b-2a=0 \qquad \therefore b=2a$

$g(x)=x^3+(a-3)x^2$이고 $x\ge-1$인 모든 실수 x에 대하여 $g(x)\ge0$이므로

$g(-1)=-1+a-3\ge0 \qquad \therefore a\ge4$

$f(x)=x^3+ax^2+2ax+2a\ (a\ge4)$이므로

$f(2)=8+4a+4a+2a=10a+8$

$\quad\ge10\times4+8=48$

따라서 $a=4$일 때, $f(2)$의 최솟값은 48이다.

참고 (＊)에서 함수 $y=g(x)$의 그래프는 원점을 지나므로 $x=0$의 좌, 우에서 다음과 같은 네 가지 경우를 생각해 볼 수 있다.

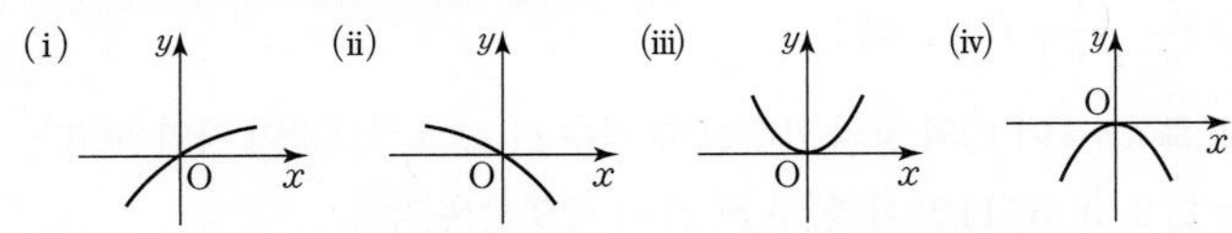

그런데 $x\ge-1$인 모든 실수 x에 대하여 $g(x)\ge0$이므로 (iii) 의 경우만 가능하다.

7 정답 ①

$h'(x)=f(x)-g(x)$이고, 조건 (다)에서 함수 $h(x)$는 $x=1$에서 극대이므로 $h'(1)=0$에서

$f(1)-g(1)=0 \qquad \therefore f(1)=g(1)$

또, 극값은 $x=1$에서 유일하고 $x=1$의 좌우에서 함수 $h'(x)$의 부호는 양에서 음으로 바뀌므로

$x<1$일 때 $h'(x)>0$에서 $f(x)>g(x)$

$x>1$일 때 $h'(x)<0$에서 $f(x)<g(x)$

$\therefore \int_0^1\{f(x)-g(x)\}dx>0,\ \int_1^2\{f(x)-g(x)\}dx<0$

이때

$\int_0^1\{f(x)-g(x)\}=S_1,\ \int_1^2|f(x)-g(x)|dx=S_2$

라 하자.

조건 (가)에서 $h(2)=-1$이므로

$h(2)=\int_0^2\{f(t)-g(t)\}dt$

$\quad=\int_0^1\{f(x)-g(x)\}dx+\int_1^2\{f(x)-g(x)\}dx$

$\quad=S_1-S_2=-1 \qquad \cdots\cdots$ ㉠

조건 (나)에서 $\int_0^2|f(x)-g(x)|dx=11$이므로

$\int_0^2|f(x)-g(x)|dx=S_1+S_2=11 \qquad \cdots\cdots$ ㉡

㉠, ㉡을 연립하여 풀면 $S_1=5,\ S_2=6$

$\int_0^2 g(x)dx=12$이므로

$\int_0^1 g(x)dx+\int_1^2 f(x)dx=\int_0^2 g(x)dx-\int_1^2 g(x)dx+\int_1^2 f(x)dx$

$\quad=\int_0^2 g(x)dx+\int_1^2\{f(x)-g(x)\}dx$

$\quad=12+(-6)=6$

8 정답 200

$f(x)=\begin{cases}0 & (x\le0)\\ x & (x>0)\end{cases}$에서

$f(x-a)=\begin{cases}0 & (x\le a)\\ x-a & (x>a)\end{cases}$,

$f(x-b)=\begin{cases}0 & (x\le b)\\ x-b & (x>b)\end{cases}$,

$f(x-2)=\begin{cases}0 & (x\le2)\\ x-2 & (x>2)\end{cases}$

이고, $0<a<b<2$이므로

(i) $x\le0$일 때

$f(x)=0,\ f(x-a)=0,\ f(x-b)=0,\ f(x-2)=0$

$\therefore h(x)=k(0-0-0+0)=0$

(ii) $0<x\le a$일 때

$f(x)=x,\ f(x-a)=0,\ f(x-b)=0,\ f(x-2)=0$

$\therefore h(x)=k(x-0-0+0)=kx$

(iii) $a<x\le b$일 때

$f(x)=x,\ f(x-a)=x-a,\ f(x-b)=0,\ f(x-2)=0$

$\therefore h(x)=k\{x-(x-a)-0+0\}=ak$

(iv) $b<x\le2$일 때

$f(x)=x,\ f(x-a)=x-a,\ f(x-b)=x-b,\ f(x-2)=0$

$\therefore h(x)=k\{x-(x-a)-(x-b)+0\}$

$\quad=k(-x+a+b)$

(v) $x>2$일 때

$f(x)=x,\ f(x-a)=x-a,\ f(x-b)=x-b,\ f(x-2)=x-2$

$\therefore h(x)=k\{x-(x-a)-(x-b)+(x-2)\}$

$\quad=k(a+b-2) \qquad \cdots\cdots$ ㉠

이때 모든 실수 x에 대하여 $0\le h(x)\le g(x)$이고 $x>2$에서 $g(x)=0$이므로

$h(x)=0 \qquad \cdots\cdots$ ㉡

㉠, ㉡에서

$a+b-2=0$

$\therefore b=2-a$

(i)~(v)에 의하여

$$h(x)=\begin{cases}0 & (x\le0)\\ kx & (0<x\le a)\\ ak & (a<x\le b)\\ k(-x+a+b) & (b<x\le2)\\ 0 & (x>2)\end{cases}$$

$\int_0^2\{g(x)-h(x)\}dx$의 값은 곡선 $y=g(x)$와 x축으로 둘러싸인 부분의 넓이에서 함수 $y=h(x)$의 그래프와 x축으로 둘러싸인 부분의 넓이를 뺀 값과 같다.

따라서 함수 $y=h(x)$의 그래프와 x축으로 둘러싸인 부분의 넓이가 최대일 때 정적분 $\int_0^2\{g(x)-h(x)\}dx$가 최솟값을 갖는다.

이때 두 함수 $y=g(x)$와 $y=h(x)$의 그래프는 오른쪽 그림과 같다.

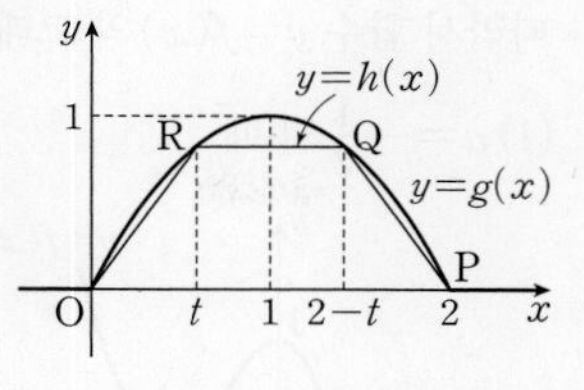

점 P(2, 0)이라 하고 점 R의 x좌표를 t $(0<t<1)$라 하면 $R(t, t(2-t))$이다.

두 점 R, Q는 직선 $x=1$에 대하여 대칭이므로 점 Q의 x좌표는 $2-t$이다.

$\therefore Q(2-t, t(2-t))$

사다리꼴 OPQR에서 평행한 두 변의 길이가 각각 $2-2t$, 2이고 높이는 $t(2-t)$이므로 사다리꼴 OPQR의 넓이를 $S(t)$라 하면

$$S(t)=\frac{1}{2}\times\{(2-2t)+2\}\times t(2-t)$$
$$=\frac{1}{2}t(2-t)(4-2t)$$
$$=t(t-2)^2 \text{ (단, } 0<t<1)$$

$$\therefore S'(t)=(t-2)^2+2t(t-2)$$
$$=3t^2-8t+4$$
$$=(3t-2)(t-2)$$

$S'(t)=0$에서 $t=\frac{2}{3}$ $(\because 0<t<1)$

$0<t<1$에서 함수 $S(t)$의 증가와 감소를 표로 나타내면 다음과 같다.

t	(0)	$\cdots$	$\frac{2}{3}$	$\cdots$	(1)
$S'(t)$		+	0	−	
$S(t)$		↗	극대	↘	

따라서 $t=\frac{2}{3}$일 때 함수 $S(t)$는 극대이면서 최대이므로

$$a=t=\frac{2}{3},\ b=2-t=\frac{4}{3}$$

또, 사다리꼴 OPQR의 높이는 ak이므로

$$ak=t(2-t)$$
$$\therefore k=\frac{t(2-t)}{t}=2-t=\frac{4}{3}$$
$$\therefore 60(k+a+b)=60\times\left(\frac{4}{3}+\frac{2}{3}+\frac{4}{3}\right)=200$$

4회 • 고난도 미니 모의고사

본문 69~72쪽

1 ②	**2** 97	**3** 32	**4** ③	**5** 21	**6** ①
7 243	**8** ②				

1 정답 ②

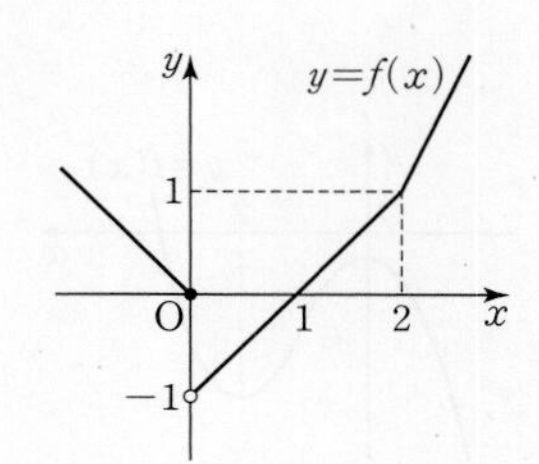

함수 $y=f(x)$의 그래프는 앞의 그림과 같으므로 함수 $f(x)$는 $x=0$에서 불연속이고, $x=0$, $x=2$에서 미분가능하지 않다.

ㄱ. 함수 $p(x)f(x)$가 실수 전체의 집합에서 연속이면 $x=0$에서도 연속이므로

$$\lim_{x\to0+}p(x)f(x)=\lim_{x\to0-}p(x)f(x)=p(0)f(0)$$

이어야 한다.

즉, $p(0)\times(-1)=p(0)\times0$이므로

$-p(0)=0\qquad\therefore p(0)=0$ (참)

ㄴ. $f(x)=\begin{cases}-x & (x\le0)\\ x-1 & (0<x\le2)\\ 2x-3 & (x>2)\end{cases}$에서

$$f'(x)=\begin{cases}-1 & (x<0)\\ 1 & (0<x<2)\\ 2 & (x>2)\end{cases}$$

$g(x)=p(x)f(x)$로 놓으면

$$g'(x)=p'(x)f(x)+p(x)f'(x)$$

함수 $g(x)$가 실수 전체의 집합에서 미분가능하므로 $x=0$, $x=2$에서도 미분가능하다.

이때 $\lim_{x\to2+}g'(x)=\lim_{x\to2-}g'(x)$에서

$$\lim_{x\to2+}\{p'(x)f(x)+p(x)f'(x)\}$$
$$=\lim_{x\to2-}\{p'(x)f(x)+p(x)f'(x)\}$$
$$p'(2)\times1+p(2)\times2=p'(2)\times1+p(2)\times1$$

$2p(2)=p(2)\qquad\therefore p(2)=0$ (참)

ㄷ. $h(x)=p(x)\{f(x)\}^2$으로 놓으면

$$h'(x)=p'(x)\{f(x)\}^2+p(x)\times2f(x)f'(x)$$
$$=f(x)\{p'(x)f(x)+2p(x)f'(x)\}$$

함수 $h(x)$가 실수 전체의 집합에서 미분가능하므로 $x=0$, $x=2$에서도 미분가능하다.

(i) 함수 $h(x)$가 $x=0$에서 연속이므로

$\lim_{x\to0+}h(x)=\lim_{x\to0-}h(x)=h(0)$에서

$$\lim_{x\to0+}p(x)\{f(x)\}^2=\lim_{x\to0-}p(x)\{f(x)\}^2=p(0)\{f(0)\}^2$$

$p(0)\times(-1)^2=0\qquad\therefore p(0)=0$

(ii) 함수 $h(x)$가 $x=0$에서 미분가능하므로

$\lim_{x\to0+}h'(x)=\lim_{x\to0-}h'(x)$에서

$$\lim_{x\to0+}f(x)\{p'(x)f(x)+2p(x)f'(x)\}$$
$$=\lim_{x\to0-}f(x)\{p'(x)f(x)+2p(x)f'(x)\}$$
$$(-1)\times\{-p'(0)+2p(0)\}=0$$
$$p'(0)-2p(0)=0$$
$$\therefore p'(0)=0\ (\because p(0)=0)$$

(iii) 함수 $h(x)$가 $x=2$에서 미분가능하므로

$\lim_{x\to2+}h'(x)=\lim_{x\to2-}h'(x)$에서

$$\lim_{x\to2+}f(x)\{p'(x)f(x)+2p(x)f'(x)\}$$
$$=\lim_{x\to2-}f(x)\{p'(x)f(x)+2p(x)f'(x)\}$$

$p'(2)+4p(2)=p'(2)+2p(2)$

$2p(2)=0 \quad \therefore p(2)=0$

(i), (ii), (iii)에 의하여 $p(x)$는 x^2과 $x-2$를 인수로 가지므로 $p(x)$는 $x^2(x-2)$로 나누어떨어지지만 $x^2(x-2)^2$으로 나누어떨어지는지는 알 수 없다. (거짓)

따라서 옳은 것은 ㄱ, ㄴ이다.

2 정답 97

조건 (나)의 $\lim_{x\to 2}\frac{f(x)-g(x)}{x-2}=2$에서 $x\to 2$일 때, (분모)$\to 0$이고 극한값이 존재하므로 (분자)$\to 0$이어야 한다.

즉, $\lim_{x\to 2}\{f(x)-g(x)\}=0$이므로 $f(2)-g(2)=0$

$\therefore f(2)=g(2)$ …… ㉠

조건 (가)에 $x=2$를 대입하면

$g(2)=8f(2)-7$, $g(2)=8g(2)-7$ ($\because$ ㉠)

$7g(2)=7 \quad \therefore g(2)=1$

$\therefore g(2)=f(2)=1$

또, 조건 (나)에서

$$\lim_{x\to 2}\frac{f(x)-g(x)}{x-2}=\lim_{x\to 2}\frac{\{f(x)-f(2)\}-\{g(x)-g(2)\}}{x-2} \ (\because ㉠)$$

$$=f'(2)-g'(2)=2$$

$\therefore f'(2)=g'(2)+2$ …… ㉡

조건 (가)의 양변을 x에 대하여 미분하면

$g'(x)=3x^2f(x)+x^3f'(x)$

$x=2$를 대입하면

$g'(2)=12f(2)+8f'(2)$

$=12\times 1+8\{g'(2)+2\}$ ($\because$ ㉡)

$=8g'(2)+28$

따라서 $7g'(2)=-28$이므로

$g'(2)=-4$

곡선 $y=g(x)$ 위의 점 $(2,\ g(2))$, 즉 점 $(2,\ 1)$에서의 접선의 기울기가 -4이므로 접선의 방정식은

$y=-4(x-2)+1$

$\therefore y=-4x+9$

따라서 $a=-4$, $b=9$이므로

$a^2+b^2=(-4)^2+9^2=97$

3 정답 32

함수 $f(x)$가 실수 전체의 집합에서 미분가능하므로 함수 $f(x)$는 $x=a$에서도 미분가능하다.

이때 함수 $f(x)$가 $x=a$에서 미분가능하면 $x=a$에서 연속이므로

$\lim_{x\to a+}f(x)=\lim_{x\to a-}f(x)=f(a)$이어야 한다.

$\lim_{x\to a+}f(x)=(a-1)^2(2a+1)$, $\lim_{x\to a-}f(x)=0$, $f(a)=0$이므로

$(a-1)^2(2a+1)=0$

$\therefore a=-\frac{1}{2}$ 또는 $a=1$

따라서 함수 $y=f(x)$의 그래프의 개형은 다음 그림과 같다.

(i) $a=-\frac{1}{2}$일 때

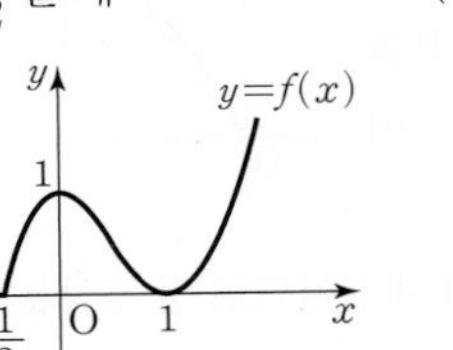

(ii) $a=1$일 때

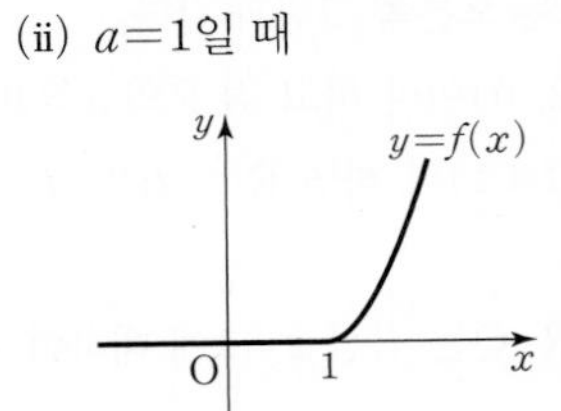

이때 함수 $f(x)$는 실수 전체의 집합에서 미분가능하므로 $a=1$이다.

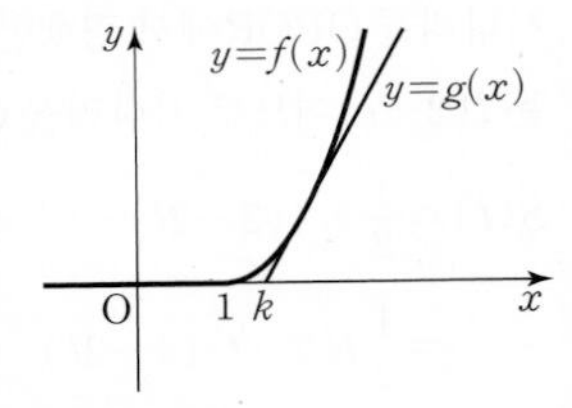

한편, 함수 $y=g(x)$의 그래프는 $x>k$일 때 기울기가 12인 직선이므로 위의 (ii)의 그래프에서 모든 실수 x에 대하여 $f(x)\ge g(x)$가 되게 하는 k의 최솟값은 직선 $y=12(x-k)$ $(x>k)$가 곡선 $y=(x-1)^2(2x+1)$ $(x>1)$에 접할 때의 값이다.

곡선 $y=(x-1)^2(2x+1)$에 접하고 기울기가 12인 접선의 접점의 좌표를 $(m,\ f(m))$ $(m>1)$이라 하면

$f'(x)=2(x-1)(2x+1)+2(x-1)^2$

$=2(x-1)\{(2x+1)+(x-1)\}$

$=6x(x-1)$

$\therefore f'(m)=6m(m-1)$

이때 $f'(m)=12$이므로

$6m(m-1)=12$, $m^2-m-2=0$

$(m+1)(m-2)=0 \quad \therefore m=2$ ($\because m>1$)

접점의 좌표는 $(2,\ f(2))$, 즉 $(2,\ 5)$이므로 접선의 방정식은

$y-5=12(x-2) \quad \therefore y=12\left(x-\frac{19}{12}\right)$

즉, $k\ge\frac{19}{12}$이므로 k의 최솟값은 $\frac{19}{12}$이다.

따라서 $a=1$, $p=12$, $q=19$이므로

$a+p+q=1+12+19=32$

4 정답 ③

주어진 함수 $y=f'(x)$의 그래프에서 삼차함수 $f(x)$는 $x=0$에서 극대, $x=2$에서 극소이므로 삼차함수 $y=f(x)$의 그래프의 개형은 다음 그림과 같다.

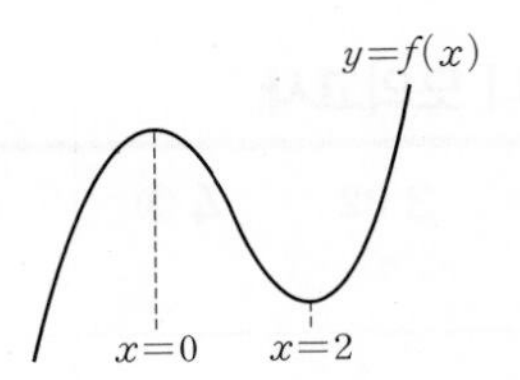

ㄱ. $f(0)<0$이면 삼차함수 $y=f(x)$의 그래프의 개형은 다음 그림과 같다.

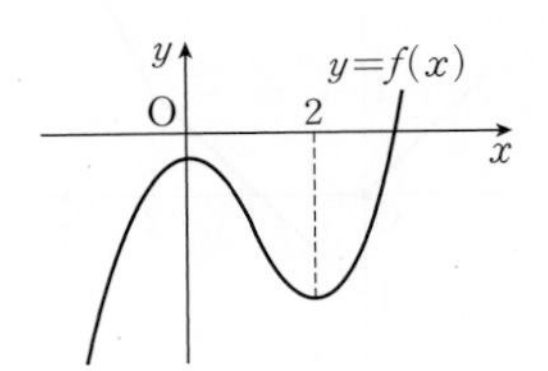

$0>f(0)>f(1)>f(2)$이므로

$0<|f(0)|<|f(1)|<|f(2)|$

$\therefore |f(1)|<|f(2)|$ (참)

ㄴ. $f(0)f(2)\ge 0$에서

$f(0)>0,\ f(2)>0$ 또는 $f(0)<0,\ f(2)<0$

또는 $f(0)=0$ 또는 $f(2)=0$

(i) $f(0)>0,\ f(2)>0$일 때

두 함수 $y=f(x)$와 $y=|f(x)|$의 그래프의 개형은 다음 그림과 같으므로 함수 $|f(x)|$는 $x=0$에서 극대이다.

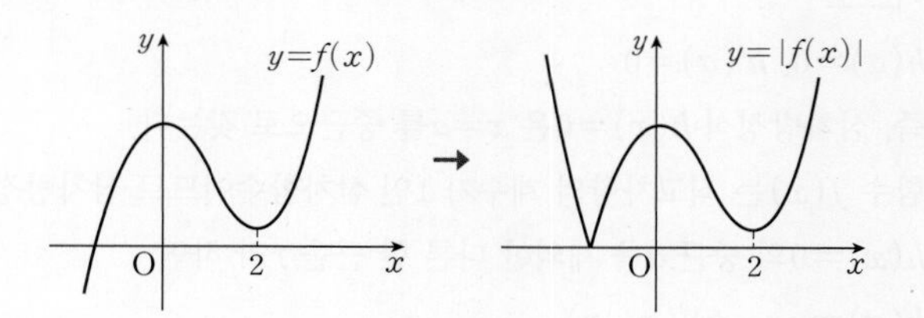

따라서 함수 $|f(x)|$가 $x=a$에서 극대인 a의 개수는 1이다.

(ii) $f(0)<0,\ f(2)<0$일 때

두 함수 $y=f(x)$와 $y=|f(x)|$의 그래프의 개형은 다음 그림과 같으므로 함수 $|f(x)|$는 $x=2$에서 극대이다.

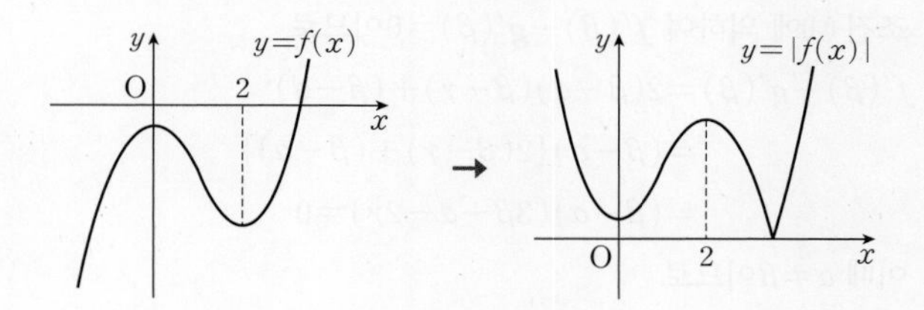

따라서 함수 $|f(x)|$가 $x=a$에서 극대인 a의 개수는 1이다.

(iii) $f(0)=0$일 때

두 함수 $y=f(x)$와 $y=|f(x)|$의 그래프의 개형은 다음 그림과 같으므로 함수 $|f(x)|$는 $x=2$에서 극대이다.

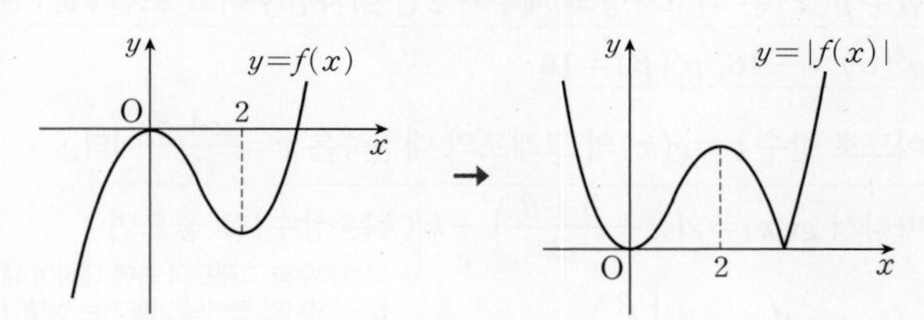

따라서 함수 $|f(x)|$가 $x=a$에서 극대인 a의 개수는 1이다.

(iv) $f(2)=0$일 때

두 함수 $y=f(x)$와 $y=|f(x)|$의 그래프의 개형은 다음 그림과 같으므로 함수 $|f(x)|$는 $x=0$에서 극대이다.

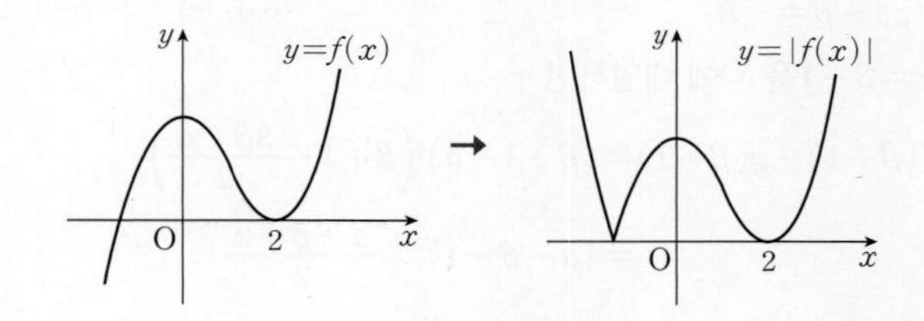

따라서 함수 $|f(x)|$가 $x=a$에서 극대인 a의 개수는 1이다.

(i)~(iv)에 의하여 함수 $|f(x)|$가 $x=a$에서 극대인 a의 개수는 1이다. (참)

ㄷ. 자연수 n에 대하여 n이 함수 $f(x)$가 증가하는 정의역 구간에 있는 경우에는 부등식 $f(n)>f(n+1)$이 성립하지 않는다.

함수 $f(x)$는 $0<x<2$에서 감소하므로 부등식 $f(n)>f(n+1)$이 성립하는 자연수 n은 1로 오직 한 개이다.

즉, 자연수 전체의 집합의 부분집합 $\{n\,|\,f(n)>f(n+1)\}$의 원소의 개수는 1이다. (거짓)

따라서 옳은 것은 ㄱ, ㄴ이다.

5 정답 21

$f(x)+|f(x)+x|=6x+k$에서

$f(x)+|f(x)+x|-6x=k$

$g(x)=f(x)+|f(x)+x|-6x$라 하면

$$g(x)=\begin{cases}-7x & (f(x)<-x)\\ 2f(x)-5x & (f(x)\ge -x)\end{cases}$$

이고, 방정식 $g(x)=k$의 서로 다른 실근의 개수가 4이어야 한다.

$f(x)=-x$에서

$\frac{1}{2}x^3-\frac{9}{2}x^2+10x=-x,\ x^3-9x^2+22x=0$

$x(x^2-9x+22)=0$

$\therefore x=0\ (\because x^2-9x+22>0)$

따라서 함수 $y=f(x)$의 그래프와 직선 $y=-x$는 점 $(0,\ 0)$에서만 만난다.

$$\therefore g(x)=\begin{cases}-7x & (x<0)\\ 2f(x)-5x & (x\ge 0)\end{cases}$$

$h(x)=2f(x)-5x=x^3-9x^2+15x$라 하면

$h'(x)=3x^2-18x+15=3(x-1)(x-5)$

$h'(x)=0$에서 $x=1$ 또는 $x=5$

함수 $h(x)$의 증가와 감소를 표로 나타내면 다음과 같다.

x	$\cdots$	1	$\cdots$	5	$\cdots$
$h'(x)$	+	0	−	0	+
$h(x)$	↗	극대	↘	극소	↗

함수 $h(x)$는 $x=1$에서 극댓값 $h(1)=7$을 갖고, $x=5$에서 극솟값 $h(5)=-25$를 갖는다.

따라서 함수 $y=g(x)$의 그래프는 다음 그림과 같다.

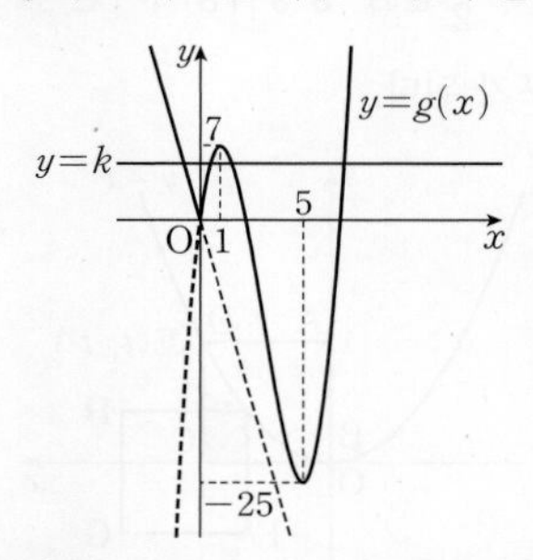

방정식 $g(x)=k$의 서로 다른 실근의 개수가 4가 되기 위해서는 함수 $y=g(x)$의 그래프와 직선 $y=k$의 교점의 개수가 4이어야 하므로 실수 k의 값의 범위는 $0<k<7$

따라서 모든 정수 k의 값의 합은

$1+2+3+4+5+6=21$

6 정답 ①

한 변의 길이가 1인 정사각형 EFGH의 두 대각선의 교점은 곡선 $y=x^2$ 위의 점이므로 교점의 좌표를 (t, t^2)이라 하면

$\mathrm{E}\left(t-\frac{1}{2}, t^2+\frac{1}{2}\right)$

이때 $\mathrm{C}\left(\frac{1}{2}, \frac{1}{2}\right)$이므로 두 정사각형의 내부의 공통부분인 직사각형의 가로와 세로의 길이는 각각

$\frac{1}{2}-\left(t-\frac{1}{2}\right)=1-t,\ t^2+\frac{1}{2}-\frac{1}{2}=t^2$

따라서 두 정사각형의 내부의 공통부분의 넓이를 $S(t)$라 하면

$S(t)=(1-t)\times t^2=-t^3+t^2$

두 정사각형의 내부의 공통부분이 존재하려면 $-1<t<0$ 또는 $0<t<1$이어야 한다.

이때 함수 $y=x^2$의 그래프가 y축에 대하여 대칭이므로 $0<t<1$에서만 생각하면 된다.

$S'(t)=-3t^2+2t=-t(3t-2)$이므로

$S'(t)=0$에서 $t=\frac{2}{3}$ ($\because 0<t<1$)

$0<t<1$에서 함수 $S(t)$의 증가와 감소를 표로 나타내면 다음과 같다.

t	(0)	$\cdots$	$\frac{2}{3}$	$\cdots$	(1)
$S'(t)$		+	0	−	
$S(t)$		↗	극대	↘	

따라서 함수 $S(t)$는 $t=\frac{2}{3}$에서 극대이면서 최대이므로 구하는 넓이의 최댓값은 $S\left(\frac{2}{3}\right)=\frac{4}{27}$이다.

다른 풀이 정사각형 EFGH의 두 대각선의 교점이 함수 $y=x^2$의 그래프 위의 점이므로 점 E가 그리는 도형은 함수

$y=\left(x+\frac{1}{2}\right)^2+\frac{1}{2}$

의 그래프이다.

이때 정사각형 ABCD와 정사각형 EFGH를 x축의 방향으로 $\frac{1}{2}$만큼, y축의 방향으로 $-\frac{1}{2}$만큼 평행이동시키면 점 E가 그리는 도형은 함수 $y=x^2$의 그래프가 된다.

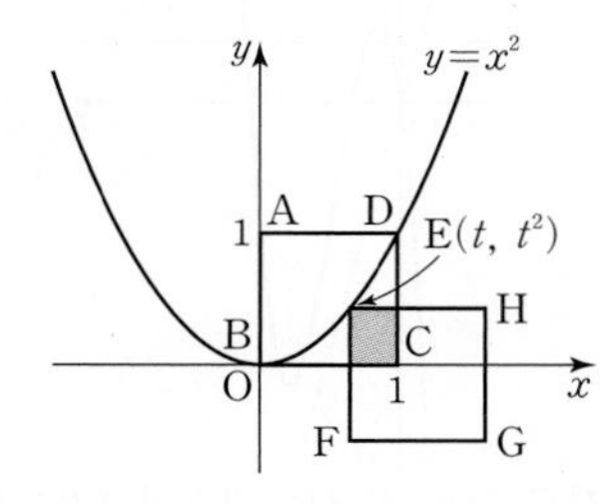

점 E의 좌표를 (t, t^2), 두 정사각형의 내부의 공통부분의 넓이를 $S(t)$라 하면 $0<t<1$에서

$S(t)=t^2(1-t)=-t^3+t^2$

$\therefore S'(t)=-3t^2+2t=-t(3t-2)$

$S'(t)=0$에서 $t=\frac{2}{3}$ ($\because 0<t<1$)

따라서 함수 $S(t)$는 $t=\frac{2}{3}$에서 극대이면서 최대이므로 구하는 넓이의 최댓값은 $S\left(\frac{2}{3}\right)=\frac{4}{27}$이다.

7 정답 243

$h(x)=f(x)-g(x)$로 놓으면 조건 (가)에 의하여

$f(\alpha)-g(\alpha)=0,\ f'(\alpha)-g'(\alpha)=0$

이므로

$h(\alpha)=0,\ h'(\alpha)=0$

즉, 삼차방정식 $h(x)=0$은 $x=\alpha$를 중근으로 갖는다.

함수 $f(x)$는 최고차항의 계수가 1인 삼차함수이므로 삼차방정식 $h(x)=0$의 중근 α를 제외한 다른 한 근을 γ라 하면

$h(x)=(x-\alpha)^2(x-\gamma)$

로 놓을 수 있다.

$\therefore f(x)-g(x)=(x-\alpha)^2(x-\gamma)$ ······ ㉠

㉠의 양변을 x에 대하여 미분하면

$f'(x)-g'(x)=2(x-\alpha)(x-\gamma)+(x-\alpha)^2$

조건 (나)에 의하여 $f'(\beta)-g'(\beta)=0$이므로

$$\begin{aligned}f'(\beta)-g'(\beta)&=2(\beta-\alpha)(\beta-\gamma)+(\beta-\alpha)^2\\&=(\beta-\alpha)\{2(\beta-\gamma)+(\beta-\alpha)\}\\&=(\beta-\alpha)(3\beta-\alpha-2\gamma)=0\end{aligned}$$

이때 $\alpha\neq\beta$이므로

$3\beta-\alpha-2\gamma=0 \quad \therefore \gamma=\frac{3\beta-\alpha}{2}$

이것을 ㉠에 대입하면

$f(x)-g(x)=(x-\alpha)^2\left(x-\frac{3\beta-\alpha}{2}\right)$ ······ ㉡

함수 $g(x)$는 최고차항의 계수가 2인 이차함수이고 조건 (가), (나)에서 $g'(\alpha)=-16,\ g'(\beta)=16$

이므로 함수 $y=g(x)$의 그래프의 대칭축은 $x=\frac{\alpha+\beta}{2}$이다.

(이차함수의 그래프의 축에 대하여 대칭인 두 점에서의 접선의 기울기는 절댓값은 같고 부호는 다르다.)

따라서 $g(x)=2\left(x-\frac{\alpha+\beta}{2}\right)^2+k$ (k는 상수)로 놓으면

$g'(x)=4\left(x-\frac{\alpha+\beta}{2}\right)$

$g'(\alpha)=-16$이므로

$$\begin{aligned}g'(\alpha)&=4\left(\alpha-\frac{\alpha+\beta}{2}\right)=4\times\frac{\alpha-\beta}{2}\\&=2(\alpha-\beta)=-16\end{aligned}$$

$\therefore \alpha-\beta=-8$ ······ ㉢

$x=\beta+1$을 ㉡에 대입하면

$$\begin{aligned}f(\beta+1)-g(\beta+1)&=(\beta+1-\alpha)^2\left(\beta+1-\frac{3\beta-\alpha}{2}\right)\\&=(\alpha-\beta-1)^2\times\frac{\alpha-\beta+2}{2}\\&=(-8-1)^2\times\frac{-8+2}{2}\ (\because ㉢)\\&=81\times(-3)=-243\end{aligned}$$

$\therefore g(\beta+1)-f(\beta+1)=-\{f(\beta+1)-g(\beta+1)\}=243$

8 정답 ②

두 점 A(2, 0), B(0, 3)을 지나는 직선의 방정식은

$y=-\frac{3}{2}x+3$

직선 AB와 함수 $y=ax^2$의 그래프의 교점의 x좌표를 $p\,(0<p<2)$라 하면

$-\frac{3}{2}p+3=ap^2$ ...... ㉠

이때 S_1은 $0<x<p$에서 직선 AB와 곡선 $y=ax^2$으로 둘러싸인 부분의 넓이이므로

$$S_1=\int_0^p\left\{\left(-\frac{3}{2}x+3\right)-ax^2\right\}dx$$

$$=\left[-\frac{3}{4}x^2+3x-\frac{1}{3}ax^3\right]_0^p$$

$$=-\frac{3}{4}p^2+3p-\frac{1}{3}ap^3$$

$$=-\frac{3}{4}p^2+3p-\frac{1}{3}p\left(-\frac{3}{2}p+3\right)\ (\because ㉠)$$

$$=-\frac{1}{4}p^2+2p \quad \cdots\cdots ㉡$$

한편,

$S_1+S_2=\triangle\mathrm{OAB}=\frac{1}{2}\times2\times3=3$

이고, $S_1:S_2=13:3$이므로

$$S_1=\frac{13}{13+3}(S_1+S_2)$$

$$=\frac{13}{16}\triangle\mathrm{OAB}$$

$$=\frac{13}{16}\times3=\frac{39}{16} \quad \cdots\cdots ㉢$$

㉡, ㉢에서

$-\frac{1}{4}p^2+2p=\frac{39}{16}$, $4p^2-32p+39=0$

$(2p-3)(2p-13)=0$

$\therefore p=\frac{3}{2}\ (\because 0<p<2)$

이를 ㉠에 대입하면

$-\frac{9}{4}+3=\frac{9}{4}a$

$\therefore a=\frac{1}{3}$

수능 고난도 상위 5문항 정복

HIGH-END
수능 하이엔드